智力发展与数学学习

林崇德 著

中国轻工业出版社

图书在版编目(CIP)数据

智力发展与数学学习/林崇德著. —北京:中国轻工业出版社, 2011.12 (2020.10重印)
ISBN 978-7-5019-8582-1

Ⅰ.①智… Ⅱ.①林… Ⅲ.①中小学生-智力开发-关系-数学教学 Ⅳ.①B848.5 ②G633.602

中国版本图书馆CIP数据核字(2011)第264950号

总 策 划:石 铁
策划编辑:吴 红　　　　　责任终审:简延荣
责任编辑:吴 红　　　　　责任监印:吴维斌

出版发行:中国轻工业出版社(北京东长安街6号,邮编:100740)
印　　刷:三河市鑫金马印装有限公司
经　　销:各地新华书店
版　　次:2020年10月第1版第3次印刷
开　　本:787×1092　1/16　印张:27.50
字　　数:386千字
印　　数:7001—9000
书　　号:ISBN 978-7-5019-8582-1　定价:50.00元

读者热线:010-65181109, 65262933
发行电话:010-85119832　传真:010-85113293
网　　址:http://www.chlip.com.cn　http://www.wqedu.com
电子信箱:1012305542@qq.com

如发现图书残缺请与我社联系调换

111333Y1X101ZBW

前　言

　　1984年，我在科学出版社出版了《智力发展与数学学习》一书。可能是因为当时的出版物少，所以《智力发展与数学学习》第一年就印了78000册，并参加了德国的法兰克福书展。该书出版后得到了数学教育界、中小学教师、家长和教育理论工作者的肯定。数学教育的老权威魏庚人先生从西安到北京师范大学开会期间，特地到我恩师朱智贤先生府上要走一本《智力发展与数学学习》，并说了许多鼓励的话。我也用这本书的观点指导了我所主持的26个省、自治区和直辖市3000多个实验点的中小学生心理能力发展与培养的实验。

　　从20世纪90年代中开始，我以《智力发展与数学学习》的理念指导数学能力发展与培养方向的博士研究生，先后带出了章建跃、朱文芳、康武、连四清和赵继源等人。由于他们的数学天赋、原有的学术功底，加上勤奋，他们现在发展得很出色，都成了相关单位数学教育的学术带头人。本书的第五篇登载了他们的博士论文的摘要，从16000字到24000字不等（第十三章作者：章建跃；第十四章作者：朱文芳；第十五章作者：康武；第十六章作者：连四清；第十七章作者：赵继源）。本来是作为附录部分，但是为了与前四篇保持一致，经责任编辑建议，把他们的论文摘要改为五章。

　　由于教育部课程改革数学新课程标准的催促，由于不少原先参与我教育实验的高校数学老师邀请我去讲当年的智力发展与数学学习观，再由于年过七旬后想整理自己的文集，于是我就坐下来静静地思考，认真地修改起《智力发展与数学学习》这本当年的小册子。

　　在书稿的修订过程中，我坚持了1984年的基本观点，但是补充了一些新内容：第一，根据国际上对智力研究的新进展，结合我近30年来对中小学生心理能力特别是数学能力的发展与培养实验的成果，对全书的观点做了补充；第二，根据近30年的实验研究，不仅获得了大量的数据，而且也充实了原书的理论，所以原书的七章就扩展为现在的前九章；第三，为了强调数学在心理科学特别是在智力发展中的应用，于是就有了第四篇的三章，也就是数据统计、数理逻辑和模糊数学的应用。

本书前十二章的参考文献以页下注的形式标注，后五章的参考文献则分别放在各章后面。这后五章的参考文献，就作为修订后的《智力发展与数学学习》全书的参考文献。

在成书的过程中，我的弟子章建跃教授为本书中所涉及的数学知识和问题做了校订；弟子白学军教授、辛涛教授和赵继源教授为相关的章节提供了不少有价值的资料。中国轻工业出版社"万千教育"和"万千心理"总策划石铁先生对本书的重新出版给予了极大的支持；责任编辑吴红做了精心的编辑加工。全书手写稿由我们所办公室的陈若夷打字。于此，我一并表示感谢。

林崇德

2011年国庆

于北京师范大学发展心理研究所

目 录

前　　言 ⋯⋯⋯⋯⋯⋯⋯⋯⋯⋯⋯⋯⋯⋯⋯⋯⋯⋯⋯⋯⋯⋯⋯⋯⋯⋯ Ⅰ

第一篇　智力的奥秘

第一章　智力的实质 ⋯⋯⋯⋯⋯⋯⋯⋯⋯⋯⋯⋯⋯⋯⋯⋯⋯⋯⋯⋯ 3
　　一、从心理现象谈起 ⋯⋯⋯⋯⋯⋯⋯⋯⋯⋯⋯⋯⋯⋯⋯⋯⋯ 3
　　二、智力是什么 ⋯⋯⋯⋯⋯⋯⋯⋯⋯⋯⋯⋯⋯⋯⋯⋯⋯⋯⋯ 4
　　三、智力与知识、技能的关系 ⋯⋯⋯⋯⋯⋯⋯⋯⋯⋯⋯⋯⋯ 13
　　四、有关智力的主要观点 ⋯⋯⋯⋯⋯⋯⋯⋯⋯⋯⋯⋯⋯⋯⋯ 17
第二章　智力发展的规律与数学学习 ⋯⋯⋯⋯⋯⋯⋯⋯⋯⋯⋯⋯ 27
　　一、先天与后天的关系 ⋯⋯⋯⋯⋯⋯⋯⋯⋯⋯⋯⋯⋯⋯⋯⋯ 27
　　二、内因与外因的关系 ⋯⋯⋯⋯⋯⋯⋯⋯⋯⋯⋯⋯⋯⋯⋯⋯ 34
　　三、教育与发展的关系 ⋯⋯⋯⋯⋯⋯⋯⋯⋯⋯⋯⋯⋯⋯⋯⋯ 40
　　四、年龄特征与个体特点的关系 ⋯⋯⋯⋯⋯⋯⋯⋯⋯⋯⋯⋯ 44
第三章　智力与创造力 ⋯⋯⋯⋯⋯⋯⋯⋯⋯⋯⋯⋯⋯⋯⋯⋯⋯⋯ 49
　　一、创造性人才 ⋯⋯⋯⋯⋯⋯⋯⋯⋯⋯⋯⋯⋯⋯⋯⋯⋯⋯⋯ 50
　　二、创造性教育 ⋯⋯⋯⋯⋯⋯⋯⋯⋯⋯⋯⋯⋯⋯⋯⋯⋯⋯⋯ 55
　　三、创造性学习 ⋯⋯⋯⋯⋯⋯⋯⋯⋯⋯⋯⋯⋯⋯⋯⋯⋯⋯⋯ 61
　　四、在数学教学中培养学生的创造力 ⋯⋯⋯⋯⋯⋯⋯⋯⋯⋯ 66

第二篇　数学是人类的思维体操

第四章　数学思维的完整结构 ⋯⋯⋯⋯⋯⋯⋯⋯⋯⋯⋯⋯⋯⋯⋯ 77
　　一、思维是一个整体结构 ⋯⋯⋯⋯⋯⋯⋯⋯⋯⋯⋯⋯⋯⋯⋯ 77

二、数学整体性的修养·· 86
三、学生的数学能力是一个整体性的思维结构·················· 92
四、数学教学应从思维的整体性出发······························ 103

第五章 思维能力在运算中发展·· 109
一、数学学习与概括能力的发展····································· 109
二、数学学习与空间想象能力的发展······························ 116
三、数学学习与命题能力的发展····································· 121
四、数学学习与逻辑推理能力的发展······························ 126

第六章 运算中智力品质的差异及其培养······························ 135
一、运算中的深刻性··· 137
二、运算中的灵活性··· 141
三、运算中的创造性··· 145
四、运算中的批判性··· 149
五、运算中的敏捷性··· 152
六、研究思维品质的重要性··· 154

第三篇　学生数学能力的发展

第七章 学龄前儿童运算思维能力与数学的早期教学············ 159
一、0—7岁儿童思维特点与运算思维能力的发展概况········ 159
二、0—7岁儿童掌握数概念中思维活动水平的发展··········· 167
三、数学的早期教学··· 172
四、从早期教育到早期数学教学····································· 177

第八章 小学生数学学习与智力发展···································· 183
一、小学生数学智力的发展··· 183
二、提高小学生解答应用题的能力································· 190
三、从"虫食算"到思维训练题····································· 200
四、小学数学教学应注意的几点····································· 209

第九章　中学生数学学习与智力发展 ………………………………… 215
　　一、中学生的智力发展 ……………………………………………… 215
　　二、重视智力成熟前数学能力的培养 ……………………………… 223
　　三、引进一些现代数学有助于中学生抽象思维的发展 …………… 232
　　四、中学奥数与中学生的智力发展 ………………………………… 238

第四篇　智力发展的数学化研究

第十章　常用的数据统计处理 …………………………………………… 249
　　一、描述统计与相关分析 …………………………………………… 249
　　二、常用的显著性检验方法 ………………………………………… 252
　　三、一元统计分析 …………………………………………………… 256
　　四、多元统计分析 …………………………………………………… 262
　　五、智力发展研究中统计方法的新进展 …………………………… 266

第十一章　数理逻辑在智力发展中的应用 …………………………… 273
　　一、从皮亚杰的研究谈起 …………………………………………… 274
　　二、数理逻辑的联结词、真值、量词 ……………………………… 280
　　三、合式公式 ………………………………………………………… 284
　　四、推理系统 ………………………………………………………… 286

第十二章　模糊数学的应用 …………………………………………… 291
　　一、模糊数学的基础——隶属度和模糊集合（子集）…………… 292
　　二、心理模糊性 ……………………………………………………… 296
　　三、研究心理模糊性的方法 ………………………………………… 299
　　四、模糊数学在智力领域研究中的应用 …………………………… 305

第五篇　数学能力发展研究案例

第十三章　中学生数学学科自我监控能力的结构、发展与培养 …… 315
　　一、引言 ……………………………………………………………… 315

　　　　　二、研究方法 …………………………………………………… 316
　　　　　三、结果与分析 ………………………………………………… 318
　　　　　四、讨论与建议 ………………………………………………… 333

第十四章　函数概念的发展与数学能力的培养……………………… 345
　　　　　一、引言 ………………………………………………………… 345
　　　　　二、研究方法 …………………………………………………… 347
　　　　　三、结果与分析 ………………………………………………… 350
　　　　　四、讨论与建议 ………………………………………………… 357

第十五章　数学问题提出的能力的发展与培养……………………… 365
　　　　　一、引言 ………………………………………………………… 365
　　　　　二、研究方法 …………………………………………………… 367
　　　　　三、结果与分析 ………………………………………………… 370
　　　　　四、讨论与建议 ………………………………………………… 375

第十六章　工作记忆在数学认知中的作用…………………………… 387
　　　　　一、引言 ………………………………………………………… 387
　　　　　二、研究方法 …………………………………………………… 391
　　　　　三、结果与分析 ………………………………………………… 394
　　　　　四、讨论与建议 ………………………………………………… 400

第十七章　数学建模能力的发展与培养……………………………… 409
　　　　　一、引言 ………………………………………………………… 409
　　　　　二、研究方法 …………………………………………………… 411
　　　　　三、结果与分析 ………………………………………………… 413
　　　　　四、讨论与建议 ………………………………………………… 420

第一篇

智力的奥秘

随着科学技术和生产的发展,开发智力成为人们越来越关心的课题。人类所创造的一切物质、精神财富,都是人类在实践中智慧活动的结晶。智力是人类创造发明的主观能源和内在基础,因此人们越来越渴望探索它的奥秘。

其实,大家对智力并不陌生。我们说一个人"聪明"或"愚笨",就是对他的智力的评价。当然,对智力的科学论述就不那么简单了。在国际学术界,较为有名的智力定义就达一百四五十种之多,可见问题的复杂性。

学生,尤其是青少年与儿童的数学学习,离不开其智力活动。智力的核心成分是思维,而数学是思维的体操,这正是数学学习与智力活动相辅相成关系的形象阐述:数学学习必须以智力为基础;反之,数学学习又促进了智力的发展。

第一章 智力的实质

智力问题，主要是心理学问题，同时也和一些别的学科（如认识论、遗传学、神经生理学、教育学、逻辑学等）有密切联系。因此，心理学家应联系有关学科，从理论上和实践上对它进行探讨。探索智力的奥秘，必须要揭露其心理实质。

一、从心理现象谈起

智力是一种心理现象。要搞清智力问题，必须先弄明白什么是心理现象。其实，在日常生活中，我们对心理现象也十分熟悉。我们经常接触周围的事物，注意或记住某件事情，思考各种问题，想象未来的情景等。这里的感觉、注意、记忆、思维、想象等都是心理现象，是我们认识客观世界的心理活动，这叫做认识过程；我们在认识客观事物的同时，还会引起各种情绪体验，如喜、怒、哀、乐等，这就是情感过程；我们在认识客观事物时，出于某种需要而提出目标，制订计划，克服困难，直至完成任务，其中就包含着意志过程。人的这些认识过程、情感过程和意志过程，都有一个产生、发展和完成的过程，统称为心理过程。

一个人在社会生活条件和教育的影响下，会形成心理活动上的某些比较固定的特征。例如，有的人爱好文学艺术，有的人对数、理、化更感兴趣；有的人心怀世界、天下为公，有的人一切为己、自私自利。人的兴趣、爱好、动机、目的、理想、信念、愿望、价值观、人生观等，都是人的需要的表现形态，通常称为个性的意识倾向。有的人活泼热情，有的人安静沉默；有的人性子急、脾气爆，有的人温柔可亲；有的人坚强勇敢，有的人怯懦畏缩；有的人办事果断，总是出色地完成任务，有的人优柔寡断，好事有时也办成坏事。这些是气质、性格、智力、能力的特征，通常叫做个性的心理特征。我们把人的个性意识倾向和个性心理特征的总和叫做个性（personality，又称人格）。通俗地讲，个性就是一个人的整体精神面貌。

实践活动中，人的心理过程和个性心理是各不相同的，它们不可分割地统一在人的活动中。个性心理通过心理过程而形成，并在心理过程中得到表现，同时又制约着心理过程。人的整个心理现象，就是对人的心理过程和个性而言的。

虽然大家对心理现象都很熟悉，但要正确解释它却并不容易。辩证唯物主义认为，心理现象是脑的机能，是对客观现实的反映。所谓心理是脑的机能，就是说，人脑是心理活动的器官。没有脑就没有心理活动，脑受了损伤，心理活动就受到了严重的破坏，即使有完好的耳目，也可以变成全聋全瞎的人。心理是客观现实的反映，就是说，客观现实是心理的源泉。如果没有客观世界，就没有客观现实的印象，也就没有人的心理。心理来源于客观现实，反映客观现实，但人的心理反映是一种能动的反映。人的反映活动是人在社会实践中，在人的言语参与下进行的，因此人的心理、意识具有社会性和自觉能动性。心理、意识一旦形成，就能在人的活动中起调节、定向作用。人们根据自己对客观现实的认识（认知），通过自己的实践活动去改造客观现实。因此，人的心理在实践、活动中产生，同时又反作用于实践。

总之，人的心理活动，就其产生方式来说，是客观事物作用于人的大脑而产生的高级神经活动；就其内容来说，是人脑对作用于人的客观现实的能动反映，又以行为表现出来。

智力活动，就是心理活动的一种。

二、智力是什么

国内外学者对智力有不同的理解。我是从智力与能力的关系上来认识智力的。我认为,智力与能力不能绝对分开,它们既有一定的区别,又有很强的内在联系。

(一) 什么叫智力与能力

智力与能力是成功地解决某种问题(或完成任务)所表现出的、具有良好适应性的个性心理特征。

怎样解释这个定义呢?

首先,智力与能力同属个性范畴,它们是个性心理特征。把智力与能力理解为个性的东西,说明其实质是个体的差异。这不仅是心理学家的观点,毛泽东在《纪念白求恩》这篇传世佳作中也提到,"一个人能力有大小……"(1939)。能力有大有小,不就是个体的差异吗?可见,能力是一种个性心理特征。在批判"天才论"时,毛泽东指出,"天才者,无非就是聪明一点……"(1971),显然他是承认这种个体智力差异的,因为智力在本篇引言中已通俗地解释为"聪明"与"愚笨"。可见,智力也是一种个性心理特征。

其次,智力与能力定义的第一个定语是"成功地解决某种问题(或完成任务)"。为什么要这么说呢?作为个性心理特征的智力与能力,与个性心理特征的另一些因素(如气质、性格等)有何区别呢?我认为,区别在于智力与能力的根本功能是成功地解决问题或完成任务。所以,在一定意义上,智力与能力的高低首先要看解决问题的水平。毛泽东说,"在学校里,应培养学生分析问题与解决问题的能力"(1964)[①],其道理就在这里。

最后,智力与能力定义的第二个定语是"良好适应性"。这出自智力与能力的任务,即主动积极地适应,使个体与环境取得协调,达到认识世界、改造世界的目的。皮亚杰(J. Piaget,1896—1980)始终坚持心理的机能是适应,智力是对环境的适应的思想。也就是说,智力与能力的本质就是适应,目的是使个体与环境取得平衡。[②] 今天,这几乎已成为国际心理学界的

[①] 张健,主编. 毛泽东教育思想研究[M]. 杭州:浙江教育出版社,1993.
[②] 皮亚杰. 教育科学与儿童心理学[M]. 傅统先,译. 北京:文化教育出版社,1981:37.

共识。我国教育界不也在为某些毕业生走上社会时适应能力不强而大为感叹吗？这说明"良好适应性"在人们心目中占据着重要地位。

怎样看待智力与能力的区别和联系？

智力与能力是有一定区别的。一般地说，智力偏于认识（认知），它解决的是知与不知的问题，是保证有效地认识客观事物的稳固心理特征的综合；能力偏于活动，它着重解决会与不会的问题，是保证顺利地进行实际活动的稳固心理特征的综合。但是，认识和活动总是统一的，认识离不开一定的活动基础，活动又必须有认识的参与。所以，智力与能力是一种互相制约、互为前提的交叉关系。从国外的智力与能力观点来看，有人持"从属说"，认为智力从属于能力，是偏于认识的一种能力；有人持"包含说"，认为智力包含着诸如感觉、知觉、思维、记忆和注意等各种能力。我们认为，智力与能力的交叉关系，既体现"从属"关系，又体现"包含"关系。教学的实质就在于认识和活动的统一，在教学中发展智力和培养能力是分不开的。我们提出的数学教学中的"智能训练"，既包括智力的训练，又包括能力的训练。因为能力中有智力，智力中有能力。

智力与能力的总称叫智能。正因为智力与能力的联系如此密切，我国古代思想家一般把智与能看做既有区别又有联系，互相转化、共同提高的两个概念。例如，在《吕氏春秋·审分》、《九州春秋》、《论衡·实知》等名篇中，均将两者结合起来称为"智能"，其实质都是把智力与能力结合起来作为考察人才的标志。

（二）智力的组成

智力的构成是一个完整的结构。它是由哪些成分组成的呢？一般来说，它包括：言语、感知、记忆、想象、思维和操作技能等因素（见图1.1）。思维是智力的核心。

1. 言语

在日常生活中，"语言"和"言语"往往是通用的。但科学地说，"语言"和"言语"是两个不同的概念。两者既有联系，又有区别。语言是交

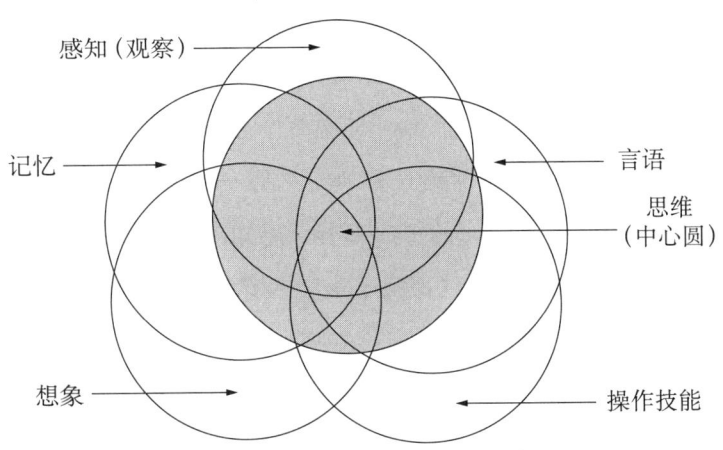

图 1.1　智力结构成分模型

际的工具,是一种社会历史现象,它是人民群众创造的,是随着社会的产生而产生,随着社会的发展而发展的。语言由声音(语音)、词汇和语法三个部分构成。语言在实现它的交际功能时,需要综合应用其三个构成部分。言语是指个体对语言的掌握和运用的过程,是一种心理现象。儿童在和成人交际过程中掌握言语,从而学会在言语中运用语言。言语是语言在交际过程中的运用,利用同一种语言,可以说出大量的、各种不同的言语。语言的体系保存在多种多样的言语交际形式中,这种形式分为三类:①口头言语,即说出的言语,听到的言语。②书面言语,即书写的言语,看到的言语。口头言语和书面言语都是外部言语,都是能通过分析器官被别人所感知的言语。③内部言语,即未发出声音的言语。隐蔽是内部言语的特点。在我们不出声地思考(思维)时,正是这种言语成为我们思想的物质外壳。这三种言语既可区分,又有密切联系。这三类言语的水平都是因人而异的,不同的言语能力水平,是个体"聪明"与"不太聪明"的具体表现。

2. 感知

我们眼睛看到的红、黄、蓝、白、黑等颜色,耳朵听到的高低、强弱不同的声音,身体感到的冷、热、痛、痒的感受,舌头尝到的甜、酸、苦、辣等味道,鼻子嗅到的香、臭、霉、腥等气味,都是人脑对事物的某些个别属性的认知，叫做感觉。纵观自然，或万里晴空，或乌云密布；或波涛起伏，或风平浪静；或风景如画，或一叶孤舟，这些都是人脑产生的对事物的整体认知，这便是知觉。感觉、知觉有个能力问题，如视觉能力、听觉能力、运动觉能力等。特别是观察力，它是一种有意识的、有计划的、持久的知觉活动能力，是智力的组成部分。感知能力因人而异。人们看同一块布，会看出不同的色彩，这反映了不同的辨色能力；同样听一次音乐，会听出不同的音色，这反映了不同的听觉能力。在这些感觉和知觉的过程中，显示出不同个体的"聪明"与"不太聪明"。

3. 记忆

记忆是我们对过去感知过或经验中发生过的事物的重新认知或再现。它的内容很广，可归纳为四种：游览颐和园之后，可以回想起万寿山的形象，这是表象的记忆；阅读一本书后，对抽象的概念、公式、法则的记忆，这是语词概念的记忆；回忆某个激动的情景时感到兴奋和鼓舞，这是情绪情感的记忆；去年学会了游泳，现在下水仍十分熟练，这是运动记忆。记忆能力的个别差异也是很大的。例如，识记方法不一样，再认能力与回忆能力也不一样，记性的好坏，记忆速度的快慢，记忆的持久与牢固，记忆的正确程度等都因人而异。甲、乙两人初次见面后，隔数月重逢，可能甲一眼就认出了乙，乙却想不起甲是谁了；同看一部小说，有人可以头头是道地给别人讲述故事情节，有人可能连主人公的名字都忘了。这里，记忆能力的好坏，显示出因人而异的"聪明"与"不太聪明"。

4. 想象

我们不但能回忆起过去感知过的事物形象，而且能创造出过去从未感知过的事物形象。这就是在客观事物的影响下，在语言的调节下，人脑中已有的形象经过改造和结合而产生新形象的心理过程，这个过程就是想象过程。例如，少年儿童都爱听《西游记》的故事，都喜欢孙悟空。孙悟空就是"想象"中的人物。想象能力对人的实践活动起着重要作用，如果没有想象，人就不可能有所创新，不可能有任何的预见。人与人之间的想象力也存在着差异，创造性的程度不一样，空间想象力不一样，现实性与预见程度也不一样。比如搞技术革新，有人善于利用原有机器设备，经过改造和革新而生产出新的机器来；有人则按部就班，不动脑筋，自然就不可能有什么革新与创造。不同的想象能力，显示出在革新中的"聪明"与"不太聪明"。

5. 思维

思维是人脑对事物本质和事物间规律性关系的认知，它以感知、记忆为基础，以已有知识为中介，借助于言语而实现。思维属于理性认识，是智力的核心部分。思维之所以为理性的认识是因为其有概括。概括是思维的第一特征。有一名中学生问数学老师："怎样才能提高数学能力？"老师不加思考地脱口而出："注意合并同类项。""合并同类项"就是概括能力的一种表现形式。所谓概括，就是在思想上将许多具有某些共同特征的事物，或将某些事物已分出来的一般的、共同的属性或特征结合起来。概括的过程，是把个别事物的本质属性推及为同类事物的本质属性的过程。这个过程，也就是思维由个别通向一般的过程。此外，平时我们说一个人的智力好坏，或者说各种思维能力的高低，诸如分析能力、综合能力、命题判断能力、逻辑推理能力等，都是逻辑思维能力的表现。人类认识客观事物、学习基本知识、掌握基本规律、进行创造发明，都离不开思维能力。通过教学如何使下一代在短时间内接受前人的认识成果，避免重复历史的认识过程的漫长道路，既离不开思维的概括过程，也离不开逻辑思维能力。人的概括水平、逻辑思维能力是不一样的，如在学校里，同一个班的学生，同做几道数学题，有的概念明确、判断正确、推理清晰；有的概念含混、判断错误、推理模糊。不同的概括水平、不同的思维能力，显示出不同学生的"聪明"与"不太聪明"。

6. 操作技能

智力不完全指动脑，也包括动手、操作和实践。其中有一个重要因素叫技能。技能是个体运用已有的知识经验，通过练习而形成的智力动作方式和肢体动作方式的复杂系统。技能包括在知识经验基础上，按一定方式进行反复练习或由于模仿而形成的初级技能，也包括按一定的方式经多次练习使活动方式的基本成分达到自动化水平的高级技能，即技巧或技巧性技能。技能按其性质和特点可以分为心智（智力）技能（如数学运算技能）和动作技能两种，但通常所说的技能是指动作技能或操作技能。技能与知识不同。知识是对经验的概括而在人脑中形成的经验系统；技能是对动作和动作方式的概括，是个体身上固定下来的复杂的动作系统。然而，技能与知识又是相互联系、相互转化的。知识是掌握技能的前提，它制约着技能掌握的快慢、深浅、难易、灵活度和巩固程度，而技能的形成和发展又有助于提高知识发展的水平和深刻性。操作技能的水平，也能显示出不同人的"聪明"与"不太聪明"的程度。

（三）智力的层次

智力不但有多方面的因素，而且有不同的层次。

在对北京、上海等地的调查中发现，智力发育有很差的，所谓低常儿童约占3‰。这是一个不小的数字，是有关国家发展，特别是人口素质上的一个值得注意的问题。智力超常的（即所谓天才），也是少数。所谓超常或天才，"无非是聪明一点"，即组成智力的几个方面的能力或才能高度综合发展，或者在某个因素上表现异常突出。它是在一定的物质和精神条件下形成的，古今中外都有这样一些人物，这并不神秘。除低常与超常两个层次之外，大多数属于正常的层次。用统计术语来说，叫做"正态分布"，就是一个两头小、中间大的曲线，即一个对称的"钟形曲线"（见图1.2）。

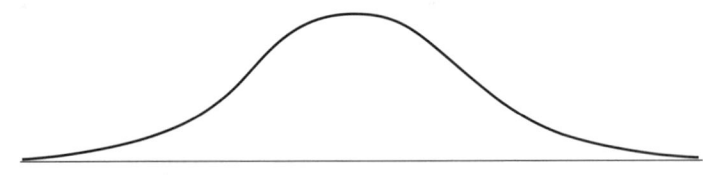

图 1.2　智力水平分布常态分配示意图

一个人的智力是正常、超常或低常,主要由智力品质来确定。智力品质是智力活动中,特别是思维活动中智力特点在个体身上的表现,因此它又叫思维的智力品质或思维品质,其实质是人的思维的个性特征。它既是评价智力高低的指标,又是发展智力与能力的突破口。

思维品质体现了个体思维的水平和智力、能力的差异。学校教育教学的主要目的之一是要提高每个学生的学习质量和思维能力。因此,在智力与能力的培养上,往往要抓学生的思维品质这个突破口,做到因材施教。

思维品质的成分及其表现形式很多。我们认为,它主要包括深刻性、灵活性、独创性(创造性)、批判性和敏捷性五个方面。

(1) 深刻性是指思维活动的抽象程度和逻辑水平,以及思维活动的广度、深度和难度。它表现为个体在智力活动中深入思考问题,善于概括归类,逻辑性强,抽象程度高,善于抓住事物的本质和规律,开展系统的理解活动,善于进行各种逻辑推理,善于预见事物的发展进程。超常智力的人抽象概括能力高,低常智力的人往往只是停留在直观水平上。

(2) 灵活性是指思维活动的灵活程度。它反映了智力与能力的"迁移"水平,如我们平时说的"一题多解"、"举一反三"、"运用自如"。灵活性强的人,智力方向灵活,善于从不同的角度与方面起步思考问题;从分析到综合,从综合到分析,灵活地做"综合性的分析",较全面地分析、思考问题,解决问题。西方心理学把这种思维品质叫做"发散思维"(divergent thinking)。

(3) 独创性是指思维活动的创新精神,或叫创造性和创造力。在实践中,除了善于发现问题、思考问题外,更重要的是要创造性地解决问题。社会发展、科技进步,乃至个体有所发明、有所创新,都离不开思维的独创性。爱迪生在既无设备又无资料的条件下,一生能完成数以千计的发明,取得辉煌的成就,主要是因为他有杰出的独创性智力品质。独创性是一种比较高级的智力品质,古往今来的发明家、科学家,都具有这种智力品质。培养青少年的独创性智力品质是极其重要的。

(4) 批判性是指思维活动中独立分析和批判的程度。西方心理学称之为"批判性思维"(critical thinking)。是循规蹈矩、人云亦云,还是独立思考、善于发问？这就是思维批判性上的差异。批判性是一种很重要的思维品质。有了批判性，人类能够对思维本身加以自我认识，也就是说，人们不仅能认识客体，而且能认识主体，并在改造客观世界的过程中改造主观世界。所以，批判性是人类反思能力或"元认知"等"知其然，知其所以然"的表现。

（5）敏捷性是指思维活动的速度，它反映了智力正确而迅速（敏锐）的程度。智力超常的人，在思考问题时敏捷，反应速度快；智力低常的人，往往反应迟钝、缓慢；智力正常的人则处于一般的速度。

思维品质的五个方面，是判断智力与能力的层次的主要依据。在一定意义上，思维品质是智力与能力的表现形式，智力与能力的层次，集中地表现在深刻性、灵活性、独创性、批判性和敏捷性等几个方面的水平上。思维品质这些方面的表现，是确定一个人智力与能力是正常、超常或低常的主要指标。

在我们开展的教学实验中，我们结合中小学各学科的特点，制定了一整套培养学生思维品质的具体措施。由于在实验中抓住了思维品质的培养，所以实验班学生的智力、能力和创造精神获得了迅速发展，各项测定指标大大地高于对照班，而且实验时间越长，这种差异越明显。以我们在1990年暑假对部分小学实验班和对照班的数学综合性能力考试成绩测定为例，统计分析清晰地表明了这种趋势（见表1.1）。

表1.1 不同年级不同被试数学综合性能力考试成绩对照表

年级	不同被试	平均成绩 X	标准差 S	人数 N	差异显著性检验
一年级	实验班	89.4	8.8	300	$p<0.05$
	对照班	85.7	10.2	300	
二年级	实验班	81.6	6.7	300	$p<0.05$
	对照班	77.2	10.6	300	
三年级	实验班	81.1	10.0	325	$p<0.01$
	对照班	74.0	15.6	300	

表1.1续

年级	不同被试	平均成绩 $\bar{X}$	标准差 S	人数 N	差异显著性检验
四年级	实验班	87.1	8.6	345	$p<0.01$
	对照班	74.1	21.0	310	
五年级	实验班	84.1	9.1	320	$p<0.005$
	对照班	67.3	24.5	310	

由上表可以看出：①实验班学生在数学综合性能力考试中，成绩普遍地高于对照班学生；实验班学生成绩的标准差，普遍低于对照班学生成绩的标准差。②实验班和对照班学生成绩差异的显著性，随年级升高、实验时间的增加而递增；离差性的对比也随之逐年增加，也就是说，对照班的两极分化在逐年明显化，而实验班却在5年中大致相同，两极分化现象变化不大。

从中我们可以得出结论：培养思维品质是发展智力与能力，乃至包括数学教学在内的各种教学改革的一条可信又可行的途径。对于这一观点，我们将在第六章"运算中智力品质的差异及其培养"再加以详细阐述。

三、智力与知识、技能的关系

中小学各科教学，十分强调培养学生的基本知识和基本技能（简称为"双基"），并把双基作为学校教学的重要任务。

前面我们已经讨论了智力、技能的含义。那么什么是知识呢？从心理学的观点来说，知识是人类社会历史经验的总结，它以思想内容的形式为人所掌握。知识来源于社会实践，社会实践是人类一切知识的基础和检验标准。知识的形成要以人类的语言为工具，知识借助于一定的语言，物化为社会实践活动产品的经验形式，用以交流或代代相传，形成文化，成为人类共同的精神财富和精神文明，而技能已在上一节做了简单的阐述，它是操作技术，以行动方式的形式为人所掌握，不管是动作的技能，如写字、体操等，也不管是智慧活动的技能，如作文、计算等，都是操作技术。技能达到完善的阶段，其中活动的基本成分已经自动化，就是如前所述的技巧，如掌握了游泳、骑自行车等技巧。"熟能生巧"是对技能与技巧两者关系的最好归纳。

知识、技能与智力有着密切的关系。然而，知识、技能不是智力本身，不是一种个性心理特征，知识、技能的高低，并不意味着一个人智力的高低。例如，学生参加某种测验，同样获得100分，在学习时，有的花费了很多时间，有的可能只花费了很少的时间；有的凭死记硬背，有的可能是凭"小聪明"。因此，对智力的鉴定决不能单纯地局限于对知识、技能的检查。但知识、技能与智力是相辅相成的，离开学习与训练，什么事都不做，什么实践活动都不参加的人，他的智力是得不到发展的；同时，智力在一定程度上又决定着个体在知识、技能掌握上可能取得的成就。例如，在练习写作的过程中，个体经常运用思维能力，于是思维能力得到了发展，脑越用越灵活，分析、综合、判断、推理等能力越来越强；思维能力的增强，又有利于更快地掌握写作的技能。

中小学教学（包括幼儿园的"教学"），要在不断提高学生双基的基础上，发展学生的智力；同时要在发展他们智力的条件下，进一步促使双基的提高。提高双基是发展智力的基础，发展智力是提高双基的目的。双基和智力是统一在完整的教学过程之中的。

我国著名心理学家朱智贤教授谈到青少年儿童心理发展规律时指出："从教育措施到青少年儿童心理发展，这里面是以青少年儿童对教育内容的领会或掌握为中间环节的，是要经过一定的量变质变过程的。"可见，通过教学，向学生传授知识是重要的，但这只是使学生思维能力、智力发展的量变过程，它是一个中间环节，不是最终的目的。重要的是思维能力、智力本身的发展，这是质变过程，这才是真正的终结。从知识、技能的发展"量变"，到成为智力与能力的"质变"，中间环节是概括过程。前面分析思维成分时提到了"概括"，正是这种概括的过程，或有人称做是类化过程，实现了知识、技能向智力、能力的转化。

如前所述，思维最显著的特性是概括。概括是形成概念的前提，是发展思维品质的关键。善于概括是思维深刻的重要特点。学习与运用的过程就是概括—迁移的过程。没有概括，就谈不上迁移；没有概括，就不能掌握和运用知识，也就不能学习新知识；没有概括，就无法进行逻辑推理，就谈不上思维的深刻性和批判性；没有概括，就没有灵活的迁移，就谈不上思维的灵活性与创造性；没有概括，就没有"缩减"形式，也就谈不上思维的敏捷性。因此，概括是一切思维品质的基础。

数学能力应视为智力的一个组成部分，也可以称做"特殊智力"之一。而概括是数学能力的基础，是数学思维深刻性的直观体现。概括是形成或掌握数学概念的直接前提，学生掌握数学概念的特点，是直接受概括水平所制约的。数学概念是数学材料及其关系的本质属性在人脑中的认知。掌握数学概念，就是对一类数学关系加以分析、综合、比较，从中抽出共同的、本质的属性或特征，然后合并同类项，把它们概括起来。与数学思维深刻性相联系的数学概括能力，就是从大量繁杂的数学材料中抽出最重要的东西，以及从外表不同的数学材料中看出共同点的能力。数学概括的过程，应包括以下四个方面：第一，数学概念和数学规律的概括；第二，把概括的东西具体化；第三，在现有概括的基础上进行更广泛、更高层次的概括；第四，在概括的基础上把数学知识系统化，这是概括的高级阶段。有了这四个概括的过程，学生才能把学到的数学知识和掌握的数学技能，逐步转化为数学能力，从而使他们的智力得到发展。

发展学生的数学能力，不是高不可攀的，但也不能一蹴而就，需要在课堂教学、作业指导、预习、复习、考试、实验以及课外活动等各种教学活动中，有目的、有计划地加以培养与训练。为了说明概括过程在数学能力发展中的作用，进一步阐述知识、技能与智力的关系，不妨在此举两个简单的例子。

一名小学生问老师："$\frac{2}{3}$ 的 $\frac{1}{3}$ 等于多少?"老师没有正面回答，而是反问学生："3 的 $\frac{1}{3}$ 是多少?"答"是 1"。老师又问："怎么得来的?"学生说："3 乘以 $\frac{1}{3}$。"老师乘势问："6 的 $\frac{1}{3}$，9 的 $\frac{1}{3}$，x 的 $\frac{1}{3}$ 是多少?"学生一一做了回答。"那么 $\frac{2}{3}$ 的 $\frac{1}{3}$ 是多少?"学生在上边的回答中合并了同类项，一拍脑门，"噢，明白了。"这个小小的例子可以粗略地说明，教学中通过概括，既传授了知识又培养了学生的智力。

另一个例子是，初中学生在认识具体的二元一次方程组并研究其解法后，概括出一般的二元一次方程组的概念及解法，这是数学概念和数学规律的概括。学生运用这种解法去解各种具体的二元一次方程组，这是把概括的解法具体化。有些方程组表面上不是二元一次方程组，如可化为二元一次方程组的分式方程组，甚至像三元一次方程组，但学生能看到它们与二元一次方程组之间的共同点，找到它们的解法，这就进行了更广泛、更高层次的概括。学生在学习了各种方程组及其解法之后，分析它们之间的联系和关系，把这些内容系统化，这是概括的高级阶段。

由此可见，概括的过程就是迁移的过程，概括的水平越高，迁移的范围就越广，"跨度"就越大。由于概括，学生抓住了数学知识的本质、整体和内部联系，掌握了数学知识的规律性。由于概括，学生善于发现已经掌握的数学知识与新的数学问题之间的联系，善于运用已学知识去解决新问题，获得新知识和新技能，做到举一反三，触类旁通，温故而知新。因此，概括能力是一切数学能力的基础，概括能力的提高将会使学生学习数学的能力显著地增强，这是应当引起我们特别重视的。

综上所述，知识、技能与智力、能力发展的关系是：人们获得知识、技能后，经过不断的概括过程，相关的智力与能力就得到了发展；同时，智力与能力的发展又使人们能更好、更快地获得知识和技能。

四、有关智力的主要观点

国际心理学界的智力观点很多,下面我们介绍几种与本书有关的观点。

(一) 因素说和结构说

1. 因素说

因素说是研究智力构成要素的学说。智力由哪些因素构成呢？早在19世纪末20世纪初,桑代克（E. L. Thorndike,1874—1949）就提出了特殊因素理论,认为智力由许多特殊能力组成,他设想智力由 C（填写）、A（算术推理）、V（词）和 D（领会指示）所组成。

斯皮尔曼（C. Spearman,1863—1945）于1904年提出了"二因素说",认为智力由贯穿于所有智力活动中的普遍因素（G）和体现在某一特殊能力之中的特殊因素（S）所组成。

凯勒（T. L. Kelly）和瑟斯顿（L. L. Thurstone）分别于20世纪30年代和40年代提出了"多因素说",认为智力由彼此不同的原始能力组成。不过凯勒和瑟斯顿的提法不尽相同。凯勒提出数、形、语言、记忆、推理五种因素；而瑟斯顿提出数字因子、词的流畅、词的理解、推理因素、记忆因素、空间知觉、知觉速度七种因素。

2. 结构说

结构说实际上也是因素说的一种,但它是从结构角度阐明智力的因素。也就是说,结构说强调智力是一种结构。

美国心理学家吉尔福特（J. P. Guilford,1897—1987）于1959年提出了智力三维结构模式,认为智力由操作（即思维方法,可分认知、记忆、发散性思维、集中性思维、评价五种成分）×内容（即思维的对象,可分图形、符号、语义、行动四种成分）×结果（即把某种操作应用于某种内

容的产物,可分为单元、种类、关系、系统、转换、含义六种成分)所构成的三维空间(120种因子)结构(如图1.3所示):

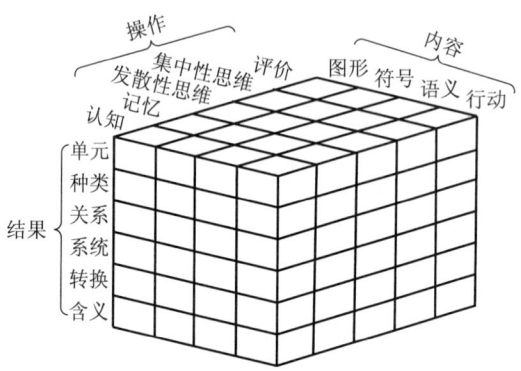

图 1.3 吉尔福特的三维智力结构模型

英国心理学家阜南(P. E. Vernon)于1960年提出了智力层次结构理论,认为智力是一个多层次的心理结构(如图1.4所示):

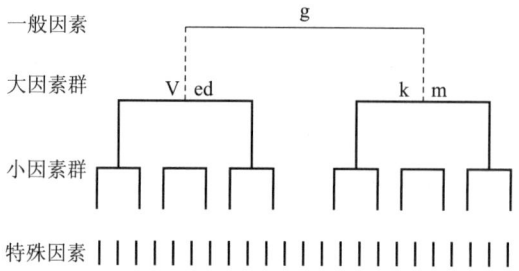

图 1.4 阜南的智力层次结构模型

其中,最高层次是智力的一般因素;第二层次包括两大因素群,即言语与教育方面的能力倾向及操作和机械方面的能力倾向;每个大因素群又分为第三层次的几个小因素群,言语和教育的能力倾向分为言语、数量、教育等,操作和机械方面的能力倾向又分为机械、空间、操作等;第四层次是各种特殊能力。

美国心理学家施莱辛格(I. M. Schlesinger)和格特曼(L. Guttman)于1969年提出二维结构模型理论。他们认为,智力的第一维是语言、数和形（空间）的能力（用直线表示其范围），第二维是规则应用能力、规则推理能力和学校各科学业测验成绩（用曲线表示其范围）。两个维度及其所包含的各种变量如图 1.5 所示：

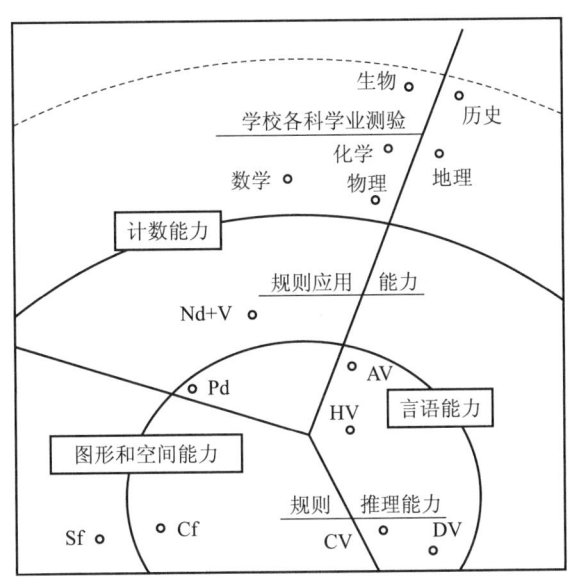

图 1.5　施莱辛格和格特曼的二维智力结构模式

他们通过研究指出，随着年龄的递增，儿童青少年感知动作的因素减少，而认知的因素得到了更多的发展。

1986 年，美国心理学家斯滕伯格（R. J. Sternberg）又提出了人类智力的三层次理论，该理论主要包括智力的三个子理论，它们分别是智力的情境子理论、智力的经验子理论和人类智力的成分子理论。他所强调的是智力、情境和经验的关系，并提出按功能可以把智力成分分为元成分、执行成分和知识获得成分。这种智力三层次理论，使我们能够从多方面来理解智力的本质。

（二）皮亚杰的智力理论

在皮亚杰的著作中，认知、智力、思维、心理等是同义语。皮亚杰始终认为，心理的机能是适应，智力是对环境的适应。也就是说，智力的本质就是适应，使个体与环境取得平衡。这种适应不是被动的、消极的，而是主动的、积极的。皮亚杰明确地提出并一再强调，智力是一种主动的、积极的结构。

皮亚杰指出："智力在一切阶段上都是把材料同化于转变的结构，从初级的行动结构升为高级的运算结构，而这些结构的构成乃是把现实在行动中或在思维中组织起来，而不仅是对现实的描摹。"[③] 在他看来，智力是一种思维结构的连续形成和改组的过程，每一阶段有一种相对稳定的认知结构来决定学生的行为，并说明该阶段的主要行为模式；教育则要适合于这种认知结构或智力结构，即要按学生的认知结构或智力结构来组织教材，调整内容，进行教学。如果学生的认知结构或智力结构不合理，那么他们就会记忆缓慢，思维迟钝，不能灵活地解决问题。这时，即使教师试图加速他们的发展，也只能是浪费时间和精力。

认知结构或智力结构是什么？皮亚杰最初强调图式（Scheme，Schema，即动作的结构或组织）概念。图式经过同化、顺应和平衡，构成新的图式。到了晚年，他强调这个结构的整体性（思维形式的逻辑结构）、转换性（认知是一个主动积极的且发展变化的建构过程）和自调性（主客体的平衡在结构中对图示的调节作用）。皮亚杰提出的所谓"建构主义"（constructivism）中的"建构"区别于一般的结构，它是主体与客体相互作用的结果。它所强调的，一是主客体的相互作用；二是共时性和历史性的统一；三是活动中心范畴（把活动作为考察认识发生与发展的起点和动力）。

（三）认知心理学的智力观

20 世纪 50 年代末 60 年代初，由于控制论、信息论和计算机技术的发展，心理学要改变行为主义把人脑看成"黑箱"的悲观论调，出现了认知心理学。一般认为，美国心理学家奈塞尔（U. Neisser）为"现代认知心理学之父"（1967 年他出版了第一部《认知心理学》专著）。

---

③ 皮亚杰. 教育科学与儿童心理学 [M]. 傅统先，译. 北京：文化教育出版社，1981：37.

认知心理学家安德森（J. R. Anderson）指出："认知心理学试图了解人的智力的性质和人们是如何进行思维的。"④ 在这里，他指明了认知心理学的研究对象是人的智力和思维。

但是，现代心理学对认知（cognition）的理解很不统一。

奈塞尔在其《认知心理学》（1967）一书中指出，认知是指感觉输入受到转换、简约、加工、存储、提取和使用的全部过程。

里德（S. K. Reed）根据上述定义于1982年进一步提出，认知通常被简单地定义为对知识的获得，它包括许多心理技能，如模式识别、注意、记忆、视觉、表象、言语、问题解决、决策等。

1985年，格拉斯（A. L. Glass）在《认知》一书中也指出，我们的所有心理能力（知觉、记忆、推理及其他）组成一个复杂的系统，它们的组合功能就叫认知。

霍斯顿（J. P. Houston）等对关于认知的各种看法进行了归纳⑤，认为有五种主要的意见：①认知是信息加工；②认知是心理上的符号运算；③认知是问题解决；④认知是思维；⑤认知是一组相关的活动，如感觉、记忆、思维、判断、推理、问题解决、学习、想象、概念形成、语言使用。这里，实际上只有三种意见：①和②是狭义的认知心理学，即信息加工论；③和④认为认知心理学的研究核心是思维；⑤是广义的认知心理学。

认知心理学强调，认知应包括三个方面，即功能（适应）、过程和结构。⑥ 这里最突出的是，认知是为了一定的目的，在一定心理结构中进行信息加工的过程。从一定意义上说，智力就是为了达到一定的目的，在一定心理结构中进行信息加工的过程。

认知心理学研究智力有一个发展过程，当前的认知心理学不仅重视知觉研究，而且更重视思维等内部的高级认知因素的研究；不仅重视一般的

---

④ 安德森. 认知心理学 [M]. 杨清，等，译. 长春：吉林教育出版社，1989.
⑤ Houston J P, et al. Essentials of Psychology [M]. New York：Academic Press，1981.
⑥ Dodd D H, White R M. Cognition：Mental Structures and Processes [M]. Boston：Allyn & Bacon，1980.

认知模型的建立,而且更重视连结的网络,反应时就是分析加工过程的一个新突破;不仅重视生理机制的探索,而且重视根据人的神经元和神经网络的特点来改进计算机的设计;不仅关心理论课题,而且关心现实生活中的课题。

认知心理学对智力与思维问题的研究,主要有以下三个特点:①把心理学、思维心理学和现代科学技术(控制论、信息论、计算机科学等)结合起来研究,例如,纽厄尔(A. Newell)和西蒙(H. A. Simon)研究了机器模拟思维的基本模型;②尽管它以认知为主要对象,但它并不局限于认知的范围,它不但把从低级的感知到高级的思维当做一个不可分割的连续体,而且试图把认知(智力)因素和非认知(智力)因素结合起来,从而将人的心理、意识、认知、智力当做一个整体或系统来看待;③应用新的方法来作为从感知到思维的过渡环节的表象,进行较合理的探索,这样就有利于把感性认识和理性认识更好地联系起来,也有利于对人的心理、智力内部过程的研究。

(四) 加德纳的多元智力理论

1983年,美国哈佛大学的加德纳(H. Gardner)出版《智力结构》(*Frames of Mind*)一书,提出了"多元智力"(multiple intelligence)的概念[⑦]。之后20多年,加德纳一直探讨这个问题。1993年,他又出版了《多元智力的理论与实践》(*Multiple Intelligence:The Theory in Practice*),该书的中文版《多元智能》于1999年出版后,引起了中国广大读者的重视。

加德纳提出了一种多元智力理论。起初,他列出了7种智力成分。他认为,相对来说,这些智力彼此不同,而且每个人都或多或少具有这7种智力。他承认,智力可能不止这7种,不过他相信并支持关于7种智力的观点达十多年之久。

---

⑦ 霍华德·加德纳. 多元智能[M]. 沈致隆,译. 北京:新华出版社,1999.

1. 语言智力

语言智力（linguistic intelligence）就是有效地运用词语的能力。语言智力强的人，既包括口语能力很强的人（如政治家、演说家、说书人、节目主持人等），也包括书面语能力很强的人（如新闻记者、剧作家、诗人和编辑等）。具备这种能力的人，不但能操纵某种语言的语音、语法和语义，而且能操纵该语言的语用规则。

2. 逻辑—数学智力

逻辑—数学智力（logical-mathematical intelligence）就是有效地运用数字（如数学家、统计学家、会计等的工作）和合理地进行推理（如计算机编程人员、逻辑学家、科学家等的工作）的能力。逻辑—数学智力强的人，具有从知觉到逻辑模式和逻辑关系、声明和命题、函数及其复杂过程的能力，以及相关的抽象能力。

3. 知人的智力

知人的智力（interpersonal intelligence）就是快速地领会并评价他人的心境、意图、动机和情感的能力。具备这种能力的人，对他人的面部表情、姿势和语气很敏感，能够察言观色（在此无贬义），能够据此消除人们消极的情绪，能够激励人们做出积极的行动。

4. 自知的智力

自知的智力（intrapersonal intelligence）又译为"自控能力"，是指了解自己从而做出适应性行动的能力。具备这种能力的人，能够诚实、准确、综合地刻画自己，知道自己的长处和弱点；能了解自己的动机、欲望、心境；具有自律的倾向；具有健康的自尊。

5. 音乐智力

音乐智力（musical intelligence）就是音乐知觉（如欣赏音乐）、辨别和判断音乐（如音乐评论）、转换音乐形式（如作曲）以及音乐表达（如乐器演奏与表演）的能力。具有这种能力的人，对节奏、旋律等比较敏感。

6. 身体运动智力

身体运动智力（bodily-kinesthetic intelligence）就是运用全身表达思想和情感的能力，其中包括运用手敏捷地创造或者转换事物（如工匠、画家、机械师、雕塑家、外科医生等的工作）的能力。具有身体运动智力的人，有很强的协调肌肉、平衡身体的技能，身体动作敏捷、灵活而优美，并对触觉敏感。

7. 空间智力

空间智力（spatial intelligence）是指准确地知觉视觉空间世界（如导游、猎手、侦察员等的工作）的能力。具有空间智力的人，能敏锐地知觉到颜色、线条、空间及其之间的关系，也能视觉化、形象地表征视觉或空间的观念、理解自己的空间位置。

到1993年，加德纳又添加了一种智力，叫"自然主义者智力"（naturalistic intelligence），这是一种能对自然世界的事物进行理解、联系、分类和解释的能力。诸如农民、牧民、猎人、园丁、动物饲养者等都表现出了已经开发的自然主义者智力。

新旧世纪之交时，加德纳又增加了一种智力，即存在主义智力（existential intelligence），它涉及对自我、人类的本质等一些终极性问题的探讨和思考，神学家、哲学家在这方面的智力最突出。

（五）斯滕伯格的成功智力理论

美国耶鲁大学的斯滕伯格长期从事智力的研究，提出了"成功智力"（successful intelligence）的理论。这种理论让人认识到，人生的成功主要不是靠智商（IQ），而是取决于成功智力。

斯滕伯格不仅从事成功智力的理论研究，而且进行应用实践的实验，他出版的《成功智力》（1996）一书颇有影响。这本书已有中文译本[⑧]。

[⑧] 斯滕伯格. 成功智力[M]. 吴国宏，钱文，译. 上海：华东师范大学出版社，1999.

1. 成功智力的概念

斯滕伯格（1998）认为，我们应少关注一些传统的智力观念，尤其是智商的概念，多关注一些成功智力。他在《成功智力》的序里风趣地说，他曾在小学时考砸了智商测验，他勉励自己，如果将来成功了，那也不是其智商的作用。为此，他最终走上了探索智力的道路，并努力寻找能够真正预测个人今后成功的智力。所谓成功智力，就是为了完成个人的以及自己群体或者文化的目标，而去适应环境、改变环境和选择环境的能力。如果一个人具有成功智力，那么他就懂得什么时候该适应环境，什么时候可以改变环境，什么时候应当选择环境，并能在三者之间进行平衡。具有成功智力的人能认识到自己的优势和劣势，并能想方设法地利用自己有限的时间，同时能够补偿自己的劣势或者不足。懂得如何充分发挥自己的优势，克服自己的劣势，这是人们之所以能够成功的原因之一。

2. 成功智力的成分及其任务

分析思维、创造思维和实践思维的能力是对于成功智力极为重要的三种思维能力。分析思维能力的任务是分析和评价人生中面临的各种选择，它包括对存在问题的识别、问题性质的界定、问题解决策略的确定、问题解决过程的监控。创造思维能力的任务在于，最先构思出解决问题的方案，富于创造力的人就是那些在思想世界中"低价买进而高价卖出"的人，研究表明，这些能力与传统的智商至少存在部分的不同，它们大致属于特定领域的能力。实践思维能力的任务在于，实施选择并使选择发生作用，如果将智力应用于真实世界的环境之中，那么实践思维能力就开始发生作用了。

（六）梅耶尔与戈尔曼的情绪智力理论

"情绪智力"（emotional intelligence）的概念是由美国新罕布什尔大学的梅耶尔（J. D. Mayer）等人于1990年提出来的。1995年，记者戈尔曼（D. Goleman）出版了《情绪智力》一书，对这个理论起到了推波助澜的作用。现在我们常常听到的"情商"概念，实际上来自"情绪智力"的理论。

情绪智力是什么呢？它由哪些要素构成呢？梅耶尔等人与戈尔曼分别提出了各自的情绪智力理论（见表1.2），对此做了说明：[9][10]

表1.2 两个情绪智力模型的比较

理论	梅耶尔等	戈尔曼
定义	情绪智力用以说明人们如何知觉和理解情绪、在思维中同化情绪、理解和分析情绪、调控自己及他人情绪的能力。	情绪智力包括自我控制、热情、坚持性和自我激励能力。这种情绪智力原来被称为性格。
内容与说明	1. 情绪知觉和表达 2. 在思维中同化情绪 3. 理解与分析情绪 4. 情绪的反思性监控	1. 知道自己的情绪 2. 情绪管理 3. 自我激励 4. 识别他人的情绪 5. 处理关系
类型	能力	能力与性格的混合

表1.2总结了两种最有影响的情绪智力理论。两种理论都是从内涵范围来定义情绪智力，但不同的是，戈尔曼把它定义为能力与性格（或人格倾向）的混合物，比如在能力之外加入了热情、坚持性等性格特点；而梅耶尔等人反对把情绪智力定义为能力、性格等多种因素的混合物，坚持把它定义为传统智力中的一种。然而，两种理论也有共同点，都认为情绪智力包含多个因素，虽然数量有所不同。总之，情绪智力是心理学研究的一个新领域，在概念、理论等方面都有待深入研究。

---

[9] Mayer J D, Salovey P, Caruso D. Models of Emotional Intelligence [M] //Sternberg R J, ed. Handbook of Intelligence. Cambridge，UK：Cambridge University Press，2000：396—420.

[10] Goleman D. Emotional Intelligence [M]. New York：Bantam Books，1995：1—40.

第二章 智力发展的规律与数学学习

作为心理发展的一个组成部分，儿童青少年的智力发展有着内部固有的、本质的必然联系，这就是儿童青少年心理发展的基本规律。我的恩师朱智贤教授早在 20 世纪 60 年代初，就根据国内外儿童青少年心理学的研究成果，把儿童青少年心理发展的基本规律概括成四个问题：一是先天与后天的关系；二是内因与外因的关系；三是教育与发展的关系；四是年龄特征与个别特点的关系。① 这四个问题系统地揭示了儿童青少年心理发展的基本规律。这四条规律自始至终制约着儿童青少年发展的全部过程，不仅为我国心理发展的研究和教育工作提供了理论基础，也为中小学幼儿园的数学学习提供了心理发展的理论基础。

一、先天与后天的关系

先天与后天的关系是指儿童青少年智力乃至心理发展的条件。儿童青少年的智力发展是由先天遗传决定的，还是由后天环境、教育决定的？这不仅在心理学界争论已久，而且也是国际上耗资最大的研究课题。教育界对此也有不同的看法，并形成了天赋理论（或遗传决定论）、成熟势力论和环境决定论等根本对立的观点。

天赋理论（nativistic theory）认为人的智力、能力、心理内容和个性心理特点不是后天形成，而是先天赋予的。它所强调的先天因素并不相同，

---

① 朱智贤. 儿童心理学 [M]. 北京：人民教育出版社，1962，1979，2009：第 1 章.

有的是借助个体之外的神秘力量来解释这种天赋，如柏拉图认为人的天赋观念是理念世界的反映；笛卡尔认为神的观念、永恒的观念、本质的观念都是天赋的，灵魂与肉体都是由第三种实体即由神来决定的，他所说的天赋观念也只能用神来解释。有的则是用先天的遗传素质来解释天赋，认为人的智力、能力乃至心理的内容主要是遗传所赋予的。例如，19世纪英国优生学家高尔顿（F. Galton）认为人的出名与成就皆得自于优秀的智力，而这种智力是遗传的；美国心理学家麦独孤（W. McDougall）认为人的一切行为的动力是本能和本能的分化，这种本能是一种先天的心物倾向；格式塔认为知觉与思维都有其整体结构，人在知觉或思维时就是在头脑中不断寻求、改组这些结构，直到发现一种完美的结构，这种发现叫做"顿悟"，格式塔的思维理论认为人探寻和发现这种新结构的能力是天生的，所以它也是一种天赋理论。直到1969年，美国的詹森（A. R. Jensen）还以天赋理论的观点论述民族智能乃至心理的遗传性。

成熟势力论（theory of maturation potency）是美国心理学家格塞尔（A. L. Gesell）关于儿童心理发展的主要观点。他认为，支配儿童心理发展的基本因素有二：成熟与学习。其中他更着重于成熟。他认为成熟与内环境有关，是由遗传决定的；而学习则与外环境有关，是后天经验的获得和行为的变化，对成熟只起促进作用。他以著名的双生子（T和C）爬梯实验来说明成熟的作用。T从48周起每日做10分钟爬梯训练，而C不做训练。T经6周训练后，即从53周起，C每日也做10分钟的爬梯训练，连续6周。经摄影证明，C经2周训练即达到了T经6周训练的爬梯能力。C开始训练的年龄大于T，而训练时间却减少了2/3。可见不成熟就无从产生学习，而学习只是对成熟起一种促进作用。他指出，实验年龄这一形式的概念和成熟水平这一机能的概念，对于实际生活常识和儿童发展科学这两者都是不可缺少的，在指导儿童时绝对有必要考虑行为的年龄值和年龄的行为值。格塞尔对相当多的婴幼儿进行持续观察，做出记录，拍成电影，他取得的资料具有一定的客观性，是具有一定的特点和价值的。由此建立的成熟势力论，曾成为早期发展观的主流。但他认为儿童心理的发展取决于遗传及其天生的生长力，而环境因素只起促进作用，这一论点引起了人们的非议和争论。

环境决定论（theory of environmental determination）又称环境论。这种理论片面地夸大环境和教育在儿童心理发展上的作用，认为儿童青少年的智力乃至心理发展是由环境和教育机械决定的，否认遗传的作用，否认儿童青少年的智力乃至心理年龄特征的作用，否认儿童青少年的主动性和自觉性。美国行为主义心理学就是环境决定论的典型，从行为主义创始人华生（J. B. Watson），到行为强化控制原理的提出者斯金纳（B. F. Skinner），再到社会学习理论的创始者班杜拉（A. Bandura），尽管他们的观点有不少创新之处，但都持着环境决定智力乃至心理发展的观点，也就是说，他们夸大环境的作用，似乎教育是万能的，可以按照教育者的意愿任意地把儿童青少年培养成各种社会所需要的人才，忽视或否认外因必须通过内因起作用和循序渐进等客观规律的存在。

以上观点把先天与后天、遗传与环境、生理与心理、成熟与教育对立起来，肯定某一因素又否定另一因素，因而是形而上学的。我们应辩证地、全面地看待这些对立统一的因素。人的心理发生发展的任何表现都是先天与后天、基因与现实、遗传与环境、成熟与教育相互作用的共同产物。后天来自先天，后天推进先天。现代科学发展证实了遗传素质和生理成熟是儿童青少年心理发展的生物前提，为儿童青少年心理的发展提供了可能，社会环境和教育必须在这个基础上发挥作用，才能使这个可能变为现实。

（一）遗传乃至生理成熟是智力发展的生物前提

1. 遗传作用

遗传是一种生物现象，通过遗传，传递着祖先的许多生物特征。遗传的生物特征主要是指与生俱来的解剖生理特征，如机体的构造、形态、感官和神经系统的特征等。良好的遗传因素无疑是智力正常发展的物质基础和自然前提。没有这个条件是不行的，所以遗传是心理发展的生物前提。我们在研究中看到，人得自天赋的只是生理解剖上的特点，这些特点主要表现在脑和神经系统的结构与机能上，但天赋的遗传素质只是个人智力和某些气质特点形成的生物前提,并不能决定心理的内容与倾向,天赋理论夸大了遗传的作用。遗传通过天赋影响智力的发展,天赋是智力发展的生物前提。例如,生来聋哑的人不可能成为歌唱家,先天全色盲的人无法成为画家。我在实验中看到,遗传因素相同的同卵双生子,比起遗传因素不尽相同的异卵双生子,在思维能力、记忆能力、语言发展和智力品质的敏捷程度、灵活程度与抽象程度上,具有更相似或接近的水平。我们承认,天赋素质所集中的某些特点,为某些能力的形成提供了有利条件。例如,那些表现出早期才能和智力的小画家、小音乐家、小速算家等,其成就是否和遗传素质有关呢?这是完全可能的。神经系统的某些特点,既然可能为某些智力的形成提供有利条件,那么这些特点的集中促使某些智力在早期得到突出的表现,是完全可以理解的。而我们了解这些,对于搞好学校教育工作也是有益的。我们的中小学教育是基础教育,从小注意选拔和培养人才十分重要。例如,一些学生有音乐方面的生理因素或天资,他们的手指长些,手指动作灵活些,如果有条件,培养他们弹琴不是很好吗?有的学生嗓音好,声音清脆,培养他们成为歌唱家岂不是很好吗?某些学生具有一定体育运动项目发展的生理因素,不妨有意识地在体育上多下点工夫培养他们。某些学生对数字和空间关系很敏感,有意识地培养他们的数学能力,就有可能使他们成为数学家。

2. 生理成熟对思维发生与发展的作用

智力的发生与发展,必须要以生理发育、变化、成熟为物质基础。儿童青少年生理变化的规律性,例如,脑的重量变化、脑电波逐步发育、脑中所建立的神经系统联系程度的水平等的程序性和过程,这就是智力发展年龄特征的生理基础。

(1) 脑的重量的发展与智力发展的关系。人脑平均重量的发展趋势是:新生儿为 390 克;八九个月的乳儿为 660 克;两三岁的婴儿为 990~1010 克;六七岁的幼儿为 1280 克;九岁的小学儿童为 1350 克;十二三岁的少年脑的平均重量已经和成人差不多了,即达到 1400 克。

有趣的是,我们在对儿童的数概念形成和运算能力发展的研究中发现,儿童在数学运算思维能力上的发展变化与脑重量的变化存在一致性。上述脑重量变化的转折期——八九个月，2—3岁，9—10岁（小学三四年级）也正是数学运算思维能力发展的加速期。[②③] 我们认为，这不会是一个巧合。

（2）脑电波的发展与智力发展的关系。所谓脑电波，就是把电极贴在人的头皮的不同点上，把大脑皮质的某些神经细胞群体的自发的或接受刺激时所诱发的微小电位变化引出来，通过放大器在示波器上显示或用有输出电位控制的墨水笔，记录在连续移动的纸上，形成各种有节律性的波形。频率（用"周/秒"表示）是脑发育过程最重要的参数，也是研究儿童脑发展历程的一项最主要的指标。研究发现，4—20岁中国被试的脑电波的总趋势是α波（频率8~13周/秒）的频率逐渐增加。脑的发展主要通过α波与θ波（频率4~8周/秒）之间的斗争而进行，斗争的结局是θ波逐渐让位给α波。4—20岁中国被试的脑发展有两个显著的加速期，或称两个"飞跃"。5—6岁是第一个显著加速期，它标志着枕叶α波与θ波之间最激烈的斗争。13—14岁是第二个显著加速期，它标志着除额叶以外，几乎整个大脑皮质的α波与θ波之间斗争的基本结束。[④]

同样有意思的是，我们在研究中发现，5—6岁，13—14岁（初中二年级）正好是儿童与青少年思维发展，特别是逻辑思维发展的关键年龄。[⑤⑥]对这个关键年龄的问题，我们在本章第四节再做详述。

（3）数学学习的神经系统机制的研究。北京师范大学"认知神经科学与学习"国家重点研究室研究了学生数学学习的神经系统机制。通过ERP和fMRI方法比较，董奇、周新林等研究者有效地检验了他们提出的算术公式编码分离假设，即由于学习经验的影响，人们对加法、减法公式（如$9+7=16$，$8-3=5$）主要采用视觉—阿拉伯数字表征，对乘法公式（如3×7

---

②⑤ 林崇德. 学龄前儿童数概念与运算能力发展的研究［J］. 北京师范大学学报，1980（2）.
③ 林崇德. 小学儿童数概念与运算能力发展的研究［J］. 心理学报，1981（3）.
④ 刘世熠. 我国儿童的脑发展的年龄特征问题［M］//中国心理学会教育心理专业委员会，编. 教育心理论文选：中国心理学会教育心理专业会议论文选集. 北京：人民教育出版社，1962.
⑥ 林崇德. 中学生运算能力发展的研究［M］//朱智贤，编. 青少年心理的发展. 北京：北京师范大学出版社，1982.

=21）主要利用听觉—言语表征。在 ERP 实验中发现，一位数乘法比加法和减法在左侧额叶头皮电极上诱发出更大的标示着语音加工的 N300 成分；在 fMRI 实验中发现加法更多地激活与视空加工有关的大脑右侧顶枕部，乘法更多地激活与语音产出有关的大脑左侧运动区、辅助运动区和颞上回后部。以上成果发表在《Neuroimage》和《Neuropsychologia》等杂志上。近期的两个数字加工的 ERP 实验再次证明了上面的假设。

董奇和周新林等研究者从多个角度研究发现了一些属于中国人的数字加工的认知与脑机制特征。利用数字 Stroop 任务（比较两个数字的物理大小，如 2 和 7）发现，5 岁左右的中国儿童存在数字数量自动化加工，而西方儿童要到 7 岁以后才出现；西方成人普遍存在解决简单加法问题时的问题大小效应（problem size effect，例如 9＋7 难于 3＋2），但是我们发现，反应快的被试存在逆转的问题大小效应，反应慢的被试有正常的问题大小效应，问题大小效应量与反应速度呈显著正相关关系。对于中国大学生，表内加法和乘法能产生稳定、持续的脑电差异模式和大脑皮层激活差异模式，对西方成人的大量研究则没有类似报道。由于中国人背诵小九九乘法表，ERP 研究发现一位数表内乘法和表外乘法能导致大学生产生完全不同的脑电活动模式，并且第二个数字语音呈现 120 毫秒后就出现稳定、持续的差异，西方成人则没有这些差异。以上成果发表在《Memory & Cognition》、《Neuroimage》和《Neuroscience Letter》等杂志上。

董奇和周新林提出了数字语义加工皮层定位的任务依赖假设，利用数字重复实验范式和 SNARC 效应发现 4 岁多的儿童就有数字空间表征（心理数轴），两位数字的空间表征具有整体性而不具有局部性，但是加工方式是针对整体与局部的平行加工。这些研究成果发表在《Cognition》和《NeuroReport》等杂志上。

由上可见，我们应当恰如其分地估计遗传和生理成熟在心理发展中的作用。不承认遗传和生理成熟的作用，不是正确的态度，但过分夸大遗传和生理成熟的作用，同样是错误的。教师要正确对待遗传因素和生理成熟造成的学生心理发展上的差异，采取一些特殊的、适合于他们特点的办法，及时做好教育工作。

(二) 环境和教育的作用

遗传素质只提供智力发展的可能性，而环境和教育则规定人的智力发展的现实性。环境是智力发展的决定条件，尤其是有计划、有目的的教育，更是环境中起主导作用的条件。大多数遗传素质差不多的人，其智力发展之所以有差别，是因为环境和教育的作用，这就是智力的社会历史制约性。它证明人的智力随人类社会生产力和科学技术的发展而发展，随文化教育的变化而获得不同的内容与形式，获得前面谈过的智力的不同组成因素、层次和品质。因此，智力的发展在很大程度上依赖于接受和掌握人类历史成就的可能性。而这种可能性，又受个体在社会关系中所处的地位与活动制约。例如，有些少年大学生，如果不是生长在重视儿童早期教育的家庭里，如果没有机会从小就接触能传授知识给他们的师长的话，恐怕他们的智力难以有现在这样的水平。某些心理学家断言"早期教育造就人才"并指出，不少优秀科学家成才的原因之一，就是加强了早期教育，特别是数学训练。如果没有环境熏陶、教育训练，那么他们以后取得很深的造诣是不可能的。

我们经常说，在智力的培养上，一个重要的措施是"顾及气质"。气质是人的神经类型的表现，它有强与弱、灵活与不灵活、平衡与不平衡的区别。气质本身并无好坏之分，它总是在人的社会活动中表现出来并获得一定的社会意义，成为人的积极或者消极的智力特点。胆汁质的人性急，可以发展为智力活动敏捷的智力品质，也可能表现为冒失；多血质的人灵活，可以发展为活泼机智、发散思维出众的智力品质，也可能表现为动摇、优柔寡断；黏液质的人迟缓沉静，可以发展为正确、独立、镇定的智力品质，也可能表现为顽固、呆板；抑郁质的人敏感，可以发展为爱好思索和深刻性强的智力品质，也可能表现为疑心重重。这就要求教师了解自己学生气质类型的表现，积极引导，使之表现在适当的场合，对社会有良好的影响，从而成为优良的智力品质。

教育条件在智力发展上起着主导作用。社会生活条件在人智力发展中的决定作用，常常是通过教育来实现的。教育是由一定的教育者按照一定的教育目的来对环境影响加以选择，组成一定的教育内容，并采取一定的教育方法，来对受教育者的心理实施系统的影响。教育的主导作用，与教师的能动作用分不开，一定意义上，教育的主导作用主要体现在教师的主导作用上。我们做过调查，发现中小学生的智力发展水平在很大程度上取决于教师的教学。例如，我们在实验点的数学教学中突出了思维的智力品质的培养，不仅缩短了教学时间，而且学生的智力发展也很突出。

了解环境与教育对智力发展的决定作用，目的是为了创造有利于儿童青少年智力发展的环境，改变那些不利环境，因势利导，有目的、有计划地加以引导，促使他们更健康地成长。英国伟大的数学家、物理学家麦克斯韦（J. C. Maxwell）之所以迈向了数学、物理领域，并做出了突出成绩，是和他父亲独具慧眼，对他因势利导分不开的。一次，麦克斯韦的父亲让年幼的儿子对着插满金菊的花瓶绘画。当父亲看到儿子的画后，不由得笑了起来。原来，儿子满纸画的都是几何图形：花瓶是梯形，菊花是大大小小的一簇圆圈，那些大小不一的三角形大概是表示叶子的。就是这张画，使父亲看到了儿子的数学天赋，于是加以培养、引导，小麦克斯韦也从此和数学结下了不解之缘。

尽管环境和教育对儿童青少年的智力发展起决定作用，但不能做机械、简单的理解。这种作用总是通过儿童青少年智力发展的内因实现的。

二、内因与外因的关系

在教育工作中，教师所采用的教材、教法和教具都是外因，这些外因必须通过学生的内因才能发挥作用。在促进学生的智力发展时，绝不能搞主观主义。

（一）智力发展过程中的内因

心理学把智力发展的内因称为"动力"，即"心理发展的动力"。一般认为，在人们积极活动的过程中，社会和教育向他们提出的要求所引起的新的需要与其已有的心理水平或结构之间的矛盾，是人们心理发展的动力（朱智贤语）。对智力活动或心理发展的动力而言，首先是通过人们的活动或实践来实现的。智力是在活动过程中产生或形成的，也是在活动或实践中表现出来的。离开了活动或实践，就没有什么智力的动力可言。创造各类积极活动的条件，是促使学生智力发展的前提。

智力发展的动力，一方面是新的需要，另一方面是原有的水平或结构。

需要是人对客观需求的反映，它表现为动机、目的、兴趣、爱好、愿望、欲望、理想和信念等各种形态。

原有的水平是一个既能同化又能顺应的开放、自组织、积极求进的动态系统的结构，包括原有的知识水平、智力水平及智力结构（或思维结构）等。就知识水平来说，如学生已懂得了哪些，掌握了哪些；哪些不懂，哪些虽然掌握了但还不全面、不熟练等。教师在这些方面不能心中无数，要做好摸底，在备课时也要考虑到这些"底数"。就智力水平或结构来说，就是原有的言语能力、感知能力、记忆能力、想象能力、思维能力和操作技能如何；智力品质怎样；学生当时有怎样的注意状态，是专心致志还是心不在焉等。教师采用什么方法教、怎样教，必须从学生的原有水平出发，否则难以发展学生的智力。

学生一方面达到了某种知识、智力水平，另一方面可能产生某种动机和需要。这两方面就是智力发展的内因或内部矛盾，它们互相依存、互为条件，不具备一定的知识、智力水平，就不可能产生新的动机和需要；具备了一定的知识、智力水平，不加引导，缺乏新的学习动机和需要，就不可能在原有水平上取得进步。同时，已有的水平代表事物"旧"的一面，学习新东西以发展智力的动机和需要代表事物"新"的一面，"新"和"旧"是一对矛盾。教学的任务就是构成这对矛盾，教师的职责在于按客观规律引导这对矛盾运动、循序渐进，使学生的智力逐步提高。教师采用适当的方法，激发学生的内部矛盾或认知冲突，从而调动他们的内部动力，学生通过发挥自我完善的潜能而解决存在的问题，最终使自己的心理获得发展。

数学是一个重要的学习领域，它的逻辑性、系统性、条理性很强，抽象性程度很高。数学学习必须要有相应的逻辑思维能力、智力发展作为主观基础；同时，数学学习也能激发逻辑思维能力、智力发展的新需要，这种新需要不断深化，就不断地构成与原有思维水平、智力水平的矛盾，成为促进学生智力发展的最积极、最活跃的动力。下面举两个例子予以说明。

二年级小学生熟练地掌握了一步算术应用题的运算，这反映了他们直接推理的运算思维能力的水平。如果有人对他们提出一道两步算术应用题，他们就"为难"了。因为解答两步应用题，所需要的两个数，往往是直接说明一个，另一个必须通过间接推理，把那个数找出来，才能完成计算任务。这样，就产生了学会解答两步算术应用题的需要。这里的"为难"过程，正是新的需要与旧的水平产生了矛盾。按二年级算术教科书的要求，教师讲解了两步算术应用题的知识，学生懂了、掌握了，矛盾便暂时解决了，他们初步的间接推理的运算思维能力也发展了。

又如，经过初中一年级的学习，学生初步掌握了代数、平面几何的一些基础知识。在他们的思维能力成分中，逻辑抽象成分逐步占优势，但还带有很大的具体形象成分，这就是他们此时的智力水平。从初二开始，安排了抽象性更强、推理证明要求更高的代数和平面几何知识，这就使学生产生了发展更高的抽象逻辑思维能力的新需要。这种新需要在与原有水平矛盾的过程中，促进了学生的经验型抽象逻辑思维能力向理论型抽象逻辑思维能力的发展。研究表明，初中二年级学生的智力水平是真正的逻辑思维能力的"起步"。

在数学教学中，学生智力发展的新需要与智力发展的原有水平或状态之间的对立统一，构成了他们智力发展的内部矛盾，这就是数学教学中促进学生智力发展的动力。

智力发展的新需要是由教学要求提出来的。那么，我们应该如何提出要求呢？要求是从难好还是从易好？什么是最适当的要求？在数学教学中，过浅的要求，使学生感到"吃不饱"，不能激发他们的兴趣与求知欲，更不能形成他们学习数学的愿望，也就是新的需要难以产生，动机系统没有力量。这样，不仅学生学不好数学知识，更无法促进其智力的发展。

有人提出高难度、高速度和重理性的教学法。在这里，"难度"和"速度"多"高"才合适，"理性"多"重"才恰当，是值得研究的。如果"过难"，脱离了学生的原有水平，造成学生对要学习的知识、技能"望而生畏"，同样也激发不出新需要，结果只能是事与愿违，产生"消化不良"。

最恰当的要求是，高于学生原有智力和知识水平，但通过学生主观努力能够达到的要求。也就是说，"跳一跳摘果子"的要求是最适宜的。为了促进学生的智力发展，我们要不断地向他们提出有一定难度但经过努力可以达到的要求，以适合于他们原有的水平，使他们有努力的方向，而且这样的要求还能使学生产生较强烈的学习新需要，激发他们的认知冲突，从而促进其智力的发展。教师应重视这个问题。

(二) 自觉能动性的发挥与智力发展

智力的发展，取决于内因，即前面说过的心理发展的动力（新的需要和原有水平的矛盾）。而这种动力是主观的，它要见之于客观实践，这就表现为自觉能动性。离开自觉能动性谈智力发展，显然是一句空话。与我们观点一致的是美国"生态智力模型"的提出者塞西（S. J. Ceci），他于1996年提出了智力发展的生物生态理论（the bio-ecological theory），认为智力是天生潜力、环境背景、内部动机之间相互作用的函数。这个理论值得我们研究并借鉴。

对于自觉能动性的问题，我们这里仅阐述两个方面：

1. 勤奋出天才

自觉能动性的实现，突出表现在意志努力与艰苦劳动上，概括地说就是"勤奋"两个字。"天才"（genius）属能力范畴，心理学指其为高度发展的多种能力最完备的结合。人要卓有成效地完成某种活动，需有多种能力的结合，心理学家多从智力因素方面研究天才构成的要素，认为天才由深邃的洞察力、良好的记忆力、机敏的思维能力、丰富的想象力、深入的实践能力及独特的创新能力等构成。

一个青年人要求爱因斯坦公开他成功的秘诀。爱因斯坦写了一个公式：$A=X+Y+Z$。A 代表成功，X 代表艰苦劳动，Y 代表正确的方法，Z 代表少说废话。这就是爱因斯坦成功的秘诀。

要使智力获得较完备的增长，没有艰苦劳动，没有勤奋努力是根本不可能的。只有经过主观努力，才能促使智力发展的内部矛盾的解决，从而使智力得到迅速发展。

古今中外，不论是政治家、军事家，还是文学巨匠、科学家等，都是经过长期坚持不懈的刻苦努力，顽强地与困难做斗争才取得成功的。如果没有百折不挠的意志，那么做任何事情都不可能取得成功，更无从谈起智力的发展。"天才出于勤奋"就是这个道理。

我曾看过一段对著名德国数学家高斯的报道。高斯在他夫人重病期间，还专心致志地从事研究工作。一天，仆人告诉他，夫人的病越来越重了，高斯似乎听到了，可他还是埋头工作。过了不久，仆人又跑来对他说，夫人病很重，要求他立即去看她。高斯只是口里答应，却仍在思考问题。仆人第三次来告诉他，夫人快死了，请他去见最后一面，高斯回答："叫她等一下……"我反对这样有悖以人为本或缺乏人性化的宣传，但我抄下这段话，主要目的是想说明高斯的聪明才智，正是来自他对工作的专心致志和不屈不饶的意志。

2. 兴趣是形成智力的契机

主观能动性的发挥要以兴趣为前提。这是一个强调内部动机的问题，尽管动机系统很复杂，但有一点是公认的，即兴趣是人类最直接、最活跃、最持久的动机成分。

打开科学家或杰出人物的传记，可以发现其中不少人的创造、成就往往和他们具有某方面的兴趣分不开。兴趣是带有情感色彩的认识倾向，也是自觉能动性的重要组成部分；兴趣是智力发展的新需要的一种表现形态，也是动机系统的重要组成部分。有了兴趣，才能使人的智力开足马力；有了兴趣，才能使人的智慧放射出夺目的光辉。孔子早在两千多年前就说过："知之者不如好之者，好之者不如乐之者。"任何有成就的人，都热衷于自己的事业或专业，甚至到了入迷的程度。大家都熟悉英国著名科学家牛顿请客的故事。一次，牛顿请客人吃饭，自己却待在实验室做实验。突然，他想起客人还未吃饭，立即来到客厅。当他见桌旁空无一人，又见桌子上散乱的鱼刺、肉骨头、空酒杯和瓶子时，他竟拍着脑袋自言自语："嗨，我的记性真不好，刚才我不是和客人一起吃过饭了吗？"类似牛顿这样专心致志地着迷于自己事业的科学家数不胜数。天才的秘密就在于强烈的兴趣和爱好，这是勤奋的重要动力。智力与兴趣、爱好是互相制约的，兴趣、爱好吸引人们去从事活动，活动又促进智力的发展。而顺利地从事某种活动，也就进一步发展了这方面的兴趣、爱好。

教师应把学生的兴趣和爱好作为发挥主观能动性并正在形成某种智力的契机来培养。兴趣和爱好就像催化剂，它不断地促进学生去实践、探索，而实践则不断开辟着他们智慧发展的道路。我们经常听到社会上呼吁"减负"，即减轻学生过重的学习负担和心理负担。然而，学生对自己有强烈兴趣的学科，花再多的时间学习也不觉得有"负担"，反而觉得是一种"享受"。有经验的数学教师，都善于培养学生解数学习题的兴趣，逐步引导他们酷爱数学，从而发展他们的思维能力和智力，为他们将来深入钻研科学技术打下牢固的智慧基础。著名数学家陈景润对"歌德巴赫猜想"的兴趣，就来自他的高中数学老师——杨老师的激发和培养。可是，也有些数学老师和家长，单纯以考试成绩的好坏来评价学生，这是不全面的。考试成绩固然重要，但对于考试成绩差些的学生，教师应该具体分析其情况，多发扬他们的长处并给予引导，特别是应在培养他们的数学学习兴趣上下工夫。对于其他方面已有特长而数学成绩稍差的学生，也要注意培养和爱护，在肯定他们已有特长的同时，设法提高他们的数学学习兴趣，千万不要压制，更不能随便践踏他们的兴趣和爱好。

三、教育与发展的关系

既然教育在思维发展中起主导作用，那么，合理的教育与思维发展到底有什么关系？教育的主导作用有哪些表现？又是怎样实现的呢？

儿童青少年思维发展有一个指标问题，这个问题就是指发展的参数。按照辩证唯物主义的原理及其心理发展观，参照国内关于儿童青少年生理生长发育的指标及规律的研究[⑦]，我们以儿童青少年思维智力发展为例，将智力乃至心理的发展参数概括如下：

第一，心理的发展是由量变到质变的。儿童青少年的思维、智力发展是由不显露的细小量变到根本的、突然的质变的复杂过程。他们的思维由直观行动思维到具体形象思维再到抽象逻辑思维。其间要经过一系列的比较明显、比较稳定的质变过程。

第二，发展的时间。儿童青少年的思维、智力发展是有一定程序的，既有不断发展的连续性，又有各年龄阶段的特征——阶段性，也就是说，从思维萌芽到逻辑思维的产生、辩证思维的出现、思维的成熟，都有一定的时间性。

第三，发展的速度。思维、智力发展的速度不是随时间直线上升，而是波浪式的，是不等速的，有稳定发展的速度，也有加速期（即下一部分要讨论的关键年龄）。

第四，发展的协调一致性。整个心理发展过程是统一协调的，但有时又有不平衡性。整个心理发展与思维、智力发展是共性与个性的关系。思维、智力发展尽管有其特殊性，但又依赖于它和整个心理结构的关系和联系。

第五，身心发展的关系。如前所述，生理成熟可以作为思维、智力发展的一个参考指标。

---

⑦ 叶恭绍. 生长发育的一般规律 [M] //哈尔滨医科大学，主编. 儿童少年卫生学. 北京：人民卫生出版社，1980：29—35.

第六,发展的差异性。思维、智力发展的个体差异,说明个体的思维、智力发展有自己的特点。将每个儿童青少年思维、智力的指标与常模对照,就可以断定其思维、智力乃至心理发展的水平。

上述六项思维、智力发展参数,也可视为学生数学能力发展的指标。

教育在智力发展上的地位与作用有哪些?如前所述,一是教育成为智力发展的可能性变为现实性的必要条件;二是教育可以加速或延缓智力发展的进程;三是教育使智力发展显示出特定的具体形式和个别差异。有经验的数学教师对这些肯定是深有体会的。

培养智力的途径是多方面的。数学教学与学习,是促进学生智力发展的一个重要方面。数学教学任务应服从于整个教育任务。我们的教育任务之一是促进受教育者的心理发展。从教育措施到智力乃至心理发展的实现,如第一章所述,是以学生对教育内容的领会或掌握为中间环节的,要经过一定的量变和质变过程。

经过教育和教学,使学生逐步领会和掌握知识经验,这是十分重要的。领会和掌握的知识经验,从内容上说,有思想道德、学科知识、基本活动经验等方面;从形式上说,是基本知识(包括基本概念)和基本技能(有的进而成为技巧)。领会和掌握知识经验,是从教育到智力乃至心理发展的中间环节,这对智力乃至心理发展来说,是一个"量变"的过程,它是智力乃至心理发展这个"质变"的基础,如图 2.1 所示。

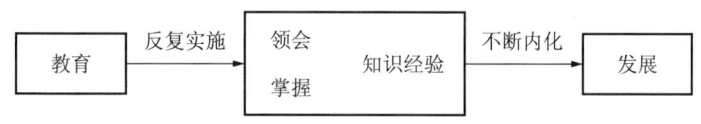

图 2.1 教育与发展关系的示意图

从图 2.1 中可以看出,智力发展决不能停留在知识经验的领会和掌握上。智力的发展,尽管离不开知识经验,但它不仅是指基本知识和基本技能的提高,更重要的是指引导学生体验、理解、思考(思索)和探究(探索),以发展观察、记忆、思维、想象、语言能力和操作技能(含实验能力和实践能力），特别是思维品质等。因此，教育和教学的目的，不仅是使学生领会和掌握知识经验，更重要的是发展智力，当智力乃至心理上引起变化，才是从教育到心理发展的质变过程。

知识经验的领会和掌握与智力乃至心理发展的关系，是一个从量变到质变的关系。知识技能和智力的关系是目前教育界、心理学界讨论较多的课题之一。知识、技能不等于智力，知识、技能的高低，并不一定意味着一个学生智力的高低，但知识、技能与智力又是相辅相成的，智力的发展是在掌握和运用知识、技能的过程中完成的。试想，一个不学习、不训练，什么事情都不做的人，他的智力怎么能得到发展呢？知识和技能是智力发展的基础，也就是说，智力的水平取决于学生所领会的知识和掌握的技能。同时，智力在一定程度上又制约着知识、技能可能取得的成就，发展学生的智力与能力能促进"双基"的提高。因此，数学教学的基础是传授数学知识。与此同时，教师必须考虑如何去培养和提高学生的数学能力，正如教育部《全日制九年义务教育数学课程标准》（2011年讨论稿）所指出的："在数学课程中，应该发展学生的数感、符号意识、空间观念、几何直观、数据分析观念、运算能力、推理能力、模型思想、应用意识和创新意识。"一句话，就是要发展学生的数学学科能力。

教学中，我们应如何以促进学生的兴趣和爱好为契机，使他们获得知识与技能，然后质变成为发展智力的基础呢？启发式教学就是一个重要方法。正如教育部《全日制九年义务教育数学课程标准》（2011年讨论稿）指出的，注重启发式和因材施教，教师可以引导学生独立思考、主动探索，使学生理解和掌握基本的数学知识与技能、数学思想和方法，获得基本的数学活动经验，从而为数学能力尤其是为抽象概括、推理和建立模型的能力奠定基础。

启发式的最大特点，就是激发学生的兴趣，引导学生动脑筋、想问题，最大限度地调动学生学习的主动性、积极性，努力去获取知识。这样，才能逐步培养学生勤于思考问题，善于解决问题，才能发展他们的思维和智力。

怎样运用启发式呢？办法很多，例如，课堂教学的组织安排必须符合认识规律，使学生对一个道理、一种方法由不懂到懂，由不会到会，由提出问题、解决问题到得出结论，使学生从中尝到甜头，产生兴趣。教学的目的要明确，使"教"的目的变成"学"的目的，学生对学习目的和任务认识得越清楚、越深刻，学习就越有兴趣、越自觉。充分利用直观和经验使学生在掌握较抽象的事物时看得见、摸得着，能够由感性到理性、由简单到复杂、由浅入深，这样既便于学生产生兴趣、接受知识，也有利于学生由具体形象思维向抽象逻辑思维过渡。要重视运用"比较"的方法，使学生认识事物的异同并对事物的本质发生兴趣。要善于提问，揭示矛盾，引导学生带着浓厚的兴趣去积极思维，逐步地解决问题，获得新知识。

可见，启发式绝非像一些人所说的就是"提个问题"，问问"是不是"、"对不对"。要善于提问，问在点子上才能启发在关键处。有位有经验的数学教师，在讲完"10 的整数次幂以外的有理数的对数不能是整数或分数"后进行了如下教学：

问："那么它是什么数呢？"

答："是无理数。"

问："什么叫无理数？"

答："不循环的无限小数叫做无理数。"

问："根据上述结论，你能猜想一下对数尾数中的数大部分是什么数吗？"

答："是无理数。"

这位教师发现课本上等差数列的图像有差错，他没有直接让学生改正，而是在讲完等差数列通项公式 $a_n = a_1 + (n-1)d$ 后，向学生提问："若 a_1、d 是已知数，a_n 是哪个变量的函数？是几次函数？"学生都能回答。又问："一次函数的图像是什么？"学生回答说："是一条直线。"接着教师让学生看书上的图像，确是一条直线。这似乎已经无可怀疑了，但他又接着问道："这个函数中的自变量 n 可以是任何数吗？"

答："必须在自然数集合内变化。"

问:"那么它的函数图像还能是一条直线吗?"

学生恍然大悟:"不能。"

教师通过提问、启发,使学生在发现—理解—改正错误的过程中,提高了数学学习的兴趣,增强了学习积极性,不仅领会、掌握了知识和解题技能,还发展了逻辑思维能力,这要比教师直接让学生改正书上的错误,收获大得多了。

启发式教学要注意学生心理发展的年龄特征。对于不同年级的学生,提问的方式及深度应有所不同。对于低年级学生,提的问题不宜太复杂,不要一连串地问"为什么"。随着学生年级的增长,学习水平的提高,问题的难度、深度都可适当增加。这样,通过提问、启发,可使学生的学习兴趣也"水涨船高"。只要他们有了学习兴趣,其智力发展的内部矛盾即动力就能被激发。

四、年龄特征与个体特点的关系

在智力发展中,年龄特征与个体(或个性)差异问题十分重要。

年龄特征,包括生理的年龄特征和心理的年龄特征。这两者密切联系、相互影响。所谓心理的年龄特征,是指儿童和青少年在一定的社会和教育条件下,在心理发展的各个不同年龄阶段中所形成的质的心理特征。

(1) 智力乃至心理的年龄特征,是针对智力乃至心理发展的阶段性而言的。从儿童出生到成熟,大致经历了六个重大时期:乳儿期(0—1岁,或称婴儿早期)、婴儿期(1—3岁,或称婴儿晚期)、幼儿期(3—6、7岁,又称学龄前期)、学龄初期(相当于小学阶段,又称童年期)、少年期(大约为初中阶段)、青年初期(大约为高中阶段)。这些阶段相互联系又相互区别,一个时期接着一个时期,新的阶段代替着旧的阶段,不能超越,也不能倒退。从发展趋势看,各种智力乃至心理现象,在各年龄时期或阶段的次序以及时距大体上是恒等的。

(2) 智力乃至心理发展的年龄特征，是儿童和青少年智力乃至心理发展在一定年龄阶段中的那些一般的、典型的、本质的特征。所谓"一般"，就是指"非个别"；"典型"，就是指有代表性；"本质"，不是指"现象"。一切科学在研究特定事物的规律时，总是从事物的具体的、多种多样的表现中概括出一般的、本质的东西。具体的事物是最丰富的，但事物的本质却是最集中的。儿童青少年的心理年龄阶段特征就是从许多具体的、个别的儿童青少年心理发展的事实概括出来的，是一般的、典型的、本质的东西。思维发展也表现出这种稳定的阶段性。从出生至3岁，主要是直观行动思维；幼儿期或学前期，主要是具体形象思维；学龄初期或小学期，主要是形象抽象思维，即处于从具体形象思维向抽象逻辑思维的过渡阶段；少年期，主要是以经验型为主的抽象逻辑思维；青年初期，主要是以理论型为主的抽象逻辑思维。以学龄初期或小学期为例：小学儿童的思维是形象抽象思维，这是就最一般的、典型的、本质的东西来说的。事实上，一年级还是以具体形象思维为主要形式，与幼儿晚期差不多；五年级儿童的思维尽管还带有具体形象性，但基本上是抽象逻辑思维了。小学生的思维，总的趋势是从具体形象思维向抽象逻辑思维过渡。由此可见，儿童青少年的心理年龄特征是指某一阶段的一般特征、典型特征、本质特征，而在这一阶段之初，可能保留着大量前一阶段的年龄特征；在这一阶段之末，也可能产生较多下一阶段的年龄特征。

(3) 智力乃至心理发展的年龄特征还表现为在每个年龄阶段会出现"关键年龄"。智力乃至心理发展有一个从量变到质变的过程，有一个由许多小的质变构成一个大的质变和飞跃的过程。每一个智力过程或个性特点都要经过几次飞跃或质变，并表现出一定的年龄特征，这种年龄特征的形式，叫做关键年龄。我们的研究表明：在儿童青少年智力发展中，学前阶段，2—3岁（主要是2.5—3岁），5.5—6岁，是孩子思维（智力）发展的关键年龄。前者是直观行动思维向具体形象思维发展的一个转折点；后者是在具体形象思维基础上，开始产生抽象逻辑思维。小学阶段，四年级是学生思维（智力）发展的关键年龄，也就是说，四年级是具体形象思维向抽象逻辑思维发展的一个转折点。中学阶段，关键年龄在初中二年级。初中二年级是中学生思维发展过程中的转折点，也就是说，初中二年级在学生的思维发展过程中是个重要时期，初中一年级与小学高年级的思维类型还相差不多，而初中二年级则是逻辑抽象思维新的起点。从这个时期开始，逻辑抽象思维开始从经验型逐步向理论型发展。因此，初中二年级学生的逻辑抽象思维处于质的"飞跃"时期。此外，初中二年级在学生的品德发展过程中也是个重要时期。中学阶段的"乱班"往往产生于初中二年级，学习成绩的"分化"产生于初中二年级，中学生品德进步或走下坡路，也常常发生在初中二年级。思维的质变既与生理有关，又与学习有关；而品德发展的"飞跃"却更多地与教育的地位和作用密切相联系。当然，也不能将关键年龄绝对化了，关键年龄往往来自于教育。所以，认为"过了这个村就没有那个店"，是夸大了关键年龄的作用，是没有必要的。

（4）在中小学生智力乃至心理发展的过程中，有一个成熟期。这个成熟期一般在高一末期、高二初期。到了成熟期，每个人的心理过程和个性特点等就基本定型并保持相对的稳定性。北京市有几所中学做过追踪调查，发现初三毕业报考高中的"尖子"，一年后他们的智力、学习能力和学习成绩变化很大；但是从高一末期到高中毕业，他们却在品学两方面都保持相对的稳定性；升入大学后，高二时品学兼优的学生，在大学里绝大部分仍然如此。调查结果说明，心理发展成熟前与成熟后的心理现象，明显的差异在于其可塑性。成熟前学生的可塑性大，应抓紧训练、培养；成熟后并非不能再发展，但可塑性小，较难训练、培养。因此，教师抓紧学生成熟前的塑造，是十分必要的。

（5）在智力乃至心理发展中，既然存在着年龄特征，那么不同时代、不同地区和不同个体的同龄学生，他们的智力乃至心理发展的年龄特征是不是一模一样呢？不是的。在一定的社会和教育条件下，智力、心理发展的年龄特征既表现出一定的稳定性，又表现出一定的可变性。一方面，智力、心理发展的一些因素，如阶段的顺序性和系统性，每一阶段的变化过程、范围、幅度和速度，大体上都是稳定的、共同的；另一方面，由于社会和教育条件在每个学生身上起作用的情况不尽相同,因而在智力、心理发展的过程和速度上,彼此之间可以有一定的差距,这也是所谓的可变性,这个可变性不仅表现出学生之间的个性或个体差异,而且也表现在不同社会生活条件或教育条件下,使社会人群某些心理发展的程度和速度产生一定的变化。稳定性和可变性是相辅相成的,它们的存在都是相对的,它们的关系是一般性与个别性的统一、典型性与多样性的统一。

在教育中,为什么要提倡"学有特色",为什么强调"因材施教"?因为人才及其智能存在着个体差异:

从发展水平的差异看,可以表现为超常、正常和低常的层次差异(即古人所说的"上智"、"下愚"和"中行"),突出地表现在一个人的思维或智力品质上。例如,在数学运算中,有的人算得快,有的人算得慢;有的人灵活,有的人呆板;有的人算法新颖,有的人死套公式。

从发展方式的差异看,有认知方式的区别,特别表现为认知方式的场独立性与场依存性。

从组成类型的差异看,可以表现为各种心理能力或学科能力的组合和使用的区别,由于智力组成的复杂性,就存在着智力的类型差异,有的人抽象逻辑思维占优势,有的人形象思维占优势,有的人则偏于中间型。学生的偏理、偏文或不偏科就是这种差异的表现。特别是,学生在同一种活动中的同样成绩,可以由不同智力的结合所决定。因此,同龄学生对同一问题的解决,会有各种不同的方式方法。

从表现范围的差异看,可以表现为学习领域与非学习领域、表演领域与非表演领域、学术领域与非学术领域的区别。在一定程度上,这种差异也是特殊能力的反映。

在特殊智力与一般智力的关系上,还可以表现出智力发育早晚的差异。历史上有过"人才早熟"的记载,也有过不少智力晚熟或"大器晚成"的事例。

学生在智力与能力发展上的种种个体差异,决定了教学必须强调因材施教。注重这种差异性,才能使我们更好地处理一般教育与"个性(个别)

教育"的关系,做到"一把钥匙开一把锁"。因此,数学教学既要面向全体学生,更要适应学生个性发展的需要。也就是说,既要使每个学生都获得应有的优质数学教育,又要使那些在数学上有特长的学生得到更多的发展机会。

第三章　智力与创造力

"创造力"（创造性，creativity）与"创新"（innovation）在心理学里往往被视为同义语。创造力与智力的关系一直是心理学界的一个争议课题。

智力是创造力的必要条件。人要解决创造性的问题，必须要有智力，但智力不是创造力的充分条件，因为一个人在创新或创造的过程中，不仅要有智力因素，而且要有非智力因素，还要有创新的环境。换句话说，智力与创造力有适度的相关，然而高水平的智力与创造力之间的相关很弱，智力可能在一定程度上可以激发创造力，但是它并不能保证有创造力。与智力较低的人相比，高智力的人也许有发展出更高水平创造力的潜力，但创造力水平的高低还要取决于其他条件，包括外在的环境、氛围等自然的和社会的因素。

我国是一个富有创造性的国家，有一本外国人写的书《中国的创造精神》，讲我国有100个"世界第一"。① 例如，在数学上，中国人率先提出了"十进制记数法"、"算术中0的位置"、"负数"、"求高次方根和解高次数字方程"、"十进制小数"、"代数学在几何中的应用"、"杨辉三角"以及"圆周率 π 的精确值"等。说到 π 的精确值，早在公元3世纪，刘徽从圆的内接正192边形开始，一直计算到更加"逼近"于圆的内接正3072边形，这样他算出了圆周率的近似值为3.14159。此时中国人已超越了希腊人。到公元5世纪，数学家祖冲之和祖暅父子把 π "精确到"小数35位。从中不仅可以看出中国人的创新精神，而且也能体会到数学能促使人创新或创造。

---

① 坦普尔. 中国的创造精神［M］. 陈养正，等，译. 北京：人民教育出版社，2004.

一、创造性人才

今天，我们需要各种各样的人才，突出的还是创造性人才，所以才有教育界的"素质教育"。素质教育是以创新精神为核心的教育，倡导学生所具备的能力，不仅有学习能力，而且有实践能力和创新（或创造性）能力（即创造力）。

什么是创造性？这是一个有争议的问题。目前国际心理学界的研究中，出现了三种倾向：一是认为创造性是一种或多种心理过程；二是认为创造性是一种产品；三是认为创造性是一种个性，不同的人有不尽相同的创造性。我们认为，创造性既是一种心理过程，又是一种复杂而新颖的产品，还是一种个性的特征或品质。这样，我们（林崇德 等，1984，1986，1992）把"创造性"定义为：根据一定目的，运用一切已知信息，产生出某种新颖、独特、有社会或个人价值的产品的智力品质。这里的产品是指以某种形式存在的思维成果，它既可以是一个新概念、新思想、新理论，也可以是一项新技术、新工艺、新作品。很显然，这一定义是根据结果来判别创造性的，其判断标准有三，即产品是否新颖，是否独特，是否具有社会或个人价值。"新颖"主要指不墨守成规、敢于破旧立新，这是相对历史而言的，为一种纵向比较；"独特"主要指不同凡俗、别出心裁，这是相对他人而言的，为一种横向比较；"有社会价值"是指对人类、国家和社会的进步具有重要意义，如重大的发明、创造和革新；"有个人价值"则是指对个体的发展有意义。可以说，人类的文明史实际上是一部灿烂的创造史。

个体的创造性一般是通过进行创造活动、产生创造产品体现出来的，因此根据产品来判断个体是否具有创造性是合理的。此外，产品看得见、摸得着，易于把握，而且人们对个体的心理过程、个性特征的本质和结构并不十分清楚。因此，以产品为标准比以心理过程或创造者的个性特征为指标，其可信度更高些，也符合心理学研究的操作性原则。可以认为，在没有更好的办法之前，根据产品或结果来判定创造性是切实可行的方法和途径。我们之所以强调创造性是一种智力品质，主要是把创造性视为一种思维品质，重视思维能力的个体差异的智力品质，更强调个性特征（林崇德，1986，1990，1992，1999）。简言之，创造性是根据一定目的产生有社会（或个人）价值的具有新颖性成分的智力品质。

综上，尤其是考虑到智力与创造力的关系，我们认为：

创造性人才＝创造性思维（智力因素）＋创造性人格（非智力因素）。此外，还要强调创造性的环境。

（一）创造性思维或创造性智力因素

所谓创造性思维，即智力因素，有五个特点及其表现：

（1）新颖、独特且有意义的思维活动。创造性的首要特点是创新性。然而，"新颖"、"独特"未必是"好"，这就应强调"有意义"，指对社会或个人有价值。在教学实验中，我们首先强调创新的解题，且解好题。例如，我们课题组曾抓小学生自编应用题，以此突破难点，使学生进一步理解数量间的相依关系，不仅提高他们解应用题的能力，而且促进其智力和创造力的发展。

（2）创造性思维的内容为思维加想象。即通过想象，加以构思，才能解别人所未解决的问题。学生在任一学科的学习成效都与他们的想象力密切相关。因此，我们在教学实验中的做法是：①丰富学生有关的表象；②教师善于运用生动的、带有情感的语言来描述学生所要想象的事物形象；③培养学生正确的、符合现实的想象；④指导学生阅读文艺作品和科幻作品。发展学生的空间想象力是数学教学的主要目的之一。

（3）在创造性思维的过程中，新形象和新假设的产生带有突发性，常被称为"灵感"。灵感是长期思考和巨大劳动的结果，是人的全部高度积极的精神力量。灵感与创造动机和对思维方法的不断寻觅有紧密联系。许多有创造性的数学家都是这样的。灵感状态的特征，表现为人的注意力完全集中在创造的对象上，所以在灵感状态下，创造性思维的工作效率极高。

小学生没有灵感；在中学阶段，灵感也只是开始，还很不明显；18岁以后，灵感获得较迅速的发展。但是，儿童青少年都有灵感基础之一的有意注意，所以我们课题组十分重视中小学生有意注意的培养。在培养学生的有意注意中，除了从非智力因素入手之外，我们还在改革教学内容和教学方法上下工夫。我们课题组所编的中学数学学科补充教材和中小学数学学科实验教材、思维品质练习材料都有利于调动学生学习的积极性，增强有意注意，为灵感的萌芽和形成奠定基础。

（4）分析思维和直觉思维的统一。分析思维就是按部就班的逻辑思维，而直觉思维则是直接领悟的思维。人在思维时有两种不同方式：一是分析思维，即遵循严密的逻辑规律，逐步推导，最后获得符合逻辑的正确答案或得出合理的结论；二是具有快速性、直接性和跳跃性（看不出推导过程）的直觉思维。例如，一位数学教师在黑板上出了一道有一定难度的因式分解题，题刚出完，就见一名学生冲上去用"十字相乘"的方法解了题。老师问："能否说出解题的道理？"学生直摇头。"你是怎么想的？""说不出来。""那你为什么要用'十字相乘'法？""我也说不清，只是一看就知道这么做对。"这是较典型的直觉思维例子。从表面看来，直觉思维过程没有思维"间接性"、"语言化"或"内化"的表现，是高度集中的"同化"或"知识迁移"的结果。难怪直觉思维被爱因斯坦视为创造性思维的萌芽。所以，我们在教学中对学生的直觉思维，一是要保护，二是要引导。尤其在初二以后，要逐步引导学生学会"知其然，又知其所以然"。

（5）智力创造性是辐合思维和发散思维的统一。辐合思维与发散思维是相辅相成、辩证统一的，它们是智力活动中求同与求异的两种形式。前者强调主体找到问题的"正确答案"，强调智力活动中记忆的作用；后者则强调主体主动寻找问题的"一解"之外的答案，强调智力活动的灵活性和知识迁移。前者是后者的基础，后者是前者的发展。在一个完整的智力活动中，离开了过去的知识经验，没有辐合思维所获得的一个"正确答案"，就会使智力灵活失去出发点；离开了发散思维，缺乏对学生灵活思路的训练和培养，就会使思维呆板，即使学会一定的知识，也不能展开和具有创造性，进而影响知识的获得和辐合思维的发展。因此，我们在培养智力灵活性的时候，既要重视"一解"，又要重视"多解"，且要将两者结合起来，我们可以称它为合理而灵活的智力品质。

三十多年来，我们将以上五个方面的特点作为创造性思维的研究指标，同时，也作为实验学校培养学生创造性思维的措施。尽管我们获得的是一些粗浅的理论，但是却在实验学校乃至基础教育界产生了一定的影响。这里我还要申明智力和创造力的关系：智力是获得创造力的必要条件，但不是充分条件。智力强的人比起智力水平低的人来说，肯定具有更大创造力发展的潜力，但能不能产生创造力，往往还要由人格因素和环境因素来决定。

（二）创造性人格或创造性非智力因素

创造性人才更需要创造性人格（或个性）。所谓创造性人格，即创造性的非智力因素。美国心理学家韦克斯勒（D. Wechsler，1950）曾收集了众多诺贝尔奖金获得者青少年时代的智商材料，结果发现，这些诺贝尔奖金获得者中大多数不是高智商，而是中等或中上等智商，但他们的非智力因素与一般人有很大差别。

关于创造性人格的研究，在国际上较著名的有两位研究者。吉尔福特（1967）指出，创造性人格具有八个特点：①有高度的自觉性和独立性；②有旺盛的求知欲；③有强烈的好奇心，对事物的运动动机有深究的动机；④知识面广，善于观察；⑤工作中讲求条理性、准确性、严格性；⑥有丰富的想象力、敏锐的直觉，喜好抽象思维，对智力活动与游戏有广泛的兴趣；⑦富有幽默感，表现出卓越的文艺天赋；⑧意志品质出众，能排除外界干扰，长时间地专注于某个感兴趣的问题。

斯滕伯格（1986）提出创造力的三维模型理论，第三维为人格特质，由七个因素组成：①对含糊的容忍（类似中国人讲的"难得糊涂"）；②愿意克服障碍；③愿意让自己的观点不断发展；④活动受内在动机的驱动；⑤有适度的冒险精神；⑥期望被人认可；⑦愿意为争取再次被认可而努力。

经过 20 余年的研究，我们（林崇德 等，1986，1992，1999）将创造性人才的非智力因素或创造性人格概括为五个方面的特点及其表现，即：①健康的情感，包括情感的程度、性质及其理智感；②坚强的意志，即意志的目的性、坚持性（毅力）、果断性和自制力；③积极的个性意识倾向，特别是兴趣、动机和理想；④刚毅的性格，特别是性格的态度特征，例如勤奋，以及动力特征；⑤良好的习惯。

30 多年来，我们将以上五个方面的特点作为创造性人格特征的研究指标，同时，也作为实验学校培养学生创造性人格的措施，获得了一些不成熟的看法，并在基础教育界传播。

由此可见，培养和造就创造性人才，不仅要重视培养创造性思维，而且要特别关注创造性人格的训练；不能简单地将创造性视为天赋，更要将它看做是后天培养的结果；不要把创造性的教育局限于智育，而应看做是整个教育，即德、智、体、美诸育的整体任务。

（三）创造性或创新的环境

创造性人才的成长所需要的环境包括：家庭环境、学校（教育）环境、文化环境、社会环境、所在的单位环境和资源环境等。这里我特别强调，创造性人才的成长需要一个民主的、和谐的创造性或创新的环境。所谓和谐，主要指处理好和协调好各种各样的关系。心理和谐和社会和谐是一致的。正因为如此，党中央、国务院相关的文件中才多次强调进一步营造鼓励创新的环境，使创新智慧竞相迸发，创造性人才大量涌现，进而培养造就世界一流科学家和科技领军人才。

和谐社会的三个空间是个人与自我的关系、个人与他人的关系和个人与社会的关系。从心理和谐角度说，围绕这三个空间，我们的工作必须考虑六个关系：

一是处理和协调好个人与自我的关系，信心是其首要条件，创新需要创新者有信心，有自信、自尊、自立、自强的精神；

二是处理与协调好个人与他人的关系，团队建设应该是创新队伍人际关系的首项，有了团队合作的精神，就能使一个队伍中的每个成员发挥更好更大的创造力；

三是处理和协调好个人与社会的关系，爱国主义当然是其核心，只有明国情、懂国格、树国威、知国耻、扬国魂的爱国精神，才是创新的最大动力；

四是处理和协调好个人与自然的关系，这就是"天人合一"的要求，创新需要树立良好的环境观，创造性人才要拥有爱护生命、爱护环境、爱护自然的品质；

五是处理和协调好硬件与软件的关系，创新离不开硬件这个必要的条件，但更要求我们坚持以人为本的原则，以充分调动人的积极性，人是创新的第一要素；

六是处理和协调好中国和外国的关系，"洋为中用"是这个关系的行动纲要，创新过程要求我们处理好国际化与民族化之间的关系，越是民族化的，就越能显示国际化。

总之，和谐凝聚力量，和谐成就伟业。创造性人才的成长离不开民主、和谐的良好环境。

二、创造性教育

2003年，我主持了一个教育部人文社会科学重大攻关课题，题目为"创新人才与教育创新"。我的弟子金盛华教授承担的子课题叫"创新拔尖人才效标群体的研究"，研究对象是我国理工科的34位院士和38位文科的国宝级专家，他们的成长有一个共同点，即离不开教育或教师的因素。这使我联系到"创造性教育"这个国际创造力培养的问题。

我们该怎样理解创造性教育？它的前提是上述的智力和创造力的关系与创造性人才的智力、非智力及环境三要素。所以，我认为创造性教育作为一种教育理念，无论人们有着怎样不同的理解，但有一点是共同的，即其实质在于培养人的创造性素质,包括创新意识和创新精神、创造性思维和创造性人格、创造性能力和实践能力等几个层次,它们涵盖了创造性的动力系统、认知系统、个性系统和行为系统,且各层次之间相互影响、交互作用,构成创造性素质这一有机整体。换言之,创造性教育是指在创造型学校环境中,由创造型教师通过创造性教学方法培养出具备创造性素质的学生的过程。

(一)创造性教育是学校三种群体产生五种效能的教育

三种群体是指校长为首的管理队伍、教师队伍和广大学生。产生的五种效能为:由创造型校长创造出创造型管理;由创造型管理创造出创造型学校环境;在校长的带动下,建设一支创造型的教师队伍;由创造型的教师进行创造型的教育教学;在创造性教育教学工作中培养出创造型学生。具体地说,创造性教育不需要专门的课程和形式,但必须依靠改革现有教育思想、教育内容和教育方法来实现,渗透到全部教育活动之中,特别要考虑到:①呈现式、发现式、讨论式和创造式的开放教学方式;②辐合思维和发散思维的教学效果;③创造型教育教学与学生身心发展的关系;④学科教学、教学方法和课外活动的作用。

在创造性教育中,如何运转上述诸要素使之产生五种效能呢?

首先,要提倡学校环境的创造性,主要包括校长的个性品质、指导思想、学校管理、工作方法、环境布置,以及教学的评估体系和班级气氛等多种学校因素的创造性。应该指出,民主气氛是学校众多因素的关键,学校里是否有民主气氛是能否进行创造性教育的关键。学校本是发现、培养创造性人才的场所,然而现实并非如此,大多数学校太注重学生的学业而排斥了其他方面,这样就压制了教师和学生创造性才能的发挥。因此,优化学校环境的创造性是促进学生创造力发展的必要条件。

其次,要建设创造型的教师队伍,因为在学生的创造性素质的发展过程中,教师起着主导作用。要有创造型的教师,就是指要有那些善于吸收最新教育科学成果,将其积极应用于教学中,并且有独特见解,能够探索出行之有效的教学方法的教师。其内容主要包括教师的创造性教育观、知识结构、个性特征、教学方法和管理艺术。特别是教学方法，这是能否培养和造就创造性人才的关键之一。教师在传授知识、经验和文化的同时，更要注重培养人，塑造学生的心灵，改善他们的精神世界。即使在传授知识时，也要讲清知识来自创造、重在应用的道理。因此，一位优秀教师绝不是传声筒般的教书匠，而应该是教育目的的实现者、教学活动的组织者、教学方法的探索者和教育活动的创造者。为此，我担忧一点：我国高校教师目前的教学比中小学教师更死板。这里，我特别想指出，高等学校只有以创造性教育作为基本手段和培养方向，才能适应社会需求，否则就会削弱自身的社会地位和特殊作用，甚至有被社会淘汰的危险。托兰斯（E. P. Torrance）的研究发现，教师在创造性动机测验中的成绩与学生的创造性写作能力之间存在一定的正相关，这表明教师创造性的高低对学生创造力的培养是至关重要的。教师们往往倾向于喜欢高智商的学生而不是高创造力的学生（E. P. Torrance，1962）。因此，研究教师的创造性教育观、个性特征、知识结构、教学方法及管理艺术对培养和发挥教师的创造性具有现实指导意义。

最后，培养学生创造性学习的人格或个性。学生是创造性教育的对象，所以要培养学生创造性的人格或个性。任何创造性活动，都受人格或个性的极大制约，都需要突破已有观念、方法与理论。所以教师应促进学生一丝不苟地、独立地、自信地用严峻的眼光审视周围环境，不是人云亦云，而是有内驱力，以勤奋好学、孜孜不倦、锲而不舍的精神去探索未知世界。我们曾对学生创造力与智力、非智力因素的关系做过研究，结果表明：创造力与其他智力的思维品质的相关系数在 0.40 以上，这个相关系数不算太高，但也不算低。因此，在教育教学中，既要重视学生的智力培养对创造力发展的作用，更要注意学生的非智力因素，尤其是"创造"的成就动机对创造力发展的作用。

（二）人人都有创造力

我们（林崇德 等，1984，1986，1992，1999）通过研究曾多次强调，人人都有创造力，创造教育要面向全体学生。在过去的心理学中，创造力的研究对象仅仅局限于少数杰出的发明家和艺术家。我们认为，创造性是一种连续的而不是全有全无的品质。人人乃至儿童都有创造性思维或创造性；人的创造性素质及其发展，仅仅只是类型和层次上的差异，因此不能用同一模式去培养学生的创造性。创造性教育要大众化，尤其在大、中、小学里，每个学生都可以通过创造性教育获得创造性的发展。我们要从全局看问题，从未来看问题，从发展看问题，千万不要对学生武断定论："我把你一碗清水看到底！"（似乎说"像你这号人还有什么创造性？"）这样做是与"人人都有创造力"相违背的，至少忘了教育家陶行知的名言："你的教鞭下有瓦特，你的冷眼里有牛顿，你的讥笑中有爱迪生。"在创造力的发展中，人人（包括伟人）都有弱点，也有长处。创造性教育要贯彻"因材施教"的原则，使受教育者"扬长避短"。

在创造性教育中，首先要树立正确的教育观念，尤其是正确的人才观念。这就是要强调人才的多样性、广泛性和层次性，能为社会做出贡献的都应视为人才。同时，我们应该认识到，尽管随着时代的发展，社会需要高学历、高学位的人才，但社会同样需要低学历、低学位的人才；需要受过一定的系统教育的人才，也需要在实际工作中自学成才和有一定特长或专长的人才，他们都在不同程度上表现出创造性，有的还十分突出，即所谓"行行出状元"。他们都是社会必不可少的人才。

现代教育观念还对学校如何培养未来人才提出了新要求：要重视培养学生的创新精神和创造才能，以及独立获取知识并运用知识解决实际问题的能力；要尊重学生的人格，重视发展学生的个性特长。本着这种教育观念，我们应面向未来，以培养"T"型人才为教育目的，革新教学内容，积极稳妥地改革课程和教材，大胆地投入改进教学方法的实验研究，并积极地改革考试内容和考试方法，突出创新精神和创造性的考查。只有这样，才能使我们的教育教学满足培养未来人才的新要求。

（三）融东西方教育模式为一体，培养"T"型人才

自20世纪70年代末开始，我一直在思考创造性教育的问题。

第三章 智力与创造力

心理学越来越重视研究人力资源，即人的能力、智力、知识、技能以及积极性、主动性、创造性等问题，对人类的知识结构则强调广博与精深的区别。我国人才学研究者也重视按知识的结构来划分人才的类型，形象地用"—"表知识的宽度，用"｜"表示知识达到的深度，首先提出了"T"型人才的概念。他们指出，一个优秀人才，是指知识面广且有一门精深专业知识的"T"型人才。我想赋予人才或人力资源以新意，即提出融东西方教育模式为一体而培养"T"型人才，并作为我国创新教育的目标。

从一定意义上说，东亚和东南亚诸国，是比较典型的东方区域，西方主要是指欧美国家。融东西方教育模式所培养的"T"型人才，这是世界公民最优秀的素质表现，也是21世纪我国创新教育的根本目标。如果真的培养出"T"型人才，开发了这种人力资源，则意味着在全世界掀起一场教育的变革。它既包括改革以往的教育观念，也包括改革旧的教育内容，还包括改革旧的教育方法和手段。

图3.1是经我修订的"T"型人才模式，我认为这是较典型的教育模式。

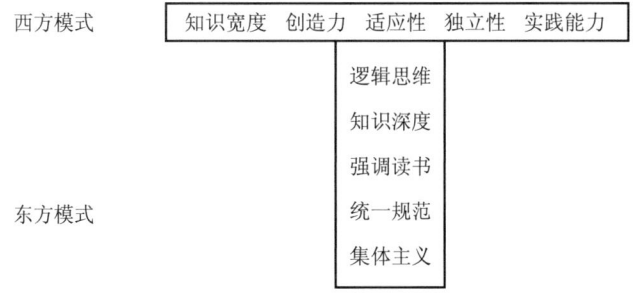

图3.1 "T"型人才模式

图3.1表明，所谓"T"型人才，"横"代表西方的教育观念、教学方法、教学模式；"竖"代表东方的教育观念、教学方法、教学模式。

东西方教育模式及其所培养的人才各有什么特点呢？

西方的教育，重视培养学生广阔的知识面、创造力、适应性、独立性和实践能力。这种教育模式突出地表现在以培养学生适应性为基础，以训练动手（实践）能力为手段，以增长创造能力为根本，以发展个性为目的。西方教育十分关注学生的适应性或社会适应能力。把适应能力既看做是智力的实质，又视为心理健康的组成因素。西方教育相当重视学生的实践活动，从中小学到研究生阶段，都有动手的课程，教师反对"纸上谈兵"，而是带动学生实践，引导他们解决实际问题。西方的教育还贯穿着一条创造力培养的线索，因此倡导"创造性教育"和"创造性学习"，使学生的创造性从根本上获得提高。西方教育的重要目标之一，是发展人的个性，也就是说，教育的目的就是充分运用宏观的社会关系，在群体中通过交往而形成微观的人际关系，促使受教育者的个性获得千姿百态的发展，成为一个个生动活泼的社会个体；调动个体的积极性，即发挥每一个人的能动性为社会服务。

东方的教育模式，则重视培养学生精深的知识、逻辑思维、理解能力、统一规范和集体主义精神。这种教育模式突出地表现在以理解知识为基础，以崇尚读书（理论）为手段，以发展逻辑思维为根本，以追求统一规范为目的。东方教育十分关注学生的知识，而且强调知识的深度和理解水平，所谓"知其然，知其所以然"，就是这种模式的创导。在东方，不管哪个国家，各科考试主要是考知识，自古以来，基本如此。东方教育特别强调学生读书，因为"书中自有黄金屋，书中自有颜如玉"，所以"万般皆下品，唯有读书高"。东方教育十分注重逻辑思维的培养。人类的思维就是逻辑思维，思维的逻辑性指的是思维过程中有一定形式、方式，是按一定规律进行的。我国去西方的留学生中，有相当一批是学习数学和计算机的，他们的成绩使西方学生望尘莫及。为什么？因为中国学生从小接受的是逻辑思维的训练。东方教育重视受教育者对知识的深刻理解，即强调理性知识，强调学生"透过现象看本质"。东方教育还强调集体协作精神，讲究准则和规范化，"没有规矩，不成方圆"，于是把追求统一规范作为教育的目标。

有人问我："哪种教育模式好？"我回答："各有千秋。"实际上，两种模式既有差异性，又有相容性。一百多年前，我国教育开始倡导"学贯中西"，我认为当前应继续倡导，并在此基础上"扬长避短"，这样就一定能培养出一批又一批的创新人才或创造性人才来。

三、创造性学习

　　我们倡导并鼓励学生进行创造性学习。学习，一般是指经验的获得及行为变化的过程，而创造性学习是布鲁纳（J. S. Bruner）的发现学习和吉尔福特提出的创造性思维两种理论的产物。

　　学习按不同的学习方式，可以分为接受学习（reception learning）和发现学习（discovery learning）。所谓接受学习，是指学习者将别人的经验变成自己的经验时，所学习的内容是以某种定论或确定的形式通过传授者传授的，不需要自己任何方式的独立发现。与之相对应的教学方法是讲授法，即学习者将传授者讲授的材料加以内化和组织，以便在必要时给予再现和利用。所谓发现学习，又叫"发现法"，主张由学习者自己发现问题和解决问题。它以培养学习者独立思考（思维）为目标，以基本教材为内容，使学习者通过再发现的步骤来进行学习。发现学习分为独立发现学习和指导发现学习，前者与科学研究相同，在学校学习中较少见；后者在课堂教学中出现，它向学生提出有关问题，指导学生学习、搜集有关资料，通过积极思考，自己体会、"发现"概念和原理的形成步骤。发现学习的倡导者布鲁纳认为发现学习有四个优点：一是有利于掌握知识体系与学习的方法；二是有利于激发学生的学习动机，增强其自信心；三是有利于培养学生发现与创造的态度和探究的思维定式；四是有利于知识、技能的巩固和迁移。吉尔福特的创造性思维主要是指前边提到的发散思维，它由三种特性组成：一是变通性，即一题多解；二是独特性，即与众不同的特点；三是流畅性。创造性学习正是在发现学习和创造性思维等研究的基础上发展起来的。"创造性学习"（creative learning）一词来自"创新学习"（innovative learning）。"创新学习"的概念最早出现在詹姆斯·W. 博特金等人（James W. Botkin, Mahdi Elmandjra, & Mircea-Malitza）合著的《学无止境》（*No Limits to*

Learning，1979）一书中，它是针对全球存在的环境问题、能源危机等提出来的。创新学习是与传统的学习方法——维持学习（maintenance learning）相对立的一种学习。维持学习是获得固定的见解、方法、规则以处理已知的和正在发生的情形的学习，它对于封闭的、固定不变的情形是必不可少的。创新学习是能够引起变化、更新、改组和形成一系列问题的学习，它的主要特点是综合，适用于开放的环境和系统以及宽广的范围。预期和参与构成创新学习过程的概念框架，创新学习需要创造性的工作。维持学习和创新学习的另一区别在于：维持学习所要解决的问题来源于科学权威或行政领导，其解决方案容易被公众理解和接受。到20世纪80年代初，国际心理学界重视使用"创造性学习"的概念。也就在这个时候，我于1985年提出"重复性学习"和"创造性学习"的分类，并强调学生创造性学习的重要性。

（一）创造性学习的特征

学习活动，是要把人类所建树的一切经验、认识和文化成果，都用来武装新一代的头脑，以改变个体的行为，为文明服务，为社会发展服务。学习活动的基础是教育；教育是受教育者学习活动的前提。我们今天强调创造性学习，须以创造性教育为基础；而创造性学习是创造性教育的一种形式。

创造性教育是在创造性理论的推动下，由创造性的训练而发展起来的。这种训练包括两个方面：其一，心理学家为了发展人类的创造才能，推荐了各种不同的创造力训练程序。例如，人的创造才能发展是与培养个体形成多侧面完整人格的整个过程分不开的，而不能单纯地局限于诸如"创造性问题—解决过程"上，因为学生个性（人格）及其内在动机的形成，对创造力发展至关重要，而个性的形成必须接受教育的影响。又如，提倡问题—解决训练和其他许多鼓励学生自己提出问题，或懂得教师是怎样提出某些问题的思路，以便呈现创造能力的方法。其二，教育措施除了对持续和成功的创造力必不可少外，其非常重要的作用可以归于其组织化因素。

它的目的是保证主体的高效率，以及维持其高度创造力的心理状态。近年来，我们已经看到许多应用各种组织化程序刺激创造力的建议。

创造性教育就是在这种创造力训练的基础上发展起来的。它特别要考虑到：呈现式、发现式、发散式和创造式的思维方式。在创造性教育中，要提倡学校环境的创造性，要有创造型的教师，还要培养学生创造性学习的习惯，适应创造性教育的特征，使学生形成一种带有情感色彩且自动化的学习活动，关注呈现式、发现式、发散式和创造式的问题，这就是创造性学习。所以，创造性学习是创造性教育的一种形式。

创造性学习有如下主要特征：

(1) 强调学习者的主体性。主体性是学习者作为实践活动、认知活动的主体的基本特征，它的实质是由人的自我意识实现学习者对学习活动的自我监控。创造性思维和自我意识存在着高相关，自我认可、独立性、自主性、情绪坦率上有高水平的被试，其创造力也较高。学习者的主体性体现在：学生是教育目的的体现者；学生是学习活动的主人；学生在学习活动中是积极的探索者；学生是学习活动的反思者。

(2) 倡导学会学习，重视学习策略。在学校里，学生最重要的学习是学会学习；最有效的知识是自我控制的知识。要学会学习，就有一个学习策略的问题，即学习者必须懂得学什么、何时学、何处学、为什么学和怎样学。所谓学习策略，主要指学习活动中，为达到一定的学习目标所需要的规则、方法和技巧。创造性学习过程是一种运用学习策略的活动。学生要学会学习，学会创设创造性学习的环境，寻找独特的方法，善于捕捉机会发现问题和解决问题，都得运用一定的学习策略。

(3) 要求学习者有新奇、灵活、高效的学习方法。创造性学习者会能动地安排学习，有较系统的、适合于自己的学习方法，并养成良好的学习习惯。

(4) 有来自创造性活动的学习动机，追求创造性学习目标。创造性学习者有其独特的学习动机：强烈的好奇心，旺盛的求知欲，用出众的意志品质排除干扰而专注于某个感兴趣的问题；对事物的变化机制有探究的动机,渴求找到疑难问题的答案;刻苦钻研的学习态度;思考问题的范围与领域不被教师所左右;崇尚名人名家的学习理想,并用奋斗的目标鞭策自己。这种创造性的学习目标在学习的目标、内容和途径上表现出不同寻常的理念和行动。

(二)养成学生创造性学习的行为特征

创造型学生,除了有独特的个性外,他们在行为表现上也是与众不同的。美国心理学家托兰斯(1974)对87名教育家做了一次调查,要求每人列出5种创造型学生的行为特征,结果如下(百分数为该行为被提到次数的比例):

(1) 好奇心,不断地提问;	38%
(2) 思维和行动的独创性;	38%
(3) 思维和行动的独立性,个人主义;	38%
(4) 想象力丰富,喜欢叙述;	35%
(5) 不随大流,不过分依赖集体的意志;	28%
(6) 喜欢探索各种关系;	17%
(7) 主意多(思维流畅性);	14%
(8) 喜欢进行试验;	14%
(9) 灵活性强;	12%
(10) 顽强、坚韧;	12%
(11) 喜欢虚构;	12%
(12) 对事物的错综复杂性感兴趣,喜欢以多种思维方式探讨复杂事物;	12%
(13) 耽于幻想。	10%

由此可见,创造型学生的行为特征多是:好奇、思维灵活、独立行事、喜欢提问、善于探索等。这与实际情况是吻合的。

学习贵在创新。有人认为,学习只是接受前人的知识,学习书本上的知识，不是什么创造发明，根本谈不上创新。我们则认为，学习固然不同于科学家的研究，但也要求学生敢于除旧布新，敢于用多种思维方式探讨所学的东西。学生在学校里固然是以再现思维为主，但培养他们的创造性思维，也是教育教学中必不可缺的重要内容。学习过程中，学生的思维具有独特、发散和新颖的特点，这就是他们创造性思维的一种表现。研究学生思维创造性的发展和培养，研究他们的创造性学习特点，做出科学的分析，以便促进学生的创造性学习，这是思维心理学和学习心理学研究的一个重要的新课题，也是信息时代赋予教育工作者的一项重要的新任务。

（三）在创造性学习中培养学生创新能力的途径

我们课题组通过对学生创造性学习的理论、实践和培养创造力的研究，提出了加强学生创造力培养的七条途径：

（1）改善校园文化的精神状态。营造创造性学习的校园文化氛围，包括认识和内化创造力，使创新意识深入人心；形成支持型校园气氛，营造创造性校园气氛；开展创造力教学活动，激发师生的创造热情。

（2）把培养学生的创造力渗透到各科教学中。结合具体学科的某种具体能力制定一系列要求，激发学生对某一学科的创造性学习，通过达到这些创造性学习要求来培养学生的创造力。

（3）在课堂教学中启发学生的创造性学习进而培养他们的创造力。通过激发学生创造的动机、教师的灵活性提问和布置作业，教师掌握和运用一些创造性教学方法（例如发现教学法、问题教学法、讨论教学法、开放式教学法等），在课堂上创设创造性问题情境，引导学生的创造性学习，以解决问题的方式培养学生的创造力。

（4）构建新型校园人际关系。根据前述创造力与智力关系的观点、创造性人才组成的观点等，要促进创造性人际关系的形成，必须努力做到：确立民主型领导方式，改善领导与教师的关系；构建"我—你"型师生关系，改善师生关系；积极开展自主学习、合作学习和探究学习，培养良好的非智力因素与智力因素。

(5) 创新学校组织管理制度。根据前述创造性教育的要求，要营造创造性校园，具体内容包括：重视在教学和学生管理中，给学生充分的经费保证；积极实行分层管理，消除管理中"一刀切"问题对学生创造力的不利影响；形成创新性评价制度，解除当前贯彻创新教育理念的束缚。

(6) 教给学生创造力训练的特殊技巧。课题组曾向未成年被试者介绍，并让他们掌握诸如美国托兰斯提出的"创设适宜的条件"来进行创新能力训练的方法，教给他们如何有效地进行发散式提问。通过让学生在创造性学习中掌握这些有效的创造力训练方法，让其进行自我训练，从而达到自我创新能力的提高。

(7) 在科技活动中培养学生的科学创造力。科技活动是学生课外活动中与创造力发展关系最为密切的一项活动。应该把学生参加科技活动作为其创造性学习的一项措施，通过科技活动，可以开阔学生的视野，激发学生对新知识的探索欲望，增强学生的自学能力、研究能力、操作能力、组织能力和创造能力。

四、在数学教学中培养学生的创造力

在中小学数学中，教师要自觉地运用上述创造性（创造力）发展的原则，积极进行创造性教育，开展各种各样的创造性（创新）活动，培养学生的创新意识（精神）、创新能力和实践能力。具体做法有：

（一）古今中外数学家实例与创造力培养

学习数学知识中的故事，包括学习数学家的实例（故事），能激发学生的兴趣，进而增进其创造或创新的精神，投入创造性的数学活动，逐步提高数学学习中的创造力。我曾主编了两年获全国"十大畅销书"的《中国少年儿童百科全书》，该书分为四卷，其中有"科学·技术"卷，设有"数学宝库"的专章。不少中小学校将其作为数学教学的内容，或引导学生课外阅读。

"数学世界的巨匠"展示了世界上最有名的数学家的故事,从信仰"数即万物"的毕达哥拉斯、几何之父欧几里德、第一个算出地球周长的埃拉脱色尼……到我国的数学之圣祖冲之、轰动日本列岛的陈建功、工作到最后一天的华罗庚、第一个获得菲尔兹奖的丘成桐等。这些故事可以让学生了解创造性巨匠的成长规律,从而树立创造力的榜样。

"数学的童年"讲述了数学研究对象的来历、数学之源、泥板的故事、金字塔和纸草书、佛掌上的"明珠"、数学之桥、巴比伦人和古埃及人的数学实践、十进制和二进制的故乡——中国对数学起源的贡献等故事。人类种族进化史与个体发展文明史是密切联系的,"数学的童年"能激发中小学生钻研数学的动力,有助于从小发展创造力。

"丰富有趣的数"讲到的故事太多了,例如含义丰富的0、分数的妙用、小数的经历、负数的引入、无理数的风波、真实的虚数、无限大与无限小、哥德巴赫猜想、悬而未决的费尔玛数等。故事从正确的方面向中小学生提出了一个又一个创造性的问题,引发他们的创造性思考(思维)。"是非难分的悖论"讲述了罗素悖论、说谎者悖论、强盗的难题、"部分也能等于整体吗"、"任一三角形都等腰"、"直角等于钝角"等故事,从反面出发告诉中小学生,假如说一个论断是正确的,那么,无论做怎样的分析、推理,总不会得出错误的结论;同样,假如说某个论断是错误的,那么,无论做怎样的分析、推理,总不会得出正确的结论。创新过程需要排除悖论。

"各式各样"的式,谈了代数式、因式分解、解方程的技巧、丢番图的墓志铭、著名的百鸟问题、韦达公式、恒等式的用处、兔雁问题、鸡兔同笼等;而"形"象万千,谈了数学巨著——《几何原本》、日神提出的难题——倍立方体香案、地面铺砖的学问、三脚架竖立的奥妙(重心)、黄金数与优选法、古老的勾股定理、弧形滑梯与变分法、星形线与折叠式车门、奇妙的墨比乌斯纸环等。上述从数和形两方面所讲的故事式数学题,能启发中小学生在数学学习中不仅学会各种数学知识,而且认识到创新范围的广阔性、丰富性,从而促使他们在日常生活中积极地开展创新活动。

2008年我出席中国科技大学少年班成立30周年庆典并作了大会报告，当我走下讲台时，竟有已毕业多年的少年班学生对我说："林先生，我从《中国少年儿童百科全书》中早就认识了您……"从中科大少年班学生的成长中可以看出，学点"数学故事"，有助于中小学生的创新精神和创造力的培养。

（二）数学创造力训练与培养

创造力也可以通过数学训练加以培养。在数学课堂教学中，教师可以通过多种形式为学生创造力的发展创造一定的条件。

1. 发现式

与一般教学法不同，发现式教学法强调在不依靠教师讲解的情况下，学生通过自己的思考、探索去发现新知识，寻求解决问题的途径和方法。当然，在这一发现过程中，仍然需要发挥教师的指导作用。发现式教学法通常包括以下几个环节：给出问题情境—提出假设—验证假设—归纳、应用、提高。在数学教学中，也就是在教师的指导下，学生通过一些实验或制作一些模型，观察一些图像或表格，在比较、分析、归纳、概括的基础上形成相应的数学命题，获得解决数学问题的方法和途径。

例如，有这样一个例题：

甲、乙两站之间相距480km，一列慢车从甲站开出，每小时行驶65km，一列快车从乙站开出，每小时行驶95km。问：（1）两车同时出发，相向而行，多少小时后相遇？（2）慢车先开30分钟，两车相向而行，快车行驶了多少小时后两车相遇？

教师在讲完例题后，给学生示范编题。比如例题的题干不变，问题改为：慢车先开30分钟，两车相向而行，慢车行驶多少小时后两车相遇？接着，让学生试着以总题干作为已知条件，进行编题，再引导学生把题中的已知条件和所求问题做一交换，最后，根据学生编出的题目，教师从中选出有代表性的几道题让几组同学进行列方程比赛，以此活跃课堂气氛。

2. 发散式

发散思维是创造性思维的核心。在数学教学中可充分利用"一题多解"、"多题一解"、"一题多变"等培养学生的创造力。

例如，解答下面的问题：

某玩具厂生产一批儿童玩具，原计划每天生产60件，7天完成任务，实际只用6天就全部完成了。实际每天比原计划多生产多少件玩具？

通常的解法是先求出总任务有多少件，实际每天生产多少件，然后求出实际每天比原计划多生产多少件，列式为：60×7÷6－60＝10（件）。而有一个学生却说："只需60÷6就行了。"理由是："这一天的任务要在6天内完成所以要多做10件。"从他的回答中可以看出，他的思路是跳跃的，省略了许多分析的步骤。他是这样想的：7天任务6天完成，时间提前了1天，自然这一天的任务也必须分配在6天内完成，同样得60÷6＝10，就是实际每天比计划多生产的件数了。这种异于常规、新颖的解题方法正是个体创造力的表现，是需要教师鼓励和赞赏的。

3. 创造性问题

创造性问题的解决过程要求个体克服思维定式，从全新的角度进行思考，对问题获得一种新认识，以达到对问题的解决。

例如，经常提到的"四棵树问题"，要求学生在一块土地上种植四棵树，使得每两棵树之间的距离都相等。许多同学尝试在一个平面上解决问题，但是不管他们画正方形、菱形、梯形、平行四边形……都行不通。而要解决这一问题，就需要学生突破二维平面的限制，在三维空间构建一个正四面体（如图3.2）。

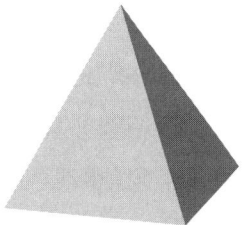

图3.2

4. 头脑风暴法

头脑风暴法是一种集体开发创造性思维的方法。将这种方法运用于数学教学，可以使学生开阔思路，丰富想象，变被动学习为主动学习，为学生创造性思维的发挥提供空间。教师在采用头脑风暴法进行教学设计时，大致可分为以下几个环节：①设置一个良好的探索或讨论的环境，②提出问题，③在讨论中自我构建，④回归和总结。

例如，在 $\cos(\alpha+\beta) = \cos\alpha\cos\beta - \sin\alpha\sin\beta$ 这一公式的教学中，教师可以先让学生猜想公式，再让学生证明（"我们如何证明 $\cos(\alpha+\beta) = \cos\alpha\cos\beta - \sin\alpha\sin\beta$""我们可以利用什么工具将 $\cos\alpha$、$\cos\beta$、$\sin\alpha$ 和 $\sin\beta$ 联系起来"），学生提出不同的方法，最后由教师进行总结。

（三）数学学习动机与创造力的培养

列夫·托尔斯泰说过："成功的教学所需要的不是强制，而是激发学生的兴趣。"强烈的学习数学的动机是学生创造性地开展数学活动的前提。因此，教师不仅要教给学生数学知识，而且要培养学生学习数学的兴趣，激发学生学习数学的内在动机，保护好学生的好奇心。

近年来，我国中学生在国际数学奥林匹克竞赛上屡获大奖，令世界惊叹不已。然而，教育进展国际评估组织对 21 个国家的调查显示，中国孩子的计算能力排名世界第一，而创造力排名倒数第五。这种鲜明的反差不能不引起教育者的思考：为什么我国学生出色的计算能力不能转化为创造能力？我们认为，其中一个重要原因是学生学习动机、学习兴趣的丧失。在长期的机械、应试性的数学训练中，虽然我国学生打下了扎实的知识基础，但与此同时学生学习数学的好奇心和创造力也被扼杀了。2006 年美国教育报告中的国际数学学习比较研究有一个有趣的发现：亚洲国家八年级的学生在 TIMSS（Trends in International Mathematics and Science Study）数学测试中成绩很高，但有数学学习自信心的人数比例却很低，韩国是 6%，日本只有 4%；而美国学生在同样的数学测试中成绩不太高，但对数学学习有自信心的学生达 39%。因此，对我们教育者来说，在抓好基础知识教学的同时，也需要考虑如何培养学生学习数学的兴趣，而这是学生实现数学创造力的一个前提。当学生发自内心地热爱数学时，他的创造力才能被激发出来。

具体来说，教师可以通过多种途径来激发学生学习数学的动机。

例如，教师在讲授"圆周角"时，可以让学生动手操作，把细绳一端用图钉固定在硬纸板上，另一端系着笔，把绳子拉直画一圈就会画出一个圆，接着让学生把绳子换成橡皮筋再画，结果画不成一个圆。这时，教师抛给学生两个问题："为什么画不成？""形成一个圆需要具备哪些条件？"通过这种动手操作，数学不再是枯燥的、抽象的概念和定理，而是和学生的生活紧密结合的有用的学科。在这一过程中，不仅学生学得高兴，也有利于培养学生的创造力。

再如，教师在教学"表面积"时，可以设计这样一道题：将长、宽、高分别为3、4、5的两个长方体形状的巧克力包成一包，可能有几种不同的包装方法？哪种方法包装最省纸？这种来源于生活的例子，不仅激发了学生的学习兴趣，也为他们提供了丰富的想象空间，有利于他们创造力的培养。

（四）数学知识传授与创造力的培养

数学学科起源于人类的生产和生活实践，其本身就体现着创新的思想，包含着无穷的魅力。中小学数学中所涉及的算术、代数和几何等内容，都是人类在长期的实践过程中，从简单到复杂，一步步发展起来的，充分体现了人类的智慧。

比如，在数学中有"用字母表示数"的学习内容，虽说理解了相关内容之后，我们会感到很简单，但就是这么一种简单的表示，却是人类认识的一次飞跃，它将人类认识世界的视角从数字领域迁移到代数领域，实现了由算术向代数的转化，因此也使人类在解决实际问题时实现了由静态思维向动态思维的转变。对于儿童青少年而言，掌握了这部分知识，不单意味着其理解了相关的知识，同时也意味着其思维水平实现了从具体思维向形式思维的飞跃，实现了思维水平的一次跨越。

再比如，负数部分也体现了人类理性的一种跨越——从正数到零，再由零到负数。儿童青少年理解了其意义，也就扩展了其有关数的理解范围，建构出有理数的概念，也因之完成了一次高度抽象性的思维升华——这些都是由数学知识本身的飞越而促成的理性突破。

正如前文所言，数学是思维的体操，无论是接受数学知识，还是运用所学数学知识解答问题，对于学生而言，都是一个创造的过程。一则他们在接受数学知识特别是新的数学知识时，是在其最近发展区实现知识的增长以及能力的提升，这无疑是一种基于旧有知识而进行的创新变式。比如在学习初步的立体几何知识时，会由单纯的二维平面思维逐步转变为三维立体思维，这种转变过程就体现了一种跨越和创新，从一个旧的问题思考模式转变为一个新的问题思考模式。二则在吸纳新知识、形成新认识之后，学生会自觉不自觉地运用这些知识尝试解决新问题，甚至发现更新的问题。比如在学习了平行四边形面积公式后，学生可以自己尝试推导菱形面积公式，通过比较二者的异同，进一步理解图形的性质和含义，从而在更牢固地掌握相关知识的基础上，实现更深入学习新知识的能力提升。

（五）数学实践与创造力的培养

数学是一门实用性很强的学科，其强大的生命力也正是建立在其实用性基础之上的。鉴于课堂教学模式的限制，学生在学完数学知识、解决相关问题时，一般只能通过解答应用题"模拟"解决实践问题，但即使如此，也能提升其创造力。比如，在解决有关时间、速度和距离的数学应用题时，虽然学生不能身临其境地完成相关行程，但题目本身提供的情境以及由此而生发的对于解答实际问题的兴趣，使得他们也能完成相关的知识学习和能力提升，也因为解题本身而增强其应用数学知识的兴趣，从而为未来解决真实的实践问题奠定了基础。

除上述这种相对被动的学习模式外，在中小学数学教学中，也涉及编制应用题的学习内容，这对学生提出了更高的创新要求，因为编制数学应用题，不仅需要学生理解相关的数理知识，而且需要他们具备较强的逻辑表达能力。这一从知识储备到知识释放的过程无异于一次创造发明的过程——从理解相关知识，到审题立意，形成相关表象，再到具体思维操控，直至编出题目，和一项新发明的产生别无二致。有心理学研究表明，这样的学习模式能够有效地提高学生的数学学习成绩,提高其应用题解题能力。

随着新课改的实施和先进教学手段的引入,新的教学模式也走进了数学课堂,研究性学习和创设问题情境的学习就是其中的代表性模式。

比如,在学习完统计知识后,教师可以让学生分组去调查学校某年级学生的身高、体重等,通过对数据的收集、整理和分析,向全班同学汇报调查的结果,使学生能够真正学以致用,激发其学习数学的兴趣,培养其迁移知识的能力,从而奠定其创新能力的基础。

再比如,在教学"小数的性质"时,可以在课前预先布置学生到超市或商店里了解各种商品的价格。上课时,先听取学生的汇报,教师有意识地记录一些带小数的商品价格,然后启发学生通过不断转移小数点的位置发现价格的变化,直到最终学生能够自己"创设"价格,自己不断比照所定价格的差异。这算是一个从创设实际问题的情境中,提高儿童数学学习能力和创造力的生动实例。

第二篇

数学是人类的思维体操

恩格斯在《自然辩证法》中指出：思维是宇宙中物质"运动的基本形式"之一，是"地球上最美的花朵"。这美丽的花朵涉及从物质到精神、从宏观到微观、从理论到应用等许多不同方面。也正是这美丽的花朵，不仅能使主体去深刻地认识客观现实，而且能制作思想产品去能动地改造客观世界。

鉴于思维的重要性，自古以来，人们都重视思维能力的培养。其中利用数学培养人类思维能力，成为一个重要途径。数学是研究现实世界数量关系与空间关系的科学。它与人类的生存、社会的进步休戚相关，它已进入到各门科学技术（包括人文社会科学）以及我们生活的各个方面。有人称它是探索和发明的乐土，这是完全正确的。因为任何科学的探索和发明，离开了数学的思维方法是不可能的。因此，数学是一门培养思维能力的基础课。正像为了"身体好"人们要做体操的道理一样，人类重视数学作为"思维好"的一种手段，这就构成了"数学是人类的思维体操"的常识。孔子曰："学而不思则罔，思而不学则殆。"数学与思维建构了"学"与"思"的模式，数学成为促进人类思维能力的手段。本篇的三章正是阐明这种手段的具体表现。

第四章 数学思维的完整结构

思维、智力是心理现象,是人脑对客观事实的认知。客观现实世界是统一的物质世界,世界上的一切事物和现象,都遵循着物质本身所固有的规律运动着、变化着和发展着。正是客观现实世界的整体性、复杂性与统一性,决定了人的思维是一个完整的结构。

因为数学是揭示事物在数量关系与空间形式上的本质的科学,所以数学学习就必然要求学生的思维有整体的数量关系与空间形式的结构,而这个结构越完整,越能认识数量关系与空间形式的统一性与复杂性,数学能力就越强。可见数学的学习必须要有思维的完整性做基础,而学习又能促进思维整体结构的发展,两者是密切联系着的。

一、思维是一个整体结构

思维是完整的结构。这个结构中包含六种因素:思维的目的、思维的过程、思维的材料、思维的品质、思维的监控和思维的非认知因素(见图 4.1)。

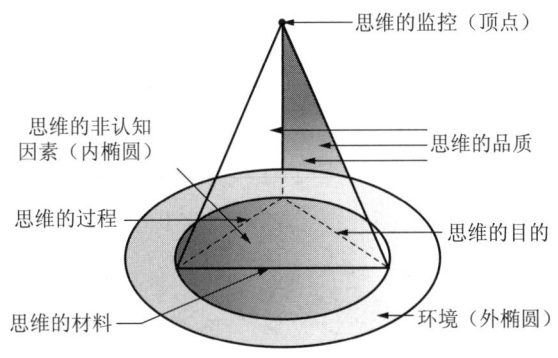

图 4.1 思维结构模型

（一）思维的目的

思维的目的性是怎样提出来的呢？早在1961年3月我读大学一年级的下学期，彭飞教授来给我们上《普通心理学》，在上完第三章"人类心理的特征"后的一次讨论课上，我就坚持，"人类心理和动物心理的根本区别是人类心理的目的性，它来自人类的意识性，出自于思维，也就是我们平时所讲的问题提出。"当时主持讨论的严定湘同学说我论证很精辟，有创见。他这一"表扬"，倒使我有点忘乎所以，加强了对自己观点的自信。这里对我启发较大的还是马恩著作里的一段话，就是人类在思维之前一定在头脑中有种预期的构想。马恩著作中用蜜蜂与建筑师的区别来论述人类思维的目的性和预见性，对我启发颇大，使我体会到人类思维活动的根本目的就是为了适应和认识环境。问题提出和问题解决是最主要的高级智力活动之一，这就体现出人类活动的目的性，而这种目的性是建立在主体的思维结构基础上的，其中图式和策略尤为显著。其不断的发展与完善对保证思维活动的方向性、针对性、目的性、专门化有着重要的意义。1978年归队以后，我经过反复研究发现，思维目的的发展变化或完善表现在定向、适应、决策、图式、预见五个指标上。

我这种想法对吗？20世纪90年代后我有意识地把这个任务交给我的一些研究生去开展研究。我的博士研究生辛自强、康武等先后围绕着思维目的的问题在他们的博士论文和硕士论文中通过实证研究的方法，探讨了与思维目的有关的问题。辛自强的博士论文题目叫"儿童在数学问题解决中图式与策略的获得"（2002）；康武的博士论文题目为"中学生数学问题提出能力——类型、发展及影响因素"（2003）。这两篇论文指出：人类只有建立更加完善和复杂的认知结构才能更好地认知和适应环境，使主体在感性认识的基础上产生一种理性认识。这种理性认识以自觉地定向，能动地预见未来，做出计划，有意识地改造自然、变革社会、调节自己为前提。一种内隐的复杂的认知加工过程，须对数学情境或问题解决进行积极主动的计划、假设、检验、调控和反思。所以目的性是智力的根本特点之一，反映了人类智力的自觉性、能动性、方向性和有意性，而智力活动的目的性受主体的图式（即结构）的制约。问题类型结构可以引导智力操作沿着正确的方向进行，提高了解题的正确率。这两项研究最后获得三方面的结论：一是思维乃至智力目的性发展变化的趋势；二是思维乃至智力目的性是衡量不同被试水平高低的指标；三是人类思维乃至智力活动的根本目的是为了适应和认识环境。

（二）思维的过程

思维是有过程的。记得在大学学习思维心理学时，我非常重视前苏联的思维心理学，特别是鲁宾斯坦学说。鲁宾斯坦一个很重要的观点是认为思维是一种分析综合的活动，它的过程主要也是一种分析和综合，以及形态的抽象、概括、比较、系统化和具体化的过程。我认为这样归纳有点简单，但我又提不出更有说服力的观点来。20世纪80年代初，我接触了认知心理学。安德森的《认知心理学》提出："认知心理学研究什么？是研究人智力的性质，研究人是怎么思维的。"认知心理学强调认知是为了一定的目的，在一定的结构中进行信息加工的一种过程，而信息加工的过程又包括串行的、平行的和混合加工的过程。我就觉得这个认知实际上就是思维或智力。我们也可以把思维或智力活动看成是为了一定目的，在一定心理结构上进行信息加工的一种过程，它同样表现为串行的、平行的和混合加工的过程。于是，我把前苏联的和西方的两种理论结合在一起形成了我自己的观点，认为有思维就有过程，思维过程是思维结构中的一个重要方面。我把思维过程这一活动的框架确定为：确定目标→接受信息→加工编码→抽象概括→操作运用→获得成功。

我这种想法对吗？在我的这一观点的基础上，我的博士研究生张奇的博士论文（2002）对小学生等量关系运算和几何图形预见表象等认知过程进行了信息加工过程和思维过程的分析。张奇的博士论文指出：①思维过程是智力（认知）的主要过程，不论是等量关系的认知过程，还是几何图形的预见表象过程，都可从中看到这一点；②思维过程的发展促使智力过程的完善，这种完善化过程既有思维具体过程的完善化，还包括整个思维活动过程的协调统一的完善化；③思维过程的发展表现为认知过程完善化的两种趋势，一是整体认知过程中各个具体认知的分析综合过程的发展，二是整个认知过程中各个认知环节的协调、统一和完善是在思维活动的目的、任务（接受信息、加工编码）和过程（串行的、平行的或混合的）要求下实现的，因此思维过程的发展或完善决定着整个认知过程的操作应用和成功；④智力过程的发展表现为思维抽象概括过程的完善化。

（三）思维的材料

中国有句俗语——"巧妇难为无米之炊"。同样，思维也要有材料。如果说思维的基本过程是信息加工的过程，那么思维的材料就是思维的内容信息，即外部事物或外部事物属性的内部表征。外部信息内在的表征有多种类型或形式，但归根结底可以分为两类：一类是感性的材料，包括感觉、知觉、表象；另一类是理性的材料，主要是概念，即运用语言对事物各种形态、各种组合、各种特征的概括。能展示出智力内容的发展变化或完善的具体指标，应该是：感性认识（认知）材料的全面性和选择性；理性认识（认知）材料的深刻性和概括性；感性材料向理性材料转化过程中的准确性和灵活性。

早在20世纪90年代初，我的弟子陈英和的博士论文"关于儿童青少年获得几何概念认知操作的发展研究"（1991）就涉及思维的材料。她在研究中发现，儿童青少年的平面几何概念的发展共经历了四个水平：第一，具体水平，儿童青少年能够在一定的时间间隔后，将某个先前感知过的图形从若干图形中辨认出来；第二，同一性水平，儿童青少年能够在不同的视觉角度下，将先前感知过的图形认做同一图形；第三，分类水平，儿童青少年能够将某一几何概念（图形）的两个或多个不同的例证视为同一类事物，达到这一水平的核心能力是抽象；第四，形式水平，儿童青少年可以从本质上对概念的内涵进行加工。在这个过程中，反映出儿童青少年对客体的认识从感性向理性发展的特点，同时也反映出儿童青少年思维能力的发展并非完全呈直线状态而是呈现螺旋式上升的趋势。陈英和指出：①思维或智力材料（内容）的发展是由具体形象向逻辑抽象方向转化的；②儿童青少年智力材料（内容）的不断抽象化或认知表征的不断概括化，是他们思维或认知能力发展的重要特征之一，它标志着他们思维过程简约化或概括化水平的提高，也就是抽象思维或理性认识的发展；③当代认知心理学无疑注意到了事物表征和概括表征，研究理性认知或抽象思维应该是认知心理学研究的重点；④理性认知或抽象逻辑思维的材料（内容）主要有三种：语言（语义、概念和命题等）、数（标志符、运算符、代码符）和形（几何图形、设计图、草图、曲线、示意图等）。思维的内容不同，思维的过程也不同。所以，在思维心理学中，语言能力、数及数的运算能力、图形的表征能力是三个基本的智力部分。

（四）思维的品质

我对思维品质的探讨，是我建构思维结构的契机。在思维结构中，有一个好与坏、水平高与低的问题，这叫品质更好些。我不仅把思维品质看成是思维的个性特征，而且把它看成是思维结果的评定依据。而深刻性、灵活性、独创性、批判性和敏捷性这五种思维品质，应当看成是智力和能力"质"的发展的主要指标。这种思维的水平或品质的内在关系如何呢？这就是我的博士研究生李春密的博士论文所建构的那些数据。

李春密的博士论文"高中生物理实验操作能力的发展研究"（2002）中涉及中学生思维品质的变化和完善过程。他的研究结果主要有如下两个方面：第一，各品质之间的比较研究显示，学生的深刻性思维品质得分最高，反映了深刻性是诸品质的基础，这是抽象逻辑思维发展的必然趋势；学生的创造性的得分最低，这说明创造性思维品质的发展，较其他品质发展要迟、要慢，难度最大。第二，思维品质之间的关系，敏捷性品质与其他品质的相关系数最高，说明敏捷性主要是由各品质所派生或决定的；灵活性、批判性与创造性是高相关，证明发散思维是创造性思维的前提或表现，创造程度与批判程度具有密切关系；深刻性与创造性的相关系数最低，说明抽象逻辑思维未必都能产生创造性思维，同样说明创造性思维也未必都来自抽象逻辑思维，因为创造性思维也来自形象逻辑思维。李春密指出：①智力品质的完善首先表现出思维的智力品质的全方位发展和成熟；②智力既然作为个性心理特征，当然是有层次的，它要集中地体现出个体差异来，智力的超常、正常和低常的层次，主要体现在思维水平上，即思维品质上；③智力发展变化或完善也表现在各思维品质的作用上，各思维品质在智力活动中的地位与作用、发展变化的时间与次序、彼此之间的影响与功能，这些因素的完善，就意味着思维品质的完善，且表现为智力发展变化的一个重要指标。

（五）思维的监控

思维的监控，又叫思维的自我监控，我更多地称它为"反思"和"反省"。我最早提出这个问题是在上大学本科的时候。那时我对反思、反省非常感兴趣。真正形成观点是受文化大革命的"启示"。为什么呢？因为文化大革命的时候，学习较多的毛主席语录是"要斗私批修"。每天晚上回家都要反思白天的言行。我觉得人做什么都要"过电影"，就是一天的最后总结、反思。那么思维的监控呢？它就是一种自我意识，是自我意识在思维里的表现，叫做思维的自我监控、反思。这种想法我在 20 世纪 70 年代前后就提出来了。同时期的美国心理学家弗莱维尔（J. H. Flavell）提出了元认知（metacognition），它在一定意义上就是思维的自我监控，也就是思维的批判性。可惜文化大革命期间，我们在搞"斗批改"，人家却在搞科学研究；人家在那时候提出了"metacognition"，而我们呢？只能每天晚上回家"斗私批修"，这就是差异吧！1978 年归队时，我不愿把这种成分叫做"监控"，因为这个概念已被弗莱维尔用了，当时我称其为"思维规则"，注解为"由于思维的反思或自我意识在思维中的作用，使思维过程遵循一定法则而进行"。后来，恩师朱智贤教授建议我还是用"思维的监控"好。接着，我和自己的弟子们一起讨论其指标，逐渐形成思维的反思或自我监控的发展变化和完善的指标，包括计划、检验、调节、管理和评价五个方面。

我有两位学生做过这方面的研究，一位是辛涛，他专门做教师的自我监控研究；另一位是章建跃，他专门做学生数学学习自我监控的研究。

辛涛的博士论文题目为"教师教学监控能力——结构、影响因素及其与学生发展的关系"（1996）。他认为教学监控能力可以分为三大方面：一是教师对自己教学活动的事先计划和安排；二是对自己实际教学活动进行有意识的监察、评价和反馈；三是对自己的教学活动进行调节、校正和有意识的控制。辛涛采用将相关性研究和干预性研究相结合的方法，从三个方面探讨了教师教学监控能力的结构、影响因素及其对教师行为、学生发展的影响。章建跃的博士论文题目为"中学生数学学科自我监控能力——结构、发展及影响因素"（1999），从这篇论文中，可看到学生思维的反思或自我监控是如何发展变化的。在正常的学校教育条件下，中学生数学学科自我监控能力的发展有其年龄阶段性，但是发展的趋势除小学毕业到初中阶段比较明显外，其他年龄段均较平缓，而且检验在整个中学阶段的发展没有显著性差异，在调节、检验及管理上，从初中毕业到高中有着不同的变化。这两篇博士论文指出自我监控的五种功能：①确定思维的目的，②管理和控制非智力的因素，③搜集和选择恰当的思维材料及恰当的思维的策略，④实施并监督思维的过程，⑤评价思维的结果。正因为它的这些功能，所以我把思维的监控或反思确定为思维结构中的顶点或者最高形式。

（六）思维的非认知因素

我原先的思维结构观中没有"思维的非认知因素"，1982年秋季在朱老（我对恩师朱智贤教授的尊称）组织研究生讨论时，较多的意见是加上非认知或非智力因素，同年年底在问卷调查中，多数被试在"非智力（非认知）因素"上打了"√"，于是我确信无疑地接受了这个成分。从1982年起，我把它叫做思维结构中的非智力因素（非认知因素），作为自己研究中的又一个重点。什么是非智力因素或非认知因素呢？它是指不直接参与智力过程，但对智力过程起直接作用的心理因素。思维的非智力因素主要包括与智力活动有关的理想、动机、兴趣、情感、意志、气质和性格等。非智力因素的性质往往取决于思维材料或思维结果与个体目的之间的关系。我们的实验点——北京市通县第六中学教育质量变化的结果，说明了非智力因素在思维乃至智力的发展中起到了一种动力、定型和补偿作用。

这种想法对吗？早在1986年，我的弟子申继亮跟我一起在中小学生心理能力发展与培养的课题组，他不仅深入通县六中这样基础较薄弱的学校，在取得实验研究成果中出了力，而且在1988年到北京五中，在梁捷老师的帮助下，研究高中学生的非智力因素、智力与学业成绩的相互关系。他获得的结论是：在学生智力形成和发展过程中，非智力因素的影响是非常显著的；良好学业成绩的取得，不仅与智力品质有关，而且与非智力因素有关。为此，申继亮指出：智力不能和非智力因素割裂开来，两者相辅相成构成一体；应该探索非智力因素在智力发展变化或完善中的具体作用；对于人的一切智力活动，智力与非智力因素一起在起作用，孰多孰少不是实质的问题。

我为什么要在国际上发表自己关于思维结构的论文？因为中国教育界对加德纳的多元智力的热情有点过头。连幼儿读物都开辟专刊叫做"多元智力"。美国的心理学家对我们说："对多元智力的宣传，你们中国比我们美国力度要大，你们对加德纳吹捧得太多了！"英国心理学家菲立普说："加德纳的多元智力论是垃圾，值得这么宣扬吗？"这些话中尽管有不正确的一面，但还是对我触动很大。当时加德纳的智力观引起了我的关注，尤其是1987年在盐湖城"第七届世界天才儿童与天才教育会"上经人介绍，我认识了加德纳。

1987年从盐湖城回来的时候我仔细琢磨了加德纳的观点，突然想起加德纳的观点我似曾相识，在哪儿见过呢？在我们老祖宗的思想里见过。那就是从西周3500年以前的官学到2500年以前孔夫子的私学里边提到六种课程，这就是"六艺"。于是，我和弟子李庆安的文章里明确地指出，加德纳的观点和我们古代的"六艺"有着相似之处。我们的"六艺"就是七种智力。有人说："六艺中没有自知智力！"我说："六艺里头明确提出'礼'，这就是人际关系。但是'克己复礼'，'自知者明，知人者智'，这难道不是自知智力或自我控制智力吗？""六艺"所讲的七种智力和加德纳所讲的七种智力是有相似之处的。但是，它与加德纳的观点又不完全一样。倒并不是由于时代不同，一个是古代，一个是现代，不完全是。我也不强调我们比他早两三千年，更主要是要强调两点区别：

第一，加德纳认为，这七种智力是独立的、毫无关系的，而我们的六艺则强调以"礼"为核心的相互联系性：内外是有联系的，你中有我，我中有你；彼此之间存在包含、相关、相融或交叉等各种各样的关系。

第二，加德纳现在搞的"未来学校"还处于实验阶段，而我们的老祖宗在 3500 年到 2500 年以前就已经把"六艺"列为课程了。因此，我们不能忘记自己的祖宗，更不能崇洋媚外。

这就是我们 2003 年在国际上发表的文章中提出的第一个观点"谈六艺和加德纳的关系"。第二个观点是提出了我自己上述的思维或智力结构的观点。第三个观点是提出思维结构成分的无穷性。

加德纳后来修正了他的智力观，认为智力共有九种，他还颇为欣赏美国另一个心理学家提出的道德智力。那么，智力到底有多少种？我认为是难以穷尽的。这让我想起了吉尔福特。吉尔福特认为智力类似于三维结构（长×宽×高），它是由智力的内容（4 种）、智力的过程（5 种）和智力的结果（6 种）构成的共 120 种的智力结构。吉尔福特去世以后，他的弟子说成"180 种"、"240 种"。为什么呢？因为把记忆分为长时记忆和短时记忆，把知觉分为视知觉和听知觉，这不就是 180 种或 240 种吗？但是实质不是在于 120 种、180 种或 240 种，而是在于智力难以穷尽。为什么难以穷尽呢？我提出了"先天与后天"、"认知与社会认知"、"内容与形式"、"表层与深层"的四个原因。我当时还提出："加德纳强调了数学逻辑能力，强调了语言的能力，为什么没有提科学的能力？提到了音乐能力、运动能力，同样表演能力中间为什么没有美术能力？"

我关注、批评加德纳，并不是说加德纳不好。加德纳的多元智力观绝不能被贬为"垃圾"。加德纳了不起的地方就是强调了智力的个体差异。他提出多元智力观无非是要强调因材施教，这是我们的老祖宗早就提出的。

我提出了智力的三棱结构,展示了思维乃至智力结构的多元性,说明了智力主要是人们在特定的物质环境和社会历史的文化环境中,在自我监控的作用和指导下,在非智力因素的作用下,为了达到某种目的,识别问题、分析问题和解决问题所需要的思维能力。由此可见,真正的思维心理学的理论基石是思维的结构观,而思维的结构观正是当代心理学的一个热门课题。

二、数学整体性的修养

数学具体内容的系统关系如何确定呢?首先必须掌握辩证唯物主义,教学内容的阐述要符合唯物辩证法。

数学这门科学是按唯物辩证法所揭示的规律发展起来的,运用辩证唯物主义指导数学教学,就能帮助学生全面地看问题,掌握数学系统关系的整体性。这种数学整体性的修养,不仅有利于学生获得哲学观点、获得数学知识,而且是学生发展思维结构整体性的基础。学生从整体结构出发,分析空间形式与数量关系,提高了分析问题与解决问题的能力,即发展了思维与智力。因此,加强学生这种数学整体观念的修养是非常重要的。有经验的数学教师都提倡这一点。下面介绍几个片段。

(一) 统一

事物的矛盾法则,即对立统一法则,是唯物辩证法最根本的法则。

数学所反映的数量关系和空间形式关系都充满着矛盾,当然也就充满着"对立统一"的内容。加与减,乘与除,约数与倍数,分子与分母,正比与反比,正数与负数,有理数与无理数,实数与虚数……所有这些数量之间的关系,都是对立统一的关系。空间形式之间的关系,同样是统一的。

例如,图4.2展示的圆的相交弦AB、CD随交点P从圆内运动到圆上,再到圆外,以及PA、PC从割线运动到切线,在这个变化过程中出现的统一性，就是运用对立统一观点思考和解决问题的很好事例，这对培养学生的辩证思维能力是有益的，形成的结构是易于记忆的。

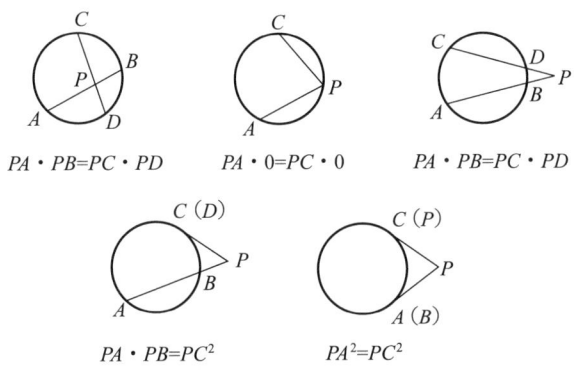

图 4.2

再举一例，关于柱、锥、台、球的体积公式的内在联系和对立的统一，请看图 4.3。

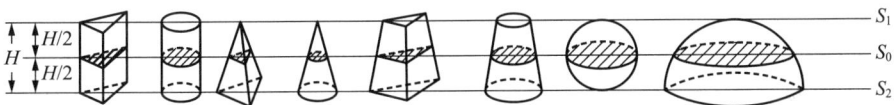

图 4.3

(二) 联系

辩证唯物主义哲学要求我们学会全面地看问题，"因为一切客观事物本来是互相联系和具有内部规律的，人们不去如实地反映这些情况，而只是片面或表面地去看它们，不认识事物的相互联系，不认识事物的内部规律，这种方法就是主观主义的"。"要真正地认识对象，就必须把握和研究它的一切方面、一切联系和'媒介'。"

学习任何一门科学，都要充分注意其内部的有机联系。数学所反映的现实世界空间形式和数量关系的内在联系性，对数学学习者是十分重要的。

从最基础的小学数学起，就体现着上述思想。例如：加数＋加数＝和。

和－(一个加数)＝另一个加数。因数×因数＝积（即被乘数×乘数＝积）。积÷(一个因数)＝另一个因数。这里，加法与减法、乘法与除法是互相联系、相互转化的。抓住内在联系讲解比分散孤立讲解的效果要好得多，学生的理解也会深刻得多，学会的知识就灵活得多。又如，百分数与小数互化，分数、小数和百分数互化，也反映了数量关系的内在联系。如果通过一个问题，联系起来看，不是很容易理解吗？要是用两个例题来讲解，而这两个问题又没有联系，中间还隔着一个"分数化百分数"，这样不仅会增加理解困难，不利于灵活运用，而且会耗费时间。再如，各类应用题中的加与减、乘与除等数量关系的转化就更多了，认识这些关系都需要有联系的观点。另外，从不同的角度出发，就会出现不同类型的应用题，而这些应用题之间是紧密相连的。

中学的数学教学，应继续解决这个问题，继续引导学生揭示事物的内在联系。例如，一元二次方程、一元二次不等式和二次函数是中学数学课程中的重要内容。解决这三个"二次"问题的关键是善用配方法。如果已经掌握了二次三项式 ax^2+bx+c ($a\neq 0$) 的配方，那么一元二次方程 $ax^2+bx+c=0$ 的求根公式可推导，二次函数 $y=ax^2+bx+c$ 的顶点坐标、对称轴、最大（小）值可求，一元二次不等式 $ax^2+bx+c>0$（或 <0）可解。认清三个"二次"的内在联系，再对学生进行根据问题的具体特点使用"配方法"的适当训练，就能使学生灵活解决相关问题。

数学教学中，如果把具有内在联系的几个问题孤立讲解，则形成跳跃式"前进"；如果引导学生揭示事物的内在联系，就为他们"学会全面看问题"创造了条件，这样才能促进学生思维的条理化、系统化，减轻记忆负担，促使学生智力活动的理性成分迅速发展。

（三）比较

事物的数量关系和空间形式，既千差万别，又有类同因素。差异关系需要对比，相似关系需要类比。比较是发展科学的重要方法。"有比较才能有鉴别"，数学中也常用这种思考方法。

例如，小学数学中，增加了几倍与增加到几倍，包含除与等分除，体积与容积，长度、面积与体积的单位，平行四边形与长方形的相同点和不同点，大于、小于、等于和约等于……只有把它们同时摆出来，经过比较，才能真正弄清楚。有些相同的东西，如除法的性质、分数的基本性质和比的基本性质，让它们同时出现，经过比较才能把它们有机地联系起来，使学生融会贯通。至于什么时候比较，这要根据条件和需要来决定。

中学数学也一样。例如，几何中，"到角的两边等距离的点的轨迹是这个角的平分线"，与"到二面角的两个面等距离的点的轨迹是这个二面角的平分面"，一个是平面几何的定理，一个是立体几何的定理，显然不同，但又非常类似；"正三角形内一点到各边距离之和为常量（三角形的高）"，与"正四面体内一点到各面距离之和为常量（正四面体的高）"的内容不是一回事，但"距离之和为常量"却是类似的。

通过对比或类比，不仅易于理解、便于记忆，更重要的是能区分概念内涵的特殊性，又能从一种概念导出另一种概念，在学会一个问题的解法的基础上，可以推广、发展到另一个问题的解决上。

（四）对称

具有对称性的客观事物很多，如洁白的雪花、闪光的晶体、雄伟的天安门等。对称的数量关系与空间形式也是屡见不鲜的。

在小学数学教材中，10 以内或 20 以内的加法口诀表与乘法口诀表就具有对称的形式；中学的对称多项式，也是对称的表现。例如，求方程组 $\begin{cases} x+y+z=0 \\ x^3+y^3+z^3=-18 \end{cases}$ 的整数解。显然，方程左端均为对称多项式，当求出一组整数解

$$\begin{cases} x=1 \\ y=2 \\ z=3 \end{cases}$$

之后，据对称性，立即可写出全部解：

$$\begin{cases} x=2 \\ y=1 \\ z=-3 \end{cases} \begin{cases} x=1 \\ y=-3 \\ z=2 \end{cases} \begin{cases} x=2 \\ y=-3 \\ z=1 \end{cases} \begin{cases} x=-3 \\ y=1 \\ z=2 \end{cases} \begin{cases} x=-3 \\ y=2 \\ z=1 \end{cases}$$

数量之间的关系有对称，空间形式的对称性往往更为明显，例如中心对称、轴对称，关于平面对称与空间对称等。不妨举一个例子说明。设 $CEDF$ 是一个已知圆的内接矩形，过 D 点作该圆的切线与 CE 的延长线交于 A，与 CF 的延长线交于 B（见图 4.4），求证：$\dfrac{BF}{AE}=\dfrac{BD^3}{AD^3}$.

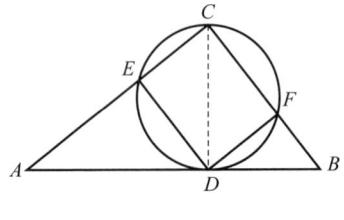

图 4.4

此题连接 CD 后，在它的两侧具有相同的结构（对称），即：自圆外一点引切线与割线，有相同数量的直角三角形。因此，只看一侧就能解决问题。这说明，利用对称可使解法简捷，收到事半功倍之效。

（五）守恒

一切事物总是在运动变化着，而在运动变化中，有着相对"静止"的状态或"不变性"的情形，因此确定哪些东西守恒是很重要的。守恒对于我们来说并不陌生，如能量守恒定律、物质不灭定律等。数学中也有许多"不变性"的问题。

学龄前期儿童在幼儿园的数学教学中或家长的训练下，懂得了"大小"、"轻重"、"多少"、"厚薄"、"粗细"等词汇。其实这些词所反映的事物都是变化的，学龄前期儿童只是在比较两个事物时悟出了上述相对的思想，获得了"大小"、"轻重"、"多少"、"厚薄"、"粗细"等最初步的概念，开始出现守恒。

小学数学中有不少守恒的概念，反映了数量之间与形体之间的"不变性"。例如，除法性质或分数性质——"分子与分母同时乘以或除以一个不等于零的数，分数的值不变"。又如，不管正方形变得多大或多小，它的面积总是"边长×边长"。

中学数学中也有大量这类问题。例如，椭圆 $\frac{x^2}{a^2}+\frac{y^2}{b^2}=1$ 中，参数 a、b、c 有确定的关系 $a^2=b^2+c^2$；椭圆上任意一点到焦点的距离与到准线的距离之比不变（离心率）。这些不变量都是椭圆特性的固有反映。

（六）沟通

在科学技术迅猛发展的今天，边缘学科不断兴起，各学科是互相渗透、相互影响而发展的。这是不同学科在揭示客观事物间的内在联系与沟通时必然会出现的现象。所以，在数学教学中也必须引导学生注意和其他学科的沟通。

小学生开始学习地理时，就要接触地图。地图的比例，需要运用算术的比例关系。小学生在想象实际地理位置与大小时，必须与算术知识相沟通；而教师在教比与比例时，也要注意利用地图作为背景素材。

中学数学教学更要引导学生沟通与联系别的学科，尤其要注意与物理、化学等学科的配合。例如，电功率公式 $W=U^2/R$，有些学生往往单纯从形式上判断常量、变量和函数关系，却不会结合具体的物理原理进行本质分析。上式说明，当固定 U 时，W 为 R 的反比例函数，这就是选择不同阻值的灯丝造成不同功率灯泡的依据。又当固定 R 时（每个具体的灯泡，R 为常量），W 为 U 的二次函数。

又如，甲烷 CH_4 形成正立方体的空间结构。根据几何位置，不难算出 C—H 键间夹角为 $109°28'$（见图 4.5）。

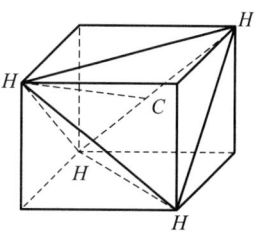

图 4.5

在数学教学中，联系实际，沟通其他学科，必然会丰富想象能力，发挥智力的独创性，健全思维的完整结构，增强学习兴趣，有利于造就有雄厚基础的、全面发展的人才。

总之，数学整体性的修养涉及许多方面，只要在唯物辩证法的指导下，勤奋努力，肯于下工夫，数学整体性的修养就能提高。

当然，我们强调数学整体性的修养，并不是说它就是思维的完整结构。两者既有区别，又有联系。

数学整体性是前人研究数学学科所积累的经验总结，它揭示了客观数量关系、形体之间内在的必然的本质联系。它对于学生来说是外在的东西，而数学学习中思维的完整结构，则是学生内在的心理的东西。两者各有各的特点，不能等同。强调数学整体性的修养，是为了使学生在头脑中能客观反映数学的整体性，使客观的东西逐步变成主观的东西。

数学整体性是一系列繁简不一、层次不同的数量关系、空间形式的具体内容，按一定逻辑顺序及关系组成了一个严密的知识系统，其中每一部分都不相同，且任何部分都不能缺少。例如，同样是函数，就有不同的"主"与"次"。而数学学习中思维的完整结构一旦形成，就可以适用于掌握其他同类具体的数学内容。我们认为，数学整体性的修养是学生学习数学中运算思维整体性的基础，思维材料的阶段性、思维的方向性、思维系统的复杂性与条理性、思维规则运用的水平等，都是以他们掌握数学整体性的水平为基础的。

学习同样的数学知识内容，可以通过不同的运算思维结构的成分；掌握同样的数学知识内容，也可以反映出不同的运算思维结构的水平。因此，数学的整体性与运算思维结构之间不能一一对应地联系。而提高数学整体性的修养，正是启发学生自己经常地寻求发现运算思维结构的成分，自觉地运用与调节这些成分，把它当做顺利地扩展自己的数学知识的工具，甚至于经过独创性的思考，发现新的数学知识，丰富数学的整体性。

因此，提高学生数学整体性的修养，不仅能促使他们数学水平的提高和"学会全面地看问题"，而且能促使他们运算思维整体结构的完善，有利于他们的思维和智力的发展。

三、学生的数学能力是一个整体性的思维结构

1978年以后，我一直在自己建构的思维结构理论体系下进行应用研究，

学生的学科能力是其中的重点之一。什么叫学科能力？基础教育界以前很少有人论述。我把学科能力理解为学科教学与学生智力发展有机结合的产物，并从三个方面对学科能力进行界定：一是学生掌握某学科的特殊能力；二是学生学习某学科的智力活动及其有关的智力与能力的成分；三是学生学习某学科的能力具有明显的个体差异。

考虑一种学科能力的构成，例如数学能力的构成，应从以下四个方面加以分析：

（1）某学科的特殊能力系这种学科能力的最直接的体现。与数学学科有关的特殊能力，首先应是运算（数）的能力和空间（形）的想象能力。数学是人类思维的体操，数学的逻辑思维能力也明显地表现为数学学科的能力。运算不仅是指数字运算，还包括各种数学式子及方程的变形，以及极限、微积分、逻辑代数的运算等；空间想象包括对空间观念的理解和对二维、三维空间几何图形的运动、变换和位置关系的认识，以及数形结合、代数问题的几何解释等。而这两种能力的核心和基础是数学的逻辑思维能力，它包括数学的概念、判断（命题）、推理等基本思维形式，以及比较、分类、概括、类比、归纳与演绎、分析与综合等思维方法。运算、空间想象和数学中的逻辑抽象思维，共同构成数学能力的特殊能力系统。对此，我们将在第五章做专门的论述。

（2）一切学科能力都要以概括能力为基础，数学能力也是如此。掌握好诸如"合并同类项"等是对数学能力最形象的说明。因为数学教学的重点在于讲清基本概念，而数学概念的掌握需要概括能力做基础，同时它又促进概括能力的发展。因此，数学概念的教学和学生概括能力的发展是有机联系的。数学概念的概括是从具体向抽象发展，从低级向高级发展的。例如，从"自然数"到"整数"、"有理数"、"实数"、"复数"，就体现着一个概括的过程，反映了从儿童到青年的思维能力、智力发展的水平。所以我们在第一章强调数学能力必须以概括能力为基础，在一定意义上说，数学能力就是数学概括能力。我们应该重视学生数学概括能力的培养。正因为如此，北京中学数学教学权威（1950年前是北京师范大学教师）李观博先生在课堂上进行基本概念的讲授时，主要突出下面三点：①重要的数学概念反复出现、反复巩固；②用简洁、明白和通俗易懂的语言，引导学生一步步深入地概括；③引导学生善于看书，在看书时慢慢地理出头绪来，以提高数学概括能力。

（3）某学科能力的结构，应有思维品质的参与。任何一种学科的能力，都要在学生的思维活动中获得发展，离开思维活动，无所谓学科能力可言。因此，一个学生某学科能力的结构，当然包含体现个体思维的个性特征，即个体思维品质。如上所述，在一定意义上说，思维品质是智力与能力的表现形式，智力与能力的层次，离不开思维品质，集中地表现在深刻性、灵活性、独创性、批判性、敏捷性五个思维品质上。思维品质的这些表现，可以鉴定每个个体某学科能力的等级和差异。所以在研究某学科能力的结构时，应考虑到这五种思维品质。表4.1和表4.2展示了我们课题组用数学语言构建并提出的学生数学学科能力模式。

根据上面三点考虑，我们把数学能力界定为：以数学概括为基础，将三种数学能力与五种思维品质交叉成为15个节点（小学为12个节点）的开放性的动态系统。

（4）学生的学科能力要体现其自身的特点。学生的学科能力，具体指每个学生身上所体现的学科的特殊能力、智能成分和思维品质。一方面，我们要重视学生学科能力的成分，它应包括学习某学科的学习能力、学习策略与学习方法；另一方面，我们又要重视每个学生的偏好和特长。我并不同意对学生早早分科，认为中小学阶段应倡导全面发展。尽管我对美国心理学家加德纳的多元智力观有所质疑，但多元智力所强调的数学逻辑智力、空间智力、语言智力、音乐智力、运动智力等，倒是学生个体的学科能力，提出多元智力观的优点正是强调学生学科能力的差异，强调的正是因材施教。

由此可见，包括数学学科能力在内的学科能力，是以学科知识为中介的一种整体结构，具有系统性、可操作性和稳定性。智力与能力不是空洞的，其中一种显著的表现就是和学科教育相联系，构成学生的学科能力。

第四章　数学思维的完整结构

表 4.1　小学生数学能力结构的列举及剖析

	运算能力	逻辑思维能力	空间想象能力
思维的敏捷性	1. 表现在概括过程中：只需借用少量运算实例，就能迅速概括出一般运算法则、定律、性质及其他规律或技巧。 2. 表现在理解过程中：只需通过少量实例说明，就能明白运算道理与基本步骤和过程，就能模仿规范去进行运算。 3. 表现在运用过程中：只要通过少量范例，就能正确、迅速地进行运算；善于抓住问题本质，运算过程跳跃大，跳得恰当，步骤简捷，心算、口算好。 4. 表现在时耗上：反应敏捷停顿少，完成运算（特别是难度较大的）耗时少。	1. 表现在概括过程中：只要通过少量实例，就能概括出数、式及数量关系中的数学特征、规律与相应的解题技巧。 2. 表现在理解过程中：只要通过少量实例就能弄懂数、式及数量关系中的特征与规律，能很快地抓住问题的实质，能熟练地做等价变换。 3. 表现在运用过程中：只要通过少量实例，就能准确运用数、式、数量关系等知识，说明实际问题中的数学道理，解答比较复杂的数学问题，而且思路清晰弯路少，推理跨度大。 4. 表现在时耗上：解答和说明问题落笔快，完成推理过程耗时少。	1. 表现在概括过程中：只要通过少量实例，就能概括出几何形体中常见的数学特征及相应的计算公式（周长、面积、体积、内角和公式等）。 2. 表现在理解过程中：只要通过少量实例，就能懂得几何形体的有关定义、性质、公理，能很快地抓住几何形体间的本质联系。 3. 表现在运用过程中：只要通过少量实例，就能概括具体问题中的几何本质联系，选择正确的方法，准确地解决几何度量，作图和计算等问题；在说明几何现象和解答几何问题过程中，几何表象清晰，重积分解、组合，等积变换迅速、捷地进行分解、组合，等积变换。 4. 表现在时耗上：心到手到，连贯迅速，耗时少。

表 4.1 续

	运算能力	逻辑思维能力	空间想象能力
思维的灵活性	表现在概括过程中： 1. 善于运用运算结果比较分析，并联系生活经验归纳，概括运算的意义、法则、定律、性质，能灵活选用数学技巧，紧扣目标开展思索。 表现在理解过程中： 2. 善于利用已有的数、式、运算等知识、技巧和生活经验，从多侧面去弄懂数学运算问题。 表现在运用过程中： 3. 善于自觉地调用运算意义、法则、定律、性质和技巧，善于根据计算目的灵活调节运算过程，选用运算方法进行合理、巧妙的运算；既能用一般的方法，也能用特殊方法解巧妙进行运算，规则运用变化的一个运算问题。 表现在运算效果上： 4. 流畅，停顿等；富于联想，解法多；方法灵活，恰当。	表现在概括过程中： 1. 善于调用已学数学知识与学习经验，从不同角度进行比较、归纳、假设，概括出数与运算、数量关系中的规律。 表现在理解过程中： 2. 善于调用已有的数学知识、技巧、经验，灵活采用分析、演绎、"模仿"、想象、尝试等思维方法，去弄懂数学问题（包括概念和需求解的问题）。 表现在运用过程中： 3. 善于灵活调用数、式、几何知识，从不同角度、方向和环境出发考虑和解决问题；善于用一般的方法和特殊技巧解决同一个问题；求同思维与求异思维兼容，正向与逆向、扩张与压缩变换机智灵活，善于运用变化的、运动的观点考虑问题的习惯表现。 表现在推理效果上： 4. 目标跟踪意识强，方向、过程、技巧及时转换，水平高，解法多。	表现在概括过程中： 1. 善于画图和动手实验，灵活调用已学知识、技巧，较容易地概括出几何形体的基本特征与性质（包括公式）。 表现在理解过程中： 2. 善于调用已有的几何知识与经验，从不同角度、用多种方法（推理、实验等）去理解几何形体的位置关系与度量关系及一些性质（如稳定性、圆锥体中高与底面积性质的反比例性质等）。 表现在运用过程中： 3. 善于灵活地从不同角度、运用不同的几何知识，去分析几何问题，解决几何问题；善于在某个条件不变的情况下，变换几何位置、形状，去解决某些几何问题；善于由已知几何条件联想到多种几何位置、形状与度量关系有关系，并灵活地解答各种变形问题。 4. 空间想象能力强，变换多，不仅能从一种几何状态想象到另一种几何形体、性质，而且还能从某些算式想象出具有相应的度量性质的几何形体；解题思路多，方法选择得当，善于解答组合形体问题。

第四章　数学思维的完整结构

表 4.1 续

	运算能力	逻辑思维能力	空间想象能力
思维的创造性	1. 表现在概括过程中： 善于用独特的思考方式去探索、发现、概括运算方法（技巧）。 2. 表现在理解过程中： 善于用独特的方式，去理解和解释运算方法与规律。 3. 表现在运用过程中： 善于用独特的、新颖的方法，进行运算（包括解方程、化简比、繁分数等）。 4. 表现在运算效果上： 解法新颖，有独到之处。	1. 表现在概括过程中： 善于发现矛盾，提出猜想，给予验证（论证）；善于按自己喜爱的方式进行归纳，具有较强的类比推理能力与意识。 2. 表现在理解过程中： 善于模拟和联想；善于提出补充意见和不同的看法，并阐述理由或依据。 3. 表现在运用过程中： 分析思路、技巧调用独特新颖；善于编制机械模仿性习题。 4. 表现在推理效果上： 新颖，反思与重新建构能力强。	1. 表现在概括过程中： 善于用独特的思考方法去探索和发现几何形体的数学特征与度量性质。 2. 表现在理解过程中： 善于提出等价的几何公式和修正意见；善于用一般化的几何运动的思想方法去认识几何形体的数学特征。 3. 表现在运用过程中： 善于创设几何环境；善于制作几何模型；善于用独特、新颖的方法分析、解答几何问题。 4. 表现在想象效果上： 想象丰富，新颖、独特。

表 4.1 续

	运算能力	逻辑思维能力	空间想象能力
思维的深刻性	1. 表现在概括过程中：善于广泛地调用所学的数学知识，去细致地分析有关运算的问题，善于紧扣本质内在联系，去概括和形成新的有关运算的意义、法则、定律、性质等概念。 2. 表现在理解过程中：善于从四则运算之间的辩证统一关系，去深入理解各运算的意义；善于从整数、小数、分（百分）数间的内在联系，去深入理解运算定律和性质；善于从计算经验和生活实践出发，去弄清有关运算公式、法则和性质成立的理由。	1. 表现在概括过程中：善于从具体数学材料中抓住本质，概括出有关数、式和数量关系的基本概念与公式；善于在较复杂的应用题中概括出基本数量关系；善于在解题过程中概括出知识结构，习惯类型并进行解答技巧分类。 2. 表现在理解过程中：善于正确理解数学名词与符号的意义，在头脑中建立各种数学概念，能将头脑中的知识间的内在联系重新进行建构。	1. 表现在概括过程中：善于从不同状态、不同角度与方法，去正确地形成有关几何概念、度量性质和比例尺、统计图表的现象。 2. 表现在理解过程中：善于用变化的、辩证的思想去认识，并发现几何形体中某些量间的比例关系和不同形体间的联系；善于用形体经验与解法去认识新的几何形体；善于用几何现象解释某些计算公式和变化规律。

表 4.1 续

	运算能力	逻辑思维能力	空间想象能力
思维的深刻性	3. 表现在运用过程中：善于进行数和算式的等值变形、公式的等价变形；善于辩证变形的或采用统一地处理运算和解一般文字题和方程的方法解决较大的方程和解决难题的运算；具有良好的检验习惯，能自觉做到每步运算依据充分，漏解防范能力强。 4. 表现在运算效果上：过程正确、严谨，技巧化水平高，解答难度较大的运算问题能力强。	3. 表现在运用过程中：善于进行数量关系的等价变换，掌握多种描述同一数学性质的语言技巧；善于辩证统一地运用四则运算意义说明实际问题中的数量关系，用具体数量关系解释四则运算规律，善于区别相近数学概念、发现不同数学现象之间的本质联系；善于将知识的技巧进行组合、分类，使之系统化；善于全面、严谨地思考问题，能用充分的理由说明数学现象和解答问题的过程；善于自觉地用分析、综合、归纳、演绎、模拟、类化、想象等方法，解答难度较大的问题。 4. 表现在推理效果上：全面、严谨、深刻，力度大，技巧系统化水平高。	3. 表现在运用过程中：善于对常见几何形体按几何特征或度量性质进行分类；能根据文字题想象出相应几何形体，并正确地分析几何特征与隐含的数量关系；能将一些抽象的算式解释成具体几何环境中的数量关系；善于对组合图形（体）做分解和转换，并转换数量关系分析；善于对常见富的想象变换；善于绘制图表来进行统计恰当地设计并绘制正确的统计图表，分析难度较大的几何问题做到理由充足。 4. 表现在几何想象效果上：解答由文字抽象描述的几何问题能力强，理由充分；头脑中有鲜明、准多样，几何形体的分解与组合变换形式确的方位、方向、形状、度量观念和广阔的几何交换空间。

（注：制作者为谭端、李汉。）

表 4.2 对中学生数学能力结构的例举与剖析

	运算能力	逻辑思维能力	空间想象能力
思维的敏捷性	1. 只要通过少量的具体例子，就能概括出一般的运算方法。 2. 只要通过少量的例题，就能正确运用公式和法则进行难度较大的运算。 3. 善于抓住问题的本质，迅速选择正确的方法和步骤。 4. 运算步骤简捷。	1. 只要通过少量的具体例题，就能掌握一种方法。 2. 只要通过少量的例题，就能正确运用定理解决难度较大的证明问题。 3. 思维效率高，能很快抓住问题的实质，推理过程所走的"弯路"少。 4. 推理论证步骤简捷。	1. 只要通过少量的具体图形，就能概括出图形的一般性质。 2. 只要通过少量的例题，就能进行难度较大的图形分析。 3. 能够迅速地找到图形的本质联系。 4. 分析几何图形的步骤简捷。
思维的灵活性	1. 善于灵活运用运算定律、运算法则和运算公式。 2. 从考虑一种算法容易转向考虑另一种运算方法。 3. 善于将公式灵活地变形。 4. 善于公式中的变元及方程中的未知量灵活地代换。 5. 从式子的运算容易转向它的逆运算，从一种运算容易转向它的逆运算。 6. 善于运用多种方法解一个运算的问题。	1. 善于灵活运用法则、公理、定理和方法，概括—迁移能力强。 2. 善于灵活变换思路，能从不同角度、方向去分析、方面运用多种方法去解决问题。 3. 善于运用变化的、运动的观点考虑问题。 4. 思维过程灵活，善于把分析与演绎、特殊与一般、具体与抽象有机地联系起来。 5. 从正身思维容易转向逆向思维。 6. 思维结构多种、灵活。	1. 善于灵活运用图形的性质。 2. 善于从不同角度用多种方法去分析图形的性质。 3. 善于从图形的位置、度量关系的变化来发现规律。 4. 善于在保持图形已知条件的要求下灵活变换图形。 5. 善于了解快轨迹问题。 6. 善于从已知图形中联想到多种位置和度量关系。

表 4.2 续

	运算能力	逻辑思维能力	空间想象能力
思维的创造性	1. 善于探索，发现新的运算规律。 2. 善于提出独特、新颖的解题方法。	1. 富于联想，善于自己提出新的问题，并能独立思考，探索和发现新的规律。 2. 对定理、法则能够进行推广；善于提出自己独特、新颖的解题方法。 3. 能编制有一定水平的习题。	1. 善于探索发现新的图形关系中的规律。 2. 善于提出独特、新颖的方法进行图形分析。 3. 能设计制作有一定特色的几何教具。
思维的批判性	1. 解题时能看清题目要求，自觉采用合理步骤。 2. 运算中能正确选取有用的条件和中间结论。 3. 运算中能及时调整解题步骤和方法，特殊问题能采取特殊解法。 4. 善于发现运算过程中出现的错误并及时纠正。 5. 在使用运算法则时不容易发生混淆。 6. 善于运用各种方式检查运算结果的正确性。	1. 善于对问题的可解性做出正确的估计，推理过程有目的性强。 2. 推理过程中能恰当选取有用的条件和中间结论。 3. 推理的思路清楚，具体问题具体分析，能及时调节、修改思路。 4. 善于发现推理过程中出现的错误并及时纠正。 5. 不容易受到错误的"引诱"，不容易产生错觉，善于克服学习过程中的"负迁移"。 6. 善于考虑正反两方面的论据，做出正确的判断。	1. 分析图形关系的目的性强。 2. 善于从复杂图形中取出有用的基本图形加以分析，善于正确添置辅助线。 3. 善于发现作图及图形分析中产生的错误，并及时纠正。 4. 容易摆脱具体图形产生的错觉。 5. 善于变换具体图形来检验分析所得到的结论的正确性。

表 4.2 续

	运算能力	逻辑思维能力	空间想象能力
思维的深刻性	1. 能正确形成有关数、式、方程和函数的概念以及各种运算和式子变形的概念。 2. 善于概括各种运算及式子变形的类型，并能正确地判断一个具体问题属于哪种类型。 3. 善于对式子、方程、函数做一般研究。 4. 善于了解字母系数的习惯。 5. 善于找到有关公式之间的联系，并运用这种联系去掌握公式。 6. 善于自觉运用基本运算律、指数律、乘方开方以及加减统一、乘除统一的思想，去掌握其他运算公式和法则。 7. 能自觉做到，每步运算或变形的依据充足。 8. 能弄清公式、法则成立的理由。 9. 善于解决难度较大的运算问题。	1. 能正确形成各种概念，正确理解各种名词及符号的含义。 2. 善于概括各种数学证明的类型及一般方法。 3. 掌握例题结构及四种命题之间的关系。 4. 善于将知识结构系统化，结构化，善于抓住各概念及知识之间的联系，从不同角度分析组合，概括地形成知识结构的系统。 5. 善于自觉运用分析和综合，对比和类比，归纳和演绎、直接证法和间接证法，去进行推理论证。 6. 能自觉按照逻辑规律进行推理，做到推理的每一步都有理由。 7. 善于掌握定理的证明。 8. 思考问题全面、细微，能从事难度较大的推理论证，解决难度较大的综合问题和应用问题。	1. 能正确形成几何图形的有关概念以及数轴、直角坐标系、方程的曲线（面）、函数的图像等概念，善于给出某些代数问题的几何解释。 2. 善于对几何图形、方程曲线及函数图像进行概括、分类，抓住各种图形之间的联系。 3. 善于根据几何图形正确地分析出有关的位置和度量关系，并能用语言文字表达。 4. 善于根据方程曲线想象出图形的形状、曲线的形状的特点。 5. 善于根据函数关系式掌握图像的形状、函数图像形状看出方程曲线、方程函数图像的特点。 6. 能自觉做到对几何图形、方程曲线、函数图像的分析，有充足的理由。 7. 善于分析难度较大的几何问题。

（注：制作者为孙敦甲。）

四、数学教学应从思维的整体性出发

从整体出发开展数学教学，这是培养学生思维完整结构的需要，也是提高数学教学质量的需要。

如何在数学教学中注意整体性呢？

首先，要认真钻研教材，掌握整个教材的系统性，研究它的科学性。

数学是一门具有整体性、逻辑性、严密性的基础学科。中小学数学教师，不管教哪个年级，都应该分别通读数学教材，了解教材的编写意图，明确教材的目的和基本要求，深入研究教材中的基础知识前后、左右、纵横的联系，以及它们在每节课、每个单元、每本书乃至今后学生进一步学习时的地位和作用，使自己对整册教材有比较全面的认识，做到心中有数。特别是遇到教材内容繁杂、头绪纷乱时，一定要详细、认真地整理和分析教材，要化繁为简，理出思路。在此基础上，还要精读教材，进一步对每一章、节的具体教材深入钻研，对教材中的概念、定义、定理、公式和法则逐字逐句推敲，掌握其精神实质，并使其系统化、条理化。例如，有经验的教师在准备关于"方程变形的四个性质"这一节时，对其中提到的"都"和"同"这两个关键词很注意。学生往往把同解和结果搞混了，其原因是对这里的"都"和"同"没有很好地理解。如果原方程两边都加上"同"一个数（或者同一个整式）或者两边"都"乘以"同"一个数，则新方程和原方程是同解；如果方程两边"都"乘以"同"一个整式或"都"用"同"一次数乘方，则新方程是原方程的结果。这里的"都"和"同"是同一个词，但所含的内容是不同的。这样对方程变形的四条基本性质，就理解得更深刻了。备课时，对教材中的所有例题、习题都要认真演算或论证，研究各种习题的多种解法，归纳同类型习题的解题规律，钻研教材中配置这些例题、习题的目的是什么。把每个单元的教学内容和例题、习题搞清楚，可为确定教学的重点、难点奠定基础。

其次，要教给学生系统、整体的数学知识。

教师掌握整个教材的系统性，研究它的科学性，目的是把系统、科学的知识教给学生，使他们的数学知识系统化、条理化。

例如，有一位数学老教师在高中新班准备讲授代数时，给学生绘制了下面一张代数系统结构图（图4.6）：

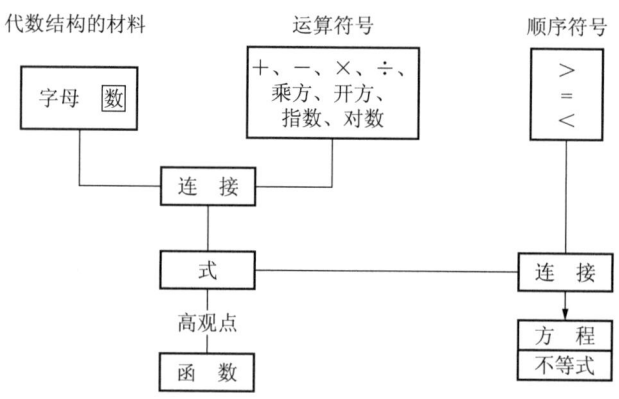

图 4.6　代数系统结构图

这位老师从一开始就让学生对代数有一个整体的理解，在以后的教学中，他始终引导学生将知识系统化、条理化，结果全班学生的数学成绩提高很快，而且条理清楚、逻辑性较强。

为了更好地传授给学生系统的数学知识，同时促进他们思维整体结构的发展，目前中学数学的混编教材，可恢复为"文化大革命"前的代数、几何和三角分编。分编教材，代数、几何和三角作为三门课开设，且几何与代数一开始就同时进行教学，便于学生比较，建立"形"与"数"概念的内在联系，促进学生数学知识的整体性和运算思维的完整性。三科分编，使知识系统化，适合中学生思维结构发展的年龄特征，便于他们系统地接受代数、几何与三角知识。这样的教材，要比目前的"跳跃式"的数学教材的系统性与科学性强得多。数学分科编写教材是否不利于渗透现代数学思想呢？不是！现代数学思想可以通过各科渗透，分编教材决不影响渗透现代数学知识。

再次，针对学生现有的知识水平、经验结构和思维结构等特点，切实加强基本概念的教学。

目前，各中小学都是根据"课标"要求进行数学教学，不是根据学生实际文化程度和思维心理结构水平进行教学。为了追求考试分数，追求升学率，教师加班加点赶进度，不重视基本概念教学，而是快速讲完知识后，把重点放在做题目上，放在让学生进行大量机械模仿训练上，导致许多学生不求甚解。强调"课标"，强调统考，可是未能发现学生认识事物的结构，未能了解知识和学科本身的结构，没有考虑学生之间的差异性，一味强调统一、"看齐"，势必脱离现实、脱离实际。只有学生掌握好数学基础概念，理解了基本概念之间的相互关系和联系，才能在此基础上扩大和加深知识，才能形成学习上大量普通的"迁移"。因此，教师应当根据学生实际情况，切实加强数学基本概念教学，这对数学教学是很重要的。当然也要注意循序渐进，着重抓重点、难点和疑点，提高数学基本概念教学的效益。

又次，数学复习在于形成一个完整的数学知识体系。

复习，对数学教学有着非常重要的意义，应把它摆在和新授、练习同等重要的位置，决不能轻视。

不论是单元复习还是总复习，都要强调通过复习使所学知识系统化，并和旧知识建立内在联系，形成一个完整的知识体系。如果学生切实掌握了这种内在联系与知识体系，充实了自己完整思维结构的知识内容，他们就能达到知识的举一反三、灵活运用，实现巩固和提高知识的目的。在知识系统逐渐内化的过程中，从量变到质变，就能使学生的思维整体结构获得发展。

复习，要注重全面系统地整理基础知识。数学家陈景润十分强调基础知识，他说："这些最简单的东西，虽然容易接受，但不容易真正理解。简简单单的东西，往往涉及的概念是最基本的，只有把简单的东西熟练地掌握好，才容易接受比较复杂和高深的东西。"如果把基本知识全面地系统化起来，就形成了一个完整的知识结构。

复习中，教师要重视引导学生通读教材，使学生明确教材的目的与学习要求，要求他们再次深入研究教材中基础知识的发展线索、相互联系，以及它们与相关的其他已经学过的知识的联系，明确这些知识的地位与作用，通过知识的进一步归纳、概括、分类、系统化，最终形成完整的知识结构。

复习中，让学生综合练习，是不可缺少的重要步骤。通过练习，学生将学过的概念、公式、定理、法则等加以比较，找出异同，同时可以进行综合运算，使知识条理化、系统化，并为发展思维的完整结构奠定坚实的基础。

最后，提高教学的理解力，促进学生思维整体结构的发展。

理解，就是认识或揭露事物的本质。数学理解力同样如此，它包括：①理解数学教材中阐述的数量关系之间的因果性；②理解数学教材中所阐明的某些关系的共性与个性；③理解数学教材中所注明的某些问题，诸如数学定理、公式及解答各类习题的逻辑依据；④理解数学教材中数量之间、图形之间的整体关系，等等。这些理解力建立在思维结构的基础上。同时，任何一种数学概念、数量关系与形体关系，都可按不同标准归类与被理解。因此，学生在学习数学的同时，会形成多种多样的数学运算思维结构。思维结构是理解的基础，理解的深入又能促进思维结构的发展。

英国心理学家贝尔（M. A. Bell）以被试陌生的数学的一个分支——拓扑学的网络图形做试题，测定中小学生的理解力，三组被试的成绩是有差异的：原先了解规则来由的组，75％的被试能适应新任务，理解网络规则；只是给规则而不说明规则来龙去脉的组，有30％的被试完成了任务；没有任何先前经验的组，只有17％的被试能完成任务。可见，理解数学的新问题必须依赖过去的经验和智力水平。学生有意识地掌握数学知识的前提首先是能够理解他们所要学习的东西，而理解力是在学习过程中不断发展起来的。怎样才能正确而顺利地理解数学知识，从而迅速地发展理解能力呢？

教师必须从学生已有的知识经验结构与思维心理结构水平出发，已经理解的知识是理解新知识的基础。为此，数学教师只有了解学生，才能有的放矢。比如，学期开始新接一个班，教师就要了解这个班的学生各方面的情况，对于科学知识掌握的情况如何，是一个重要方面。出一份比较全面的试题，来个摸底测验，是很有必要的。通过试卷的分析，对学生的基础知识、基本能力、智力品质及思维结构等情况，有一个大概的了解。这样，备课、讲授与辅导，才不会脱离学生原有的知识经验结构与思维结构，一切措施才能有的放矢。

数学教学必须循序渐进。这是由数学学科的特点所决定的，前边的不懂，后边的就难懂。快和慢也是辩证的，前边不懂的就要加强复习，"磨刀不误砍柴工"。如前面的不懂就学后面的，后面的就更不懂，必然形成恶性循环，问题成堆，就不好办了。加大难度和抽象度的教学是必要的，但我们要反对不顾基础的高难度、高速度和高理性。加大难度、速度和抽象度是有条件的，这个条件是众所周知的，从已知到未知，从不确切的知到比较明确的知，从具体到抽象，从易到难，从简单到复杂，从近到远等原则，都是引导学生理解数学教材必须遵守的客观规律。

语言是理解的工具，教师的语言要简洁、明白，举例要通俗易懂，这是有经验教师的教学经验之谈。例如，有一位老教师讲复数时是这样概括的：

婴儿吸母乳时，无人与之争，就不需要数的概念。一两岁时，吃包子就能懂得哥哥吃了两个，我才吃了一个，说明他已有自然数的概念和需要；再大一点时，给他一个苹果，让他和哥哥、姐姐分，他就能认识到分数的概念，每人吃三分之一。这些就概括成正数。等到会花钱记账时，亏了要欠债，这时就产生负数的概念，从而概括成为有理数。计算单位正方形的对角线长，需要解方程 $x^2=2$，这就要引进无理数概念。解形如 $x^2+2=0$ 的方程，这时就必须把数系扩张，引进虚数概念就成为必然。

这位老教师的语言是多么简洁、生动。教师的语言调动起学生原有的思维结构与已有经验，不仅帮助学生理解了数学知识，而且也带动了学生语言的发展。

此外，教师的数学基本功，精讲善练的讲练结合方法，也能活跃学生的思维结构，使通过不断练习纳入思维结构与经验结构的新知识，得到强化与巩固，提高理解水平，且发展理解能力。

第五章　思维能力在运算中发展

人的思维活动有一个过程，这个过程主要是分析与综合、比较、抽象与概括，并以认知心理学所强调的串行、平行和混合方式进行着。基本的思维形式的概念、判断（命题）和推理，就是这个过程的表现，各类问题的理解、解决，也是这个过程的表现。思维能力，往往不是思维活动某个过程的表现，而是这些过程完整的实现。

在数学学习中，学习者运算思维的概括能力、空间想象能力、命题能力和逻辑推理能力得到迅速的发展，尤其是数学概括能力的发展。如前所述，数学概括能力是数学能力的核心，在一定意义上说，它就是数学能力。

一、数学学习与概括能力的发展

如前所述，概括是在思维活动中，把同一类事物共同的、本质的属性集中起来，成为一般的类的属性。

任何科学研究的目的都在于概括出研究中所获得的东西。达尔文在自传中写道："我的智慧变成了一种把大量个别事实化为一般规律的机制。"把事实"化"为现象的一般规律，是一切研究的最重要的、终极的阶段，而这种"智慧"的过程正是概括的过程。由此可见概括能力在现实中的作用与重要性。

概括能力之所以重要，还在于它是掌握概念的直接前提。概念是事物的本质属性在头脑中的反映，它是用词来标志的。概念与判断、推理构成基本的思维形式，而概念则是这种逻辑思维的"细胞结构"。要教会学生一些概念，首先必须培养他们的概括能力。因为掌握概念，就是对一类事物加以比较、分析与综合，在此基础上，找出一类事物共同的、本质的特征或属性，然后把它们概括起来。概括能力的高低取决于把握事物共同的、本质的特征或属性的思维水平的高低。

数学教学的重点在于讲清数学的基本概念。基本概念是基础知识的核心，数学中的定义、定理、法则、公式等都含有各自特有的数学概念，如果学生尚未掌握和区别各种基本概念，运用起来就会混乱，甚至错误。因此，对基本概念的教学必须十分重视，有经验的教师向学生讲基本概念时，不是一次讲清楚了事，而是反复重述，不断地加以巩固。数学概念的掌握需要概括能力做基础，同时它又促进概括能力的发展。因此，数学概念的教学和学生概括能力的发展是有机联系的。

概念的概括是从具体向抽象、从低级向高级发展的。中小学生数学概括能力的水平，可按以下六项指标来确定：

（1）对直观的依赖程度，例如，在运算中是靠独立思考还是靠掰手指头或其他直观教具进行的；

（2）对数的实际意义的认识，例如，"10"代表十个，"$\frac{1}{2}$"是指半个，等等；

（3）对数的顺序和大小的理解，例如，89 在 98 之前，98 在 89 之后，89 小于 98，98 大于 89；

（4）数的分解组合的能力和归类能力，例如，100 由 50＋50 组成，或由 10 个 10 组成，或由 100 个 1 组成……；又如"合并同类项"等；

（5）对数学概念定义的展开，能下定义，不断揭露概念的实质，例如，对"无理数"的理解，其定义就是"不循环的无限小数"，并能举出三个无理数的例子；

（6）数的扩充程度，即上述五指标，在从"自然数"起到"复数"的扩充中，属于哪一级数的概括水平，亦即属于"自然数"内的概括，还是在"有理数"内的概括，越往抽象数上概括，概括的水平就越高。

以上六项是学生对数概念的掌握及其概括能力大小的具体体现。但是，有些教师只满足于学生会做题，不注意引导学生发展概括能力，这是对基本概念的重要性认识不够，对发展概括能力未加重视的表现。其结果是，学生往往只会"照葫芦画瓢"，老师怎么说，就怎么搬；公式怎么定，就怎么套。不妨举个简单的例子。

一年级的算术，重点是 20 以内的加减法。虽然不少学生得了 100 分，但他们中有的在运算中靠掰手指头，有的必须出声复述他思考与运算的过程，其共同点是依赖直观实物进行运算，内部言语不发达，思维的概括能力较低。有的学生倒不需要依赖直观来运算，但不了解数概念的实质由数的实际意义、数的顺序与大小以及数的组成等三个因素构成，只知 20 由 10 与 10 相加，却不能自觉地转换成由 11 与 9，15 与 5……来组成，于是其数的概括能力水平也不高。这表明教师在教学过程中忽视了对学生数学概括能力的培养。小学一年级是培养学生常规训练的重要阶段，因此，在此期间应该把发展学生的概括能力，列入学习常规的内容。有经验的教师在教一年级算术时，比较强调数的组成，加强分解组合的训练。在"0—10" 11 个数的概念教学中，不必一个个细讲，可以综合性分解组合。例如，"10"是由"1"与"9"组合的，或由"7"与"3"组合，"10"还等于 3+4+3，或等于 5+2+1+1+1……然后让学生去演绎计算。从"10"到"20"，讲完"20"马上过渡到"100"，照此类推讲数的关系、分解组合，让学生演绎计算。在计算的基础上，引导学生归纳、概括"100"以内加减规律。实验证明，这样做，学生不仅数学知识掌握得快，而且其运算能力也显著提高。

不论是在小学还是中学，数学教师必须十分重视学生对基本概念的掌握，重视其数学概括能力的培养。有位中学老教师在讲二元二次方程组时，对方程组同解的三条性质（①如果把方程组里任何一个方程换成和这个方程同解的方程，则所得的新方程组和原方程组同解；②如果方程组中一个方程里的一个未知数，用另一个未知数的代数式来表示，则方程组中的另一个方程里，把这个未知数换成这个代数式所得的方程组，和原方程组同解；③如果把方程的两边分别相加或相减得出一个方程，则和原方程组里任何一个方程组成的方程组,和原方程组同解)做了精辟的分析。因为这三条性质是解方程组时保持方程组同解的重要法则,为了使学生对三条性质有深刻的理解,这位老师在教学中突出对学生概括能力的培养,反复讲解了三次。

第一次,用一个课时讲解三条性质的实际含义即数学概念的实际含义后,紧接着选一组二元二次方程组的基本例题,通过例题的解法,让学生初步概括每条性质在解方程组时保证同解的作用。

第二次,是将二元二次方程组分为两类讲解、练习。一类是一个二元二次方程和一个二元一次方程组成的方程组;另一类是两个二元二次方程组成的方程组。每类用两个课时,并从习题中选出六个典型题目讲解、练习,通过具体例题的解法,说明三条性质是保证方程组同解的重要准则。然后举几个分式方程组和无理方程组,虽然它们有解,但出现了增根或减根,其原因是在解的过程中越出了同解方程组的三条法则。这时,告诉学生解分式方程组或无理方程组时,一定要验根。这一次反复使学生对这个数学法则的内在组合分解有了新的概括,使他们比前次反复对三条性质的认识又进了一步。

第三次,是综合运用同解方程组的三条性质,并举出七种特殊类型不需要验根的二元二次方程组的解法。这次反复,使学生提高了对这条数学法则的本质认识,概括能力又发展了一步。经过这样多次反复,学生不仅牢固地掌握了同解方程组的三条重要性质,而且提高了运算速度和解题能力,特别是概括能力。

为了使学生不断地提高数学概括能力,我们教改课题组提出了如下培养学生概括能力的措施:[①]

1. 明确概括的主导思路,引导学生从猜想中发现,在发现中猜想

所谓"猜想",实质上是学生原有认知结构作用于新知识的尝试掌握。

[①] 顾竞夫,赵荣鲁,等. 初中代数教学以概括为基础培养学生思维品质的实验报告[M]//林崇德,主编. 中学生能力发展与培养. 北京:北京教育出版社,1992.

强化猜想、发现，教师首先要分析教材结构和学生的认知结构，明确概括过程的主导思路。然后，围绕这条思路，确定引导学生不断深入地猜想、发现的方案。这里，必须注意三点：

（1）学生的认知结构对所学知识的同化、顺应，应是在不断发现新旧知识的本质联系与区别的基础上进行的。猜想、发现要促使同化、顺应，就必须紧密围绕着揭示知识之间的本质联系和内在规律来进行。因此，对教材结构的分析要抓住前后知识的本质联系与区别，形成贯穿全课题的猜想、发现的一条主线。

（2）在分析教材结构的基础上，进而分析学生的认知结构。弄清哪些知识是与学生原有认知结构相适应，可以同化的；哪些知识是不相适应，需要调整以便顺应的，从而确定猜想、发现的主要内容。

（3）要坚持在关键问题上放手让学生猜想、发现。单纯传授知识的教学，为了教学顺利，对于教材中的难点和易错的内容，教师往往采取自己代替学生事先排难的措施。这样，表面看来学生轻易地过关了，实则是剥夺了学生锻炼思维能力的机会。要促进同化、顺应的猜想和发现，必须在关键问题上设问，巧妙地引导学生发现原有认知结构的缺陷；点拨、指导他们调整认知结构向高层次发展。

以"一元二次方程的解决"为例。教材中是从直接开平方法入手，渐次引入配方法、公式法和因式分解法的。贯穿整个解法的一条主线是从特殊到一般；从前一种解法到后一种解法的发展，是通过后一种方法转化为前一种方法来完成的。因此，概括过程的主导思路应当循着从特殊到一般的程序，围绕前后两种方法的本质联系和区别来展开。从学生的认知结构来看，直接开平方法的寻求、从配方法到公式法的发展是学生易于同化的；而从直接开平方法到配方法，在方程变形时需要添项、减项，且配方的结果引发出方程的多种类别。因式分解法又不同于前几种解的通法，有其特定的适用范围。这些是学生原有认知结构不易适应，需要调整以顺应的。在以上分析的基础上，再明确概括过程的主导思路并确定引导猜想、发现的方案。

2. 要为学生概括提供丰富恰当的材料，并把概括的东西具体化

学生概括的水平要依赖于数学材料及其质量。选择一定量与质且典型的材料说明要概括的东西，可使学生容易概括，也理解概括的东西。而在这个过程中，学生的认知结构与概括问题之间适应与不适应的矛盾最易暴露，也最容易对学生形成适应的刺激。因此，教师要有意识地再把概括的东西具体化，引导学生发现矛盾、猜想尝试，这样的教学会产生显著的效果。例如，"按一定要求编题"就是把概括的东西具体化的一种好方式。

3. 通过变式、反思、系统化，积极推动同化、顺应的深入进行

单纯传授知识的教学，在推理论证得出结论之后就基本完结，虽有小结，但也只着重于知识本身的系统归类，以求记忆牢固，缺少对同化、顺应的推动。培养思维能力的数学教学不能止于推理论证的完成，而必须在获得结论之后，回顾整个思维过程，检查得失，加深对数学原理、通法的认识；联系以往知识中有共同本质的东西，概括出带有普遍性的规律，从而推动同化、顺应的深入。

这里举一个较典型的"变式"的例子：为了让学生从各个不同方面指出事物的本质特点，以避免概念的片面性，图 5.1 出示的六个三角形都是直角三角形，可是，由于图形的位置不同，某小学高年级竟有半数学生认为图中的第二个和第三个三角形不是直角三角形。由此可见运用变式在数学教学中的重要性。

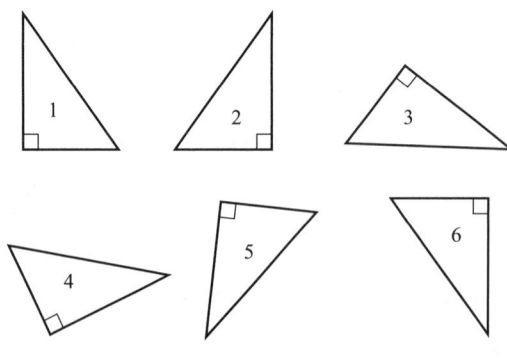

图 5.1

4. 大力培养形式抽象的能力，通过言语描述，根据假定进行概括

根据概括能力发展的趋势，我们提出了三条培养措施：

（1）分阶段逐步培养，逐步使学生分清数学关系的本质特征或属性。

（2）在例题教学中，重视课题类化和预想解题方案，引导学生观察和比较，以便学生熟练掌握基本题型、思路和方法，并帮助他们揭示解题的思维过程。

（3）正确处理形式抽象、根据假定进行概括与具体抽象思维和直觉思维的辩证统一关系。具体内容包括：

①揭示数学问题同实际问题的联系，在发展思维抽象成分的同时，使具体形象思维不断得到充实、改善。揭示数学问题同实际问题的联想和结合，主要通过四个方面进行：一是从现实情境和实际问题出发，引入开始的数学概念、定理和方法；二是注意阐发数学概念或过程的几何解释或物理意义；三是运用数学的概念、定理、方法解决有关的实际问题；四是给有关数学概念做解释或下定义。

②先猜想、发现，再分析、证明，在培养形成形式、抽象、根据假定进行概括的思维中孕育直觉思维。例如，一个学生在计算 $(x+y)^2 - 2(x+y)(x-y)+(x-y)^2$ 时，突然迅速答出"$4y^2$"而一时讲不清思维过程。我们认为这是一种直觉思维的萌芽，因而立即肯定了答案，进而引导他与大家一起分析思维过程，发现他是将 $(x+y)$、$(x-y)$ 分别看做一个元素，逆向运用两数差平方公式的结果。

通过实验措施，我们获得可喜的研究结果。北京市通县教科所与六中的实验点，在全县统一命题的初中各学年代数期末考试中，初中三个年级实验班的代数学习成绩逐渐稳步提高，优于控制对照班，且差异显著，标准差小于对照班，说明离散性小。由此可见，实验措施在学生学习成绩的提高中发挥了作用。

同时，我们按照数学能力的结构，对实验班和对照班学生进行数学能力测定，实验班学生在数学能力的发展上，从初一下学期起，逐渐优于对照班，并达到了显著差异的程度。从这里可以看到，实验措施在实验班学

生数学能力发展上发挥了作用，同时也可以看出，学生的数学能力差异要比学习成绩差异出现得晚。

二、数学学习与空间想象能力的发展

当我们说到世界上任何事物的存在时，首先要指明它在什么地方，具有多大的规模或体积，这就是指事物的空间位置和它的广延性。要确定一定事物存在的空间位置，必须了解这一事物同周围其他事物的空间联系，如距离、排列次序等。当我们说到任何事物的运动时，必须联系到它的位置移动、规模或体积的增大或缩小。总之，任何事物的存在和运动，都要涉及它存在和运动的空间形式。

空间形式为我们的头脑所反映，就产生了空间观念。茫茫宇宙，其空间是无边无际的。如何认识这个空间，空间想象能力是重要的智慧力量。任何生产劳动都要在一定的空间进行，任何技术发明与科学创造，同样都要在一定的空间完成，这一切都离不开空间想象能力。因此，空间想象能力是人们对客观事物的空间形式进行抽象思维的能力，它是创造性思维的一个重要组成部分，在创造性活动中占有重要地位。

恩格斯在《自然辩证法》中说："和数的概念一样，形的概念也完全是从外部世界得来的……"可见，形的概念、几何概念是被认知的东西，它也与数的概念紧密联系，成为数学的重要组成部分。

小学生要在数学教材里接触大量的形的概念，如长、宽、高、点、线、面、体……数学中形的概念、几何概念的掌握，需要空间想象能力做基础，同时它又促进空间想象能力的发展。学生对任何空间思维的掌握，总是需要在一定位置去理解物体的长度、宽度和高度的广延性，离开了这一物体与另一物体的位置关系，空间思维就无从理解，空间想象能力也就无从发展。因此，几何学习对学生空间想象能力的培养是很重要的。

中学生的空间想象能力与其解释图形信息，即对视觉表征及在几何作业、图形、图表、各类图示中使用的空间语言的理解有关，因此它与学生所学习的课程内容和内容的组织形式，尤其是内容的表现形式有很大关系。与空间想象能力发展密切相关的中学数学几何课程提供了培养学生空间想象能力的丰富的图形材料。但是，古今中外，所有几何课程都是以组织成逻辑体系的公理化模式为主来培养学生的，在这样的组织形式下，几何教育的目的就不是以发展学生的空间想象能力为主，而是以发展学生的逻辑思维能力为主要目的。图形在这里所起的作用，是帮助学生理解抽象的逻辑系统，从而达到发展完善的逻辑思维能力。也就是说，目前我们关于学生空间想象能力的培养，是与对学生逻辑思维能力的培养紧密相连的。

不仅如此，空间想象能力还与视觉加工能力有关。视觉加工能力包括把抽象的关系或非图形信息转换成视觉信息，对视觉表征及视觉表象的操作和转换，这是一种过程能力，与学生所学内容的呈现形式无关。因此，从这个角度看，空间想象能力的发展又与形象思维能力的发展密不可分。

空间想象能力与思维诸品质密切联系着。空间想象能力的发展与思维深刻性品质的完善程度紧密相连。因为没有思维的深刻性，就不可能有发展良好的解释图形信息的能力；同时，没有思维的灵活性与敏捷性，就不可能对非图形信息与视觉信息进行灵活的转换与操作，无法想象运动变化的空间；而没有思维的独创性与批判性，就不可能富有成效地进行形象的分解、组合与再创造，当然也就不能使学生的空间想象能力得到充分的发展。

当然，中学生空间想象能力的发展并不和他们所学的几何知识的增长完全同步。现行中学课本，将立体几何集中安排在平面几何之后，到高一才学。但实际上，学生从初二开始就已具备了对三维几何图形的较低水平层次的想象能力，但对三维几何图形的高水平的空间想象能力还不具备，它需要到初三以后，在对二维几何图形认识的基础上才能实现对三维几何图形的较高水平层次的想象。这种不同步还表现在，学生学习立体几何是先学习空间直线与平面，后学习立体几何图形，但就学生的能力发展来看，是先达到对几何形状的整体想象，后达到对整体几何图形的分解与组合等。

确定一个学生的空间想象能力的客观指标，可以用下面三项准则：①对直观的依赖性；②对平面、立体各种空间位置分析与综合的范围；③对各种空间形体分解组合的运算程度。

按以上准则，数学教育专家于 20 世纪 80 年代提出学生空间想象能力应包括四个方面的要求：

（1）对基本几何图形必须非常熟悉，能正确画图，并在头脑中分析基本图形的基本元素之间的度量及位置关系（从属、平行、垂直及基本的变化关系等）。

（2）借助图形能反映并思考客观事物的空间形状及位置关系。

（3）借助图形能反映并思考用语言或列式所表达的空间形状、位置的关系。

（4）有熟练的识图能力。即从复杂的图形中区分出基本图形，并能分析其中的基本图形和基本元素之间的基本关系。

尽管这几个方面的能力都以正确的画图能力为基础，但画图能力并不单纯是空间想象能力，它与画图工具的使用及画图技巧的熟练程度有关。因此，提高空间想象能力需要重视画图能力的培养，但画图能力的高低不能看做是空间想象能力的唯一标志。

根据上述四个方面的要求，在中小学阶段，学生的空间想象能力发展大致可以分为五级运算思维的智力水平：

（1）依靠直观、形象逐步说出常见图形的名称、概念。

（2）依靠图形，用数学计算规则平面与多面体面积与体积，这是对三维空间做量的运算阶段，具体形象性在运算思维中还占一定的优势。

（3）掌握直线、平面，从点、线、面的分析与综合开始，逐步掌握相交线、平行线、三角形、四边形、相似形和圆的实质，进行平面几何的各种组合与分解的运算。

（4）掌握多面体，在平面几何的基础上，逐步掌握三维空间的多面体图形，对空间直线与平面进行分析与综合，想象空间位置的关系，并加以组合与分解的运算。

（5）掌握旋转体，理解圆柱、圆锥、圆台和球的空间位置关系，对其轴的位置、轴截面的形状和侧面展开图进行分析和综合，想象三维空间的旋转变化，并加以组合与分解的运算。

当然，空间想象能力还不局限于这五级水平，根据现代科学的要求，我们不仅要较多地去引导学生思考平移、对称、旋转等关系，还要教他们学会抽象地思考点如何通过运动形成不同的曲线，以及曲面体的交截形状等（微积分）。

中小学数学教材中形的教学内容是很多的，从开始认识图形，学习计算规则图形面积与体积，直到系统地学习几何。然而，数学的形体知识能否促使学生空间想象能力的发展呢？也未必！那些有经验的数学教师十分重视学生空间想象能力的培养，他们认为发展空间想象能力才是数学形体教学的着重点。

几何教学是发展学生空间想象能力的主要途径。

有些幼儿园与小学，从教 10 以内的数起，就开始让儿童接触直线、线段及由线段可以组成的各种几何图形，通过让学生画一画、量一量等方法，使他们直观地认识一些常见图形，并引导他们根据已掌握的几何概念，从比较复杂的图形中判别三角形、四边形、正方形、长方形等。20 世纪 80 年代，北京景山学校一年级的学生经过一年的学习，空间想象能力有所提高。第一学期期末举行一次数学竞赛，其中有一道题是要求判别图中（见图 5.2）有几个三角形，一班 40 人中有 21 人能从中找出六个三角形。

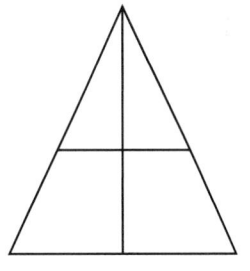

图 5.2

如何通过点、线、面、体的教学，培养学生思维中的空间观念，进而提高空间想象能力呢？

第一，要提高学生对空间思维的兴趣，利用趣味数学习题是一个方法，尤其是在小学高年级与初中阶段。例如用六根火柴棒拼四个三角形，不少学生在平面上苦思冥想，毫无办法。有的学生从平面到立体，通过想象，完成了这道题（见图 5.3）。此类趣味数学习题，既帮助学生学习三角形概念，又激发了他们学习几何的兴趣，有助于其空间想象能力的发展。

第二，帮助学生寻找直观支柱。空间形体观念的建立，需要有直观基础，有直观工具做支持。除了直观教具与画图，还要让学生自己动手。在教立体几何时，可以先让学生用黏泥、小木棒搭图形。这并不是停留在直观上，忽视抽象，相反，它恰恰是在引导学生从直观到形象再到抽象，一步步地促进空间想象能力的发展，而不是满足于套公式、死记硬背，限于解答几道习题上。

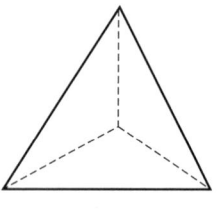

图 5.3

第三，加强作图能力的培养。在拟定作图题时，必须考虑作图题与设定条件。作图题是求作一个具备设定条件的图形的问题，那么问题有无结果，或确定或不确定，自然要看条件的选择是否得当。因此，设定条件不能漫无边际，应该注意到条件要彼此和谐，不能互相矛盾；条件要相互独立，务求个数最少，避免不独立、并立其间；条件的多少，要恰如其分。

不论是定位作图还是活位作图，任何作图题的内容不外乎两部分：一是设定部分，给出已知条件；二是求作部分，求适合条件的图形。作图的方法也较多，如轨迹交点法、游移切线法、三角形奠基法、合同变换与变位法等。对此，要引导学生在解作图题时按四个步骤进行：

（1）分析，在正式作图前，首先必须寻求作图方法的线索；

（2）作图，根据所得线索，按步设计作图的方法，其中作图动作的次序，务须记载详明；

（3）证明，作图之后，应逐条核验所得图形具有要求的条件，用以证实作图无误；

（4）推究，通盘考虑问题的种种可能情况据以做出肯定性的判断结论。

作图能力的提高，不仅有助于提高空间想象能力，同时也有助于提高逻辑推理能力。

第四，适当地设计、制作几何教具、模型，或进行实地测量也是提高空间想象能力的较好方法之一。教师可按教学要求，有计划、有目的地让学生设计、制作一些直观几何教具和模型，或进行实地测量，通过动手、实践，运用公理，操作点、线、面、体，进行观察、解剖、分析和探索，探索几何图形与数量之间的关系，从而发展学生的空间想象能力。

三、数学学习与命题能力的发展

凡具有判断形式的句子，都是命题。例如"4 是偶数"，"7 不是 14 与 15 的公约数"等。因此，命题就是判断。人们每时每刻都在判断事物，做出这样或那样的命题。

概念、判断与推理组成了基本的思维形式。

概念所反映事物的实质是在判断中得到揭露的。判断是对象和现象或者它们的某些特征之间的联系的反映。判断就是关于某一事物是什么，肯定或否定对象或现象之间的某些特征之间的某些关系。我们说"闪电之后有雷鸣"，便肯定了"闪电"和"雷鸣"这两种自然现象在时间上有一定联系。我们在揭露"石油"这个概念的实质时，就做出了关于石油的主要特征、各种石油的来源及其用途等许多判断。判断有肯定的或否定的，能判断一般的、特殊的或个别的，可以指出条件或原因，指明事物的必然性、可能性与偶然性。因此，人们的实践离不开判断这种思维形式，离不开判断能力或命题能力这样的智慧力量。

在数学中，一切算式都是命题的演算，如"$6 \neq 7$"，"4 是偶数"，"△ABC 是等腰直角三角形"等，都是判断。数学揭示了数量之间、形体之间、数形之间的关系与联系，这些联系必然要通过判断形式表示出来。数学学习必须以命题能力为基础，同时向学生提出发展更高的命题能力的要求。因此，数学学习能促进学生命题能力的发展。

数学学习要求学生独立地做出判断，这种独立性取决于掌握关于必须判断的事物的知识，取决于独立判断的习惯和技能。正是这种判断的独立性，决定了一个人判断能力的高低。学生在数学学习中，正需要发展独立判断能力。在一堂数学课上，三年级学生正在费劲地演算着"$849 \times 876 - 876 \times 749$"，可是有个学生运用提公因式，从中提出 876 乘以 ($849-749$)，毫不费力而迅速地得到答案 87600。这个学生有超群的判断能力，数学教师必须予以重视。不得不承认，数学学习向学生提出了发展高标准的独立判断能力的要求。从"$1+1=2$"到"沙粒虽小，但是一个定量，不是无限小"；从"$3 \times 3 \neq 6$"到"$y=\sqrt{x}+3\sqrt{-x}$"是函数关系，这正是学生判断能力的层层突变的结果。有一位老教师让高中三年级学生求 $(\sqrt{a}+\sqrt[4]{a})^{20}$ 展开式的常数项时，原先他想要学生通过计算来判定：

$$T_{n+1} = C_{20}^n (\sqrt[4]{a})^n (\sqrt{a})^{20-n} = C_{20}^n a^{\frac{n}{4}} \cdot a^{\frac{20-n}{2}}，即 \frac{n}{4}+\frac{20-n}{2}=0, n=40，是$$

正整数而且比 20 大，所以常数项不存在。但是一个学生不用计算，通过分析立即判断，他说 $(\sqrt{a}+\sqrt[4]{a})^{20}$ 中不可能有常数项，因为二项式中前后两项 a 的指数都是正数，而展开式的每一项都是它们两项的乘方的积，即每项字母的指数都是正数，不可能为零，故常数项不存在。可见这个学生的判断能力很可贵，而培养学生的判断（命题）能力是十分必要的。

在数学教学中，教师要启发学生熟练地掌握"四种命题"结构的思想，要让学生直接掌握数学中肯定、否定、合取和析取命题的思想，并引导他们尽早地独立地进行数学判断。也就是说，数学学习要求学生掌握命题结构的能力。这种能力的发展，表现在正命题→逆命题→否命题→逆否命题等四种命题的运算上（见图 5.4）：

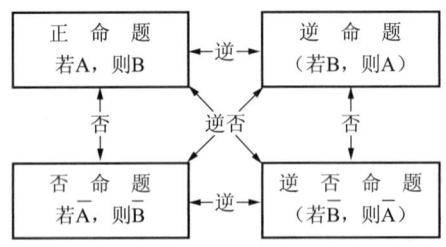

图 5.4　四种命题的关系

对这四种命题结构的掌握,既反映了他们理解不同数学命题的抽象程度,又反映了他们思维过程中掌握思维方向的可逆性与守恒性,也反映了思维活动中的辩证关系。正命题与其他命题的关系,正是反映了"否定之否定"规律在学生运算能力上的表现。有人说,这种能力要到中学学习几何时才出现,其实,命题结构能力的掌握,从小学一年级就开始了。为什么小学一年级学生解答反条件应用题时感到困难呢?原因是他们缺乏可逆性思维能力。有的小学一年级老师提倡学生去死记各种"类型",而不是灵活地掌握各种"类型",不是灵活地掌握逆向性习题的性质,这不利于小学生命题能力的发展。

数学学习要求学生掌握命题形式。在数学教学内容中,总是先出现肯定的或否定的命题,接着就出现"而且"与"或者"的命题。例如让小学生判断 36 是 12 的倍数并且是 9 的倍数;让初中生说出"a、b 两直线平行"和"a、b 两直线相交"不能同时都是真的,这显然是合取"$p \wedge q$"(p 而且 q)与析取"$p \vee q$"(p 或者 q 只限定一个)的命题形式。在这四种基本形式的基础上,教材中逐步地出现了复合的命题。例如,确定方程的根只有一个解、有多个解、有无穷多解或无解的可能性,这些方程就是复合"等价"命题的演算关系,最后要求学生按照运算法则确定命题的变形,如前面提到过的解方程和确定方程组的同解变形。数学教学中这些内容的出现,要求学生有相应的命题能力作为基础,这就需要数学教师自觉地培养学生的命题能力,使他们能更好地确定简单命题,掌握和判断复合命题,并能够按照运算法则确定命题的变形。皮亚杰从数理逻辑出发,用群集和格,即 16 个二元命题运算来刻画儿童青少年思维结构的成熟。我们在研究中看到,中学生命题演算的水平在不断提高,的确反映了他们逻辑思维发展的趋势。我们只对命题的句法结构进行了研究,结果表明,中学生的命题能力是按照结构由简到繁的顺序发展的。

我们正是按照数学运算中独立判断的水平,对数学命题结构的认识,对数学命题的理解,对数学命题分解组合的程度和命题变形程度等五项指标,来衡量一个学生在运算中命题(判断)能力的高低。

如何以数学判断的指标来培养数学命题能力呢？关键在于引导学生区分与确定各种命题的条件和结论之间的关系。

命题是由条件和结论两个部分组成的。这两个部分关系如何呢？前面说到"若 A 则 B"，如果有了条件 A，可以保证结论 B 的成立，这时条件 A 对于结论 B 是充分的；如果没有条件 A，势必不能有结论 B，这时条件 A 对于结论 B 是必要的。

在数学中，必须区分三种类型的条件：

（1）充分而非必要的条件。正命题为真，而逆（或否）命题为假。例如：正命题"两个角是对顶角，则它们一定相等"（正确），逆命题"两个相等的角，一定是对顶角"（不正确），否命题"两个角不是对顶角，一定不相等"（不正确）。所以，"对顶角"是"相等"的充分条件，但不是必要条件。

（2）必要而非充分的条件。正命题为假，而逆（或否）命题为真。例如，正命题"两个角相等，一定是对顶角"（不正确），逆命题"两个角是对顶角，一定是相等的"（正确），否命题"两个角不相等，一定不是对顶角"（正确）。所以"相等"是"对顶角"的必要条件，但不是充分条件。

（3）充分且必要的条件。正命题和逆（或否）命题都真。例如，"如果三角形的两边相等，则其对角相等"（正确），"如果三角形两角相等，则其对边也相等"（正确），所以等腰三角形的两腰与其对角互为充分且必要的条件。

每一个命题，都要在一定的条件下才能成立。但学生对于一个结论成立的条件，往往不加注意。如果他们不知道怎样去考虑条件的充分性与必要性，运算时往往会判断错误，这将影响他们命题能力的发展。因此，数学教学中必须引导学生较自觉地区分和确定条件和结论之间的关系。

为了培养学生的命题能力，应当从小学算术阶段就开始，使儿童逐渐养成精确地考虑条件的习惯。对下列问题的判断，对他们是有益的。

（1）一斤棉花和一斤铁，哪个重？为什么？两尺皮筋和两尺布，哪个长？为什么？

(2) 有 6 棵树苗，要种成三行，你认为可能吗？为什么？

(3) 末位数字为 0 的数，一定能够被 5 整除吗？被 5 整除的数，它的末位数字一定是 0 吗？

(4) 要求两个数的公倍数，是否只要把这两个数相乘就可以了呢？这样求得的是不是最小公倍数？为什么？

(5) 个位数字之和能被 3 整除的数，一定能够被 3 整除吗？能被 3 整除的数，它的数字之和是不是也能被 3 整除？如果数字之和不能被 3 整除，那么这个数能不能被 3 整除呢？

中学生也可以根据学习内容提出类似的问题，并做出正确的结论。

命题演算能力表现出如下几级水平：

第Ⅰ级水平，能对带有全称量词的简单命题进行演算（当命题是肯定判断时，通常情况下省略全称量词），但不能理解命题演算过程中逻辑连接词的含义。也就是说，处于这一水平的学生，不能脱离命题的语义内容进行形式上的命题句法结构的演算，但能对带有特称量词的肯定简单命题进行演算，并能理解命题中量词的含义。

第Ⅱ级水平，能进行简单命题的合并，即能够进行命题的合取（p∧q）和析取（p∨q）演算；能对简单命题进行否定演算，这里的关键是能正确地将量词进行转换，将命题的主谓联项进行转换（即肯定与否定之间的转换）。

第Ⅲ级水平，能进行复合命题的否定演算。复合命题是指带有量词和逻辑连接词（否定词、合取词、析取词、蕴涵词和等价词）的命题。这一级的水平要求学生不但理解逻辑连接词的含义，而且能按命题演算的法则（如交换律、结合律、分配律和双重否定律等）进行正确的操作。

上述三个命题演算水平的发展顺序，不仅反映了中学生逻辑思维能力的水平由低到高、由简单到复杂的发展过程，而且反映了中学生运算思维能力从群集结构向格的结构的发展过程。中学生正是通过对越来越复杂的命题形式的演算来发展自己的逻辑思维能力，并使思维结构趋向成熟。

四、数学学习与逻辑推理能力的发展

早晨起来,向外一看,院子里地湿了,花草也湿了,人们就会立即想到:昨夜下雨了。这种不是直接判断,而是通过"想一想"才推导出结论的过程,就叫推理。思维是对客观现实概括的、间接的反映,而逻辑推理正是这种间接的思维过程。推理是从两个或几个判断获得一个新判断的逻辑形式。任何一个新的判断,总是从几个其他的判断推导出来的,因此它是最高的基本思维形式。可以说,逻辑推理是思维的核心。前面已经说过,思维能力是智力的核心,那么逻辑推理能力则是核心的核心了。

人靠什么能力来解决问题呢?靠逻辑推理能力。难怪不少心理学家关于解决问题的思维能力研究都是以逻辑推理为依据的。所以说,逻辑推理能力就是解决问题的能力。人的一切活动都是以解决某个问题为出发点的,因此需要逻辑推理能力。

数学的特点是既存在于客观现实,又具有高度的抽象性、精确性、逻辑性和严密性,数学运算过程就是解决一个又一个问题的过程,它必须有推理能力做基础,同时,它又促进学生推理能力的发展。在数学运算中,学生的推理能力表现得十分丰富。确定一个学生推理能力的指标如下:

(1)推理的步骤是直接的还是间接的。例如,要解决的问题,有的只要一步就能直接判断,有的却需要多步骤间接推断。后一种水平要比前一种水平高。

(2)逻辑推理种类的完善程度。例如,演绎的三段论推理,需要有大前提、小前提和结论,缺少了就不完善了。

(3)推理的范围。在算术范围内推理与在代数范围内推理当然是不同的。同样在算术领域,在整数范围内推理与在分数范围内推理,又是两级不同的水平。越在抽象数范围内推理,水平就越高。能在"复数"范围内推理的水平,一般比只能在"有理数"范围内推理的水平高一些。

(4) 推理过程的正确性，即通过合理的推理能否得到合适的结论。

(5) 推理时所表现出来的特点，如概括性、自觉性和揭示本质的程度。在相似的运算中，学会对一道习题的推理，能概括、触类旁通或迁移的，其水平就高；能自觉地进行各种推理，比不能自觉主动地推理的水平高；通过推理能解决问题，一般比未解决问题的水平高。

按以上指标，可以看出学生在数学运算中表现出的不同水平。

（一）直接推理与间接推理

中小学数学教学中，都要求学生从直接推理向间接推理发展。不过，其直接推理与间接推理的范围、抽象程度是不一样的。

小学应用题教学，一年级多为一步应用题，基本上属于直接推理。二步应用题，条件与问题不是直接联系着，多了一个步骤，这在智力活动中多了一个环节，就发展为间接推理。在三年级之后，应用题教学主要是逐步增加步骤。有人认为步骤多不一定就水平高。我看不然。思维是事物内在联系与关系的本质的反映，解答应用题，多一个步骤，就是多一层关系，就需要更高的推理能力。小学生在解答应用题时，随着步骤的增多，他们的解答水平不断提高，这进一步提高了他们的逻辑推理能力。

中学生的直接推理与间接推理，都是在抽象的代数与几何范围内进行的，大致分为四级：

(1) 直接推理，套上公式，对上条件，直接地推出结论；

(2) 间接推理，不能直接套公式，需要变化条件，寻找依据，多步骤地推出结论；

(3) 迂回推理，分析前提，提出假设后进行反复验证，才推出结论；

(4) 按照一定数理格式进行综合推理，处于这级水平的学生，他们的推理过程逐步简练和合理化。例如，做一步题，已看出数步，形成规格化。

（二）综合法与分析法

逻辑推理中，思维方法按思路的顺逆有综合法与分析法，这是中小学数学教学中较常见的两种方法。

综合法就是思考问题时，从假设出发，通过一系列已确定的命题，逐步向前推导，结果或是导出前所未知的命题，或是解决了当前的问题。简而言之，综合法就是由因导果，从已知条件出发进行分析而得出结论。

例如，要证明定理"若 A，则 D"，用综合法思考时，其思路如下图（图 5.5）所示。

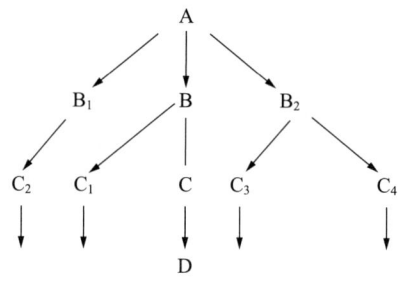

图 5.5

综合法由因导果，从条件到结论，所以从 A 往下求，观察可以到达 D 的思路。但由 A 所生的果可能不止一个，假设 B、B_1、B_2 都是，而它们又各有其果，设 B 生 C 及 C_1，B_1 生 C_2，B_2 生 C_3 及 C_4。这些 C 中有能生 D 的，有不能生 D 的，设 C 可生 D。思考到此，便得到"A⇒B⇒C⇒D"这条推理的思路了。

要推出一个命题是正确的，思考时也可以由结论向前回溯。也就是说，从命题的论断出发，追究它成立的原因，再就这些原因分别思考，看它们的成立又各需要具备什么条件，如此逐步往前追究，渐渐达到已知的事实为止，这种思考方法就叫做分析法。简单地说，就是执果索因，从论断出发进行分析而看需要什么条件。例如要证明定理"若 A，则 D"，用分析法思索时，其思路如图 5.6 所示。

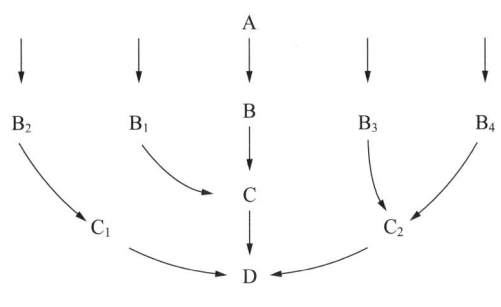

图 5.6

分析法是执果索因，所以要从 D 往上追，以求其原因。那么由什么可以推得 D 呢？假设 C、C_1、C_2 都可能。什么能生 C？设 B、B_1 均可能。什么能生 C_1？设 B_2 可能。什么能生 C_2？设 B_3、B_4 均可能。这一切原因固然都可以生 D，但究竟哪个是 A 的结果呢？检查之后，发现 B 是。就是说，由未知的 D 已经往上追到已知的 A，因而我们得到了证明的思路："D⇐C⇐B⇐A"。

实际上，综合、分析是紧密结合进行的。无论采取哪种方法，都是进行综合、分析的思维过程。从条件推向问题时，要随时注意所求的问题；从问题出发进行推导时，又要随时照顾到已知的条件，不能脱离条件。这本身既有综合，又有分析，二者不能截然分开。

例如：

一个村里，种棉花 30 亩，种小麦的亩数是棉花的 $4\frac{1}{2}$ 倍，棉花、小麦的亩数共占总亩数的 75%，种水稻的亩数又占总亩数的 $\frac{1}{4}$，种水稻多少亩？

综合法：从已知条件出发，知道棉花是 30 亩，小麦亩数是棉花的 $4\frac{1}{2}$ 倍，$30 \times 4\frac{1}{2} = 135$（亩），是小麦的亩数；棉花、小麦的亩数共占总亩数的 75%，那么总亩数是 $(30+135) \div 75\% = 220$（亩）；种水稻的亩数又占总亩数的 $\frac{1}{4}$，那么水稻的亩数就是 $220 \times \frac{1}{4} = 55$（亩）。

分析法：从所求出发，经过分析可以把它分成三个简单的问题：①水

稻占总亩数的 $\frac{1}{4}$，要求出水稻有多少亩，就需要知道总亩数；②棉花、小麦的总亩数共占总亩数的 75%，要求出总亩数，就需要知道棉花、小麦总共有多少亩；③小麦亩数是棉花的 $4\frac{1}{2}$ 倍，要求出棉花、小麦共有多少亩，就需要知道棉花的亩数。棉花 30 亩，是已知条件，返回来从已知条件出发，逐步解决这三个问题，得到水稻亩数为 55（亩）。

上述过程就体现了综合法中有分析，分析法中有综合。教学中，教师应当引导学生把综合法、分析法结合起来使用，使他们养成有根有据、有条有理、循序渐进的思维习惯。

（三）归纳推理与演绎推理

按个别、特殊与一般的关系，逻辑推理分归纳法与演绎法。中小学数学教学中较普遍地运用这两种推理方法。

由一些特殊事理的成立而推导出普通事理也成立，即由特殊到一般的推理，叫做归纳推理或归纳法。在数学教学中，常见的归纳法有普通归纳法与枚举归纳法两种。

先说普通归纳法。例如，小学"分数性质"一节，一般要讲两节课。但运用普通归纳法，只要花半节课就可使学生掌握分数性质。有位老师是这么上的：

黑板上写着"$\frac{1}{4}$"。

教师提问："$\frac{1}{4}$ 的值是多少？"

答："0.25。"

接着让学生计算：$\frac{1\times 2}{4\times 2}=0.25$，$\frac{1\times 3}{4\times 3}=0.25$，$\frac{1\times 5}{4\times 5}=0.25$……

提问："从中你们看到了什么？"

学生回答："分子、分母同乘一个数，分数的大小不变。"

教师在黑板上又写：$\frac{1\times 0}{4\times 0}=$？

那个回答的同学马上更正:"分子、分母同乘以一个不等于零的数,分数的大小不变。"

以同样的方法,学生又回答出:"分子、分母同除以一个不等于 0 的数,分数的大小不变。"

这位老师又让学生进一步归纳推理,在上述两条性质上归纳出"分数的分子、分母扩大或缩小同样的倍数（0 除外),分数的大小不变"的结论。

接着,这位老师在课堂上让学生做练习巩固知识,又当场批改练习题。这一过程,几乎使全班同学都掌握了分数性质,更主要的是教给了学生思维的方法,使他们明白了归纳推理的过程。

如果对于一种要研究的事理,能够把它可能存在的一切情况都思考遍了,那么从这一般推理得出的答案,便是正确的。这种推理方法叫做枚举归纳法。枚举归纳法在数学中经常要用到,它可使学生在考虑问题时养成周到细致的习惯。因此,让学生掌握枚举归纳法对发展他们的智力非常重要。

一个定理,如果假设事项的性质或相互关系发生变化,而证明的理由也随着有所不同,那么,这时就应该使用枚举归纳法去证明。具体的做法是分别假设事项各种可能的情况,一一加以证明,等各种情况都已证完,然后得出断言：题断普遍成立。

例如:

求证:若四边形一对对边的平方和等于另一对对边的平方和,则两对角线互相垂直。

题设:在四边形 ABCD 中,$AB^2+CD^2=AD^2+BC^2$.

题断:$AC \perp BD$.

证明:四边形分平面四边形和空间四边形,平面四边形又分凸四边形和凹四边形。按照这三种情况,一一分别考察（见图 5.7)。

（详细证明从略）

三种情况都成立,故得出命题普遍成立。

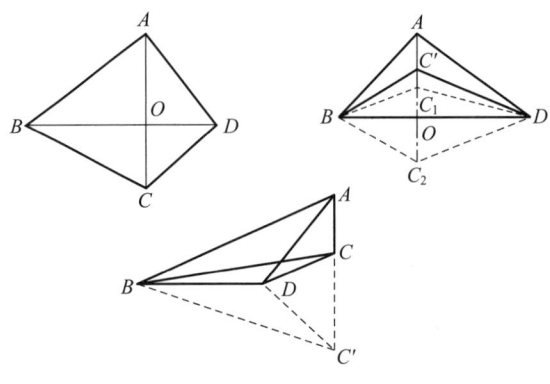

图 5.7

演绎推理是从一般到特殊的推理,通常运用的是三段论法。三段论法是由三个判断组成,其中的两个判断做前提,一个判断做结论。第一个前提是一般性事理,叫做大前提;第二个前提是特殊事理,叫做小前提;最后根据这两个前提做出判断,叫做结论。

例如,在比例里,两个内项的积等于两个外项的积(大前提)。

∵ 50:300 与 2:12 成比例(小前提)。

∴ 300×2=50×12(结论)。

又如,为了确定两个三角形全等,只要证明这两个三角形中有两条边与一个夹角对应相等(小前提),就符合判定全等三角形的定理"边、角、边"(大前提),于是可以得出求证的两个三角形全等(结论)。

中小学数学教学中,学生根据已学到的定义、法则、性质、公式、定理等,去解决一个个具体问题,这种过程都是演绎推理。当然,演绎推理往往不能只套公式了事,通常包含若干步,每步分析起来无不具有三段论的形式。所以用演绎法证明一个命题,它的过程实际上就是一串前后连贯的三段论推理,是一个间接多步骤的推理过程。为使证明过程的叙述简化,我们常常把各步推理(三段论法)的两个前提略去一个(多半是大前提),甚至仅写下结论。

（四）类比法与对比法

比较，就是在我们的思维中确定这一事物与另一事物的相同点和不同点的方法。"有比较才能有鉴别"，就是强调比较的意义。

比较的过程是有条件的：一是彼此之间确实有联系的对象才可以做比较；二是要以本质的或有实践意义的特征并在同一标准下做比较。

在数学教学中，运用比较这一逻辑推理方法，可以促使学生积极思考问题，又自觉主动地去获取知识，进而提高思维能力。这种逻辑推理方法，按比较的性质，可以分为类比推理与对比推理。

类比推理是一种从特殊到特殊的推理，是比较两个具有一些相同的（或相似的）属性的对象，因而推出它们的某些其他属性也相同（或相似）的一种推理形式。中小学数学教学中往往用类比法找出知识之间的联系，建立起新的科学概念的系统。例如，小学数学中，由"被除数和除数扩大或缩小同样的倍数（0除外），商不变"的判断，类比推出"比的前项和后项扩大或缩小同样的倍数（0除外），比值不变"，以及"分数的分子、分母扩大或缩小同样的倍数（0除外），分数的大小不变"的判断。

对比推理是比较两个或几个具有不同的（或差异的）属性的对象，从而推出新的结论。这个结论，就其判断性质而言，可能与前提相仿，也可能比前提更趋于一般性，所以对比推理是从特殊到特殊或从特殊到一般同时存在的推理形式。中小学数学教学中往往通过对比找出数学命题之间的区别，建立起确切的科学概念系统。对于容易混淆的概念、定义、定理、公式和法则，就得用对比法进行分析讲解。例如，给小学生讲正、反比例的意义和性质的时候，可以引导学生理解"正"与"反"的关系。离开"反"，失去了判断"正"的根据；离开"正"，同样判断"反"也就不存在了。又如，各种多面体与旋转体的公式，正是通过对比法才能区分出其差异之点，掌握各形体的实质。

以上说明了种种运算思维过程中的逻辑推理的内容及其培养。我们在解决一个数学实际问题时，思维活动是十分复杂的，上述的逻辑推理能力之间彼此都是互相联系的，不能截然分开；它们既无从属关系，又不是孤立存在的，在每一个运算思维过程中，它们（或一部分）都经常交织地渗透在里面，融合为一个整体。学生获得这些推理能力，就能使运算思维逐步简练与合理化，逐步抽象与"内化"，使逻辑思维的抽象性、精确性和严密性逐步提高。

因此，教师应该有计划、有目的地根据具体的数学教材与教学内容，选择一定的合适的推理方法加以教学，使学生在数学学习过程中，从不自觉到自觉地逐步掌握推理方法，以发展逻辑思维能力。

第六章 运算中智力品质的差异及其培养

如第一章所说,思维的智力品质是思维活动中智力特点在个体身上的表现。在一定程度上,它是区别智力超常、正常和低常的一种重要指标。

学生在生活中,特别是在入学后,教学要求他们的智力活动具有一定水平的目的性、方向性、确定性和批判性,要求他们的智力活动具有一定的速度、灵活程度、广度、深度和批判程度,也要求他们的独立思考能力迅速发展。

在运算中,学生智力品质的发展趋势具有哪些特点呢?

第一,一般说来,运算中学生智力品质的差异明显存在,并随着年龄增长、年级增高而表现得更加明显。以敏捷性(速度)为例,表6.1是我们得到的七个年级组的学生在一次平均40～45分钟的数学测验中完成第一遍计算所花时间的统计结果:

表6.1 不同年级运算速度的标准差

年级	三年级	五年级	初一	初二	初三	高一	高二
标准差 SD	6.90	9.70	10.04	12.91	13.01	13.56	13.60

可以发现,不同年龄(年级)学生在数学运算中的敏捷性有显著差异,这种差异(包括同一年级组内的离差)具有一定的年龄特征,年级越高,差异越大。到初三或高一以后,这一差异乃至整个智力品质的差异逐渐趋向基本稳定。

第二,儿童从出生至青年初期心理或智力的成熟,直观形象的智力成分越来越少,逻辑抽象的智力成分越来越多,抽象逻辑的自觉性也随之逐步发展。在运算过程中,小学低年级学生可以解决某些问题,但却不能说出是如何思考和解决的；到小学三、四年级之后，随着内部言语的发展，他们开始较自觉地调节、检查和讨论自己的思考过程，并能说出解决某种问题的思考过程。由此可见，思维的深刻性及批判性的智力品质正逐步决定着整个智力品质的发展。

第三，运算过程的复杂性，也表现出智力品质的多样性，同一年龄的学生对不同类型的数学习题进行演算，其思维品质可能表现出不同的水平。以深刻性（抽象程度）为例，小学四年级学生可以离开具体事物对整数运算进行抽象思考，但是他们对分数的理解，仍然需要一些直观教具的支持。

第四，在运算中表现出的智力品质水平，取决于教育。数学学习需要以各种智力品质的发展为基础，同时又促进智力品质的发展。数学教师利用教学中良好的方法与途径培养学生的智力品质，是十分重要的。我们用下面三个研究结果加以说明：

例一，20 世纪 80 年代，一位实验班教师采取一定的教学措施，从培养小学生的智力品质入手，不仅用三年时间出色地、高质量地完成了四年的教学任务，而且学生思维的智力品质也起了显著变化。

例二，20 世纪 90 年代初，北京和上海一批中学数学实验点，加强实验班学生的数学品质训练，使所有实验班学生数学能力的各项指标均超过对照班。

例三，21 世纪初，美国圣约翰大学周正教授等在《$Cognitive\ Development$》杂志上发表一篇文章指出，她使用其智力（认知）发展量表，对我们坚持训练学生思维品质的一个实验点——天津市静海县一所偏僻的农村小学，北京市一所名牌小学和美国一所城市小学等三所学校进行比较研究，结果发现天津市静海县农村小学的被试成绩最好。结论是：思维品质训练的确是发展儿童青少年智力的突破口，且训练时间越长，效果越明显。运算中的智力品质很多，按第一章的阐述，应该着重培养学生智力的深刻性、灵活性、创造性、批判性和敏捷性五个品质。

一、运算中的深刻性

思维深刻性,又称为逻辑性,它是思维过程或智力活动的抽象概括程度,它反映了智力善于抽象概括,善于抓住事物的规律和本质,开展系统的理性活动。数学本身是一门逻辑性很强的学科,数学教学不仅要求学生的智力深刻性,即以逻辑性为基础,而且要求促进他们智力品质的深刻性,即逻辑性的发展。

第五章谈了运算思维能力,这些思维能力的个体差异,实际上也是学生数学运算中智力品质抽象程度的个体差异。智力低常的学生,运算中离不开直观或形象,他们是依靠掰手指头来运算的,离开了手指头,运算也就此终止,可见他们在运算中的抽象程度是很低的,逻辑性(即深刻性)极差。相反地,智力超常的学生,在数学学习中往往善于透过现象抓本质,刻苦地钻研难题,解答抽象的习题,热衷于逻辑推理,其智力品质的深刻性是十分明显的。在这里,给大家介绍"爱因斯坦做代数题"的故事。

爱因斯坦读中学时,有一次生病住院了。一个朋友给他出了一道数学题,让他在病中消遣:

当一个钟的分针和时针准确地指示着某个时刻时,如果把分针变为时针,时针变为分针,一般来说便不能准确地指示一个时刻了。例如:3点30分时,时针指在3和4的正中,分针正指着6。如果把分针和时针互换,则应是时针正指着6,分针指在3与4的正中,很明显这就不能准确地指示一个时刻;如果说它是6点整,那么分针应指着12才对;如果说它是6点17分30秒,则时针应指示到6与7的某处才对。然而有时候,时针与分针的位置可以互换,而仍能正确地指示某个时刻,例如当时针与分针重合时。请问,除两针重合时外,这种情况共有多少,各是在什么时刻?

这是一道逻辑性较强、需要复杂推理的代数题。但当他的朋友话音刚落，爱因斯坦已思考完毕，拿纸笔列式，并马上算出答案。他的答案是这样的：

将钟面分成 60 格（即每分钟刻度为一格），当长短针在零点重合时开始观察，可以看出短针每走一格，长针走 12 格；短针走 5 格（即一个小时），长针走 60 格（即一圈）。设 x 为短针走的格数，设 a 为长针走的整圈数，y 为长针扣除整圈绕行次数后从零计时起的格数，则有：

$$12x = 60a + y \quad （显然，y < 60）\quad ①$$

设长针在短针的前面，短针再继续走至长针的位置，此时长针共绕行了 b 圈后到了短针的位置，则有：

$$12y = 60b + x \quad （显然，b > a）\quad ②$$

由①式得 $y = 12x - 60a$，代入②式得 $12(12x - 60a) = 60b + x$。解出：

$$x = \frac{720}{143}a + \frac{60}{143}b \quad ③$$

a 和 b 是长针绕行的圈数，必然是零或正整数。又因为当 $a = 12$ 时，短针又回到零点，所以

$$12 > b > a \quad ④$$

可见，此题的解不是唯一的，而是一组解。这一组解是什么呢？据④式，可列表如下：

b 可取的值	a 对应可取的值
0	
1	0
2	0，1
3	0，1，2
4	0，1，2，3
5	0，1，2，3，4
6	0，1，2,3，4，5
7	0，1，2，3，4，5，6
8	0，1，2，3，4，5，6，7
9	0，1，2，3，4，5，6，7，8
10	0，1，2，3，4，5，6，7，8，9
11	0，1，2，3，4，5，6，7，8，9，10

这样，总共有 $(11+1)\times 11\div 2=66$ 个答案。

每次取 a 和 b 的一对对应值代入③式，求得 x，就可以求出两针互换前后所代表的两次时刻。如当 $b=6$，$a=3$ 时，短针在 $x=\frac{720}{143}a+\frac{60}{143}b=\frac{720}{143}\times 3+\frac{60}{143}\times 6\approx 17.622377$（格）。这里 x 指的是短针所走的格数，要化成相应的时间，先将上述结果用 5 除，所得整数商部分表示时数，余数乘 12 就得到分数，所以所求时间约为 3 点 31 分 28 秒。

当长短针对调后，短针在 $y=12x-60a=12\times 17.622377-60\times 3=31.468524$（格）。按前面计算时数和分数的方法，可知此刻的时间约为 6 点 17 分 37 秒。即当 3 点 31 分 28 秒时将长短针对调后，指出的时间为 6 点 17 分 37 秒。

上述的一组答案，是在 $b>a$ 的情况下求得的。要是 $b=a$，则可求得 $x=y$，即时针和分针两针重合。那么，在短针绕钟面一周的过程中，两针重合的情况有几次呢？不要简单地回答是 12 次，请你想想到底是几次，为什么？

另外，当 $b<a$ 时，又是什么情况呢？显然也可以求出一组数值。

对于如此复杂的一道代数习题，爱因斯坦竟能迅速给出解法，而且解答得有条有理，这说明爱因斯坦具有优异的概括能力与逻辑推理能力，说明他的逻辑抽象性深刻。由此我们想到，培养学生运算中的深刻性，可以在数学概括和推理上下工夫。如前所述，数学思维的深刻性，是学生对具体数学材料进行概括，对具体数量关系和空间形式进行抽象，以及在推理过程中思考广度、深度、难度和严谨性水平的集中反映。换句话说，一个数学思维深刻性水平高的学生，在数学活动中能够较全面、深入、准确、细致地思考问题，善于抓住事物的本质、规律和内在联系，善于抽象概括、分类和推理，知识与技能系统化水平高，解答问题的力度大。所有这些，为我们提供了训练学生数学能力深刻性的措施。

运算中的深刻性从何而来呢？除了知识基础之外，主要就是靠训练。

小学阶段，教师应从低、中年级就开始培养学生的思维从直接推理向间接推理过渡，从而提高抽象概括程度与逻辑性。我们的实验研究表明，教师启发学生按"假设"去推断算术题；学会运算中找"标准量"，每一个数学系统中都有一个中心，一个主要矛盾，即"标准量"；引导学生在解应用题时逐步扩大"步数"，在多步骤关系中，学习推导、解答复杂的应用题。在我们的实验点，经过三年的训练，实验班学生思维的深刻性得到了显著的提高。在全学区的一次教学质量检查中，试题的难度大，逻辑性强，要求间接推理的题目多，目的不仅在于检查学生的数学知识水平，还包括检查学生的逻辑推理能力。检查结果是，实验班在全学区同年级 49 个班里获得第一名，平均成绩为 89.8 分，而获第二名的班平均成绩才 79 分（第一、二名的差异检验，$p<0.01$，差异显著），全学区平均成绩只有 61.3 分（与实验班之间的差异更显著）。全学区有 953 名三年级学生，获满分的仅有 42 名，而实验班学生竟占了 1/4。由此可见，深刻性在小学阶段就应该培养，只要措施合理，就能有效地提高小学生的逻辑抽象成分在思维中的比重，其抽象程度也能得到较迅速的提高。

中学数学难度增大，教材的逻辑性也更强，如何在教学中培养中学生智力品质的深刻性呢？我在 20 世纪 80 年代研究过吉林市数学特级教师贾万里先生的经验。贾老师在讲解定义时，不仅注意讲解的深刻性，而且让学生参加结论的探索活动。开始时，师生一起做出结论，而后逐步过渡到让学生自己独立地做出结论。例如，在讲解椭圆定义时，先教学生画几个椭圆，在对比圆的定义之后，找出椭圆概念中最关键的部分，即"一个动点到两个定点的距离和是常数"，再由学生根据画法归纳出定义。有此基础，到定义双曲线时，则可完全由学生自己来完成。对不同类型的定义进行多次训练，有效地提高了学生的抽象概括能力。贾老师在讲解公式时，认为学生仅仅能够理解公式、记住公式、运用公式是不够的。应该让学生参与整个推理过程，即从分析条件出发，进行推导，一直到得出公式和分析公式的内部结构，从而提高智力的抽象程度。为了提高"深刻性"，又照顾学生的可接受性，他大体上分三个阶段来训练学生：第一，教师指出证明的方向，讲清难点，证完后再回头指出证明的重要思路，提问各种量之间的制约关系；第二，只给出条件和结论，证明过程由学生自行完成；第三，只给出条件，让学生猜想结论，然后再加以证明，以检验猜想是否正确。这样，智力活动的抽象性逐步提高，逻辑性逐步增强，智力品质的深刻性也越来越强。

二、运算中的灵活性

　　思维灵活性，是指智力活动的灵活程度，也就是我们平时常说的所谓"机灵"。灵活性是创造力的基础，任何创造发明都离不开人的"机灵"。在数学运算中，它是不可缺少的智力基础。因此，对灵活性的研究，显得十分必要。如前所述，数学思维的灵活性，是学生在数学思维活动中，思考的方向、过程与思维技巧的即时转换科学性水平的集中反映。一个数学思维灵活性水平高的学生，思维流畅，富于联想，掌握较丰富的数学思维技巧，具备求异思维与求同思维兼容的、富有目标跟踪能力的特征，善于机智灵活地进行正向与逆向、横向与纵向、扩张与压缩的变换，解答方法的选择合理恰当。

　　近半个世纪以来，心理学家对研究思维的灵活性产生了强烈的兴趣。这一兴趣导致了有关创造力性质的理论和实验的发展。这项研究的发起人，主要是美国心理学家吉尔福特。他于1969年在斯坦福大学所发表的一次讲演中，把思维过程分为集中式（或聚合式、辐合式）和发散式（或分散式）两种。发散式思维，可使人的思维趋于灵活，正如这个词的含义一样，应看做是一种推测、想象和创造的思维过程。这种思维过程来自这样一种假设：处理一个问题有好几种正确的方法。创造力可能更多地与发散式思维联系在一起，因此教师应对学生的"发散式"思考加强引导，鼓励他们寻求更多的答案。他还指出，目前大部分课堂教学都与集中式思维有关，学生们不是用发散式思维灵活地取得好成绩，而是以死板的、重复的思路去获得高分数。按部就班、死记公式、盲目地多做题，都出自这类集中式思维。国外实验研究表明,即使智商高的学生,接受集中式教学,其最后学习结果尤其是创造力,也往往落后于接受发散式教学的智商中等的学生。

对此,我有些不同的看法。如前所述,集中式思维(或聚合思维、辐合思维)主要是强调一解,而发散式思维则强调多解。一个完整的思维活动,一解是多解的基础,多解是一解的发展,有了多解就得求最佳解,这又回到了"集中式"。应该指出,发散式思维和集中式思维都是人类思维的重要形式,都是创造性思维不可或缺的前提,是数学能力不能少的基础,一个也不能忽视。在第三章,我已对吉尔福特的这些思想做了评价,这里不再赘述。当然这里我们在谈运算中的灵活性,在谈数学中的一题多解。从这个意义上说,集中式思维固然需要培养,但发展发散式思维对于提高学习成绩和发展智力都显示出了更重要的作用。

发散式思维之所以能发展智力,其重要的一个方面是能提高思维品质的灵活性。例如"1＝?"经过发散式思维,可以获得大量答案。

$$1=?\begin{cases} 1+0=1 \text{（用加法运算）} \\ 100-99=1 \text{（用减法运算）} \\ 1\times 1=1 \text{（用乘法运算）} \\ 20\div 20=1 \text{（用除法运算）} \\ \dfrac{2}{3}+\dfrac{1}{3}=1 \text{（想到了整体1）} \\ a^2+2a+1=(a+1)^2,\ 1=1^2 \text{（想到了乘方）} \\ \sin^2 x+\cos^2 x=1 \\ \text{tg}\alpha \cdot \text{ctg}\alpha=1 \\ \log_a a=1 \text{（对数的运算）} \\ 0!=1,\ 1!=1 \text{（运用阶乘定义）} \\ \cdots\cdots \end{cases}$$

从"1＝?"一题的发散过程中我们看到了发散式思维的几个特点:

(1) 多端。对一个问题,可以多开端,产生许多联想,获得各种各样的结论。简单的"1＝?"这个问题,可以获得十类以上的答案,这就使思维的面更广阔。发展发散式思维,需以丰富的知识为依据,只有具备大量的知识,才能从事物的不同方面和不同联系上去考虑问题,从而避免片面性和狭隘性。

(2) 伸缩。对一个问题的看法能根据客观情况的变化而变化,也就是说，能根据所发现的新事实及时修改原来的想法。乍一接触"1=?"这个问题，首先想到的"1"是自然数的第一个，如果一钻牛角尖，"1"就是1嘛，还有什么答案呢？但通过发散式思考，伸缩性就很强，可以想到加、减、乘、除、乘方、开方、指数、对数……灵活性就大了。

（3）精细。"1"在数学中用处太大了，要发散地去思考"1"，要全面细致地考虑问题，不但要考虑问题的整体，而且要考虑问题的细节；不但要考虑问题本身，而且要考虑与问题有关的其他条件。

（4）新颖。如果让一组学生同时发散式思考"1=?"，那么各人有各人的特点，答案就各不相同，新颖独特，难怪国外的心理学家往往把发散式思维与创造力联系在一起。

由此可见，思维中发散越广，表现就越灵活。运算中注重学生思维的发散性，有助于其思维灵活性的提高。

在数学运算中，灵活性表现为：运算起点灵活，从不同角度，用多种方法来推算各类数学习题；运算过程灵活，对数学概念、定理、法则能运用自如；运算中能举一反三、触类旁通；演算效率较高。

智力超常的学生或数学尖子生，其智力活动普遍比较灵活。我们当年在一所十年一贯制学校搞数学竞赛，优胜者完成多解、发散式试题的平均成绩为85分，一般学生却不满35分。而15名智力低常学生思维呆板，运算中从未发现有什么灵活的特点。

数学学习中需要有一题多解、同解变形和恒等变型的运算能力，这些就是运算中智力灵活性的表现，也正是灵活性的要求。在数学教学中培养智力品质的灵活性，往往就是从培养一题多解能力入手的。一题多解既是我国数学教学的传统方法，又是培养思维灵活性的一种好方法，它的要求与吉尔福特提出的发散式思维要求相一致，"多解"就是"发散"。因此，一题多解应该在数学教学中发扬光大。一题多解，还有利于学生举一反三，达到解题训练的效益最大化，这比盲目多做题的效果要高得多，这样也有利于减轻学生的学习负担。

多解习题在数学习题中相当普遍。例如：

一道平平常常的代数题："火车在途中耽搁 6 分钟，又在 20 公里的一段路程内用比火车时刻表规定的速度每小时增加 16 公里的速度行驶，因此不至于误点。按火车时刻表，火车在这段距离内的速度是多少？"其解法竟达到十五六种之多。

一道普普通通的平面几何题："直角三角形斜边的中点与三个顶点的距离相等"至少有十多种证明方法。

一道简简单单的三角解方程 $\sin x + \cos x = 1$，也有近十种解法。

如果我们经常引导学生从多种解法中找出规律，举一反三，其智力灵活程度不就大大提高了吗？

前面提到，我们的一题多解方法与国外心理学中的"发散式思维"是一致的，只是我们在强调"多解"时又重视其前提——"一解"。同时，我们必须指出，我们加强一题多解的研究，不仅对于提高中小学数学教学质量有意义，而且对于智力品质的灵活性理论与实践的探讨，也有重要的价值。

一题多解是培养学生智力品质的好办法，因此教师必须从小培养学生的这种能力。研究表明，实验班教师从儿童刚一入学起，就通过一题多解启发学生比较、区分异同点，找出规律性的方法，到二、三年级之后，实验班的学生在一题多解能力方面，与同年级其他班的差异越来越大。我们曾测验这个年级的学生做一题多解应用题的能力，其中有一道题："'甲班有少先队员 30 名，乙班有 15 名'……请根据这两个条件，添加问题，要求越多越好，越难越好。"测验结果是，实验班平均成绩 92.5 分，对比班平均成绩 78.3 分；实验班平均添加了 9.4 个问题，有的学生竟添了 23 个，可是对比班平均添了 6.5 个，很少有人超过 10 个（班与班之间的差异检验，$p < 0.01$，差距显著）。可见，在数学教学中只要注意从小就抓学生一题多解能力的训练，使学生适应多变的习题，就能促使他们思考问题时进行迁移，促进其智力灵活性的显著提高。

三、运算中的创造性

思维创造性,又叫独创性,为了阐述方便,我们可以把它与"创造力"、"创造性思维",甚至"创新"视为同义语,主要指智力活动的独创程度。因为有第三章"智力与创造力"的论述,我们在这里可省下很多笔墨,不必赘述相关问题。如前所说,获得任何科学发现与发明的一个重要原因是靠思维的创造性。数学运算中的独创性问题,主要涉及数学学习的创造性或创新能力在学生个体身上的表现。解题能力的高低取决于解题者的创造程度。

有不少心理学家把思维创造性的智力品质看做是学习必不可少的心理因素或条件。如前所述,从创造性的程度来说,学习可能是重复性的或创造性的。重复性的学习,就是死守书本,不知变通,人云亦云。创造性的学习,就是不拘泥,不守旧,打破框框,敢于创新。一个人的学习是重复性的还是创造性的,往往与他的智力水平高低有直接关系,它是反映智力水平的重要指标。学习贵在创新。有人认为学习只是接受前人的知识,学习书本上的知识,不是发明创造,根本谈不上什么创新。我们则认为,学习固然不同于科学家的研究,但也要求人们敢于除旧,敢于布新,尤其是数学学习。例如,据说德国数学家高斯在 4 岁时,计算 $1+2+3+\cdots+100$,他排除了按部就班、机械相加的"笨"方法,利用 $1+100=101$,$2+99=101$,$\cdots$,$49+52=101$,$50+51=101$,把不同数求和问题转化成了 50 个 101 相加,很快就算出结果为 5050。正因为高斯很注意创造性的学习,他在中学时便发现了某些数学公式,后来成了举世闻名的数学家。

在数学教学中,怎样培养小学生思维创造性的智力品质呢?我们的实验班教师是这样做的:首先,培养学生独立思考的习惯,把独立思考的要求作为低年级学生的学习"常规"加以训练;其次,引导学生自编习题,特别是自编应用题,以此启发学生突破独立作业的难点,使学生进一步理解数量间的相互关系;第三,提倡"创造性",在运算中让学生去挖掘各种方法,并以学生姓名来命名,如"××运算法"、"×××解题法",以资肯定与鼓励。到三年级时,不少实验班学生在独立思考能力方面,与同年级其他班学生比较有了越来越明显的差异。我们曾测验一个实验班与同年级其他班的学生自编应用题的能力,该班的平均成绩为 86 分,其他班的平均成绩为 62.4 分($p<0.01$,差异显著)。该班能自编多步数的应用题,他们能发现问题、提出问题,将多步列式合并为一步综合式,又从一步综合式编成五步、六步甚至七步的应用题,独立思考并且能新颖地解决有关难题,这在其他班就较少看到。

中学数学教学中的创造性同样很重要。以应用题为例,一般中学生有两种通病。一种是没有明确领会题意,就忙着列算式,这样的算式往往"文不对题",甚至漏看或看错一些已知条件,结果是答案错误百出。另一种是题意理解了,已知条件也没遗漏,只是按照教师讲过的例题亦步亦趋地套公式求解,并没有多动脑筋想一想其他解题法。虽然他的算式对了,答案也正确,但未能达到创造性智力品质的要求。

提高解题能力的关键是独立思考,认真分析,敢于创新。这样,不仅正确迅速地解答了题目,更重要的是培养了独创性的智力品质。为此,有经验的数学教师积极地为学生们编独立思考题。例如:

设有甲、乙两个杯子。甲杯装 10 升 A 液,乙杯装 10 升 B 液。现从甲杯取出一定量的 A 液,注入乙杯并搅拌均匀。再从乙杯中取出同量的混合液注入甲杯搅拌均匀。测出甲杯中 A 液和 B 液的比为 5:1。求第一次从甲杯中取出的 A 液量是多少。(见图 6.1)

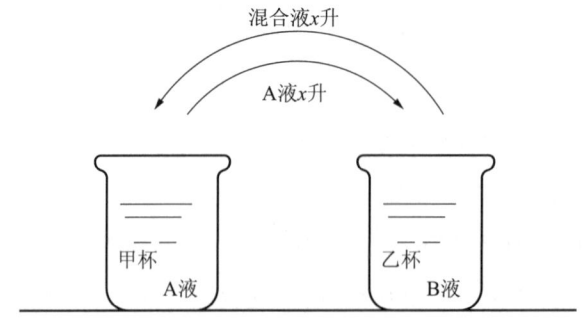

图 6.1

一般情况下，学生按题意列方程式：设从甲杯取出 A 液 x 升注入乙杯，则乙杯中 A 液与混合液之比为 $\frac{x}{10+x}$，B 液与混合液之比为 $\frac{10}{10+x}$。从乙杯中取出混合液 x 升，所含 A 液为 $\frac{x}{10+x} \cdot x$ 升，所含 B 液为 $\frac{10}{10+x} \cdot x$ 升。因此，现在甲杯中 A 液与 B 液的比值应为：

$$\frac{(10-x)+\frac{x}{10+x} \cdot x}{\frac{10}{10+x} \cdot x} = \frac{5}{1}$$

解此方程可得 $x=2$。即第一次从甲杯取出的 A 液为 2 升。

但有些学生在仔细理解题意后，注意到两点：

(1) 当从甲杯取出 A 液注入乙杯，再从乙杯取出混合液注入甲杯后，甲乙两杯仍各有 10 升液体。即甲杯中有了多少 B 液，乙杯中就有多少 A 液。当甲杯中 A 液与 B 液的比例为 5∶1 时，乙杯中 B 液与 A 液的比必为 5∶1；

(2) 当从甲杯取出 A 液注入乙杯后，乙杯中的混合液成分就已确定。至于从乙杯中取走混合液与否，并不影响混合液中 A 液与 B 液的比例。因此，他们把问题理解为：从甲杯取出多少 A 液注入乙杯，使乙杯中 A 液与 B 液之比为 1∶5。

设从甲杯取出 x 升 A 液，则可列出方程式：$\frac{x}{10} = \frac{1}{5}$。很容易解得 $x=2$。

由此可见，只要仔细分析、认真思考，学生是可以通过各种途径简化运算办法的。简化运算的过程，正是思维创造性的智力品质所表现的过程。只要教师合理要求，积极引导，启发学生运用已有知识灵活布新，敢于闯自己解题的路子，就不仅可使学生数学知识学得活、学得深，而且也能使他们在运算中不断地提高智力品质的独创性。

儿童青少年在数学运算中创造性的发展受到先天条件和后天环境等各种因素的影响，在个体的不同年龄阶段表现出不同的特点和发展趋势，而对于不同的个体来说，这种创造性发展的个别差异也是十分明显的。因此，研究创造性的发展是培养和造就创造性人才的前提。

创造性的萌芽表现在幼儿的动作、言语、感知觉、想象、思维及个性特征等各方面的发展之中，尤其是幼儿的好奇心和创造性想象的发展是他们创造力形成和发展的两个最重要的表现。一般来说，幼儿可通过各种活动来表现他们的创造力，如数学（算术）、语言、绘画、音乐、舞蹈、制作和游戏等。其中游戏作为幼儿的主导性活动，一方面满足了他们参加成人社会生活和实践活动的需要，另一方面又使幼儿以独特的方式把想象和现实生活结合起来，从而对他们的心理行为以及创造力发展都起到重要作用。

儿童入学后，思维和想象获得了进一步发展，尤其是有意想象逐步发展到占主要地位，想象的目的性、概括性和逻辑性都有了发展；想象的创造性也有了较大提高，不但再造想象更富有创造性成分，而且以独创性为特色的创造性想象也日益发展起来。这有助于小学生运算思维的独特性的发展。我们（林崇德 等，1984，1986）对小学数学学习中培养和发展儿童创造力问题的研究发现，数学概念学习中的变换叙述方式、多向比较、利用表象联想，计算学习中的一题多解、简化环节、简便计算、计算过程形象化、发展估算能力，几何初步知识学习中的注意观察、动手操作、运用联想、知识活用，应用题学习中的全面感知和直觉思维、发现条件和找出关键、运用比较和克服定式、补充练习、拼拆练习、扩缩练习、一题多变练习、自编应用题等，不仅对掌握数学知识、提高数学能力极为有利，而且也是小学生创造性的重要表现。在研究中我们发现，小学生在运算中的思维创造性主要表现在独立性、发散性和有价值的新颖性上。它的发展趋势表现在两个方面：一是在内容上，从对具体形象材料的加工发展到对语词抽象材料的加工；二是从独立性上，先易后难，先模仿，经过半独立性的过渡，最后发展到创造性。

处于青少年期的中学生，其身心发展的特点决定了他们的创造性既不同于幼儿和小学儿童，也不同于成人。我们（林崇德 等，1983，1986）发现，与学前、小学儿童的创造性相比，中学生的创造性有如下特点：

（1）中学生的创造性不再带有虚幻的、超脱现实的色彩，而更多地带有现实性，更多地是由现实中遇到的问题和困难情境激发的；

(2) 中学生的创造性带有更大的主动性和有意性，能够运用自己的创造力去解决新的问题；

(3) 中学生的创造性逐步走向成熟。

我们（林崇德 等，1986，1987）在研究中看到：在数学学习过程中，中学生的创造性既表现为思考数学问题时方法的灵活性和多样性，推理过程的可逆性，也表现为解决数学问题时善于提出问题、做出猜测和假设并加以证明的能力。物理和化学的学习以及科技活动要求中学生动手做实验，对实验现象进行思考和探索，尝试去揭示和发现事物的内在规律，运用对比、归纳等方法加深对规律的理解，并运用这些规律来解释现象、解决问题。这些对于激发中学生去探索自然界的奥秘，提高实际动手操作能力，促进创造力包括运算能力的创造性发展都十分重要。

四、运算中的批判性

思维批判性，就是指思维活动中善于严格地估计思维材料和精细地检查思维过程的智力品质。

在国外心理学界，早在20世纪50年代，就有一种与思维批判性品质相对应的概念，叫做批判性思维（critical thinking）。所谓批判性思维，意指严密的、全面的、有自我反省的思维。有了这种思维，在解决问题时，就能考虑到一切可以利用的条件，就能不断验证所拟定的假设，就能获得独特的问题解决的答案。因此，批判性思维应作为问题解决和创造性思维的一个组成部分。[1]

我们还是从思维的个性差异来阐述批判性思维，称它为思维的批判性品质。它的特点有五个：

(1) 分析性，即在思维过程中，不断地分析解决问题所依据的条件，

---

[1] Russell D H. Children's Thinking [M]. New York: Ginn & Company, 1956.

反复验证业已拟定的假设、计划和方案；

（2）策略性，即在思维课题的面前，根据自己原有的思维水平和知识经验，在头脑中构成相应的策略或解决课题的手段，然后使这些策略在解决思维任务中生效；

（3）全面性，即在思维活动中善于客观地考虑正反两方面的论据，认真地把握课题的进展情况，随时地坚持正确计划，修改错误方案；

（4）独立性，即不为情境性的暗示所左右，不人云亦云、盲从附和；

（5）正确性，即思维过程严密、条理清晰，思维结果正确，结论实事求是。

如前所述，思维的批判性品质是思维过程中自我意识作用的结果。自我意识是人的意识的最高形式，自我意识的成熟是人的意识成熟的本质特征。自我意识以主体自身为意识的对象，是思维结构的监控系统。通过自我意识系统的监控，可以实现人脑对信息的输入、加工、贮存、输出的自动控制系统的控制。这样，人就能通过控制自己的意识而相应地调节自己的思维和行为。思维活动的自我调节，表现在主体根据活动的要求，及时地调节思维过程，修改思维的课题和解决课题的手段。这里，实际上存在着一个主体主动地进行自我反馈的过程。因而，思维活动的效率就得到提高，思维活动的分析性就得到发展，思维的主动性就得到增强，减少了盲目性和随机性，思维结果也具有正确性，减少那些狭隘性和不准确性。我国古代思想家老子说："知人者智，自知者明。"这正说明在人的思维活动中，自我意识的监控所表现出来的批判性，体现着一个人思维活动的水平。前苏联心理学家的研究表明，那些愚鲁的、智力落后的儿童的自我评价往往是非批判性的。[②] 美国心理学家的研究表明，创造性思维和自我概念存在高相关。戴塔（Datta）对一群儿童实施创造性思维的测验，按得分的情况将其分成三组——高创造力组、低创造力组和无创造力组，然后对他们在自我概念方面的基本特征加以测定，发现在自我认可、独立性、自主性、

[②] 鲁宾斯坦 С Я. 智力落后学生心理学 [M]. 朴永馨，译. 北京：人民教育出版社，1984.

情绪坦率上高水平的被试，同样也被鉴定为高创造力者。[③] 这些事实表明，思维的批判性品质来自对思维活动各个环节、各个方面所进行的调整。校正的自我意识，是创造性活动和创造性思维的过程中不可缺少的因素，是思维的一种极为重要的品质。所以，开展对思维批判性的研究是十分必要的。正如朱智贤教授所指出的，思维心理学主要研究思维过程即思维操作能力，也要研究思维的产物、结果，还要研究思维的策略性（即对自己思维过程的控制，特别是自觉的自我控制）和思维的批判性。[④]

数学学习中的批判性，是学生在学习数学知识过程中发现、探索、变式的反省，这种自我监控的品质，是中学生在数学学习中必不可少的环节，使学生在学习数学知识的过程中不仅知其然，而且知其所以然。批判性往往是在对所学知识的系统化的进程中表现出来的，但它的重点却在于检查和调节学习过程中的思维活动。学生要反思自己是怎样发现和解决问题的；运用了哪些基本的思考方法、技能和技巧；走过何种弯路；有哪些容易发生（或发生过）的错误，原因何在；该记取何种教训；等等。例如，教授"平方根"一节，在知识系统化的基础上，教师应引导学生进行如下的三点反思：①通过引出平方根概念，分析互逆运算的关系；②通过探讨平方根性质，总结其在概括过程中如何进行分类；③由求平方根的运算，领会有关的数学思维方法（如近似逼近法）。

在培养学生的思维批判性时，切忌变为教师对教材的逻辑说教。教师要注意积累学生所表露出的心理能力火花和思维障碍的材料，有针对性地设计反思问题，鼓励学生现身说法、积极评论研讨。在我们的实验中，为了培养这种批判性，我们提出，教师除了要在课堂教学中抓好"反思"这一环节外，还必须使学生养成随时监控自己数学思维的习惯。为此，教师可要求学生在写作业时做反思摘记，主要内容有：①每步推导、演算所依据的概念、定理、法则；②对错误的简要分析及改正；③题型或思路小结；

---

③ Yawkey T D. The Self-concept of the Young Child [M]. Provo, Utah: Brigham Young University Press, 1980: 151-159.

④ 朱智贤. 关于思维心理研究的几个基本问题 [J]. 北京师范大学学报, 1981 (1).

④解题注意事项；⑤其他体会。教师要做到作业当日批改、分类指导、及时强化，这样对学生数学思维批判性的培养大有好处。

五、运算中的敏捷性

思维敏捷性是智力活动的速度问题。日常生活中我们常常认为那些反应快、思考迅速的人"聪明"。在数学运算中，也有一个速度训练的问题，即培养学生正确迅速的运算能力。智力正常、超常与低常的学生，其差别往往表现在数学运算速度上。

1978年，北京市某区选拔38名在校"超常"学生，参加当年的高等学校入学考试，选拔考试的科目是数学和物理。这38名学生的数学成绩都在80分以上，答完数学试题的时间不到2小时。让某校高一年级重点班的学生完成同一试卷，结果平均成绩仅为35分，平均完成时间却达3小时。这38名"超常"学生中，年龄最小的只有15岁，为初三学生，让他做该区选拔课外数学活动组成员的数学试题，做题时间仅花50分钟，却获得100分的成绩；让高一年级20名数学爱好者完成同样的试题以做对照，结果是他们平均用时为150分钟，平均只完成60%的试题，平均成绩仅为31分。

小学生的情况如何呢？我们统计了某个学区一次数学竞赛的时间，其中前十名优胜者平均初步完成试题的时间，还不到竞赛时间的一半。有一个小学生，仅花22分钟就完成了90分钟的试题。因此，小学的数学尖子生也普遍表现出运算快的特点。

从5—18岁的"超常"学生的运算时间记录与统计结果看，他们的运算速度一般是正常学生的1/3～1/2。因此，我们不应把运算速度只看做是对数学知识的理解程度的差异，还要看做是运算习惯的差异和思维概括能力的差异。这种差异一般可以表现出四种情况：正确—迅速的，正确—缓慢的，不正确—迅速的，不正确—缓慢的。

我们要培养的是第一种，即正确—迅速的运算能力。常见的培养办法有两个：一是在数学教学中始终有严格的速度要求，二是教给学生速算方法。

在数学教学中（包括给学生布置作业），必须有速度的要求。如某校有位初中数学教师，每次上课他都带有小黑板，第一件事是出示小黑板上的数学习题，让学生计时演算，检查正确率与速度，并利用学生"好胜"的心理，坚持开展比赛。经过两年多的训练，学生的数学成绩与智力敏捷性显著地提高。教师在教学中不提速度的要求，尤其是在小学低年级常规训练中不强调速度的训练，这样做不仅影响学生的数学成绩，而且影响学生的智力发展。我们在研究中曾发现多起入学时思维很敏捷的儿童，由于缺乏运算速度的培养，思维过程越来越"迟钝"的案例，这是值得教师吸取的教训。

为了提高学生正确迅速的运算能力，教师还要教会他们一定的速算要领与方法。例如，小学算术中，几个数相加，中间有互为补数的，可以先加；连续数的加法，可以归纳为首项加上末项，再乘以项数的一半即成；乘以或除以5，25，125，625……可以用五一倍作二计算；等等。速算方法的掌握和运用，有一个"熟能生巧"的过程，一旦"生巧"，不仅可以丰富数学知识，而且可以促进智力品质的发展。研究表明，实验班教师，不仅教给学生多种速算方法，而且鼓励学生去创造速算方法，积极地提倡他们发现的合理的速算方法，并逐步地形成速算的习惯，两三年过去后，实验班的学生在正确迅速的运算能力方面，与同年级其他班学生的差异越来越大。在三年级的一次速算比赛中，实验班的学生平均运算时间为8分37秒，平均成绩为98.9分，其他几个班的学生，平均运算时间为14分，平均成绩接近90分（两种班运算时间差异的检验，$p<0.01$，差异显著）。从中可以看到，该班学生由于教学得法，运算的正确性要比同年级的兄弟班高，在运算速度上也与别的班存在着显著的差异。可见，运算中智力的敏捷性完全是可以培养的，只要采取一定的合理措施，坚持带领学生练习，学生在运算中的思维过程就会逐渐变得敏捷、反应快，演算速度也快。

这里我要特别指出的是，思维的敏捷性尽管可以通过"正确而迅速的运算能力"的训练获得提高，但要看到，敏捷性不是一种独立的思维或智力活动，它是由其他各思维品质所派生或决定的。提高运算思维的深刻性、灵活性、创造性、批判性的水平，也是促进正确而迅速的运算能力发展的重要措施。

六、研究思维品质的重要性

我们在研究儿童青少年运算中的思维品质或智力品质时体会到，智力品质发展与培养的研究，是思维发展心理学研究与教育研究中不可忽视的一个重要环节。

首先，目前儿童青少年智力与能力发展的研究尽管涉及面很广，但重点要研究其思维能力的发展。思维品质是思维能力的表现形式，不同的思维品质必定表现出不同的思维能力。因为在智力与能力的差异中，思维品质的差异是最主要的差异。一切关于智力和思维能力发展的研究，都是从个体入手的，都要研究个体思维能力的提高和个体间差异的变化。不论是研究中小学生在数学概念、推理、问题解决和理解等方面的发展，还是确定或区别中小学生思维能力、智力的层次，都离不开思维的深度、广度、速度、灵活程度、抽象程度、批判程度和创造程度，也就是离不开五种思维品质。思维品质表现了思维能力，中小学生和幼儿思维品质的研究，揭示的正是中小学生和幼儿思维能力的发展。

其次，在思维或者思维发展的研究中，制定和寻找客观指标是当前思维研究中的一个难题。皮亚杰的思维及思维发展的实验研究方法是一个重大的突破，这是值得我们学习的。同时，我们在自己的研究中看到，在教学场所或日常生活中，中小学生和幼儿思维品质的客观指标是容易确定的，敏捷性、灵活性、深刻性、创造性和批判性的差异表现是可以用客观方法加以记录的，这就能作为思维品质的指标。因此，从思维品质发展与培养的研究入手，是能够探索出中小学生思维发展的一些特点的。

再次，在中小学生和幼儿思维发展的研究中，离不开对"教育与发展"问题的探讨。传统教学中有不少弊病，例如"齐步走"、"一刀切"，看不到中小学生思维、智力与能力的差异，使他们在教学中往往处于被动的状态。目前国际上有不少心理学家，如杜威、赞可夫、布鲁纳等在研究思维、智力与能力发展的同时，也致力于对传统教学进行改革。我们在自己的研究中看到，研究思维品质的发展与培养，有利于进一步挖掘中小学生思维、智力的潜力。

最后，思维品质发展的水平，是区分中小学生和幼儿智力正常、超常或低常的标志。我们的研究表明，超常中小学生在思考时反应敏捷、思路灵活、认识深刻，能抓住事物的实质，解决问题富于创造性。低常中小学生和幼儿的思维迟钝、思路呆板，只能认识事物的表面现象，缺乏富有社会意义的独特、新颖的特点。研究思维的品质，对于发现超常、低常中小学生，开展对他们的思维、智力的研究，有的放矢地加以培养是具有重大意义的。

值得指出的是，我们在全国26个省、自治区和直辖市实验点的实验教学班的教师将"提高教学质量、减轻学生过重的负担"作为一个出发点，他们绝不搞加班加点，不给学生增加额外作业，除了个别成绩极差的学生外，绝大多数学生基本上可以在学校完成数学作业。我们的实践表明，良好而合理的教育措施，在培养小学生的运算过程思维品质的同时，也能促进他们数学学习成绩的提高，使他们学得快、学得灵活、学得好。换句话说，就是能促进小学数学教学质量的提高。

我们认为，上面介绍的数学运算中思维品质的培养途径与结果，仅仅是思维品质培养的一种例子，但思维品质绝不是只在数学运算中才能进行培养的特殊能力，思维品质的培养具有一般性。在语文、物理、化学、生物、外语等任何一门学科中都可坚持思维品质的培养。我们大量的研究也证实了这一点。所以，国内基础教育界把我们的教改实验称为"思维品质培养"的实验研究。我们坚信培养思维品质是发展思维能力的突破点，是提高教学质量、减轻学生负担的最佳途径。

第三篇

学生数学能力的发展

　　人人都有数学能力。然而，数学能力什么时候产生，又如何发展呢？这是本篇要探讨的内容。在婴儿期，随着智力的萌芽，婴儿就出现了"数学能力"的萌芽。例如：八九个月大的孩子在要东西的时候，就有挑大的、挑多的那种倾向。两岁以后这种"数学能力"逐步发展起来。这为幼儿"数学教学"奠定了数学智力发展的基础。小学阶段，学生的数学能力迅速发展，这种数学能力与小学阶段的智力—思维发展的特点保持着同一个趋势。中学阶段，学生随着智力—思维的逻辑抽象性的提高，所接受的数学知识技能和数学文化发展到一个新的高度。于是，中学生尤其是高中生的数学能力已经表现出一般成年人的特点。儿童青少年的数学能力的发展，既表现出年龄特征，更多的是受数学教育所制约，又表现出明显的个体差异。因此，因材施教应该是数学教学中最根本的原则。

第七章 学龄前儿童运算思维能力与数学的早期教学

学龄前儿童心理发展的问题，是儿童心理学的重要研究领域之一。对这个阶段智力发展的年龄特征的揭露，是确定早期教育（学前教育）的一个出发点。国外的实验表明，如果儿童出生后缺乏适当的学习机会，其某些学习能力就会随年龄增长而衰退。出生后就给予适当训练与学习的儿童，在三个月后与同年龄未经训练的儿童相比，学习效果几乎高出一倍。这表明早期学习对后期学习产生正迁移的作用，学习能力是用进废退的。也有的研究表明，早期教育可以提高智商，使中上智商的婴幼儿提高到接近"超常"的状态。

学龄前儿童的智力是如何发展的，他们的数概念与运算能力发展的水平有多高，如何通过早期数学的"教学"促进他们的智力发展等，这些都是儿童青少年心理学的新课题。我们曾对从出生56天到7岁（简称0—7岁）的1005名学前儿童，展开了一次围绕上述问题的研究，并获得较客观的研究结果。

对学龄前儿童运算思维能力的分析，必须放在学龄前儿童思维或智力发展的背景下进行，因为运算思维能力应看做是儿童整个思维乃至智力的一个组成部分或成分。

一、0—7岁儿童思维特点与运算思维能力的发展概况

0—7岁学龄前儿童，从发展阶段来区分，包括婴儿期（0—3岁）和幼

儿期（学龄前期，3岁至六七岁）。婴儿期儿童以直观行动思维为主，幼儿期儿童则以具体形象思维为主要智力的表现形式。

我们将婴儿期看做儿童思维的发生或萌芽阶段。一般来说，1岁以内的婴儿，只有对事物的感知，基本上还没有思维；1岁后，在婴儿的活动过程中，在其表象和言语发展的基础上，由于经验的不断累积，婴儿开始出现一定的"概括性"思维活动。3岁前，儿童的思维基本上属于直观行动思维的范畴，即主要是"直观行动性"，也就是皮亚杰强调的"感知"与"动作"协调性。这种思维萌芽或产生的意义是"巨大"的，它不仅意味着智慧活动即智力的真正开始，同时也意味着心理的随意性（或自主性）由此开始。

幼儿思维在婴儿思维的水平基础上，在新的生活条件下，以言语发展为前提逐步发展起来，出现了具体形象性。所谓具体形象性的思维是指儿童的思维主要是凭借事物的具体形象或表象，即凭借具体形象的联想来进行，而主要不是凭借对事物内在本质和关系的理解，即凭借概念、判断和推理来进行。例如，一个幼儿能够正确回答"6个苹果，两人平分，每人分几个？"，却不知道"3＋3＝？"。一个幼儿看到闹钟每天"滴答、滴答"地走，就猜想里边可能有小人在推着它走，甚至会拆开来看个究竟。幼儿普遍喜欢童话画册和动画片，这与幼儿要凭借那些生动鲜明的具体形象才能理解故事有关。幼儿思维的具体形象性还派生出幼儿思维的经验性、表面性、拟人化等特点。幼儿的这些思维特点跟他们的知识经验贫乏和直观形象系统活动占相当优势分不开。但此时，思维的抽象逻辑性开始萌芽，言语在幼儿思维发展中的作用日益增强。思维的抽象概括性和对行动的自觉调节，这是人的意识的两个基本特点，尽管在幼儿阶段与这两个特点还有一定距离，但已开始萌芽并表现得日渐明显。

0—7岁儿童的运算思维能力，尤其是数概念的产生、发展以上述思维特点为前提，并作为最初概念掌握的一种表现形式。

(一) 最初概念的掌握

概念的形成和概念的掌握，两者含义不同。概念的形成是指概念从无到有的历史演变。概念是在人类社会历史发展的过程中逐步形成和发展的。

概念的掌握则是对个体而言，是指儿童掌握社会上业已形成的概念。成人利用语言工具，通过与儿童的言语交际及教学手段，把概念传授给儿童。儿童掌握一个概念往往不是一次完成的，它要随着儿童知识经验的丰富和思维水平的发展不断充实和改造。因此，每个儿童所掌握的同一概念的深度和广度是不同的；同一儿童在不同发展阶段所掌握的同一概念的深度和广度也是不同的。这个概念掌握的过程也就是从具体形象思维向抽象逻辑思维发展的过程。

儿童掌握概念的特点直接受他们概括水平的制约。幼儿概括的特点表现在以下三个方面：

（1）概括的内容比较贫乏，一个词最初只代表一个或某一些具体事物的特征，而不是代表某一类事物的共同特征，到幼儿晚期，概念所概括的内容才逐渐丰富；

（2）概括的特征很多是外部的、非本质的，如幼儿大多以功用性特征说明关于事物的概念；

（3）概括的内涵往往不精确，有时失之过宽，有时又失之过窄。

正是由于这些特点，儿童在幼儿初期概念掌握的广度和深度都是很差的，他们一般只能掌握比较具体的实物的概念，而不易掌握一些比较抽象的性质概念、关系概念、道德概念。只有到了幼儿晚期，儿童才有可能掌握一些比较抽象的概念，如野兽、动物、家具、勇敢等。

幼儿掌握实物概念的一般发展过程是：

（1）小班儿童实物概念的内容基本上代表儿童所熟悉的某一个或某一些事物；

（2）中班儿童已能在概括水平上指出某一些实物的比较突出的特征，

特别是功用上的特征；

（3）大班儿童，开始能指出某一实物若干特征的总和，但是还只限于所熟悉的事物的某外部和内部特征，而不能将本质和非本质特征很好地加以区分。

在正确的教育下，大班儿童也有可能初步地掌握某一实物概念的本质特征，如"马是动物"等，但这要取决于这些实物是否为儿童所熟悉，也取决于儿童是否掌握了进行抽象概括时所需要的词。学习概念时，在对事物或现象的意义有了充分理解之后，就可以进行分类。分类时，主要是依据事物的本质属性。通过分类，儿童可以逐渐掌握概念系统。同时，分类也是心理学研究儿童概念水平常用的方法之一。研究儿童类概念的材料通常用实物或形象材料，前苏联的心理学家维果茨基（Lev Vygotsky，1896—1934）生前曾用一些大小、颜色、形状不同的"实验块"（几何体），请儿童将它们分组。6岁以上的儿童只将单独的性质作为必需的、充分的依据，如颜色或形状。幼儿则不断改变标准，一会儿以形状，一会儿又以颜色或大小为分类基础。维果茨基称之为"链概念"。后来皮亚杰等人研究了儿童的实物分类，并指出，幼儿不用分类学方法，而用主题分类。如把玩具猫和椅子放在一起，理由是猫喜欢坐在椅子上。皮亚杰等人由此提出，儿童概念发展经过三个阶段：主题概念—链概念—充分必要特征基础上的概念。我国心理学家刘静和、王宪钿用图片材料研究了4—9岁儿童的类概念发展。每张图片内容可分属一级概念，如图7.1所示。

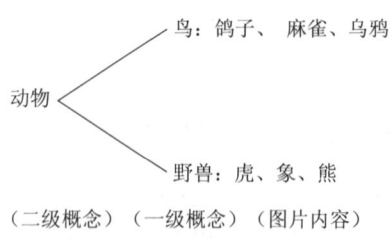

（二级概念）（一级概念）（图片内容）

图7.1　类概念之间的关系

要求儿童将他们加以分类。结果显示，儿童分类的发展顺序是：不能分类—依感知特点分类—依生活情境分类—依功能分类—依概念分类。4岁以下儿童82.3%不能分类，6—7岁儿童逐渐能按事物的功用和本质特点来分类，这说明此时儿童的抽象概括能力已经开始发展起来。[①②] 这一结果与国内外的一些研究结果基本上是一致的。

数概念和实物概念比较起来，是一种更加抽象的概念，因而在儿童发展过程中，掌握数概念比掌握实物概念晚些，也难些。这个问题涉及多大的孩子会数数，教多大的孩子多"深"的算术。这正是家长们与托儿所和幼儿园的老师们关心的问题。

（二）数概念的发展

0—7岁儿童掌握最初的数概念是一个复杂的过程，会数数并不等于掌握了数概念，口头数数只是掌握数概念的第一步。

第二步是"给物说数"。成人让儿童"数数看"，儿童开始点数实物，数后说出总数。

第三步是"按数取物"。儿童听到一定的数目后，根据这个数目去取出相应的实物。

第四步才是掌握数概念。所谓掌握数概念，包括理解：①数的实际意义（如"3"是指三个物体）；②数的顺序（如2在3之前，3在2之后，2比3小，3比2大）；③数的组成（如"3"是由1+1+1或1+2组成的）。

儿童形成数概念，经历口头数数→给物说数→按数取物→掌握数概念等四个发展阶段。表7.1是关于这个发展趋势的研究数据。

---

① 刘静和，等．四至九岁儿童类概念的发展实验Ⅰ：分类和分类命名特点的实验研究[J]．心理学报，1963（3）．

② 王宪钿，等．四至九岁儿童类概念的发展实验Ⅱ：儿童分类中的概括特点的实验研究[J]．心理学报，1964（4）．

表 7.1 数概念发展分配表

达到数目 年龄 \ 水平	口头数数	给物说数	按数取物	掌握数概念
56 天至 0.5 岁				
0.5—1 岁				
1—1.5 岁				
1.5—2 岁	1	0	0	0
2—2.5 岁	4	2	2	1
2.5—3 岁	9	5	4	2
3—4 岁	19	15	9	5
4—5 岁	50	39	34	11⁺
5—6 岁	88	84	80	23⁺
6—7 岁	97	92	87	29⁺

(注：达到数目按平均数计算，取整数。)

由表 7.1 可见：

(1) 儿童数概念的形成和发展，有明显的年龄特征：从 1.5—2 岁起，儿童开始运用次第数词"1 个又 1 个"，指量数词"1"、"2"，逐步进入口头数数的水平。2—2.5 岁，儿童不仅能数到"5"上下的数，而且通过点物能说出 2 或 3，按数取出 2~3 个实物，并开始掌握 2 以内的数概念。在此基础上，儿童的计数能力逐步发展，到 5—6 岁绝大多数儿童能口头数到"100"（表中平均数为"88"），给物说数和按数取物能力也接近"100"（表中分别是"84"和"80"）。7 岁前儿童掌握数概念的水平是：2—3 岁儿童可以掌握到"2"；3—4 岁儿童可以掌握到"5"，4—5 岁儿童可以掌握到"11"；5—6 岁儿童可以到"23"；6—7 岁可以掌握到"29"（实际上这个年龄组过半数的被试儿童可以掌握"50"以内的数概念）。

(2) 2—3 岁、5—6 岁是儿童形成和发展数概念的两个关键年龄阶段，前一个是从感知事物飞跃为数概念萌芽，即从"空白"到出现有计数能力，后一个是学龄前儿童数概念的形成与发展的一个飞跃时期。

（3）计数能力的出现不等于数概念的形成，计数的程度也不等于掌握数概念的程度，这是因为概念所反映的是事物的本质属性，具有更大的抽象性，所以计数能力的出现到数概念的形成，要经过一段曲折的道路。

（4）数概念的发展过程中，儿童对于一个数概念的获得所花费的时间并不一样。儿童掌握"1"和"2"的数概念较快，而从"2"过渡到"3"的时间却几乎是前者的一倍（半年以上），从"11"到"23"其中有几个数需要一年时间，而从"23"到"29"仅6个数，也要花费一年时间，可见儿童掌握"10"至"20"的数概念要比掌握"20"至"30"快得多。

（5）儿童在数概念的形成和发展中存在着个体差异，并且这种差异随着年龄增加而增大。

（三）运算能力的发展

随着学龄前儿童数概念的发展，儿童最初的运算能力也在积极发展。

在一般情况下，儿童数运算能力的形成和发展有着明显的年龄特征。最初的运算是在2岁以后，但2—2.5岁的儿童仅仅在3—4以内进行加减，并且绝大部分儿童是依靠实物完成的。3—4岁儿童，大多数能依靠实物完成"5"以内的加减，少数能直接进行"5"以内的运算。5—6岁的大部分儿童能够不用实物直接进行"20"以内的口头或书面运算，有少数儿童开始掌握"50"以内的加减运算，极少数儿童能用"100"以上的数字来演算加减习题，且能演算简单的乘法习题。6岁以后的儿童在此基础上有所发展，但未见明显的变化。

在学前期，2—3岁和5—6岁是儿童运算能力发展中的两个关键年龄阶段、两个明显的转折点。

在学前期儿童运算能力发展中，"20"以内的运算，依靠实物与不用实物有着明显的差别，"20"以上数的运算，儿童往往无实物可依靠，基本上属于不依靠实物的直接运算。在运算能力的发展中，不同儿童表现出个体差异，并且这种差异是随着年龄增加而扩大的。

从 0—7 岁儿童数概念的形成和运算能力发展之间的关系看，可以发现这个阶段儿童运算能力的形成与发展，是和数概念的形成与发展一致的。儿童从学会认识到学会运用数，这是一般的发展趋势。从这个趋势可以推断，儿童思维的发展也是从学会认识概念到学会运用概念。当然，也有少数儿童在"100"以上数字的加减甚至于乘除运算中掌握的数字，往往超过他们所掌握的数概念，他们能运算，但不能了解数的实际意义。究其原因，一是儿童的数概念与运算能力发展到一定程度后表现出差异性，二是儿童掌握数概念需要以数的表象为基础。

（四）认识图形能力的发展

为了更好地研究儿童数概念的形成与发展，我们调查了 0—7 岁儿童对各种几何图形的认识情况。表 7.2 是我们的调查结果。

表 7.2　各年龄组掌握几何图形的情况

年龄	叫出"正方形"	"方块"	叫出"圆"	"圆圆"	叫出"三角形"	"三角"	叫出"梯形"	自编名称
56 天至 0.5 岁								
0.5—1 岁								
1—1.5 岁								
1.5—2 岁								
2—2.5 岁		20%		21.3%		21.3%		
2.5—3 岁		18.7%	15%	18.8%	15%	16.2%		
3—4 岁	40.1%	40.1%	55%	40.1%	50%	34%		
4—5 岁	50.6%	49.4%	75%	25%	52.2%	47.8%	9.5%	30%
5—6 岁	92.5%	5.7%	95%	37%	88.8%	11.2%	49%	25%
6—7 岁	100%		100%		100%		61.4%	10%

从表7.2可以看出：

儿童对平面几何图形名称的认识，是从日常生活中的前科学概念向科学概念发展。儿童从叫出"方块"到"正方形"，"圆圆"到"圆（形）"，从叫出"三角"到"三角形"，从自编名称（按生活常识）到认识"梯形"，这些变化反映了在一定教育条件下，儿童思维活动从直观形象向语言抽象的发展过程。儿童对不同图形的认识程度是有差别的，如对"圆形"认识较早，对"梯形"感到较难，这反映了这些图形与儿童生活的接近程度及其本身的抽象程度，说明了儿童数学概念的形成必须以他们感性的生活经验作为基础。

儿童对平面几何图形的认识有一个过程，2岁前的儿童能够辨认物体的大小，2—3岁儿童开始叫出个别图形的前科学概念（名称），反映了他们把这些图形通过语言从别的图形（物体）中分化出来。在正常教育条件下，4—5岁的半数以上儿童能叫出"正方形"、"三角形"和"圆"的数学名称（科学概念），5岁以后基本上认识了这些图形的概念。

对照儿童掌握数概念和运算能力发展的情况，可以发现，0—7岁儿童数概念与形概念的形成和发展具有一致性。尽管两者之间有一定差别，但并不排除两种数学概念发展趋势的一致性及其在思维活动水平上所表现出来的年龄特征的稳定性。

二、0—7岁儿童掌握数概念中思维活动水平的发展

探讨0—7岁儿童掌握数概念与运算能力的特点后，应揭示其深层的思维活动或认知活动的特征。

（一）国际学术界与国内相关文件的论述

我们从国际权威儿童思维的研究资料，从国内对学前儿童数概念发展的研究，包括教育部的《幼儿园教育指导纲要（试行）》（下面简称"新《纲

要》")的文件，都把 0—7 岁（有的至 6 岁或 8 岁）儿童掌握数概念的问题归为 0—7 岁儿童思维或认知发展的领域。

1. 皮亚杰的"守恒"思想

在国际心理学界或学术界，谈到 0—7（或 0—8）岁儿童思维活动水平时，往往要追述皮亚杰的"守恒"研究。

"守恒"是皮亚杰提出的术语，指对物质从一种形态转变为另一种形态时物质含量保持不变的认识。皮亚杰认为，前运算阶段儿童的思维只能集中于问题的一个维度，注意的是事物表面的、明显的特征，具有中心化的特点。他设计了一系列守恒实验（见图 7.2）。例如，在液体守恒实验中，向儿童呈现两只相同的玻璃杯，杯中装有等量的液体。在儿童确知两只杯中的液体是等量的之后，实验者把其中一杯液体倒入旁边一只较高、较细的杯子中，液面自然升高。然后问儿童：新杯子中的液体比原先杯子中的是多一些还是少一些，或者是一样多？大多数 3—4 岁的幼儿会回答"多一些"，因为他们只注意到了新杯子的高度。5—6 岁的儿童处于守恒的转折阶

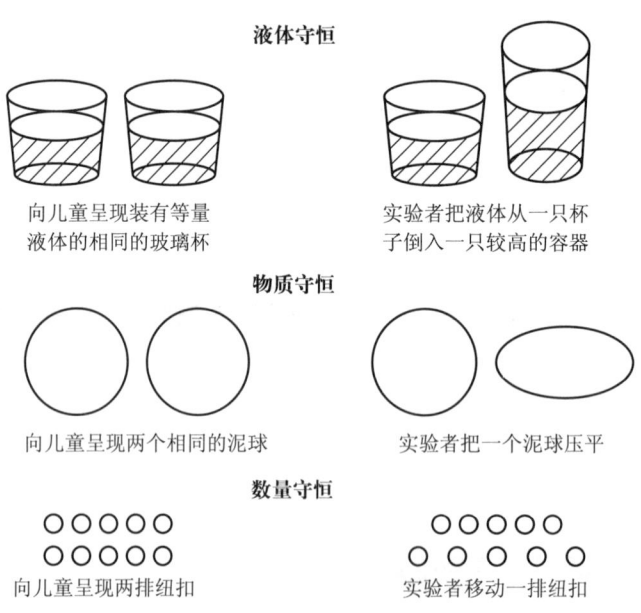

图 7.2 测量儿童具体运算思维的三种守恒问题图解

段，他们似乎意识到必须同时考虑杯子的高度和粗细，但在比较时，同时考虑两个维度还有困难。皮亚杰认为，儿童一般在 8 岁左右达到守恒。这时儿童能意识到一个维度的变化总是伴随着另一维度的改变，他们用同一性、补偿性或可逆性证明自己理解了其中的逻辑关系。

在数量守恒等实验中，幼儿仍犯有同样的错误。但是，新近的一些研究认为，皮亚杰低估了儿童的能力。如在一个数量守恒重复实验中，只有少数（16％）的 4—6 岁儿童理解了数的守恒。然而，不久以后，实验者借用一只顽皮熊玩具，让它从匣子中出来把纽扣摆放成挤在一起，却有 63％ 的幼儿说物体的数目没变。格尔曼等（Gelman & Baillargeon，1983）用较小的数目对 3—4 岁儿童施测，结果发现，他们能意识到数的一一对应关系和数的守恒。不过，数目如果增大，6—7 岁儿童仍不能达到守恒（Cowan，1987）。

2. 教育部新《纲要》的精神

新《纲要》是现行幼儿园的课程标准。其中，对于学前儿童的每一个学习领域，只对其目标、内容做了粗略的描述和规定，和 20 世纪 80 年代颁布的《幼儿教育纲要》中对每一个学科、每一个年龄班（小、中、大班）的学习内容做出详细要求不同。之所以做出这种改变，可能是担心规定太细了会造成幼儿园教学小学化倾向。数学并没有作为单独学科提出，而是作为科学领域的一部分出现，强调"认知发展领域"和"数学思维"，突出的是幼儿掌握数概念与运算领域的思维活动。

这种思维活动包括 7 个标准：

标准 1，儿童能够初步理解数以及数之间的关系；

标准 2，儿童能够初步理解加减运算的意义；

标准 3，儿童能够分辨量的差异；

标准 4，儿童初步理解空间关系以及几何概念；

标准 5，儿童具有对应、排序和分类的能力；

标准 6，儿童能够通过观察和推理来发现、模仿并创造模式；

标准 7，儿童在解决生活中的问题时，能够运用数学的方法收集、整理、表达和交流信息。

我认为上述 7 个标准是科学的。我们上一节阐述的内容与这 7 个标准没有太大的分歧。我们更欣赏的是这 7 个标准都有细则或具体内容，这有利于指导幼儿园的教学。

不管新《纲要》是否把数学作为单独学科列出进行教学，但新《纲要》强调的是数学思维及其自身的严谨的学科体系。

（二）我们的研究

0—7 岁儿童在掌握数概念及发展运算能力中所表现出的思维活动水平，正是他们思维能力和智力水平的反映。这个水平分为四个等级：

1. 直观—行动感知概括

儿童看到物品，能有分辨大小和多少的反应。例如在实验过程中，观察儿童要数量多的糖块，要大的苹果，给了他们就高兴，不给他们就不高兴。属于这一级水平的儿童，还不能说话，他们这种直观—行动"思维"的水平很低、极笼统。我们只能凭其情绪反应来判定儿童对大小和多少的感知能力的产生。

2. 直观—表象笼统概括

在研究中，我们摆好不同数量的糖块堆，询问有多少块，儿童可以用手指、点头或答应。属于这一级水平的儿童已经有了数概念的萌芽，但这种数概念的萌芽是跟具体事物分不开的。这一级水平的儿童开始懂得"一个苹果"、"两块糖"，也能说出"好多糖"这类词，但这些词所代表的内容是很笼统的，是不分化的，即对物体数量的计算还没有从物体集合的感知中分化出来。

3. 直观—言语数概括

属于这一级水平的儿童能口头数数、给物说数和按数取物，计算能力迅速地发展起来。但这一级水平的儿童在形成初步的数概念时，其思维有如下四个显著的特点：

(1) 必须以直观的物体为支柱,在运算中离开直观支柱往往会中断思考。

(2) 数词后边往往带着"量词",尤其在运算中往往离不开"量",如"1只(猫)","2辆(汽车)","3个(苹果)"。

(3) 数学言语所代表的实际意义往往不能超过儿童眼前的生活实际,如"10"个手指头或"20"件(以内的)玩具,超过眼前实际的数词,往往是无意义的声音。

(4) 不能产生数群(最简单的分解组合)的表象。

4. 表象—言语数概括

从这一级水平起,儿童开始逐步理解数的实际意义、数的顺序和数的组成,但这一级水平的儿童在运算中仍离不开具体形象,离不开生活范围的经验;他们可以不用实物顺利地完成"20"以内的运算,有的可以演算"50"和"100"以上甚至上千上万的数,也能识记和运用加减甚至乘除的步骤,但他们不能理解这些数的实际意义。

我们将研究中所得到的数据绘制成四条曲线(图7.3),以此说明0—7岁儿童思维活动的发展趋势:

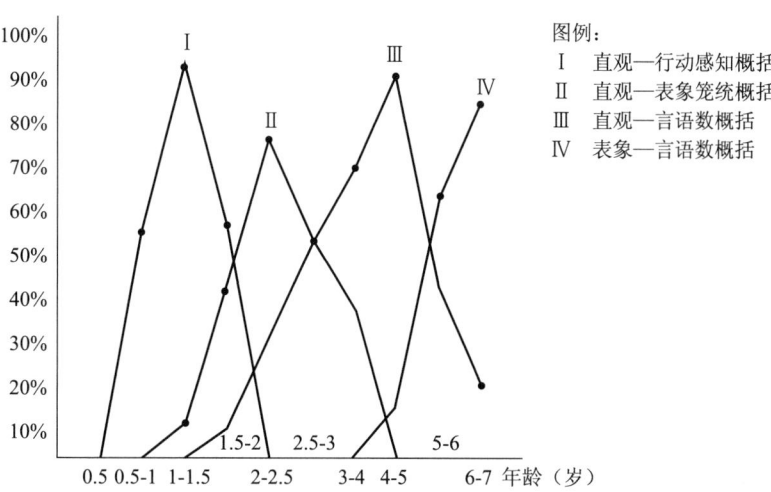

图7.3 0—7岁儿童思维活动发展趋势曲线图

从图中可以清楚地看到：

（1）儿童思维活动和发展存在着显著的年龄特征。0—2 岁为感知阶段。2—7 岁是以表象或具体形象思维为主，从表象逐步发展到极为初步的抽象阶段。在数概念与运算发展中，2—7 岁这五年里，可以分为三个思维活动水平：2—3 岁是直观—表象笼统概括阶段；3—5 岁是直观—言语数概括阶段；5 岁以后是表象—言语数概括阶段，这时，儿童的思维尽管以表象为主，但已经能概括数的实际意义、理解数的顺序，特别是能理解数的组成——数群（数的分解组合），并能不依靠直观进行运算，无疑这个阶段儿童的思维已开始初步的抽象概括，向逻辑抽象水平迈出了可喜的一步。

（2）儿童出生后是如何形成数概念并进行运算的呢？从出生 8 个月以后，儿童开始感知事物的大小和多少。到 2 岁前后，儿童开始对事物的多少产生笼统的直观—表象的概括。随着儿童的日常实践活动和语言的发展，直观与语言这两种信号系统的复杂联系的沟通与形成，到 3—5 岁，儿童从具体的物体集合中分化出即抽象出物体的数量来，使口头数数、按物点数、说出总数和按数取物等计数能力逐步发展。5 岁之后，从形成数的表象到形成数的概念，但 7 岁前儿童的数概念还带有具体形象性。最后，如上所述，儿童又从认数和掌握数逐步到运用数，进行数的运算。

（3）尽管在数概念与运算发展中思维活动存在个体差异，但一般来说，0—7 岁儿童在形成和发展数概念的过程中，八九个月、2—3 岁（主要表现在 2.5—3 岁）和 5—6 岁是思维活动水平发展的三个关键年龄。抓住关键年龄，根据儿童已有的水平，有的放矢地提出要求，进行及时的早期教育，有助于数概念的形成与运算能力的提高，有助于儿童智力的发展。

三、数学的早期教学

在前两节，我们都谈到儿童的个别差异。这种差异的原因，如第二章所说，一是遗传因素，二是环境教育。在我们的实验研究中，主要的因素还在于教育教学的差别，这一差别不仅造成学龄前儿童数概念与运算水平的不同，更重要的是影响学龄前儿童数概念形成与运算能力发展中思维活动或智力活动的水平。

在我们的研究中，被试对象来自两类性质的托儿所或幼儿园，一类是按北京市教育局统一数学教学大纲进行教学的，另一类是自己办园（所），以"养"为主，不重视"教"的。而目前的情况更加复杂，不少民办幼儿园的教育也很出色。在众多的幼儿园教育中，质量参差不齐，造成了环境与教育的差异。

我们以 6—7 岁儿童为例，分析这两类幼儿园对儿童思维发展的影响差异。我们之所以要选择这个年龄段的儿童，不仅因为岁数较大，差异亦较显著，更重要的是考虑到 6—7 岁儿童在相应类别的幼儿园的时间较长，受的影响较深，具有代表性。

首先，我们将使用统一数学教学大纲的四所幼儿园做对照。我们选择了四个父母工作范围和性质不同（某市属幼儿园、某工厂托儿所、某农村托儿所与某部队幼儿园）但教学内容统一的幼儿园。我们对照这些园（所）的孩子掌握数概念和思维活动的水平两个指标，观察其异同点，结果如表 7.3 所示。

表 7.3 四所幼儿园儿童掌握数概念对照

百分数分布\数范围\单位	5 以内	10 以内	20 以内	50 以内	100 以内	100 以上
某市属幼儿园	96.7	96.7	96.7	93.3	33.3	6.7
某工厂托儿所	100	100	96	87	40	（未统计）
某农村托儿所	95.5	95.5	95.5	82	27.3	（未统计）
某部队幼儿园	100	100	100	86.7	36.7	10

［注：差异的检验，$p>0.1$（无意义）。］

表 7.3 表明，在统一教学大纲的要求下，6—7 岁儿童掌握数概念尽管

有差别（城市幼儿园儿童掌握数概念比农村儿童的水平稍高），但这个差异并不显著（$p>0.1$）。

表 7.4 四所幼儿园儿童思维活动水平对照

百分数分布 水平 \ 幼儿园	某市属幼儿园	某工厂托儿所	某农村托儿所	某部队幼儿园
直观—言语数概括	13.3	13	18	13.3
表象—言语数概括	86.7	87	82	86.7

［注：差异的检验，$p>0.1$（无意义）。］

从表7.4可见，四个幼儿园的6—7岁儿童在数概念的掌握和运算能力的发展中，其思维活动的水平尽管有些差异（城市儿童较农村儿童略高），但这种差异并不显著。在统一教学大纲的要求下搞早期教育，6—7岁的儿童尽管有遗传、环境所造成的个体差异，但他们思维活动的水平大致相似，如表7.4所述的85％以上的儿童已进入"表象—言语数概括"阶段。

同时，我们将采用不同教学内容的幼儿园做对照，以同一地区农村的两个托儿所的同年龄儿童相比，"甲"是上文说到的农村托儿所，按统一教学大纲进行早期教育，"乙"托儿所的数学教学无要求，儿童出勤也较随便，结果两个单位的儿童掌握数概念与思维活动的水平都有较显著的差异。

表 7.5 两个农村托儿所的儿童掌握数概念对照

百分数分布 单位 \ 数范围	5以内	10以内	20以内	50以内	100以内	100以上
"甲"	95.5	95.5	95.5	82	27.3	未统计
"乙"	84	84	52	10	0	未统计

［注：差异的检验，$p>0.1$（无意义）。］

在表 7.5 里，尽管我们看到 6—7 岁儿童在掌握数概念中存在着一定的年龄特征，但也清楚地看出不同的教育条件对于儿童掌握数概念是有明显影响的，早期的数学教育在儿童数概念发展中起着主导作用。

表 7.6 两个农村托儿所的 6—7 岁儿童思维活动水平对照

百分数分布 水平＼托儿所	"甲"	"乙"
直观—言语数概括	18	42
表象—言语数概括	82	58

［注：差异的检验，$p>0.1$（无意义）。］

从表 7.6 我们看到，不同教育条件不仅影响儿童对数概念的掌握，对数学知识的领会，而且也直接影响儿童的思维水平即智力水平。从表中可以看到，有良好早期教育的儿童思维能力强，缺乏合理早期教育的儿童依靠直观实物的现象较多，这严重阻碍了他们抽象逻辑思维的发展。

通过调查，我们曾发现初入学儿童中，一般来说，农村儿童的智力往往不如城市儿童的水平高。这并非先天的缘故，而是由于农村儿童的早期教育条件较差，大多数儿童几乎没有上过幼儿园，没有接受过采用统一大纲的教材的教学，这是影响农村儿童智力发展的重要因素。目前，我国学前教育远远没有普及，也缺乏专门研究婴幼儿心理和教育的机构，这与早出、快出、多出人才的要求是不相称的。

国内外心理学实验已证明，识字、阅读和数学的早期教学不仅适合学龄前儿童的身心发展水平，而且显著地发展了相应的智力。根据因素分析学的许多研究，智力的第一个因子就是语文能力（主要是词汇量），第二个因子是数学能力。众所周知，语文是接受知识、学习一切科学的工具，又是进行思维、表达思想、记录思维成果的工具。同样，数学也是学习一切自然科学与大多数社会科学、启发思维、进行思维与表达思维成果的工具。根据现代信息加工（处理）论的思维与学习原则，思维首先要学习、输入与储存信息（知识），学得多，记忆储存多，思维就容易，智力就发展，否则就难。孔子也说："思而不学则殆。"从学龄前起就适当地加强语文与数学等知识的早期教育，正是发展思维与智力的根本途径。

有些人担心早期教育会抑制儿童的身体健康，甚至伤脑筋和短寿。从已有的早期学习的实例看来，如中国科技大学的几期少年班学员和其他进行早期学习的儿童，都未发现有这样的情况。临床医学上从未有过用脑过度引起脑损伤而死亡的病例。历史上也有许多进行早期学习而成就很高的例子，如李白"五岁诵六甲，十岁观百家"，终年 61 岁。如果他不是一生嗜酒和晚年受迫害，可能享寿更长。白居易也是早期学习者，终年 74 岁。初唐四杰和李贺等人，寿命虽不长，但他们的死因与早期学习无关，如王勃是溺水丧命，李贺是受打击迫害，含愤忧郁而死。

一些研究者曾用动物做了一系列实验，检查了早期学习的动物的大脑及其生化的变化。实验事实与一般猜想相反，早期丰富的环境刺激与学习机会不是损害而是促进大脑的发展。用则进，废则退。大脑是在运动、实践中发育和发展起来的。那种认为学习必须在神经系统或大脑完全成熟后才能进行，否则不是损害发育就是难收成效的观点，也是没有根据的。神经系统或大脑比身体其他系统和器官都发展得更早、更快，而人出生后就在不断地学习，如认识周围环境中的人与物，熟悉生活与作息习惯，听话、讲话、穿衣、吃饭、走路、唱歌、跳舞、弹琴等。学习这些活动都需要用脑筋，而且难度要比读、写、算高。既然这些活动不必等身体或大脑完全成熟后才进行学习，也不妨碍身体或大脑的发展，适度地学习文化知识又何至于此呢？

在早期教育中，语文与数学是促使思维与智力发展的两个最重要的因子。下面我们就数学的早期教学问题专门提出一些建议。

四、从早期教育到早期数学教学

早期数学教学属于早期教育。联合国教科文组织早已明确地提出,要把幼儿教育作为未来教育的主要目标之一。2010年我国发布的《国家中长期教育改革和发展规划纲要》也指出:"学前教育对幼儿习惯养成、智力开发和身心健康具有重要意义。"

让我们从各国儿童早教面面观入手,再提些关于早期数学教学的建议。

(一)早期教育的分期与各国儿童早教面面观

20世纪80年代中期,正当我的教改实验,即培养学生思维与智力的实验蓬勃发展的时候,不少报刊登载了布卢姆(B. S. Bloom,1964)关于智力发展的研究材料,认为若以十七八岁达到的智力水平为100%的话,4岁时大约已发展到50%,4—8岁期间发展了30%,其余20%是在8—18岁期间获得发展的。为此,我困惑至极。假如以此为结论,那么,好多科学问题会进入死胡同。一是智力与知识经验的关系不大了,因为8岁后从小学到中学所获得的知识经验对智力作用甚微;而十七八岁的智力已达100%,大学的知识对智力则毫无意义了。二是不好阐述智力的毕生发展观点,尤其是很难解释在布卢姆之后由卡特尔(R. B. Cattell,1965)和霍恩(J. L. Horn,1976)提出的流体智力(fluid intelligence)与晶体智力(crystallized intelligence)的理论(见图7.4)。三是可以宣布智力开发的实验研究意义不大,学校教育包括教师对学生智力发展的作用,就显得微不足道了。那么,我自己的思维和智力培养实验也受到了挑战。当时我确实不太相信布卢姆的数据。我认为,宣扬布卢姆的智力发展观,目的是抬高"早期教育"的价值。我并不反对早期教育,我认为从幼儿园到小学,到中学,甚至到大学,教师的素质都是学生思维和智力发展的前提。然而,我们不能因要阐述早期"优育"、"优教"的重要性而忽视小学、中学和大学在人的思维和智力发展中的地位。为此,我更深入地进行智力培养的实验，从中揭示教师素质与学生智力发展的关系及其内在的影响机制。

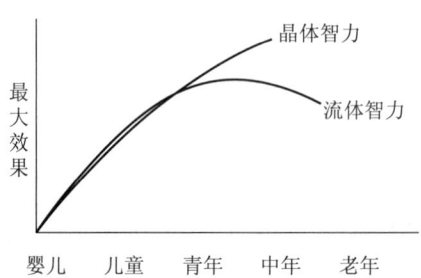

图7.4　晶体智力和流体智力的发展趋势图

2011年5月30日《参考消息》第11版发表了"环球调查"的《各国儿童早教面面观》，对我启发很大。

美国是个重视早教的国家，早在20世纪80年代，美国教育发展研究所在《美国早期教育》一书中声称："我们正处在很快将会涉及美国儿童早期教育的根本性发展的边缘。"奥巴马政府对儿童早期教育非常重视。美国教育部在其网站上也表示："儿童在幼儿园之前的这段时期是其一生中影响认知的最重要的时期之一。"奥巴马敦促各州在儿童早期教育方面投入更多公共资金，提供更多的儿童早教机会，家长也应更加重视儿童早教。在一些专业机构如美国幼儿教育协会、美国蒙台梭利协会的协助下，美国各州、地方政府基本上都为学龄前儿童提供了或多或少接受早期教育的机会。

日本早教也是有传统的。20世纪80年代井深大在其所著的《幼儿园教育晚矣》一书中指出，人类智力潜力的最大时期不在大学，也不在中小学，而在学前时期，必须从零岁开始就进行适当的训练。20世纪90年代，早期教育在日本开始升温。现在，早期教育在日本已经成为一个庞大的产业，出现了不少专业公司。例如，标榜开发儿童右脑的"七田儿童学院"（我对此持不同观点），在全国有460个幼儿教室。除大型公司外，各种小型的亲子教室也遍地开花。很多出版社都在致力于出版各种早期教育的教材，有的教材细化到了根据月份来编写。但是，日本也存在对早期教育的批判声音，认为早期教育对婴幼儿和小学低年级学生不仅没有用处，反而有害。

英国在幼教方面的理论和实践有着长期的历史积淀。在英国，对孩子进行早教是一种延续了近百年的传统，早在1923年，英国就成立了儿童早期教育协会，他们协助父母对从出生开始到8岁大的孩子进行高质量的启蒙教育，而其中最重要的内容是让孩子在无忧无虑地享受童年乐趣的同时，及早发掘他们的兴趣点，以为今后进一步的学校系统教育提供更多的参考和选择。在英国大部分早教活动都带有普及性和公益性，目的是促进社会公平，比如每周三次在社区图书馆组织的早教活动大家都可以免费参加。

韩国大多数家庭亦从小就为孩子的成长进行规划。为了长大后能在激烈的社会竞争中拥有优势，许多韩国孩子从幼儿园开始就被送到各种课外培训班进行学习。"英语热"在韩国由来已久，流利的英语是青年人就业时的一项"利器"，而学习外语自然是越早越好。他们将孩子英语学习的起始时间点设在了胎儿时期，"英语胎教"最近几年在韩国大行其道。除英语外，还有跆拳道、游泳、篮球、钢琴、跳绳、轮滑、绘画、科学，兴趣班众多。但韩国的家长并不热衷于各种才艺的考证和考级。

我不想去分析我国五花八门的早教理念，也不去评价我国各种各样的早教方法。我认为对早期教育应持"一分为二"的观念，对早期教育既要重视，也不能绝对化。

（二）给早期数学教学的几点建议

根据调查研究，我们提出下面几条教育建议，以供幼儿园和托儿所的数学教学参考。

（1）托儿所与幼儿园的数学与计算教学，应根据儿童的身心发展规律，特别是其年龄特征来进行，不应该千篇一律地都按照"实物→表象→抽象"的教学顺序，以保障儿童快乐健康地成长。

2岁之前，应该让儿童摆弄各式各样的玩具，让他们开展直观行动思维，从直观中逐步地发展关于空间大小、多少的知觉。

2—3岁，主要是以实物为主，以"直观→言语"教儿童认识数概念。

开始教儿童数数时，教师和家长可利用 2—3 岁是儿童口头言语发展的关键年龄的特点，编一些数数的顺口溜，让孩子们喜欢上数数。

3—4 岁，采用"实物→表象→数概念"教学，以物引数，给儿童实物，让他们点数，然后说出总数。

4—5 岁，让儿童以数取物，强调言语对直观实物的指导作用。3—5 岁这两年中，数学教学着重进行计数能力的培养。

6 岁之后，在运用直观教具的基础上又尽量适当地脱离实物，进行"表象→言语"教学，让儿童理解数的实际意义、数的顺序和数的组成。

(2) 整个托儿所与幼儿园的数和计算的教学，都要培养儿童对周围数量与形体等事物、现象的爱好，激发他们的好奇心和求知欲；引导儿童运用各种感官，动手动脑，探究问题；特别是让儿童多运用语言，及早地教会儿童书写数字，并能运用语言以适当方式表达、交流数学运算过程和结果。尤其到四五岁时，这是儿童书面语言发展的关键年龄，更要让儿童多说、多写，让他们运用多种分析去沟通形象与语言两种系统的联系，以利于数概念的形成。

(3) 采取多种方式的有趣的教学活动，把数和计算教学与游戏结合起来，并开展一些丰富多彩的"计数"、"运算"比赛，以培养儿童对数与运算的兴趣，并在愉快的活动中接受这些知识。例如，某幼儿园举行"数学赛"，参加的是中班儿童（4—5 岁），比赛的内容是给物说数与按数取物。比赛一开始，儿童各就各位，每人前面是 100 多个小石子，教师敲鼓，鼓声一响，儿童开始点物数数；鼓声一停，儿童也停下手来，然后每个儿童说出总数，看看谁数得又多又快又正确。接着是教师说出一个数字，孩子们马上开始数起来，数完后马上举手，教师先计时间，后检查儿童按数取物的实物，同样看哪个儿童取物（数数）又准又快。通过类似的"游戏"、"竞赛"，不仅能使儿童从生活和游戏中感受事物的数量关系，提高计数等能力，而且也能培养他们对数学的兴趣，为他们在计数等运算中提高思维能力打开大门。

(4) 对幼儿的计数、运算，要及时强化，肯定他们运算中的正确率和学习策略。强化的手段不仅有口头肯定，而且有适当的物质奖励。这样提高了记忆力，为进一步运算打下了基础。我们北京师范大学"脑认知与学习"国家重点实验室在 SCI 上发表多篇文章，提出并通过系列实验验证由早期学习经验塑造的"基于双重表征的算术脑"假设。这一假设指由于学习经验的影响，对加法、减法公式（如 $9+7=16$，$8-3=5$）主要采用视觉—阿拉伯数字表征，对乘法公式（如 $3\times7=21$）主要利用听觉—言语表征。以早期算术学习经验为研究变量，采用行为实验和脑功能成像技术，比较全面地揭示了早期学习经验对大脑数学认知功能的持久性塑造作用，发现因学习策略不同，加减乘除的大脑活动模式出现分化，学习内容直接影响算术知识的长时记忆组织方式。

（5）5 岁之后，在可接受的条件下，适当进行抽象程度增加的教学。例如脱离实物的演算，掌握数的群集，即培养"20"以内的分解组合的能力。例如，在大班进行"10"以内口头应用题教学中，可以将应用题只说出条件，让儿童提出问题，这是口头自编半成品的应用题。一位教师指着黑板左边 4 个梨，让儿童回答"4 个梨"。又指着黑板右边 3 个苹果，让儿童回答"3 个苹果"。教师还可以让孩子当老师，意思是让小朋友来提问题，然后大家回答。这不仅能促使儿童的运算能力和独立思考能力迅速地发展，而且也能促使儿童的口头言语水平不断提高。正是在这"数学"能力发展与"言语"水平提高的基础上，儿童的逻辑抽象能力与智力品质在不断地发展着。

（6）为了避免幼儿园与小学"抢教材"的矛盾，幼儿园的"数学教学"的重点可以放在培养幼儿的思维活动的水平和智力品质上。例如，要引导儿童早一点完成从"直观—言语"数概括向"表象—言语"数概括的发展；要发展儿童的运算思维结构，如守恒与可逆性，一块黏泥，先捏成"烧饼"，又捏成"香肠"，让儿童判断"大小"，看看大小守恒。类似的活动可让儿童判断不同数量、粗细、重量及其之间的关系，发展他们的守恒能力。又如，让儿童判断图 7.5 中有几个正方形、几个长方形；从不同方向让儿童判断图 7.6 中有几个正方体（答案：9 个）等，以此来发展儿童的判断、观察与空间想象力。再如,给儿童 6 个石子,让他们排成一个三角形,使每边的石子一样多(见图 7.7),这不仅能发展儿童的空间想象能力,而且能发展儿童的逻辑推理能力。

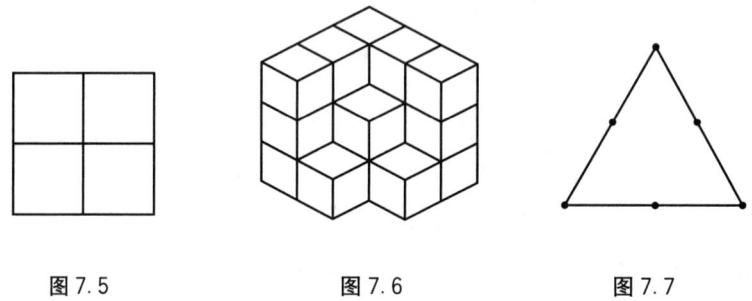

图 7.5　　　　　　图 7.6　　　　　　图 7.7

第八章　小学生数学学习与智力发展

小学生（六七岁至十二三岁）踏进了学校，开始以学习为主导的活动。

小学是打基础的阶段，小学教育是国民教育的基础。数学是一门主课，是小学生掌握各种科学知识的基础之一。促进数学基本概念和运算能力的提高，也是发展小学生智力的需要。

一、小学生数学智力的发展

小学生在学前时期发展的基础上，进入学校，以学习作为自己的主导活动。学习是一种有目的、有系统地掌握知识技能和行为规范的活动，是一种社会义务。儿童在完成学习任务的过程中，也改变着自己与周围世界的关系，从而不断发展着自己的智力与全部心理活动。

从小学生整个智力活动的发展看来，主要是从口头语言向书面语言过渡，从具体形象思维向抽象思维过渡，这个事实制约着小学生智力的各个方面的发展。在感知方面，有目的、有意识的知觉和观察能力，空间知觉和时间知觉的水平都在不断发展，这就为儿童在学习中比较精确地分析综合各种事物提供了基本条件。在记忆方面，虽然无意识记、机械识记、具体形象识记还起着重要作用，但是在教学要求下，有意识记、理解识记、抽象逻辑识记都在迅速发展着。在思维方面，小学生从以具体形象思维为主要形式逐步过渡到以抽象逻辑思维为主要形式，当然，这种抽象逻辑思维仍然具有很大的感性经验的成分。在想象方面，由于抽象逻辑思维的发展，想象的有意性、创造性和现实性的成分都在日益增长。

小学数学（主要是算术）教学，需要小学生有一定的智力基础，又促进他们的智力迅速发展。小学生开始系统地学习数学，逐步掌握运算法则。他们不但要思考、解决各种问题，特别是应用题，而且要注意如何去思考和发现事物的本质联系。他们不但要记住那些应该记的公式、定义和性质，而且要注意如何去识记和熟记，以便记得更好些。这就促使小学生在掌握数概念与运算的过程中，发展心理过程的自觉性与有意性，使他们的运算能力得到逐步提高。小学生的运算能力与智力发展、思维能力发展的总趋势是完全一致的。

（一）小学生数概括能力的发展

如前所述，掌握概念主要是和儿童青少年知识的积累、智力的发展相联系的，而概括的水平是掌握概念的直接前提。我们在自己的研究中，以小学生数概括能力的发展趋势，来分析他们数概念的发展水平。

研究中确定小学生数概括能力发展水平的指标是：①对直观的依赖程度；②对数的实际意义（数表征范围）的理解；③对数的顺序和大小的认识（认知）；④数的组成（分解组合）；⑤对数概念扩充及定义的展开。我们根据这 5 个指标分析研究结果，确定小学生数概括能力为五个等级：

第一级是直观概括水平。依靠实物、教具或配合掰手指头来掌握 10 以内的数概念，离开直观，运算就中断或发生困难。

第二级为直观形象概括的运算水平。属于这一级水平的学生，进入了"整数命题运算"。达到的指标有三个，即掌握一定整数的实际意义、数的顺序大小和数的组成。这一级又可细分为若干不同的小阶段，例如，"20"以内的数概念，"100"以内的数概念，"10000"以内的数概念，整数四则运算概念等。这个阶段由于经验的局限，尽管有的运算，数的范围可以超过他们的生活范围，但由于缺乏数表象而不能真正理解所有运算的数的实际意义。

第三级是形象抽象的运算水平。属于这一级水平的学生处于从形象概括向抽象概括发展的过程中，其达到的指标有：

丰富的数表象与数的实际意义在学生思维中结合起来，形成这个阶段新的概括的特点：掌握大量数的实际意义，不仅掌握多位整数，而且掌握分数，简单正负数的大小、顺序和组成；能综合属数概念，形成种数概念；能掌握整数和分数概念的定义。

空间表象得到发展，使这一级水平的学生能够从大量几何图形的集合中概括出几何概念，并掌握一些几何体的计算公式和定义，这是这一级概括水平的重要指标。正因为如此，这一级水平又可称为"初级几何命题运算"。

第四级为初步的本质抽象概括的运算水平，即初步代数的概括运算水平。这一级水平的学生达到的指标是：不仅掌握算术运算中的"子集合"，而且掌握算术范围内的"交集合"与"并集合"思想，例如求公倍数和公约数的运算，实际上是掌握"交"与"并"的关系；用字母的抽象代替数字的抽象，例如初步接触列方程解应用题；完全能在思维过程中运用分析法和综合法来解答"典型应用题"，出现组合分析的运算，掌握数量之间的多种关系。

第五级进入代数命题概括运算。这一级水平的学生能根据假定进行概括，完全抛开算术框图进行运算，但达到这一级概括水平的学生在小学阶段是极少数的。

通过对这五级水平的分析，可以反映小学生的运算概括水平发展的概况。小学生在运算中是以具体形象概括为主要形式过渡到以抽象逻辑概括为主要形式。这种概括，在很大程度上仍具有很大成分的具体形象性。

小学生的概括水平是如何发展的呢？一般地说，一年级在学前期思维的基础上发展起来，基本上属于具体形象概括；二三年级从具体形象概括向抽象概括过渡，且大部分学生在三年级完成了这个过渡；四年级产生了一个突变，四五年级的大部分学生可以进入初步的本质抽象概括水平，有少数学生在良好的教育影响下，开始向初步代数运算水平发展。当然也有少数学生概括能力不强，局限于低级的概括水平，这就叫做个别差异。

（二）小学生命题能力与运算法则的发展

1. 小学生命题能力的特点

我们在研究中发现，小学生命题运算形式的发展趋势有四种形式：

（1）肯定（p）。例如，p＝150＝70＋80，小学生很快地做出肯定的回答。

（2）否定（p̄）。例如，p＝"31 是偶数"，否定这个命题，得出另一个命题：q＝"31 不是偶数"。命题 q 叫做 p 的否定。小学生在命题运算中，尤其是检验答数时，否定错误的命题，或检验错误容易造成对正确答案做出否定。

（3）合取，p∧q（p 而且 q）。例如，判定 a＝36 是 12 的倍数并且是 9 的倍数。

（4）析取，p∨q（p 或者 q）。例如，学生判定 a＝15 不是 21 和 14 的公倍数就是 3 和 5 的公倍数，只有一个是对的。对概率概念的掌握也是如此，学生判断扔两个骰子，出现的概率是"或是 2 点，或是 3 点，4 点……12 点"，共有 11 种可能。

小学阶段，不同年级（年龄）的学生掌握这四种命题的演算形式的能力（水平）是不一样的。小学生对不同的命题演算形式表现出不同的能力，他们掌握不同的命题演算形式的趋向（顺序）是：肯定→否定→合取→析取。整个小学阶段，从四年级起小学生明显地能够掌握合取和析取命题的演算形式。

2. 小学生运算法则的特点

与小学数学命题相关联的是法则运算。思维过程是遵循一定法则的，思维法则是对事物的客观规律的反映。小学生掌握数概念与运算思维时应遵循的法则很多，主要运算法则有四种，即交换律 $\{x \wedge y = y \wedge x\}$，分配律 $\{x \wedge (y \wedge z) = (x \wedge y) \vee (x \wedge z)\}$，结合律 $\{(x \wedge y) \wedge z = x \wedge (y \wedge z)\}$，二重否定律 $\{\neg(\neg x) = x\}$。

以运用法则的范围与正确率为指标，小学阶段掌握运算法则可分为三级水平：①在数学习题中运用运算法则；②在简单文字习题中运用运算法则；③在代数式和几何演算中运用运算法则。这里只分析前两级水平的结果。

表 8.1　不同年级小学生运用运算法则的能力发展

百分数(%)　法则 年级　分配	交换律		结合律		分配律		二重否定律	
	数字演算	文字演算	数字演算	文字演算	数字演算	文字演算	数字演算	文字演算
一	83.3	—	80	—	80	—	—	—
二	90	83.3	86.7	40	83.3	40	—	—
三	100	90	100	70	96.7	73.3	—	—
四	100	100	100	100	100	100	23.3	13.3
五	100	100	100	100	100	100	86.7	76.7

由表 8.1 可见，80％以上的一年级小学生从入学的第二学期起，就可以在简单数字演算中运用交换律、结合律和分配律。

经过二年级的过渡，三年级的大部分小学生能在简单文字演算中运用交换律、结合律和分配律。四年级以后逐步掌握算术运算中的二重否定律。二重否定律的掌握，是小学儿童运用运算法则能力中的一个转折点（飞跃期）。

（三）小学生推理能力的发展

小学生推理能力的发展，主要表现在归纳推理与演绎推理两种能力上。

1. 归纳推理能力的发展

在运算中，小学生的归纳推理可以分为四级水平：

第一级（Ⅰ）是算术运算中直接归纳推理，即通过直接观察简单数字运算中所提供的算式一步归纳出演算原理。例如，习题中问："6＋0＝6，8＋0＝8，19＋0＝19. 这说明什么？"小学生能正确回答："任何数加零等于原来的数。"

第二级（Ⅱ）是简单文字运算中直接归纳推理，即在字母抽象的简单运算中，一步推出演算原理。例如，学生面对一组等式：$x=y$，$x+a=y+a$，$x+b=y+b$，$x+c=y+c$，能正确地归纳得出"等式两边加上一个相同的数，等式仍然成立"的结论。

第三级（Ⅲ）是算术运算中间接归纳推理，通过复杂的运算和复合应用题的运算，归纳出结论或原理和计算公式。例如，学生通过多步骤的分数运算，找出分数性质。

第四级（Ⅳ）是初步代数式的间接归纳，或多步归纳。例如，学生从多次初步代数式演算中，正确归纳出一数随另一数变化的原理。这种逻辑推理，实际上说明他们归纳了 $y=f(x)$ 的初步函数关系。

研究表明，不同年级（年龄）的学生在运算中归纳推理的能力是不一样的。一年级学生大部分可以在简单数学中进行直接归纳推理；二三年级半数以上的学生能在简单文字演算中进行直接归纳推理；四五年级的多数学生可以在复杂的算术中进行多步骤间接的归纳推理，并有少数学生进入初步代数归纳推理水平。

2. 演绎推理能力的发展

在运算中，小学生的演绎推理也可以分为与归纳推理相应的四级水平：

第一级（Ⅰ）是简单算术原理、法则直接具体化的运算水平。例如，小学一二年级学生掌握简单应用题的类型后，遇到各种应用题，就能按类正确地进行演绎运算。

第二级（Ⅱ）是简单算术原理、法则直接以字母具体化的运算水平。例如，二年级学生学习交换律后，能用字母 $a+b+c=c+b+a=a+c+b$……来表示，遇到能运用交换律演算的习题时，就能正确地按照法则进行演绎推理。

第三级（Ⅲ）是以算术原理、法则和公式作为大前提，要求合乎逻辑地进行多步骤和具体化，正确地得出结论，完成算术习题。

第四级（Ⅳ）是以初等代数或平面几何原理为大前提，进行多步骤演绎推理，得出正确的结论，完成代数或几何习题。

研究表明，不同年级（年龄）的学生在运算中演绎推理的能力也是不一样的。一年级的大部分学生可以将简单算术原理、法则作为大前提进行演绎运算；二三年级70%以上的学生能用字母表示简单公式、原理和法则，并加以具体化；四五年级的多数学生可以在算术范围内，将原理、公式进行多步演绎和具体运算，并开始掌握一些初等代数和几何原理的演绎运算。

我们将小学生在数学运算中，掌握归纳推理与演绎推理能力的成绩或数据加以统计计算，获得这两种推理能力的相关系数 $r=0.89$，系高度相关。小学生掌握两种推理形式的对比如图 8.1 所示：

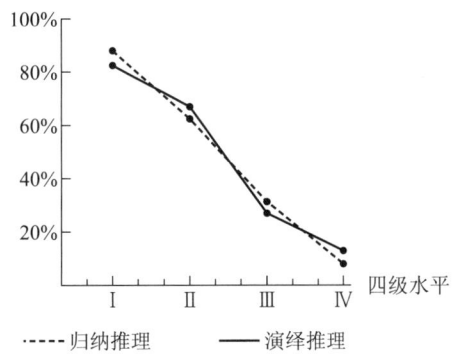

图 8.1　小学生归纳推理与演绎推理能力发展的对比

研究结果表明，小学生在运算能力的发展中，掌握归纳与演绎两种推理形式的趋势与水平是相近的。

（四）小学数学教学要从学生的运算思维能力的年龄特征出发

小学生在运算中，整个思维能力、智力的发展趋势随着年龄和年级的增长，表现为各种能力的提高，抽象度加大，智力的步骤简化，思维过程的正确性提高，合理性、逻辑性与自觉性增强。数学教学的内容和方法要注意这一变化，要有的放矢，从小学生思维能力的实际出发，逐步加大难度，这不仅有利于学生知识水平的提高，也有利于他们智力的发展。

从上面各种能力的发展来看，四年级在学生的概括能力、命题能力、运用法则能力和推理能力的发展中，都是一个显著的变化时期。这是小学阶段的关键年龄，是小学阶段从以具体形象思维为主要形式过渡到以抽象逻辑思维为主要形式的一个转折时期。小学数学教学要重视这个关键年龄，要采取合理的教育措施，促进小学生运算思维能力早日实现突变，提前实现转折，这是小学数学教学的重要任务之一。

二、提高小学生解答应用题的能力

小学数学中的应用题，分量重、篇幅大、种类多，分布于各个年级，每个学期都安排了相当的课时进行应用题的教学。研究小学生解答应用题的能力，是研究小学生运算思维能力与智力的重要组成部分；提高小学生解答应用题的能力，不仅是提高小学教学质量的需要，而且也是发展学生智力与思维能力的重要途径。

常见的小学数学应用题，有整数应用题与分数应用题等。小学生掌握整个应用题的思维活动总趋势一般要经过四个阶段：掌握一步应用题，掌握两步应用题，掌握两步或两步以上的典型应用题，掌握应用题的各类结构进行综合运算。在小学应用题的教学中，必须切实抓好一步和两步应用题的教学，因为一步应用题是基础，两步应用题是关键。"基础"和"关键"抓得好，解决各种比较复杂的应用题才有基础。

小学生解答应用题的能力还应包括对应用题规则性的理解和心理表征策略的掌握等心理能力方面。前者不仅指学生能理解并解决规则应用题，而且在解题过程中能深入思考现实情境与数学操作（生活知识的应用）之间的关系；后者主要指如何建立教学心理表征，更好地掌握直接转换策略和问题模型策略。

（一）一步计算的应用题是解答复合应用题的基础

一步应用题是从具体的式题向应用题转化的第一步。解答一个应用题，不能像式题那样明确加、减、乘、除的计算方法，而是需要学生自己判断该用什么方法，这就是思维活动的表现，是完全地掌握一步应用题的指标。它不仅要求学生正确解答一步计算的应用题，还必须进一步使学生透彻理解条件与问题的关系，这就是要求什么数必须具备什么条件，有了什么条件可能会出现什么问题。因此，应用题的出现可以考察学生揭露事物关系与本质联系的思维能力。

小学生解答一步应用题的能力有一个发展的过程。深入分析其形成过程及其条件，可以看到下面的几个特点。

（1）不同类型的一步计算应用题的结构、性质，要求不同的思维方法，解题过程表现出不同的思维能力水平。要完全掌握一步应用题，需要先知道两个数量的关系。如果求两个数的和，必须知道两个加数各是多少；要求两个数的积，必须知道两个因素各是多少。但这样还不够，还必须进一步引导学生初步理解加、减、乘、除算式上的三量关系，也就是加与减之间的关系、乘与除之间的关系。

例如："甲班有少先队员30名，乙班有少先队员15名，问……"这里，如果问，"两个班共有多少少先队员？"答案是：30＋15＝45（名）。根据这个算式，可提出两个减法问题：①"两个班一共有45名少先队员，已经知道甲班是30名，乙班有多少名？"②"两个班一共有45名少先队员，已经知道乙班有15名，甲班是多少名？"这样，加、减与和、差之间三量的逆运算关系就比较清楚了。同样，如果问，"甲班的少先队员数量是乙班的几倍？"答案是：30÷15＝2（倍）。根据这个算式，也可提出两个新的乘、除问题：①"甲班有30名少先队员，甲班的队员数是乙班的2倍，乙班有多少名？"②"乙班有15名少先队员，甲班的队员数是乙班的2倍，甲班有多少名？"这样，乘、除与积、商之间三量的逆运算关系也就明白了。于是，加、减、乘、除一步计算的应用题，彼此有了联系，这就是在学习全面地看问题，灵活地运用知识。一步计算的应用题，如果能达到这个程度，再学两步、三步乃至比较复杂的应用题，才算有了可靠的基础。

（2）在学生的运算中，正条件题目（即顺向性题目）比反条件题目（即逆向性题目）的正确率要高。因此，要完全地掌握一步应用题，要求以不同思维方法对待不同类型的应用题，特别是引导学生善于分析逆向性题目的条件。

例如："哥哥与弟弟去割草，哥哥割了 40 斤，弟弟割了 20 斤，他俩一共割了多少斤草？""有两条绳子，第一条长 2 尺 5 寸，它比第二条短 1 尺 5 寸，第二条长多少？"这两道题都是一步加法应用题，可是我们在实验研究中发现，一年级小学生顺利地解答了第一题，而有近半数的学生对解答第二题感到困难。可见，在解答"比多"、"比少"应用题时，掌握顺向性题目容易，掌握逆向性题目困难。过去曾有人认为一年级小学生对问题形式表达的应用题容易理解，主张到三年级时再教，也有人主张干脆不教。我认为，从顺向（单向）向逆向发展，是思维方向发展的顺序，何况小学生对逆向应用题感到困难的原因，还可能出自他们只习惯于解答直接叙述的"比多"、"比少"应用题，形成了思维活动的惰性，对以后解答间接形式叙述的应用题产生了阻碍作用。所以，为了从小发展智力的灵活性，提高解答应用题的能力，应该从一年级起，经常让学生做综合各种类型的应用题，既有各种结构的加法题，又有各种结构的减法题；既有直接叙述形式的题目，又有间接叙述形式的题目。这种多样化的综合性题目，对培养小学生思维活动的灵活性和独立性，是有很大帮助的。

（3）提问的能力要落后于应用题的一般计算能力。

例如，还是前面提到过的应用题："甲班有少先队员 30 名，乙班有 15 名……"如果将省略号改为问题，如，"甲班的少先队员比乙班多多少？"学生可以毫不费力地计算出正确的答案。但要求学生自己提问题，却使好大部分的一年级小学生发呆、束手无策。可见，在解答一步应用题时，小学生的思维是从被动到主动。因此，有经验的数学教师正是从学生一入学起，就启发他们"提问题"。要使小学生完全地掌握一步应用题，不仅要使他们学会根据两个数进行计算，还要引导他们善于提出多方面的问题，灵活地运用知识。这也为他们今后学习复合应用题与自编应用题打下了可靠的基础。

（二）两步计算的应用题是解答复合应用题的关键

由于解答两步的应用题所要求的两个数，往往直接说明一个，间接说明一个，也就是把解决问题必须具备的一个数隐蔽起来，这就需要学生在思维活动中多一个中间环节，这一个数不能靠直接判断，而是依靠推理形式，离开直接题意，用内部言语在头脑里进行"心算"活动，把这个数找出来。只有这样，才能进一步完成计算任务。这是掌握两步应用题的指标。

还是以前面的题为例，如果改为，"甲班有少先队员30名，乙班比甲班少15名，问甲、乙班共有多少名少先队员？"这道题与前面说过的一步应用题有相同之处，都属于"比多少"、"求和"的习题，求两个班少先队员的总数用加法，所不同的是这道题缺少乙班的少先队员数。乙班有多少队员呢？题目里没有直接说明，而是给了寻找这个数的线索——乙班比甲班少15名队员。甲班队员数已经知道了，那么，30－15＝乙班的队员数。这样求两数之和的条件具备了。30＋15＝45（名）。列成综合算式：30＋（30－15）＝30＋15＝45（名）。两步计算的应用题就是这样形成的。

在两步应用题计算中，重要的方法是从分步列式到综合列式。这样就突出了两步计算应用题的特点：它是两个一步应用题组成的，要分析两个一步应用题所具备的数量间的相依关系。真正使小学生理解两步应用题数量间的相依关系，理解两步应用题中要求什么数，必须具备什么条件；有了什么条件，就必须是或可能是求什么数，这些都是比较困难的。某小学一位有经验的老师分析过这么一道题：

"工厂计划生产1200套制服，已经完成了$\frac{3}{8}$。"根据这两个条件，不是

要求已完成多少套 $[1200 \times \frac{3}{8} = 450$ （套）$]$，就是要求还有多少套没完成 $[1200 \times (1 - \frac{3}{8}) = 750$ （套）$]$，二者必居其一。问题的发展需要哪个条件，必须看看问题最后要求的是什么数。如果说余下的限 10 天完成，那就把余下的套数先求出来，如果说，"工厂完成 $\frac{3}{8}$ 的任务只用了 9 天时间，余下的要 10 天完成，平均每天要生产多少套？"这就不仅需要已完成 450 套这个条件，也需要没完成的 750 套这个条件。

上面是从已知条件出发，出现了什么条件，就知道可以求什么数。反过来，从问题出发，出现了什么问题，就确定必须找到什么条件。

如："……余下的要 10 天完成，平均每天要生产多少套？"要解答这个问题，必须找到"还余下多少套"这个隐蔽条件。因为 10 天这个条件，题目里说明了。要想算出余下多少套，必须知道计划生产多少套，已经完成了多少套。计划生产 1200 套，题目里说明了。已经完成了多少套，这个隐蔽数还必须找出来。题目里说，已经完成了 $\frac{3}{8}$。$1200 \times \frac{3}{8} = 450$ （套）。余下多少套？$1200 - 450 = 750$ （套）。平均每天生产多少套？$750 \div 10 = 75$ （套）。这样，便顺利地把问题解决了。

教两步应用题不仅要使学生懂得并掌握要解决一个问题必须具备什么条件，还要培养学生分析推理的能力。题目中倘若缺一个条件，就要根据数量关系进行分析推理，把它找出来。两步应用题的教学，对于培养学生的分析推理能力起着重要的作用，因此，我们说两步应用题是分析解答应用题的关键。有的学生对解答两步以上的应用题感到困难，甚至不知从何处下手，就是由于教师进行两步应用题教学时，没有使学生很好地掌握分析推理的方法。遇到此类学生，教师还应从解答两步应用题的能力训练入手。

（三）掌握应用题的各类结构进行综合运算

学生必须掌握各种复合应用题的各类结构，进行综合运算，使解答应用题的能力系统化，使智力活动"简约化"。

　　掌握两步或两步以上的典型应用题，是综合运算的显著表现。掌握典型应用题的指标，是要求学生用一定方法解答有某些特点的复合应用题，需要进一步分析问题中已知和未知条件间的数量关系。典型应用题，在形式上有它的特征，在计算上有它的规律，学生必须认识这个特征，掌握这个规律，较全面地思考问题，灵活地运用知识与技能。教师在教学典型应用题时应使学生明确各种知识结构，使他们理解常见的几种典型应用题，如平均问题、归一问题、倍比问题、按比例分配问题、和倍问题、差倍问题、和差问题和行程问题等及其特征，让他们及早了解与掌握运算规律，以提高解答应用题的能力。

　　当小学生多次进行各类应用题运算活动以后，就出现了思维过程的新指标，即"概括—系统化"与"抽象—具体化"。例如，能举一反三地拆题为两步、三步、多步计算和合并为一步计算，即掌握应用题的各类结构，进行综合性的运算。这一思维活动的各个步骤或推理过程，逐渐简约化或省去某些"环节"，以较高的速度进行运算。

　　自编应用题，在任何应用题的教学中都是必要的，它是一种分析问题的重要思维形式。指导学生自编应用题，不仅是引导学生突破应用题难点，使学生进一步理解数量间相依关系的有效办法，而且是提高学生思维的独创性智力品质的重要途径。在编题过程中，学生能进一步体会到一个两步、三步与多步的应用题，是怎样用简单的一步应用题组成的，因而当他们遇到一个两步、三步与多步应用题时，便会分解为几个一步计算的问题或分步解决；同时，学生能在解答两步、三步与多步应用题时综合列式，一步综合所有的问题。如此反复进行，通过自编应用题，学生的分析综合能力就不断获得提高。

　　小学生解答应用题的能力就是在上述过程中提高的。他们的思维结构在这个基础上逐步系统化与条理化，并省略掉烦琐的步骤，趋于"内化"，且使他们思维的智力活动的"量"逐渐"简化"。

（四）数学应用题规则性的研究

近年来，我的弟子陈英和教授一直在对学生应用题的规则性问题进行深入研究。① 她指出，文字应用题即一般应用题是连接数学知识与现实情境的一种练习任务。陈英和等人通过对国内外相关研究的介绍和分析，说明了学生对课本上规则应用题的解题成绩要好于与现实生活情境更为接近的不规则应用题。产生这一结果的关键在于规则应用题的形式、学生的心理表征、教师的态度和师生关系等方面的原因，从而导致学生无法对非规则应用题的情境进行分析。

陈英和等人指出了规则应用题的局限，并对今后的教学改革提出了一些建议：应该说，文字应用题是一种与实际生活情境相联系，要求主体选择运算形式并执行计算以解决问题的任务。它是数字题的延伸和拓展，这类题目不仅可以锻炼学生的计算能力，更重要的是在接近现实的情境中锻炼学生的数学判断和推理能力，从而达到培养学生数学思维和提高现实问题解决技巧的目的。但现在大多数课本上的应用题忽视了对题目中现实情境的深入思考，演变成一种简单锻炼学生计算能力的练习题，这与应用题设计的初衷有一定差距。由此，他们按照人们对应用题功能的不同理解，将其划分为规则应用题和不规则应用题。所谓规则应用题是指那些在传统的数学课堂中经常出现的应用题，这些题目形式刻板、规范，且一定有解，学生只要通过对题目中出现的全部数字进行运算即可得到正确答案。不规则应用题是指那些与现实生活更为接近的题目，这些题可能有解，也可能无解；题目中的条件可能是充分的，也可能是缺失的；有些条件可能是必要的，也可能是不必要的。总之，学生要利用自己的日常生活经验，并结合数学思维推理解决问题。首先是分析原因，有的放矢地进行教学。学生并不是因为认知缺失，从而无法对非规则应用题的情境进行分析，真正的原因在于规则应用题的刻板形

---

① 陈英和，等．数学应用题规则性研究的新进展［J］．心理发展与教育，2003（4）．

式、学生对应用题的刻板心理表征、教师对不规则应用题的消极态度以及师生互动中的等级关系等方面，造成他们常常无法正确地解决问题。所以，数学教学应强调建立概念性知识、陈述性知识和程序性知识三者之间的关系，学生不应只关注数学计算，还必须理解数学知识的本质，这样才能进行更广泛的数学推理，以便在不同情境中解决问题。规则应用题及其现有教学模式正是忽略了将课本知识与解决问题的实际能力结合起来，所以不利于三种知识之间关系的建立，阻碍了学生数学能力的发展，限制了他们的创造性思维。与此同时，除了对上述原因加以重视外，还有其他一些方法可以提高学生解决不规则问题的有效性，如鼓励学生在课堂上进行积极的讨论，使他们在合作学习的气氛下，共同寻找问题解决的正确方法，这样可以在一定程度上摆脱教师教授的单一模式的解题思路；使用多种方法对问题进行表征，如图表、实物等，打破学生头脑中的刻板表征；利用现代化的教学技术，采用多媒体呈现问题，多媒体教学环境可使问题的呈现更加具体、生动，因此有助于学生从视觉和听觉等全方位的角度考虑问题，促进他们数学思维的发展。总之，教师应采用灵活、多样的授课形式，帮助学生更好地理解问题并顺利地解决问题。

（五）重视应用题心理表征的策略

关于数学应用题心理表征的策略问题，也是陈英和教授近年来的一项研究成果。

表征（representation）一词似乎有点"复杂"。心理学较早的概念是表象（image），是指基于知觉在头脑内形成的感性形象，包括记忆表象和想象表象。在心理学发展的早期，主要是对表象的某些方面进行定量评定，现代认知心理学崛起后，表象的研究得到迅速发展，大部分研究着眼于信息的表征（这里的表征好像有"表达"的意思），如心理旋转、心理扫描的研究，颇为新颖。认知心理的二重暗码（dual-code）理论断言，信息是按视觉表象和言语表征两种形式贮存于长时记忆中的。于是，表征或心理表征被定义为信息加工系统中代表外界事物或事件密码化的信息符号。[②] 而数学心理表征当然是数学信息加工系统中代表数学对象的密码化的信息符号,例如数学符号建构、数学概念意义的确立、空间图式和策略启发过程,甚至包括与数学相联系的情绪情感因素。

数学心理表征中存在两种策略——直接转换策略(direct translation strategy)和问题模型策略(problem-model strategy)。直接转换策略是指当主体面对数学应用题时,首先从题中选取数字,然后对数字进行加工,其中强调量的推理,即运算过程;问题模型策略是指当主体面对数学应用题时,首先试图理解问题情境,然后根据情境表征制订计划,其中强调质的推理,即理解问题中条件之间的关系。陈英和等人介绍了国外的相关研究,指出在数学问题解决中存在四个基本阶段:转换、整合、计划和执行。转换是对问题中的条件建构心理表征;整合是对问题中条件之间的关系建构心理表征;计划是制订解决方案;执行是实施方案。根据这四个阶段,研究者总结出在数学应用题的心理表征中也存在四个相应的阶段。直接转换策略的认知过程包括更新数据库、选择数字和关键词、产生计划和执行计划四个阶段。问题模型策略的认知过程与前者的不同之处在于第二个阶段,即不是选择数字和关键词,而是建构情境模型(见图 8.2)。

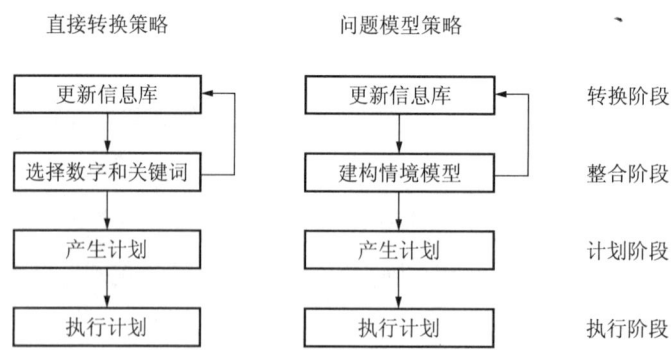

图 8.2 两种策略的认知过程比较

[②] 林崇德,杨治良,黄希庭,主编. 心理学大辞典 [M]. 上海:上海教育出版社,2003:74.

围绕小学生数学应用题表征的策略问题，陈英和的研究团队做了不少的研究。他们对 2—4 年级小学生的数学应用题表征策略进行了研究[③]，其研究运用实验法和临床访谈法，对某普通小学的 123 名 2—4 年级学生进行了数学应用题测验，以考察数学学优生和学差生在解决比较应用题时表征策略的差异。结果表明：

（1）从 2—4 年级儿童解答一致和不一致应用题上看，学优生较多地使用问题模型策略对问题进行表征，学差生较多地使用直接转换策略对问题进行表征；

（2）除学差女生的解题正确率低于学差男生的正确率，学差女生自我报告中直接转换策略的使用多于学差男生外，在其他方面，性别差异并不显著；

（3）随着年级的升高，学优生在使用问题模型策略上越来越成熟，学差生并没有学会使用更加有效的问题模型表征策略，仍然停留在直接转换策略上，但他们在关于策略使用的认识上有所提高。

陈英和等人还对 4—6 年级小学生的数学应用题表征策略进行了研究，这项研究运用实验法对某普通小学的 161 名 4—6 年级学生进行了长方形面积任务和 MPI（Mathematical Processing Instrument）测验，以考察学生在解决数学应用题时使用视觉—空间表征的水平及其对问题解决的影响。结果表明：

（1）表征水平随着年级的升高而不断提高，学生在表征水平上的性别差异不显著；

（2）无论哪个年级，表征水平都是优等生好于中等生，中等生好于差等生，表征水平越高，学生在问题解决上的成绩越好；

（3）随着题目难度的不断加大，各表征水平的学生在解题正确率上的差距也在不断拉大，也就是说，题目越难，表征水平在解题中的作用也就

[③] 陈英和，等. 小学 2—4 年级儿童数学应用题表征策略差异的研究 [J]. 心理发展与教育，2004（4）.

越明显。

由此可见，小学生解答应用题错误是因为对问题信息的存储表征失败而造成的；表征策略在解决复杂问题或新问题中起着不可忽视的作用；建立情境模型的小学生不仅从题目中提取那些与问题解决相关的信息，而且对他们理解的信息建构问题表征，如对象、行为、事件间的关系等，这些信息有助于小学生更好地理解应用题。

三、从"虫食算"到思维训练题

在小学数学教学过程中，我们一般都习惯于用传统的四则应用题对学生进行思维训练。20世纪80年代初，我看到国外在适当采用四则应用题进行训练的同时，更多地推出一些新的思维训练题。其中有一类日本人称为"虫食算"的思维训练题，引起我的兴趣。在《智力发展与数学学习》初版（1984）中，我写了"虫食算的思维训练题"一节。今天"虫食算"成为小学"奥数"的一个组成部分，或是一个小部分，我认为有必要对这一类小学生思维训练题做些论述。

（一）先从所谓"虫食算"的思维训练题讲起

1984年《智力发展与数学学习》成书之前，我看到了所谓"虫食算"的思维训练题，认为不是什么新鲜的思维训练方法。我当时写道："'虫食算'一类的思维训练题，在我国小学数学教学中也极为常见，这就是'填空题'。这是一类思考性比较强的习题，要求根据条件进行逻辑推理，找出正确的答案，以培养小学生逻辑推理的能力。"我还对所谓"虫食算"与填空题做了对比。

下边是五道较典型的"虫食算"例题：

例1 试在以下算式的"□"中填上合适的数字，使算式成立：

$$\begin{array}{r} 9\,7\,\square \\ \times\quad\square\,8 \\ \hline \square\,\square\,0 \\ 9\,\square\,\square \\ \hline 1\,7\,5\,\square\,0 \end{array}$$

解略。答案：$975\times 18=17550$。

例2 试用适当数字代替下式中的字母，使算式成立：

$$\begin{array}{r} 2\,\text{N}\,8 \\ 2\,\text{N}\,2 \\ 8\,8\,\text{N} \\ +\quad \text{N}\,2\,\text{N} \\ \hline 2\,1\,6\,4 \end{array}$$

解略。答案：N＝7 时，上列算式成立。

其实，此类算术题过去在小学算术中偶然也可碰到，但大规模引用做思维训练题却是近年来的事。这些训练题的价值在于，它有利于发展学生的观察、分析和综合、推理能力。下面通过试题的解题过程做说明。

例3 试用适当数字代替下列算式中的"×"号，使算式成立：

$$\begin{array}{r} 3\,\times\,\times \\ \times\quad 9\,\times \\ \hline 2\,\times\,\times\,1\quad\cdots\cdots\cdots\cdots\cdots\cdots\;(1) \\ 3\,0\,\times\,1\,7\quad\cdots\cdots\cdots\cdots\cdots\cdots\;(2) \\ \hline 3\,3\,\times\,\times\,1 \end{array}$$

解：分析算式特点，由（2）中末位数字为 7 知被乘数个位数码为 3，又由（1）中末位数码为 1，知乘数个位数码为 7，再根据（2）中各位的已知数码，求得被乘数为 3413。故算式为：

$3413 \times 97 = 23891 + 307170 = 331061$。

```
              ×  7  4
       ┌─────────────
3 1 ×  │ ×  ×  6  ×  ×
              6  3  ×  ……………………… (1)
           ×  ×  8  ×  ……………………… (2)
           ×  ×  ×  ………………………… (3)
        ×  ×  ×  ×  ……………………… (4)
        ×  ×  ×  ×
        ─────────────
              ×  1  8
```

解：由（1）知商数首位必为 2，又由（2）中第三个数码为 8，故（1）中末位亦必为 8，故除数个位数码为 9，于是，按除数为 319，商为 274，不难把各空位数码填补上。

从以上解题过程看，解此类习题的基本过程是：先观察、分析所给算式的特点，根据这些特点分析其各种可能的原因；就各种可能的原因进行逐一检验，进而依次求出各空位的数码。我们再通过比较复杂一点的例子来说明这个解题的基本过程。

例 4 试用不同数字表示下式中的不同字母，以求得算式成立：

```
              G Q R P Q N
         ×      S L A D E
         ─────────────────
              G G G T A Q N  ……………………… (1)
            D E R L T T      ……………………… (2)
          E A L D T T        ……………………… (3)
        A S R E L N          ……………………… (4)
      L D T N N T            ……………………… (5)
      ─────────────────
      A R L D Q S Q A Q N    ……………………… (6)
```

解：从得数中十位数码 Q=Q+T，百倍数码 A=A+T+T，所以 T=0。

又由乘数的十位数码 D 乘被乘数所得结果（2）知：$D \times G = D$，所以 G=1。

由 N×E 的末位为 N，N×D 的末位为 0，N×A 的末位为 0，知 N=5。
而 E=3 或 7 或 9，依次试验看是否符合（1）之要求，知 E=9。再由（1）之要求，知 Q=2，R=3，D=4。

由被乘数乘以 A 得（3），知 A=6 或 8，逐一检验知 A=8。而余下的 L=7，S=6。所以，原算式为 123425×67849＝8374262825。

例 5 试用适当数字代替下式中的"×"号，以求得算式成立：

```
                    × 7 × × ×
        × × × ) × × × × × × × ×
                  × × × ×  ……………………………（1）
                    × × ×  ……………………………（2）
                    × × ×  ……………………………（3）
                      × × × ×  ………………………（4）
                      × × ×  …………………………（5）
                      × × ×  …………………………（6）
                        × × ×  ………………………（7）
                            0
```

解： 由于（6）是从被除数中连落二位而得的，故商数的十位数码为 0。

又除数乘以 7 得（3）为一个三位数，且（2）减（3）仍得三位数。故除数百位数码为 1，十位数码非 1 即 2。

分析对比（1），（2），……，（7）的情况，知商必为 97809。若除数十位数为 1，则除数最大为 119。但 119×8＝952，即使（4）取最小值 1000，即有（4）减（5）得 1000－952＝48，则（6）为 48××，这是不可能的。因为 48×× 被 119 除得商为 4，不能得商为 0。故除数十位数码必为 2。

又由（5）知除数 12× 乘以 8 得三位数，故除数个位只能小于或等于 4。用 4 代入试验得 12128316÷124＝97809。

由以上例题及其解法可见，此类练习要求学生不断地进行分析，不断地探索，试验各种解题方法，但基本上未超出学生的知识和智力水平。所以，我们认为这是适合小学高年级与初中低年级的一类较好的思维训练题。

我当年也举了我国的填空题，做对比分析：

例6 在下面的括号中填上数字，使算式成立：

(1)
```
     （ ） 8
  ＋  1 （ ）
  ─────────
     8  1
```

(2)
```
     （ ） 2
  －  2 （ ）
  ─────────
        2  4
```

(3)
```
     （ ）（ ） 4
  －     （ ）（ ）
  ──────────────
              9
```

(4)
```
     （ ）（ ）
  ×         7
  ──────────
     （ ） 1
```

(5)
```
     （ ）（ ）
  ×      （ ）
  ──────────
     8 （ ） 8
```

(6)
```
              （ ）
       ┌──────────
    48 │（ ）0（ ）
              （ ）6
           ─────────
                  1
```

以（4）为例，（ ）×7 积的个位数是1，在"七"的口诀里只有 3×7＝21，故被乘数的个位应填3；十位上的（ ）×7 积只是一位数，在"七"的口诀里只有 1×7＝7，故被乘数的十位应填1。所以答案是 13×7＝91。

上述填空题的答案是：(1) 68＋13＝ 813；(2) 52－28＝ 24；(3) 104－95＝9；(4) 13×7＝91；(5) 92×9＝828；(6) 102÷48＝2……6。

例7 求 a，b，c，d 或 ☆，△ 所代表的数（在同一题目中不同字母或符号表示不同的数字）：

(1)
```
      a a
  ＋    a
  ───────
      9 6
```

(2)
```
     ☆ 0
  － △ ☆
  ───────
        ☆
```

(3)
```
      a b c d
  ＋   c b a b
  ────────────
      b b c b b
```

(4)
```
      a b c d
  ×           9
  ────────────
      d c b a
```

以（4）为例：

① 被乘数是四位数，乘以 9，积仍为四位数，故 a 只能是 1。

② 积的个位是 1，即 d×9 的积个位是 1，故 d 只能是 9。

③ 因 a＝1，所以 b≠1。如果 b 是 2 到 9 中任何一数，那么 b×9 积一定是两位数。这样，积的千位上的 9 加任何不等于零的数，必然要进位，变为五位数，不符合要求，故 b 只能是 0。

④ 被乘数的末位上的 9 与乘数 9 相乘，积为 81，进 8。但积的十位为 0，故 c×9 积的个位应为 2，因此，c 只能为 8。

⑤ 答案是 1089×9＝9801。

整个字母符号题的答案是：（1）a＝8；（2）☆＝5，△＝4；（3）a＝8，b＝1，c＝3，d＝0；（4）a＝1，b＝0，c＝8，d＝9。

例 8 文字题：

1. 三个 1 与两个 0 组成一个五位数，要使这个五位数读起来：（1）一个 0 都读不出来；（2）两个 0 都读出来；（3）只读出一个 0（答案不止一个）。

下边我们以（3）为例加以运算。

推理：

只读出一个 0，有两种情况：一种是数的末尾有一个 0，而另一个 0 在数的中间，这样有两个答案，即 10110，11010；另一种是两个 0 连在一起（但不在数的末尾），这样也有两个答案，即 10011，11001。因此，这道题共有四个答案，即 10110，11010，10011 及 11001。

本题的答案是：（1）11100；（2）10101；（3）10110，11010，10011，11001。

2. "2＋3＝5"。在这个加法算式中，两个加数与它们的和都是质数。你能举出和不超过 40，两加数与和都是质数的几道加法算式？

推理：

① 质数除 2 外都是奇数，两奇数的和必为偶数，大于 2 的偶数都是合数。要满足两质数的质仍为质数的要求，其中一个加数必须是 2。

② 分析 40 以内两个连续奇数都是质数的有 3 与 5，5 与 7，11 与 13，17 与 19，29 与 31。

③ 本题答案是：2＋5＝7，2＋11＝13，2＋17＝19，2＋29＝31，共四个加法算式。

3. 兄弟两人各拿了几株树苗去种树，如果兄给弟1株，那么两人的株数相等；如果弟给兄1株，那么兄的株数为弟的2倍。问：兄、弟原来各拿了多少株树苗？

推理：

① 不论兄给弟或弟给兄，树苗总数不变。

② 兄给弟1株，则两人株数相等，可知原来兄比弟多2株。

③ 弟给兄1株，这时，兄比弟多4株。多4株时，兄为弟的2倍，故弟为4株，兄为8株。

④ 所以，原来兄拿了8－1＝7（株），弟拿了4＋1＝5（株）。

教师结合教学，有的放矢地给学生一些类似"虫食算"或"填空题"的习题，并适当地教会他们一些解题的方法，是有利于学生思维能力与智力的培养的。

（二）思维训练题与奥数训练

不论是"虫食算"还是"填空题"都是思维训练题。在利用数学进行思维训练方面，我国数学界的历史最悠久，内容也最为丰富。诸如古代著名的"鸡兔同笼"问题，今天在我国小学三四年级就开始训练，而这类家喻户晓的数学思维训练题早在古代《孙子算经》中就已经出现。

"一个笼子里既放鸡，又放兔，数头共有10，数脚共有28，问：鸡有几只？兔有几只？"

数字可灵活变化。数学教师有时把头变成46，把脚变成103；有时把头变成30，把脚变成70。

"鸡兔同笼"可在同类数学例题中灵活运用。例如，可出现类似的假设题：

面值10元、50元的人民币共27张，合计990元，问：10元和50元的人民币各有多少张？

中国有个民谣，"一队猎手一队狗，二队并着一对走。数头一共三百六，数脚一共八百九。"问：有多少猎手多少狗？

我们必须指出，任何数学题目都可以作为思维训练的试题，关键在于教师如何把握。有经验的小学教师就重视在日常数学教学中加强思维训练。

现在，这类难度较大的思维训练题被作为"小学奥数"。"奥数"是"奥林匹克数学"的简称，也称"数奥"（数学奥林匹克），它是人们将数学竞赛活动与体育竞技运动相比拟的结果。

最早以官方名义举办中学生数学竞赛的是匈牙利，1894年，匈牙利数理学会为了纪念该学会的一位会员当上了匈牙利教育部部长，决定从当年起每年10月举办全国性的中学生数学竞赛。经过几十年的实践，匈牙利的竞赛选手中相继涌现出了一批世界知名的数学家，中学生数学竞赛成了造就数学大师的摇篮。因此，这一举措后来开始被其他国家仿效。1934年，前苏联在列宁格勒（今圣彼得堡）大学举办了中学生数学竞赛，并冠名为"中学数学奥林匹克"，第一次将数学竞赛与古希腊的奥林匹克体育竞赛联系起来，意味着数学竞赛也将发扬奥林匹克运动精神，是人类智力的竞技活动。

我国中学生数学竞赛开始于20世纪50年代。1956年，老一辈数学家华罗庚在考察了前苏联的数学奥林匹克竞赛活动之后，认为这样的一项活动正是目前新中国发展所需要的，于是联合苏步青、江泽涵等多名国内著名数学家共同倡导，由中国数学理事会发起，经教育部同意，当年首先在北京、上海、天津、武汉、宁波等城市分别举办了中学生数学竞赛，后来又有不少省市仿效加入竞赛行列，并持续到1964年。这项赛事从1965年中断，直到1978年才恢复，并于1981年开始以全国联赛形式举办高中数学竞赛，1985年发展到初中，1991年延伸到小学阶段。至此，我国中小学生数学联赛的格局已经形成，并开始在国际竞赛中取得令人瞩目的成绩。奥数原先的宗旨在于数学普及、培养学生的数学兴趣，激励数学爱好者敢于挑战科学难题。然而，随着近20年来有些省市的重点学校把奥数成绩与升学挂钩，逐步导致奥数的功利化趋势越来越明显，这与奥数及奥赛的初衷是相违背的。

尽管目前的奥数有变味的趋势，但我们绝不能把奥数封杀。在本书的下一章，我专门写了"中学奥数与中学生的智力发展"一节。对于小学奥数，我把它视为在小学有一定难度的数学思维训练。我拜读过不少中小学奥数训练书籍，其中有一套徐彪先生主编、南京大学出版社出版的《奥数训练100类举一反三》（3—6年级），我十分欣赏。3—6年级，四个年级每个年级有100个专题，每个专题作为一个单元的数学思维训练。出现"内容全面，螺旋方向；源于基础，着眼提高；一例多练，举一反三；与时俱进，紧跟时代"④ 的四个特点。这类数学思维训练，对进一步提高小学生的思维能力乃至智力是有帮助的，它能启发许多学生学会全面地看问题，学会如何揭示数量和形体及其内在关系的初步规律，掌握比较（类比与对比）、命题和推理的方法。应该说，有些题是有深度和难度的。例如，四年级的举一反三题：

"每辆大客车需甲种零件8个，乙种零件3个；每辆小客车需甲零件4个，乙零件10个。现用去了甲种零件52个，乙种零件79个，那么这些零件装配了大、小客车各多少辆？"

乍一看题，我被难住了，之后列二元一次方程，做出了这道题。再细细一想，对题目中所给的条件加以分析，找出题目中哪一个量相当于大客车，哪一个量相当于小客车，大客车、小客车分别需要的零件数和用去甲、乙两种零件总数是多少；再在正确进行假设的基础上，按照题目所给的数量关系用替换方式正确地进行推算，使问题得到解决。答案是：大客车3辆，小客车7辆。如果有基础、有条件，相当数量的小学生可以投入奥数的训练。

然而，每个学生的兴趣、爱好是不同的，将来的发展特色也是千差万别的。因此，我反对"全民奔奥数"和"奥数学习从小学抓起"的不正常"口号"。这不仅违背了奥数和奥赛的初衷，也有悖于因材施教的要求，还会增加学生过重的学业负担。每个小学生都应该学好国家课程所规定的小学数学基础知识，教师应在这些基础知识的教学中加强思维训练，而不必

---

④ 徐彪，主编. 奥数训练100类举一反三 [M]. 南京：南京大学出版社，2008.

强求每个学生都加强奥数训练。从大众化教育的要求出发，我们应在日常数学教学中加强对学生进行思维训练。那种非奥数就不能进行思维训练，就无法提高思维水平的认识是错误的。

四、小学数学教学应注意的几点

为了发展小学生的思维能力与智力，搞好小学数学教学是十分重要的。从小学数学教学法的要求出发，小学数学教学在培养学生的逻辑思维能力及发展他们的智力上，应注意哪些要求呢？

（一）要注意讲清概念、法则、公式及解题的方法

小学数学中的概念、法则、公式及解题的方法，反映了小学生要适应社会生活和进一步发展所必需的数学基本知识、基本技能、基本思想、基本活动经验。这是小学生进行数学学习的总目标之一。

教育部《全日制九年义务教育数学课程标准》（2011年讨论稿）提出了小学1—3年级和4—6年级的知识技能要求：

第一学段 （1—3年级）

1. 经历从日常生活中抽象出数的过程，理解万以内数的意义，初步认识分数和小数；理解常见的量；体会四则运算的意义，掌握必要的运算技能；在具体情境中，能进行简单的估算。

2. 经历从实际物体中抽象出简单几何体和平面图形的过程，了解一些简单几何体和常见的平面图形；感受平移、旋转、轴对称现象；认识物体的相对位置。掌握初步的测量、识图和画图的技能。

3. 经历简单的数据收集、整理、分析的过程，了解简单的数据处理方法。

第二学段 （4—6年级）

1. 体验从具体情境中抽象出数的过程，认识万以上的数；理解分数、小数、百分数的意义，了解负数；掌握必要的运算技能；理解估算的意义；

能用方程表示简单的数量关系，能解简单的方程。

2. 探索一些图形的形状、大小和位置关系，了解一些几何体和平面图形的基本特征；体验简单图形的运动过程，能在方格纸上画出简单图形运动后的图形，了解确定物体位置的一些基本方法；掌握测量、识图和画图的基本方法。

3. 经历数据的收集、整理和分析的过程，掌握一些简单的数据处理技能；体验随机事件和事件发生的等可能性。

4. 能借助计算器解决简单的应用问题。

反映小学数学基本知识技能的数学概念、法则与公式，乍看起来并不难懂，但实际教起来却并不容易，尤其是让小学生理解、掌握，变为他们自己的东西，即形成"内化"的过程，那就更困难了。

小学数学的每一个单元或每一节课的开始往往会出现一些新的概念。例如，开始学习分数时，单是一个"分"字和一个"数"字，就出现了许多种不同的概念，如：约数、倍数、质数、合数、质因数、互质数、公约数、公倍数、最大公约数、最小公倍数……接着又出现了通分、约分、分数、分子、分母、真分数、假分数、带分数等。其中只要有一个概念不清，都会给以后的应用留下后患，而思维能力的发展也正是从这些基本概念的"细胞"开始的。因此，不管是备课还是课堂教学，都应该一个个地认真考虑怎样才能把这些概念讲清，不能因为看起来很简单而轻易放过。一个看起来很简单的概念，往往是数学上最基本的东西。

新学期开始，无论对于哪个年级都意味着新教材的开始。有的讲面积，有的讲分数，有的讲小数等。一册书或一个单元开始建立的概念，正是这部分知识的基础，一定要学得扎实，绝不能有"差不多"的思想。对于掌握基本数学概念、法则、公式以及解题方法的要求应格外严格。这方面的培养方法，我在前几章已经讲过了，这里不再赘述。总之，知识技能既是学生发展的基础性目标，又是落实数学思维和问题解决目标的载体，是发展小学生智力的基础。所以，我们必须注重学生对基本知识技能的理解和掌握，就如盖房子打基础一样，等墙砌高了，出现歪斜扭曲的现象之后，再返工就晚了。

(二) 突出重点，解决难点，说明疑点

小学教学的系统性很强，如前所述，不能任意删节。但是，在教材内容中，也有主要和次要的分别。在任何一节数学教材里，都有一些在同类知识中分量大、重要的或主要的内容，这就构成了课堂教学的重点。主要内容对于进一步学习非常重要，它是发展智力的基础知识的台柱，是教材中的重点。一般说来，低、中年级的整数四则运算中，"20"以内的重点是一位数的加法和同它对应的减法，"100"以内的重点是两位数的加减法、乘法九九表和表内除法，"10000"以内的重点是多位数加减法和一位数乘除多位数，"亿"以内的重点是多位数乘除法。在教学时，应该突出教材中的重点，使学生能够把主要内容学好。

在数学教学中，有一些内容学生不易理解或不易掌握，这些内容是教材中的难点，也就是说，一些学生难懂、费解和不易掌握的内容，构成课堂教学的难点。一般来说，分数的概念是分数中的一个难点。对于教材中的难点，应该根据不同的情况，采取适宜的办法予以解决。教师在教学时不仅需要找出这些重点，而且要讲好难点。数学教材中有些重点和难点，对于掌握某一部分知识往往能起到决定性作用，掌握了这些内容，这一部分知识就容易掌握。这些内容是教材中的关键。例如，一般来说，试商是多位数乘除法的关键，小数点的处理是小数四则运算的关键。在教学时，应该抓住教材中的关键，集中力量，讲解清楚透彻，使学生学好练好。当然，有时数学教学的重点就是难点，或者两者相当接近，例如"分数的性质"，既是重点又是难点；有时教学的重点和难点有些距离。所有这些，正是我们在教学中要重视的，也就是说，讲授一节数学教材，要抓住关键讲好该教材中的实质性内容，掌握重点与难点，熟悉它们在整个教材中的地位，了解它们和前后教材的相互联系之处。

所谓疑点，就是学生对数学内容混淆不清、容易误解且产生疑惑的地方。例如，除法性质、分数性质和分式性质中，除数和被除数，分子和分

母同乘以或同除以一个数,其大小不变,这个数必须强调"零除外",不然学生容易造成概念的混乱。而这一切,都是我们在教学时要注意的。

(三) 加强练习

练习不仅是一种复习手段,有利于记忆力的发展,而且是一种"抽象—具体化"的思维过程,是一种演绎推理的过程,有助于逻辑思维能力的发展。

教学中,课堂讲解与练习是相辅相成、互相促进的,只有这样才能使学生更好地掌握知识、发展智力。如何引导小学生练习,我想提两条建议:

1. 注意"及时强化"

图 8.3 是德国心理学家艾宾浩斯创制的描述遗忘速度的曲线,表明遗忘变量和时间变量之间的关系。从图中可见,刚刚记住的材料最初几小时内的遗忘速度很快,两天后就较缓慢,以后更慢。尽管记忆的程度与所记的材料有直接关系,但及时复习和练习仍是十分重要的。在小学数学教学中,如何引导学生有效地练习呢?要注意:必须在理解基本概念、定义、法则的基础上进行练习;练习必须有明确的、严格的要求,必须及时"强化",及早地使学生知道正确与错误的地方及错误的性质;要在练习中激发学生

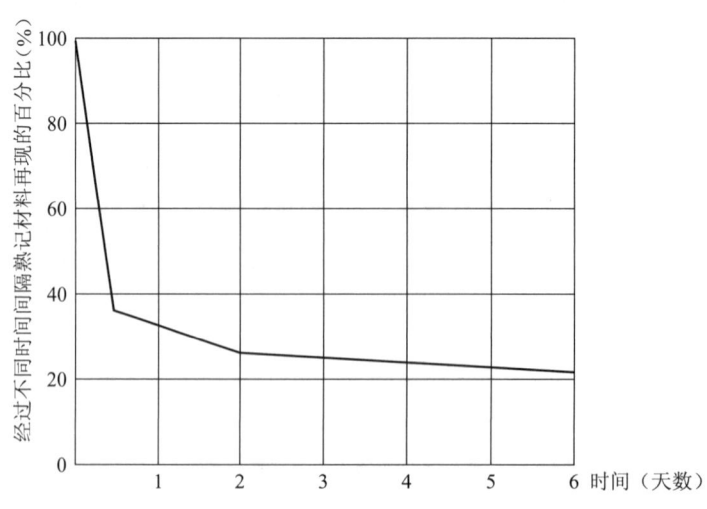

图 8.3　遗忘速度曲线

的创造性与灵活性；要不断地提高要求，有周密的计划，对速度、正确性、难度都有一定的安排；练习的内容、方法和形式要多样化；注意练习时间的分配，注意因材施教，对"尖子生"与"后进生"都做一定的安排，区别对待。

2. 注意要有一定的弹性

给学生安排的"练习量"多大，其"质"多高，必须注意要有一定的弹性，即要考虑到学生发展的差异。教育部《全日制九年义务教育数学课程标准》（2011年讨论稿）在论述"教材内容设计要有一定的弹性"时，列举了六个方面，很适合作为安排学生练习时的要求：

（1）就同一问题情境提出不同层次的问题或开放性问题。问题的层次性体现练习的弹性。

（2）提供一定的阅读材料，包括史料、背景材料、知识应用等，供学生选择阅读和练习。

（3）习题的选择和编排突出层次性，设置巩固性问题、拓展性问题、探索性问题等；凡不要求全体学生掌握的习题，需要明确标出，也就是说，有的练习是针对全体学生，有的练习不同学生可以有不同的选择。

（4）在设计综合与实践活动时，所选择的课题要使所有的学生都能参与，不同的学生可以通过解决问题的活动获得不同的体验，有条件的学生甚至可以写出活动的报告，作为一项重要的练习。

（5）编入一些拓宽知识或者方法的选学内容，增加的内容应着重于介绍重要的数学概念、数学思想方法，而不应该片面追求内容的深度、问题的难度、解题的技巧。这方面的练习更体现个性的弹性特色。

（6）设计一些课题和阅读材料，引导学生借助算盘、函数计算器、计算机等工具，进行探索性学习活动。这是一种特殊的练习。

（四）适当地联系实际

20世纪80年代小学数学教学大纲指出："小学数学教学，要使学生不仅长知识，还要长智慧，培养学生从小爱科学，讲科学，用科学。……启发学生去分析数量关系，掌握规律，解决问题"。让小学生联系实际，也是达到教学大纲要求的一个重要方面。联系实际不仅是使他们能举例说明所学的知识，并用直观与经验的方式加以论证，而且要带领他们走向自然、走向社会，利用数学知识观察空间、丈量面积、测出距离、制作一些简易的数学教具……这有助于学生获得大量感性材料，为掌握数学知识与发展理性思维提供支柱，有助于增进他们学习数学的兴趣与求知欲望；有助于提高他们的逻辑推理能力、空间想象能力及分析问题、解决问题的能力。教育部《全日制九年义务教育数学课程标准》（2011年讨论稿）更是注重联系实际问题，其中给出了许多可资借鉴的案例。

数学源于生活实际，学生的日常生活中充满着数学。借助学生的生活经验，让学生学会思考问题，帮助学生理解数学是国内外小学数学教学的一个重要走向。我们浏览了国外发达国家的小学数学教科书，发现其中有许多联系学生生活的数学题。近年来，我国小学数学教材及课堂教学中也有大量生活化的案例。我在2011年的几期《小学数学参考》上看到，不少教师针对学生对人民币并不陌生但又有不少学生没有独立地投入"消费"的特点，把原先设计的小步子题调整为开放性问题，不仅使学生学到生活的知识技能，而且把已有的直接经验系统化和概括化。我还看到，引导学生丈量长度、面积，创设一系列与几何图形有关的实践活动；引导学生利用计算器甚至计算机计算，从中发现一些有趣的规律；等等。这些练习在联系实际的练习中占了相当大的比例。我认为，不管利用什么方法去联系实际，都可以让学生感到"生活中处处有数学"的道理。这是一种激发学生学习数学的兴趣，引导他们的数学思考，鼓励其创造性思维的数学教学活动。时间一久，这种数学教学活动不仅能促使学生初步地学会解决一些生活实际问题，更重要的是，还能调动学生的积极性，使他们养成良好的数学学习习惯并掌握恰当的数学学习方法。

第九章 中学生数学学习与智力发展

中学阶段经历了少年期和青年初期，统称"青少年"。初中生（十二三岁至十五六岁）基本上属于少年期，这是一个从童年向青年过渡的时期。在心理发展中，少年具有半幼稚半成熟的特点，因此少年时期常被称为过渡年龄时期。高中生（十五六岁至十七八岁）是生理和心理发展成熟的时期。青少年精力充沛，具有强烈的进取精神，无论从体力或智力来说，他们都处于蓬勃发展的时期。

一、中学生的智力发展

从小学升入中学学习，是这个年龄时期学生心理变化最重要的条件。中学的学科比小学增加了，各门学科的内容也趋向专门化。例如，算术改为代数、几何和三角，常识则改为化学、物理、历史、地理和生物。这些学科都已接近于科学体系，要求中学生开始掌握系统的科学基本知识和现实世界一些较一般的发展规律。这些有力地促进了中学生心理的发展，包括智力、思维的发展。

（一）青少年思维发展的特点

中学生的思维，在发展心理学的研究中，更多地称为青少年的思维。

中学期青少年思维的基本特点是：在整个中学阶段，青少年的思维能力得到迅速发展，他们的抽象逻辑思维处于优势地位。但少年期（初中生）和青年初期（高中生）的思维是不同的。在少年期的思维中，抽象逻辑思维虽然开始占优势，但是在很大程度上还属于经验型，他们的逻辑思维需要感性经验的直接支持。而青年初期的抽象逻辑思维，则属于理论型，他们已经能够用理论做指导来分析、综合各种事实材料，从而不断扩大自己的知识领域。同时，我们通过研究认为，从少年期开始学生已有可能初步了解辩证思维规律，到青年初期则基本上可以掌握辩证思维。

以下将从三个方面来讨论青少年思维发展的特点——抽象逻辑思维。

1. 抽象逻辑思维是一种通过假设的、形式的、反省的思维

这种思维具有五个方面的特征：

（1）通过假设进行思维：思维的目的在于解决问题，问题解决要依靠假设。从青少年开始是产生撇开具体事物运用概念进行抽象逻辑思维的时期。通过假设进行思维，使思维者按照提出问题、明确问题、提出假设、检验假设的途径，经过一系列的抽象逻辑过程以实现课题的目的。

（2）思维具有预计性：思维的假设性必然使主体在复杂活动前，事先有了诸如打算、计谋、计划、方案和策略等预计因素。古人曰："凡事预则立，不预则废。"这个"预"就是思维的预计性。从青少年开始，个体的思维活动就表现出这种"预计性"。通过思维的预计性，在解决问题之前，个体已采取了一定的活动方式和手段。

（3）思维的形式化：从青少年开始，在教育条件的影响下，个体思维的成分中，逐步地由具体运算思维占优势发展到由形式运算思维占优势，此乃思维的形式化。

（4）思维活动中自我意识或监控能力的明显化：自我调节思维活动的进程，是思维顺利开展的重要条件。从青少年开始，反省性（或内省）、监控性的思维特点越来越明显。一般条件下，青少年意识到自己智力活动的过程并且控制它们，使思路更加清晰，判断更加正确。当然，青少年阶段反省思维的发展，并不排斥这个时期出现的直觉思维，培养直觉思维仍是这个阶段教育和教学的一项重要内容。

（5）思维能跳出旧框框：任何思维方式都可以导致新的假设、理解和结论。其中，都可以包含新的因素。从青少年开始，由于发展了通过假设的、形式的、反省的抽象逻辑思维，思维必然能有新意，即跳出旧框框。

于是从这个阶段起，创造性思维或思维的独创性获得迅速发展，并成为青少年思维的一个重要特点。在思维过程中，青少年追求新颖的、独特的因素及个人的色彩、系统性和结构性。

2. 抽象逻辑思维处于优势地位，是经验型向理论型过渡的地位

少年期思维发展的一个主要特点是：抽象逻辑思维日益占据主导地位，但是思维中的具体形象成分仍然起着重要作用。

少年期的思维和小学儿童的思维不同，小学儿童的思维正处在从具体形象思维向抽象逻辑思维过渡的阶段，而在少年期的思维中，抽象逻辑成分已经在一定程度上占有相对的优势。当然，有了这个"优势"，并不就是说到了少年时期只有抽象思维，而是说在思维的具体成分和抽象成分不可分的统一关系中，抽象成分日益占据重要地位。而且，由于抽象成分的发展，具体思维也不断得到充实和改造，少年的具体思维是在和抽象思维的密切联系中进行的。

青年初期的思维发展具有更高的抽象概括性，并且开始形成辩证思维。具体地说，它表现在两个方面：

（1）抽象与具体获得较高的统一：青年初期的思维是在少年期的思维基础上发展起来的，但它又不同于少年期。少年期思维的抽象概括性已经有了很大的发展，但由于需要具体形象的支持，所以其思维主要属于经验型，理论思维还不是很成熟。到了青年初期，由于经常要掌握事物发展的规律和重要的科学理论，理论型的抽象逻辑思维就开始发展起来。在此思维过程中，它既包括从特殊到一般的归纳过程，也包括从一般到特殊的演绎过程，也就是从具体提升到理论，又用理论指导去获得知识的过程。这个过程表明青年初期的思维由经验型向理论型转化，抽象与具体获得了高度的统一，抽象逻辑思维获得高度发展。

（2）辩证思维获得明显的发展：青年初期理论型思维的发展，必然导致辩证思维的迅速发展。他们在实践与学习中，逐步认识到一般与特殊、归纳与演绎、理论与实践的对立统一关系，并逐步发展着那种从全面的、运动变化的、统一的角度认识、分析问题和解决问题的辩证思维。

由此可见，青少年思维的发展趋势，是要达到那种从一般的原理、原则出发，或在理论上进行推理，做出判断、论证的思维。

3. 抽象逻辑思维的发展存在着关键期和成熟期

我们通过对中学生运算能力发展的研究（林崇德 等，1983）发现，初中二年级是中学阶段思维发展的关键期。从初二年级开始，中学生的抽象逻辑思维即由经验型水平向理论型水平转化，到了高中二年级，这种转化初步完成，这意味着他们的思维趋向成熟。我们的研究对象共 500 名，从初一到高二每个年级各 100 名，分别测定其数学概括能力，空间想象能力，确定正命题、否命题、逆命题和逆否命题的能力，以及逻辑推理能力。从这四项指标来看，初中二年级是抽象逻辑思维的新的"起步"，是中学阶段运算思维的质变时期，是这个阶段思维发展的关键时期。

高一年级到高二年级（15—17 岁）是抽象逻辑思维的发展趋于"初步定型"或成熟的时期。所谓思维成熟，我们认为主要表现在下述三个方面：

（1）各种思维成分基本上趋于稳定状态，基本上达到理论型抽象逻辑思维的水平。

（2）个体差异水平，包括思维类型（形象型、抽象型和中间型），趋于基本的定型。

（3）成熟前思维发展变化的可塑性大，成熟后则可塑性小，与其成年期思维水平基本上保持一致，尽管也有一些进步。

以上三个方面已被北京市几所重点中学的调查所证实。对他们的调查结果是：高一学生的智力表现和学习成绩变化还是较大的，而高二、高三的学生则比较稳定；大学生的能力基础基本上和高二、高三年级的学生保持一致性，这说明其基础是高中阶段成熟期奠定的。例如，高二、高三年级数学成绩平常的学生，到大学几乎也成不了数学系的高材生。当然，文科方面的能力成熟期较晚，也可能会出现大器晚成的情况，但成熟期毕竟是存在的。可见，抓住成熟前的各种思维能力与智力的培养是何等重要！

（二）思维品质的矛盾表现

思维的发生和发展，既服从于一般的、普通的规律，又表现出个性差异。这种差异表现为个体思维活动中的智力特征，这就是思维品质，又叫做思维特质。思维特质的成分及其表现形式有很多，诸如独立性、广阔性、灵活性、深刻性、创造性、批判性、敏捷性等。在不同的年龄阶段，思维品质的各成分及表现形式体现着不同的发展水平，这就构成了思维的年龄特征。青少年期思维品质最突出的特点是矛盾表现。

在中学阶段，由于独立思考的要求，青少年思维品质的发展出现新的特点，最为突出的是独立性和批判性有了显著的发展。但他们对问题的看法还常常是只顾部分，忽视整体；只顾现象，忽视本质，即容易片面化和表面化。这里，常常会发现和提出两个问题：①中学生为什么有时要"顶撞"成人？②中学生看问题为何容易带有片面性和表面性？这是思维品质矛盾交错发展呈现出的问题。

青少年由于逐步掌握了系统知识，开始能理解自然现象和社会现象中的一些复杂的因果关系，同时由于自我意识的自觉性有了进一步的发展，常常不满足于教师、父母或书本中关于事物现象的解释，喜欢独立地寻求或与人争论各种事物、现象的原因和规律。这样，独立思考的能力就达到了一个新的、前所未有的水平。有人说，从少年期开始，孩子进入一个喜欢怀疑、辩论的时期，不再轻信成人，如教师、家长及书本上的"权威"意见，而且经常要独立地、批判地对待一切。这确实是中学阶段的重要特点之一。青少年不但能够开始批判地对待别人和书本上的意见，而且能够开始比较自觉地对待自己的思维活动，能够开始有意识地调节、支配、检查和论证自己的思维过程，这就使青少年在学习上和生活上有了更大的独立性与自觉性。教师和父母应该珍视他们这种思维发展上的新品质。独立思考能力是一种极为可贵的心理品质，绝不能因为他们经常提出不同的或怀疑的意见，就认为他们是故意"反抗"自己，因而斥责他们，甚至压制他们。当然，这么说并不是允许他们随便顶撞长辈或师长，而是说，教师和父母要正确对待这个年龄阶段的孩子心理发展的特点。我们要启发中学生在积极主动思考问题的同时，尊重别人，懂得文明礼貌，学会以商量的态度办事。对那些确实无理顶撞的言行，我们也要适当给予批评。

青少年看问题容易片面化和表面化，是这个年龄阶段的一个特点，是正常的现象。尽管中学生在学习上和生活上有了更大的独立性和自觉性，但是中学生思维的独立性与批判性还是不够成熟的，由此会导致各种各样的片面性和表面性的表现：有时表现为毫无根据的争论，他们怀疑一切，坚持己见但又常常论据不足；有时表现为孤立、偏执地看问题，例如把谦虚理解为拘谨，把勇敢理解为粗暴或冒险；有时明于责人而不善于责己；有时好走极端，往往肯定一切或否定一切。在学习上也有同样的情况，他们往往把已经掌握的规则或原理，不恰当地运用到新的条件中去，以致产生死守教条的毛病。中学生在独立思考能力发展上的这些缺点，是与他们的知识、经验不足以及辩证思维尚未发展相联系的。教师和父母，一方面要大力发展他们的独立思考能力，随时加以引导、启发；另一方面还要对他们在独立思考中出现的缺点给予耐心、积极的说服教育。对他们的缺点，采取嘲笑或斥责的态度是不对的；同样，抱有放任不管或认为年龄大一点自然会好起来的想法也是不正确的。

（三）中学生运算思维的发展

中学生的智力水平表现在运算思维过程中，所获得的运算能力与智力发展总趋势是完全一致的。从我们的初步研究中，可以看到这个结论。

（1）表现在数学概括能力上。从初中到高中，概括能力可以分为四级水平：第一级是数字概括；第二级是形象抽象概括，开始代数概括，但需要具体的经验帮助他们理解数字知识；第三级是根据假定进行概括，他们完全抛开算术的框图进行运算，定理、公式和原理等形式的运算成为这一级水平上理解数字概念的主要手段；第四级是辩证抽象概括，找出数量之间对立统一的内在联系。

中学生的数学概括能力存在着年龄（年级）特征，同时又有个体差异。

初一年级学生的概括水平与小学高年级相近，他们从数学概括运算向形象抽象概括运算发展。

初二年级是中学期间数学概括能力发展中的第一个转折点，是抽象逻辑概括的真正"起步"。中学生数学成绩明显的分化也是从这时开始的。

初三年级是个过渡时期。在初三年级学生概括能力发展的基础上，高一年级的概括能力又是一个显著的发展，他们中间的大多数人不仅具备了根据假定进行概括的能力，而且向辩证抽象概括水平发展。

高二年级之后，根据假定进行概括与辩证抽象概括的能力进一步发展。例如，学生掌握了排列组合、数列与极限，这些都要求找出数量之间对立统一的内在联系。不少有经验的数学教师谈到，学生对"无穷大"概念的理解有一个从困难到熟悉的过程，这是他们的概括能力逐步趋向成熟的过程。

中学生的概括能力，往往在高一下学期至高二"初步定型"，之后表现出的概括能力，基本上趋于一致。

(2) 表现在空间想象能力上。中学生的空间想象能力，也可以分为四级水平：第一级是用数字计算面积和体积，处于对三维空间算术运算阶段，具体形象性还占一定优势；第二级是掌握直线平面阶段，处于对平面几何运算的水平；第三级是掌握多面体阶段；第四级是理解旋转体阶段，掌握全部立体几何的运算。应该指出，上面四级水平的划分，仅仅是 20 世纪 80 年代研究的需要。其实在目前的高中立体几何中，多面体和旋转体的内容差异已不是那么明显。因为在大小度量的研究中，没有使用无限、导数等工具。如果今天我再要研究，肯定把这两个合并。

当年，从大量调查中获悉，初一年级处于第一级水平，初二、初三年级掌握第二级水平，尽管初三年级也能掌握一些立体几何的运算，但真正掌握多面体与旋转体运算还是在高中以后。

由此可见，初二年级是空间想象能力发展的质变时期，是关键年龄期，高一、高二年级是空间想象能力初步成熟的年龄。

（3）表现在命题能力上。中学生的命题能力，既包括对正命题、逆命题、否命题与逆否命题四种命题的领会和完善的水平，又包括对各类命题形式，如肯定、否定、合取与析取的掌握程度和变形的水平。

我们在对教学一线进行的调查中看到，初二年级学生能够很好地掌握命题的结构和各个简单的命题形式，而到高一年级，学生才真正掌握命题结构的内在变化，并掌握和判别复合命题形式与确定命题变形。

（4）表现在逻辑推理能力上。逻辑推理能力发展较早，如前所述，在幼儿期萌芽，在小学阶段就得到迅速发展。

在数学运算中，中学生的逻辑推理能力包括下面四级水平：第一级是直接推理，套上公式，对上条件，直接地推出结论；第二级是间接推理水平，不能直接套公式，需要变化条件，寻找依据，多步骤地推出结论；第三级是迂回推理水平，分析前提，提出假设后进行反复验证，才导出结论；第四级是按照一定的数理逻辑格式，进行综合性推理的水平。达到这级水平的学生，他们的推理过程逐步简练和合理化。研究表明，目前中学生的逻辑水平不高，是数学教学中的薄弱环节。许多初一学生不能套公式做题；高中学生中竟有人不能按公式一步推理；多步推理成为中学生普遍的难题，抽象的综合性推理，按照数理逻辑简练和合理化，做一步题看出数步，对于中学生来说更是困难。这个结果应引起数学教育界的重视。如果逻辑推理能力培养不力，那么提高中学数学教学质量就只是一句空话。

我们看到，中学生在正常的教育条件下，数学推理水平是随年级升高、年龄增加而发展的。初二年级学生普遍地能按照公式推理，初三年级学生大部分能进行一般性的间接推理，高一年级学生多数能进行迂回性的多步推理，较完善的推理能力基本上在高二年级能够具备。由此可见，尽管目前中学生的推理水平不高，尤其是加大数学习题的难度时，他们的推理能力会发生困难，但是他们在各年龄阶段都具有一定的基本推理能力，如果教学措施跟得上，对学生欠缺的数学知识做系统的补习，中学生的推理能力是能迎头赶上的。

二、重视智力成熟前数学能力的培养

如前所述,中学后半阶段,约高中二年级(15—17岁)是人的智力或思维的成熟时期,成熟前的中学生的智力、思维和数学能力在迅速地发展着,抓住其智力成熟前的可塑性,有的放矢地去培养其数学能力,这是中学数学教与学的一项重要任务。

(一) 在中学数学教学中,抓紧学生成熟前的智力培养

从上述中学生的概括能力、空间想象能力、命题能力和推理能力等四项指标来看,初二年级是抽象逻辑思维的质变时期,是中学阶段运算思维能力发展的转折点或关键年龄。高一年级之后,约15—17岁,是数学运算中逻辑思维"初步定型"的年龄。我们在调查中获悉,初中学生数学运算能力的变化大,可塑性强,还不稳定;初中毕业到高一结束这一阶段,学生的数学运算能力仍然存在比较显著的变化;高一下学期或高二上学期,学生的数学各运算能力之间的相关性很强,高一下学期与高二年级的数学成绩波动很小。如前所述,大学生数学运算能力的基础基本上是在高中阶段奠定的。由此可见,15—17岁是数学运算的基本成熟期,也是一个人的思维能力与智力的基本成熟期。

显然,成熟前的运算能力、思维能力与智力的可塑性和变动性要比成熟后大;成熟后的运算能力、思维能力与智力的稳定性和"不变性"要比成熟前大。可见,抓紧学生成熟前运算能力、思维能力与智力的培养是何等重要!

在中学数学教学中,如何抓紧学生成熟前的智力培养呢?

首先,中学生运算能力发展的年龄特征,是编写数学教科书、安排数学教材和选用教法的一个出发点。教育工作者的任务在于从这个出发点引导学生智力的发展,这不仅是心理学工作者所强调的,而且是优秀数学教

师的经验所证明了的。

数学教学中有两种倾向值得注意：一种是不顾学生心理发展水平，过早地向某一年级下放难度较大、使学生费解的教材，过高地向学生提出不适当的要求。当前，用增加学生负担的教学代替正常教学的风气仍然盛行。尽管急于提高教学质量的出发点是好的，但它往往与学生一定年龄的思维水平与智力水平的实际脱节。另一种是不能从学生思维与智力发展的可能性出发，不能挖掘学生的潜在能力，不去积极引导学生向前发展，出现所用教材与实际年级相差悬殊的情况，且长期不去追上实际年级水平，这些是与年龄特征规律相违背的。

其次，要抓紧关键年龄抽象逻辑思维的真正"起步"。

每个年龄阶段都有一个关键年龄。初二年级是抽象逻辑思维发展中的质变时期，在正常的数学运算中，不管是数学概括能力、空间想象能力还是数学命题能力或数学运算的推理证明能力，初中二年级都是一个转折点。初二前后，思维的具体形象与抽象逻辑成分，判断、推理的水平，空间运算的程度都形成一个显明的对照。有的心理学家认为，失去关键年龄等于失去一个发展的时机。我们并不同意这种"过了这个村，就没有那个店"的绝对论观点，不过认识关键期，合理安排数学教学，可以促使运算能力质变的早日实现。要防止这个质变期往后推，以致影响成熟前思维能力与智力的发展水平。

再次，狠抓数学教学的重点与难点，加强基本知识、基本技能的训练。

数学教学千头万绪，其核心仍然是加强基本知识和基本技能的训练。如前所述，这是发展智力的基础，是教师备课、讲课与留作业时必须考虑的重点。

基本知识不一定很深很难，但就其在中学数学中的地位来说却是十分重要的。例如，学生学代数，用字母代表数这是容易懂的，但问他"a 代表什么数"就说不上来了。有的教师认为基础知识比较简单，学生容易懂，往往在备课或讲课时，将精力放在解难题上，这是本末倒置。基本概念是基础知识的核心，要加强基础知识，就要重视基本概念。在备课时彻底理解每个基本概念的内涵、外延，还必须研究如何把基本概念向学生叙述清楚，并有条理而严谨，使学生听了之后印象深刻。

难点倒不见得每节课都有，所谓难点就是理解起来较抽象的数学知识。要突破难点，一般来说，可用使抽象的内容形象化、理论的问题具体化的方法。教师可以从日常生活中学生所熟悉的或已掌握的知识开始引入课题，即由浅入深、由熟到生，这样学生听起来比较容易接受。只有学生理解了这些难点，提高了理解能力，才能促进思维能力和智力的发展。

数学的基本技能训练，可以通过布置精选的作业来实现。数学的作业应该包括钻研领会课文的内容和习题两部分。有的教师布置作业只平平地向学生点几道题，导致学生养成在课下只做题、不看书的坏习惯，这个责任应归咎于教师。有经验的教师每次布置作业时，先向学生指出课本里的第几页第几段是今天讲的课文，要认真看，再指出下节课要讲第几段，请做好预习，然后点题。这样，就把基本知识与基本技能有机地结合起来了。作业的数量不宜过多，习题要精选，要将课本里、习题里的题与总复习题里的题搭配好。做习题的目的：一是为巩固课堂上讲的基本概念与知识；二是为下一节课做准备；三是为培养学生的逻辑思维能力。如遇有个别习题需要启发的，要注意只能启发，不能完全告诉学生怎样做，那样反而有碍于学生的思维能力发展。

最后，中学数学教学应加大抽象度，渗透规律性的教学内容。

中学数学教学要注意四点：

（1）不能死板，要尽量把课教活。在讲解一些重要或难懂的知识时，不仅需要从正面引入（教材大都如此），而且还应该从侧面、反面来说明，不然容易产生生搬硬套现象。例如，学生由于不顾 $\sqrt{a^2}=a\,(a\geqslant 0)$ 的限制条件，往往会写出 $\sqrt{(-3)^2}=-3$ 的结果或不问具体条件，盲目搬用一元二次函数的求极值方法，等等。这些问题的纠正，教师可以多利用反例。例如，让学生判别 $\sqrt{7^2}=7,\sqrt{0^2}=0,\sqrt{(-5)^2}=-5$ 的正误并说明理由，举出二次函数的条件极值的例子，说明忽视条件会出现荒谬的结论等。通过反例，使学生体会一个公式或方法的使用条件，以免思维僵化。

（2）不应该千篇一律，什么都得从直观教具出发，而要加大抽象度，揭示内在的教学规律，从大量基本数学知识中指出带有普遍性的数学规律。例如，几何教学中，通过典型例题的分析，向学生指出证明线段的和、差、倍、分有具体的、清晰的方法可循。当然这项要求应考虑到学生的年龄特征，不同年级应有不同的做法。

（3）不仅要传授数学知识，而且要传授运算方法；不仅要批改数学作业，而且要帮助学生总结适合于各人特点的运算方法和技巧。

（4）引导学生概括，使所学的数学知识成系统。北京教育出版社曾出版过马艳、刘冬云主编的《图析考点——能力思维导图》（2010），作者制作了初中数学知识结构与思想方法导图。我并非提倡学习是为了考试，但作者提出"学习上想有更深入的思考和理解，就要学会把看似分散的知识点连成线、结成网，使学习的知识系统化、规律化、结构化"，这个观点是正确的。

总之，教师的责任就是善于引导学生把知识宝库的锁打开，引导学生走进去。会开锁的教师能抓住问题的要害，事半功倍，学生容易进去；不会开锁的教师，事倍功半，花费了很大力气，也没把锁打开，学生仍被关在门外。加大抽象度的教学，是教学内容的关键问题。教学内容的锁又是教材内容的关键问题，关键性的内容一定要讲究教学方法，方法对头，效果就好。

（二）培养中学生的数学自学能力

让学生进行自主学习和探究学习，培养中学生的数学自学能力，是当前数学教学中亟待研究的一个重大课题。

教学实践证明，有较好自学能力的学生往往数学成绩也比较好，个别冒尖的学生更是与他们经常阅读数学课外读物有关。相反，有的学生不注意阅读教科书，花大量时间做题目，但成绩提高并不显著。升入大学或参加工作后，自学能力较强的学生往往能比较快地适应大学学习生活或工作；反之，则较难适应或难以胜任。古今中外的无数事实说明，自学是智力发展和人才成长的重要途径。20世纪80年代初，有人对当时做出重要贡献的400名科技人员进行了调查，发现其中上过大专院校的，占46%；上过业余大学的，占5%；没有上过大学的，占49%。没有上过大学的人取得重大的科技成就依靠什么呢？依靠自学。如湖南青年王晓星，高中毕业后在劳动期间一直坚持自学，后来当了电工，每天还一直坚持自学2～4个小时。1979年11月，经过考核，他被调到国防科技大学任数学教师。由此可见自学的重要性与培养中学生自学能力的迫切性。不少教学第一线的中学数学教师与心理学工作者都在探索、尝试培养学生自学能力的问题。

1. "读、讲、练"的方法

不少有经验的中学数学教师，用"读、讲、练"的方法进行课堂教学，这是一种既培养自学能力又学好知识的切实可行的办法。

读，是指学生自己读书；讲，是指教师的讲授与要求；练，是指学生在教师指导下有目的的练习。读、讲、练三位一体，不可分割。具体的做法是：

（1）各个击破。数学书一般包括公理、定义、定理、公式、法则与例题等内容，这些内容各有特点，阅读方式有所不同，可以由易到难，各个击破；不同年级，可以有不同的要求；要照顾个体差异，因人制宜。

（2）循序渐进。开始教师讲得多一点，指导得具体一点，以后逐步让学生多看、多想一些。按照自学过程的深入，可以从"先讲后读"到"先读后讲"，再到"读读、讲讲、练练"。

（3）逐步提高。随着学生自学能力的提高，逐步提高他们自学的要求。

杭州第二中学数学教研组，采用了"水涨船高"的办法。

例如，学定义，开始时要求完整叙述，能举出例子，以后要求弄清定义中新旧概念的关系。对定义逐步推敲，掌握概念的本质属性，再进一步要求与相似的概念或容易混淆的概念进行比较，弄清它们的联系与区别。

学定理时，开始要求能分清条件和结论，知道定理的初步应用，以后要求能自行证明，并分析证明的思路，再进一步要求比较有关的定理，总结定理各方面的应用。

学公式时，先要求能用语言和字母正确表示；然后再要求弄懂公式的推导，推导的层次，公式的应用及应用的条件，公式的特点与记忆方法，并与类似的公式进行比较，总结公式的应用。

学习例题，开始时要求看懂第一步，分出层次，掌握书写的规范；以后要求分析解题的层次、思路与关键，以及是否有其他的解法。如果是相关的一组例题，还要求相互比较，寻找解题规律。

上述方法体现的特点是：

(1) 增强学习的主动性。读书的目的之一是培养学生学习的主动性。他们预习时，事先找出难点，或按照教师出的思考题思考和讨论，以便听课时精力集中，解决问题。课后做作业（练习）之前，他们先读书，主要是复习，同时进行对比，看教师是怎么讲的，书上是怎么说的。单元学完后读书，着重系统整理。

(2) 加强知识的系统性。"水涨船高"的自学，也就是使学生逐步地能够"统观全局"，便于从整个学科上认识自己所学的那一部分知识的重要性，同时便于在比较和鉴别中加深对数学的基本概念及概念系统的理解。

(3) 有利于巩固所学的知识。用读、讲、练三者相结合，学生必须自己动手，要列出"纵"、"横"的提纲，经过深思熟虑，不仅提高了思维能力，而且也提高了记忆力，有利于巩固所学的知识。

(4) 更好地发挥教师的主导作用。引导学生进行自学，在读、讲、练中，处处体现教师站得更高，看得更远。教师的课堂讲授固然是起着画龙点睛的作用，而且在培养学生自学的过程中，教师提出的思考题，往往起着关键作用，它要体现一定的要求，并且具有启发性，使学生通过思考题的引路，在自学中达到能看、能懂、能总结（列提纲等）和熟悉公式的目的。

2. "启、读、练、知"的方法

中国科学院心理研究所卢仲衡教授等一些心理学家，运用各种有效的心理学原则，总结欧美"程序教学"的实验经验，吸收了其某些有利因素，删除了其某些不足之处，结合我国的实际情况与优秀教师的经验，提出"启、读、练、知"综合教学，培养中学生的自学能力。"启"，就是在学生学习产生问题或困难时，由教师及时启发学生；"读"，就是学生自己动脑动手阅读课本；"练"，就是学生自己单独地做练习；"知"，就是学生当时就知道自己做练习的结果，自己可以即时批改作业。他们编写了自学教材。这套自学教材有三个本子：一个是课本，它与人民教育出版社出版的教材的不同之处，是寓心理学原则和教法于教材之中；二是练习本，它与一般练习本的不同之处是把习题印在本上，留出空白让学生做题；三是答案本，它的作用是学生做完练习题后，根据这个本子核对答案，及时了解自己的学习结果。因此，这种教学也称为"三个本子教学"。

当然，重要的是编写自学教材。自学教材在内容、要求方面，与统编教材一致，除了在讲解部分较细之外，还贯彻八条心理学原则：①在自学的进程方面，采取适当的步子，从小到大，以适应并促进学生学习能力的提高；②在做练习的过程中，使学生能按计划对答案，知道正误，及时"反馈"，起强化或纠正作用；③在陈述、表达、运算形式方面，由开展到压缩，从详细到简略，以训练简捷思维和培养概括能力；④通过判别正误型的习题等，直接揭露问题的本质特征，以加深对概念的正确理解，培养鉴别能力；⑤在一系列练习中，尽量做到前题对后题有启发作用，使学生在从解题学会解题的同时，养成思维的连贯性；⑥尽量采取变式复习，避免机械重复，使学生能掌握题型，灵活运用，并培养概括能力；⑦强调操作原则，使学生把一系列方法分层归类地组织运用，训练思维的条理性、层次性；⑧尽量运用可逆性联想，培养心理程序逆转的灵活性。这里，就思维的原则，例举三条原则加以说明。

第一，按步思维的原则。学生在解决数学问题时，常常感到不知从何着手。要解决如何着手思维的问题、思维的条理性问题，最好就是按步思维。但按步思维会不会形成刻板性，而妨碍思维的灵活性呢？以编写因式分解的自学教材为例，让学生按步骤去想题。第一步：不管几项式，首先考虑这个式子有没有公因式,如果有公因式就要先提公因式;第二步:考虑是几项式,如果是二项式就要考虑是不是能用平方差和立方和、立方差的公式去分解,三项式、四项式、五项式又应用什么方法,等等;第三步:分得的因式还能分解,就要继续分解;第四步……同时也给予另外一些题,如,是二项式但不能用二项式的公式去分解的题,让学生练习,以防止思维的刻板性。研究者用一些比较难的题让学生做,学生都能灵活地加以解决。

按步思维对于训练思维的条理性,及如何着手思维解决问题会产生一定的积极作用,这一点是要肯定的。但是对于按步思维是否会妨碍思维的灵活性这一点还应做深入的研究。

第二,可逆性联想原则。可逆性联想是数学思维的一条重要原则。如加与减、乘与除、乘方与开方、指数与对数,以及几何中原定理与逆定理等,都是互逆的。但是可逆性联想的形成是不容易的。例如,有些学生学过乘方,也学过开方,后来忘了开平方的方法,他就不会利用可逆性联想从乘方乘出数来推出开平方的公式来。由此可见,在数学思维中,可逆性联想是重要的,应该有意识地从每个具体公式、定理的可逆性出发,逐渐培养学生具有高度概括性的可逆性联想。因此,可逆性联想这条原则应该成为编写学生自学教材的一个原则。

第三,尽量采用变式复习,避免机械性重复。学生在小学学分数的时候,学了当分母为零时,分数没有意义。初中学代数时,也强调分母不能为零。对于简单的分式题,如 $\dfrac{1}{x(x+1)}$,学生都知道当 $x=0$,$x=-1$ 时,这个式子没有意义,即使犯错误也是由于粗心引起的,因此,课本中都用这类题来复习分式中分母为零时,分式没有意义的概念。如果用一道繁分式题来测验,如"x 为何值时,分式 $\dfrac{1}{1+\dfrac{1}{1+\dfrac{1}{x+1}}}$ 没有意义?"解出

这道繁分式就能很清楚地看到,$x=-1$,$x=-2$,$x=-\dfrac{3}{2}$ 时,这个繁分

式没有意义。可是多数学生有错误，考虑不全面，这种以偏概全的现象，在初中学生中是常见的现象。如果多做一些这种变式的题，可以避免学生机械的重复，提高学生解题的能力，这也是编写学生自学教材中应该重视的原则。

20 世纪 80 年代前后，上述实验研究在全国七个省市的二十多所学校中协作进行，并获得一定的成果：实验班的多次考试成绩，越来越高于对比班；实验班学生的自学能力得到了一定程度的成长；节省了学习时间，减轻了学生的课外负担；成绩较差的学生也能采用以自学为主的教学方法。由此可见，"启、读、练、知"的方法，能提高教学质量和学习效果，同时也说明自学因素在教学和学习中的重要性。令人惋惜的是，由于卢仲衡教授的去世及其他一些原因，这项试验在 20 世纪初没有坚持下去。

上面两种培养中学生自学能力的方法中，有一个共同点，即自学能力是一个综合智力活动，它是一种智力活动向另一种智力活动的"迁移"。自学形式之所以能提高教学质量和学习效果，是因为它符合人类认识事物过程的心理原则。首先，在自学的过程中，学生的思维和其他心理活动自始至终处于积极状态。在这种积极主动的状态下，人们对外界事物变化和相互关系的理解速度快、灵敏性高，因此接受知识既较快又较牢固。其次，学生的学习是在自己原有知识水平的基础上进行的，符合循序渐进的原则，既容易接受知识，又能激发起学生对学习的兴趣，养成热爱学习的好习惯，有利于知识的获得和理解能力的提高。再次，自学以视觉器官为主要手段，刺激不会因时间和空间的变化而消失，便于学生对接受的知识进行分析、综合、归纳、比较，也就是说，对所学的知识，可以有一个"消化"的过程，使学的知识扎实、牢固、加深理解。最后，自学这种形式能做到及时强化，及时进行自我调节，巩固正确，剔除错误，使掌握的知识准确性高。因此，有计划地培养中学生这种综合智力活动的自学能力，是中学数学教学中一项必不可缺的任务。

三、引进一些现代数学有助于中学生抽象思维的发展

纵观数学的历史发展，它可以划分为初等数学、高等数学和现代数学三个阶段。

М. С. 阿克彼洛夫在"现代数学的内容和对象的问题"[1] 中指出，现代数学具有如下区别于其以往各个发展阶段的特点：

（1）各个主要数学分支——几何、代数和分析彼此深刻地相互渗透；

（2）创造新的一般概念——向新的更高度的抽象转变；

（3）大大扩展数学的对象及其应用范围；

（4）新理论和更为有效的数学方法不断产生；

（5）几何论点在一定程度上居于支配地位，合理方法趋于完善、得到扩展，并同集合论观念相结合；

（6）深刻分析现代数学的基础，分析它的各个概念的联系、理论的结合、数学证明的方法，也就是在由集合论和数理逻辑构筑的新的一般的逻辑基础上来发展数学研究。

根据这些特点，阿克彼洛夫指出现代数学对象的性质：

（1）只要适当扩充空间形式和数量关系的概念，恩格斯提出的关于数学对象的定义（数学是研究"现实世界的数量关系和空间形式"的科学）仍然适用于现代数学；

（2）现代数学是关于各个量之间的可能的、一般来说是变化的数量关系和相互联系的科学；

（3）对于现代数学来说，重要的仅仅是被研究对象之间的数量关系的结构；

（4）如果说以往把几何乃至整个数学解释为关于数量关系的科学，那

---

[1] 史柯，摘自：М. С. 阿克彼洛夫. 现代数学的内容和对象的问题 [M] //异证法和科学发展的方法论问题，巴库，1976.

么今天几何和全部数学已不再是关于数量关系的科学,因为数学中明显地渗透进了量和质统一意义上的测度这个范畴;

(5) 现代数学愈益成为非度量的和非数量的,数量只属于现代数学的一个很小的领域;

(6) 现代数学的中心是"次序"和"结构"这两个概念;

(7) 现代数学是关于模型和结构的科学;

(8) 现代数学乃是抽象形式——数学结构的总汇;

(9) 现代数学研究所存在的对象领域表现出理性精神,以及与其他科学结合形成系统科学。

北京大学杜珣教授等指出了现代数学的六大特点和意义:[②]

(1) 更加充分和更加积极主动地体现和发挥数学的高度的抽象和统一;

(2) 注意公理化体系的建立和结构的分析;

(3) 注意不同数学学科的结合,不断开拓新的数学领域;

(4) 研究与现实世界更符合的数学模型和解决更复杂的数学问题;

(5) 与电子计算机紧密联系;

(6) 数学向一切科学和社会部门渗透(如在心理学领域大显身手,出现了"数理心理学"这样的边缘学科)。

杜珣教授等还指出:"现代数学阶段以康托儿建立集合论(1874)为起点,康托儿的集合论,独创新意,高瞻远瞩,为数学立了基础(陈省身语)。20世纪以后,用公理化体系和结构观念来统观数学,成为现代数学阶段的明显标志。现代数学的研究对象是一般的集合,各种空间和流形,它们都用集合和映射的概念统一起来,已很难区分哪个属于数的范畴,哪个属于形的范畴了。"

以上所引数学家的论述,阐明了现代数学的特征和意义,也为中学数学引进现代数学奠定了一些理论基础。

从思维心理学角度看,中学的数学基本保留传统体系,但又引进集合、

[②] 杜珣,孙小礼. 现代数学的特点和意义[J]. 工科数学,1992(2).

数理逻辑、近世代数（群、环、域、向量空间、矩阵代数等）、微积分、概率统计、算法语言等初步知识；分科而不是统一，保留欧氏几何，做必要的删除，在传统的基础上局部地渗进一些现代数学思想。这样安排的优越性是比较多的。

第一，现代数学的思想必须引入，这是"数学教育现代化的必然趋势"。集合论、数理逻辑、群、环、域等近世代数的某些内容，体现了数学的高度抽象性，它们是从数学的基础着眼的。微积分、概率统计、算法语言等是从应用角度着眼的，体现了数学的广泛应用性，我国中学数学教学不能处于世界"数学教育现代化"之外。因此，必须引进现代数学的思想。

第二，传统数学的多数内容是最基本的，数学教育不能割断历史，更不能忽视历史。中学数学要面对一切学生，而不仅是培养数学家。数学教学更重要的目的，是要发展学生的智力，欧氏几何对培养学生的逻辑思维能力有重要意义，它采用比较自然而又朴素的方式，多少年来都是行之有效的。在学生没有相当的抽象逻辑思维能力或思维发展尚不成熟之前，不宜过早地引入纯抽象的概念，否则多数学生实际上接受不了或理解不了，如果不是渗透现代数学思想而是完全以现代数学为基础，这会影响学生的学习成绩与学习积极性，也不利于学生智力的发展。

因此，我们认为，在中学数学课程中，现代数学内容采取"引进"而不是"代替"，"渗透"而不是"全部"，"分科"而不是"统一"的方式是合适的。

在中学数学中，引进与渗透现代数学思想有何好处呢？以传统数学知识中渗透集合论的基本思想和方法为例，它不仅可以使学生自中学起较早地掌握一些现代数学的基本观点和方法，巩固和加深对传统数学知识的理解，而且有利于发展学生的抽象思维能力。

初一、初二年级的学生，学习集合知识时，常常用数学概念表达集合的对象特征，无论是给出集合中元素的特征，如{自然数}、{有理数}、{三角形}、{绝对值小于5的整数}……要学生明确集合中有哪些元素，还是给出具体的元素，如{3，6，9，12……}、{10，100，1000……}等，要学生用数学语言抽象出集合中元素的特征，都要求学生准确地了解概念并借以发展学生的逻辑思维能力。

集合论具有高度的抽象性，如果引导中学生，尤其是高中生用集合观点处理传统数学内容的习题，就能促进中学生在一定程度上发展智力品质的抽象程度，即智力品质的深刻性与独创性。

以向量为基本工具，采用集合—对应、几何变换等观点处理初等数学中的一些重要内容，不仅可以使学生领略现代数学思想的基本精神，而且可以使传统内容焕发青春。

例如，三角函数是非常传统的内容，因为三角函数的基本性质就是圆的几何性质（主要是对称性）的解析表示，所以我们可以借助圆的旋转对称性，用平面向量、变换的观点来讨论三角函数的性质：

（1）关于 x 轴的轴对称变换 $T_1: \theta \to -\theta$，单位圆上的点 (x, y) 经 T_1 变为 (x_1, y_1)，则有 $(x_1, y_1) = (x, -y)$，也就是

$$\cos(-\alpha) = \cos\alpha, \sin(-\alpha) = -\sin\alpha$$

（2）将 α 的终边绕原点逆时针旋转 $\frac{\pi}{2}$ 的旋转变换 $T_2: \alpha \to \frac{\pi}{2} + \alpha$，单位圆上的点 (x, y) 经 T_2 变为 (x_2, y_2)，则有 $(x_2, y_2) = (-y, x)$，也就是

$$\cos\left(\frac{\pi}{2} + \alpha\right) = -\sin\alpha, \sin\left(\frac{\pi}{2} + \alpha\right) = \cos\alpha$$

在上述两种变换下，就可以得到所有诱导公式。例如，经过两次 T_2 变换，就有 $\alpha \to \pi + \alpha$，于是

$$\cos(\pi + \alpha) = \cos\left[\frac{\pi}{2} + \left(\frac{\pi}{2} + \alpha\right)\right] = -\sin\left(\frac{\pi}{2} + \alpha\right) = -\cos\alpha,$$

$$\sin(\pi + \alpha) = \sin\left[\frac{\pi}{2} + \left(\frac{\pi}{2} + \alpha\right)\right] = \cos\left(\frac{\pi}{2} + \alpha\right) = -\sin\alpha.$$

经过一次 T_1 变换，再经过一次 T_2 变换，就有 $\alpha \to -\alpha \to \frac{\pi}{2} - \alpha$，于是

$$\cos\left(\frac{\pi}{2} - \alpha\right) = -\sin(-\alpha) = \sin\alpha,$$

$$\sin\left(\frac{\pi}{2}-\alpha\right)=\cos(-\alpha)=\cos\alpha.$$

事实上，所有三角公式都可以这样来认识：终边相同的角的三角函数就是旋转 2π 的整数倍的旋转变换，诱导公式就是变换 T_1、T_2 及其合成。特别地，和（差）角公式就是旋转任意角的旋转变换。

显然，圆上任意一点在圆周上任意旋转，结果仍在圆上。用另一种方式表示，就是：单位向量 $\overrightarrow{OA}$ 转任意一个角 α 到 $\overrightarrow{OB}$，点 B 仍在圆上。单位圆转来转去仍是单位圆，这就是它的旋转不变性，也是它的对称性。

设单位向量 $\overrightarrow{OA}$ 对应任意角 α，将 $\overrightarrow{OA}$ 任意转一个 β 角到 $\overrightarrow{OB}$，点 B 仍在单位圆上。对此可以从两个角度看：

一是与终边 $\overrightarrow{OB}$ 对应的角为 $\alpha+\beta$，所以有

$$\overrightarrow{OB}=\cos(\alpha+\beta)\cdot i+\sin(\alpha+\beta)\cdot j. \qquad ①$$

二是 $\overrightarrow{OB}$ 是将 $\overrightarrow{OA}$ 旋转 β 而得。以 $\overrightarrow{OA}$ 为横轴建立坐标系，记其上的单位向量为 i'，并记其纵轴上的单位向量为 j'，则有

$$\overrightarrow{OB}=\cos\beta\cdot i'+\sin\beta\cdot j'. \qquad ②$$

又，在原坐标系中，i' 可以表示为

$$i'=\cos\alpha\cdot i+\sin\alpha\cdot j \qquad ③$$

而 j' 是 i' 再转 $\frac{\pi}{2}$ 的结果，于是它所对应的角为 $\alpha+\frac{\pi}{2}$，故

$$j'=\cos\left(\alpha+\frac{\pi}{2}\right)\cdot i+\sin\left(\alpha+\frac{\pi}{2}\right)\cdot j=-\sin\alpha\cdot i+\cos\alpha\cdot j \qquad ④$$

将③和④代入②即有

$$\overrightarrow{OB}=\cos\beta\cdot i'+\sin\beta\cdot j'$$
$$=\cos\beta(\cos\alpha\cdot i+\sin\alpha\cdot j)+\sin\beta(-\sin\alpha\cdot i+\cos\alpha\cdot j)$$
$$=(\cos\alpha\cos\beta-\sin\alpha\sin\beta)i+(\sin\alpha\cos\beta+\cos\alpha\sin\beta)j$$

利用平面向量的基本定理，即有

$$\cos(\alpha+\beta)=\cos\alpha\cos\beta-\sin\alpha\sin\beta,$$
$$\sin(\alpha+\beta)=\sin\alpha\cos\beta+\cos\alpha\sin\beta.$$

这就是和角公式。把 β 换成 $-\beta$，可得差角公式。

总之，用现代数学思想（变换思想）和工具（向量），不仅可以在内容处理上做到以简驭繁，而且可以有效地培养学生的抽象逻辑思维能力。

在中学里引入数理逻辑初步，不但对学生学习和掌握计算机的原理与使用有益处，而且对培养中学生的抽象逻辑思维能力有重要意义。数理逻辑初步主要是指命题演算，内容包括命题（或句子），否定（非），合取（与），析取（或），蕴涵（若……则），等价（当且仅当），真值与真值表，代换原则，推理格式，否命题与逆命题，直接与间接证明等。

这些知识的学习，能使学生提高数学概括能力、命题能力与逻辑推理的自觉性。例如，二元一次方程组

$$\begin{cases} a_1 x + b_1 y = c_1 \\ a_2 x + b_2 y = c_2 \end{cases}$$

(1) 如果 $\dfrac{a_1}{a_2} \neq \dfrac{b_1}{b_2}$……有一个解；

(2) 如果 $\dfrac{a_1}{a_2} = \dfrac{b_1}{b_2} = \dfrac{c_1}{c_2}$……无限多解；

(3) 如果 $\dfrac{a_1}{a_2} = \dfrac{b_1}{b_2} \neq \dfrac{c_1}{c_2}$……无解。

这里，分别做了三次推理。但初等代数只是用了推理，并不研究推理。而上述三种情况，用数理逻辑知识分析，要研究它们组成前提与结论的逻辑形式的关系。当前提是真的，结论一定是真的；当前提是假的，结论一定是假的。这样全面分析前提与结论之间的关系，有助于学生学会自觉地进行逻辑推理，提高推理的能力。

数理逻辑强调推理形式，即在推理中常用的恒真命题。

例如，有两个人这样对话：

p="如果 $a=b$，那么 $a^2=b^2$"。

q="要是这样，如果 $a \neq b$，那么 $a^2 \neq b^2$ 了"。

这个推理是错误的。为什么呢？

因为假定用 x 表示 $a=b$，y 表示 $a^2=b^2$，就有 p=$x \rightarrow y$，q=$\sim x \rightarrow \sim y$。

上面这个判断 $(x \to y) \to (\sim x \to \sim y)$ 的真值表是（"T"表示真，"F"表示假）：

x	y				$(x \to y) \to (\sim x \to \sim y)$					
T	T	T	T	T	T	F	T	T	F	T
T	F	T	F	F	T	F	T	T	T	F
F	T	F	T	T	F	T	F	F	F	T
F	F	F	T	F	T	T	F	T	T	F
步数		1	2	1	4	2	1	3	2	1

它不是恒真命题，因此不是推理格式。

由此可见，中学生如果学习了数理逻辑，掌握了推理格式，不仅能使推理过程比较自觉，而且能使推理的思维活动更加抽象，提高了智力品质的深刻性。

四、中学奥数与中学生的智力发展

近年来，奥数的负面影响纷纷被各类媒体所披露，方便快捷的互联网也让越来越多的老百姓有机会与媒体一起发表关于奥数的各种看法，而且批评奥数的声音明显占了绝对的多数。奥数几乎成了人人喊打喊杀的"过街老鼠"。封杀奥数，让奥数消失的声音不绝于耳，而且还有来自教育行政主管部门、人大代表和政协委员的呼声。

奥数究竟怎么了？我们是应该封杀奥数，还是应该让它合理地存在下去？为什么伴随着让奥数消失的声音，依然有许多家长愿意让自己的孩子参加奥数训练？奥数对学生来说意义何在？显然，要回答这些问题，必须深入分析奥数训练对发展智力、培养能力的作用和价值。我们结合智力发展的条件从三个方面来谈。

1. 奥数训练有效拓展了中学生的数学视野，丰富和完善了他们的数学知识结构

智力发展的动力源于学生内部的需要以及原有的思维水平或思维结构。思维材料是思维结构的基本组成部分，就数学思维能力而言，学生的数学知识结构是其赖以发展的前提。中学数学竞赛训练，首先就是在中学数学课程内容的基础上进一步拓展、拓宽，这样做的好处，一方面在于让学生深刻领会数学课程的基础知识，从更广阔的情境中把握数学理论的实质及其应用的条件，从而完善他们的数学认知结构；另一方面在于让学生有更多的机会经历数学对自己智力的挑战，从而激发学生内部的求知欲望。

例如，根据现在义务教育课程标准的规定，在现行初中教材里，以人教版为例，有关因式分解的内容只涉及提取公因式法、公式法，其中公式法包括平方差公式和完全平方公式，没有介绍立方和（差）公式和完全立方公式。而二次三项式的因式分解被放到了"观察与猜想"部分，其地位已经被弱化，并且只要求学生了解形如 $x^2+(p+q)x+pq$ 的因式分解。我们知道，与平面几何类似，因式分解需要一定的技巧性，需要学生具有较强的观察力，解题时需要根据问题的特点灵活选用公式，对学生的思维具有挑战性，是训练他们的运算技能技巧、培养数学思维能力的一个可用平台。虽然由于数学软件（如 CAS 系统）的发展使因式分解技巧性内容的作用大大削弱，但在初中奥数中用它来训练学生的解题技巧和数学思维还是可行的。

例 1 因式分解：

(1) $ax^2-bx^2-ax+cx^2+bx-cx$；

(2) $2(a^2+b^2)(a+b)^2-(a^2-b^2)^2$；

(3) $2y^2-5xy+2x^2-ax-ay-a^2$；

(4) $(1+y)^2-2x^2(1+y^2)+x^4(1-y)^2$.

分析：

(1) 本式项数较多，考虑分组分解。经过适当调整，进行两两组对，可发现公因式，即：

原式 $=(ax^2-ax)-(bx^2-bx)+(cx^2-cx)$
$=ax(x-1)-bx(x-1)+cx(x-1)$

$$= x(x-1)(a-b+c)$$

(2) 经观察，后一项应用平方差公式分解可出现公因式，提取公因式之后再进一步整理并运用完全平方公式。本题提高了公式运用的抽象水平。

$$\text{原式} = 2(a^2+b^2)(a+b)^2 - (a+b)^2(a-b)^2$$
$$= (a+b)^2[2(a^2+b^2) - (a-b)^2]$$
$$= (a+b)^4$$

(3) 观察可发现，前三项可用十字相乘法分解，后两项可提取公因式，这样整个多项式又变为三项式的形式，再次应用十字相乘法尝试，发现可以分解，即：

$$\text{原式} = (2y-x)(y-2x) - a(x+y) - a^2$$
$$= (2y-x+a)(y-2x-a)$$

(4) 尝试用公式法或十字相乘法，都无法直接分解。但是如果将中间项的 $1+y^2$ 改为 $1-y^2$，就可以得到完全平方形式，然后再利用平方差公式可分解，最后运用分组分解法可得理想的分解式，即：

$$\text{原式} = (1+y)^2 - 2x^2(1-y^2) + x^4(1-y)^2 - 4x^2y^2$$
$$= [(1+y) - x^2(1-y)]^2 - (2xy)^2$$
$$= [(1+y) - x^2(1-y) + 2xy][(1+y) - x^2(1-y) - 2xy]$$
$$= [(1-x^2) + y(1+2x+x^2)][(1-x^2) + y(1-2x+x^2)]$$
$$= (1+x)(1-x)(1-x+y+xy)(1+x+y-xy)$$

又比如，抽屉原理是一个十分生活化的数学原理，意思是说，如果你将 $n+k(k \geqslant 1)$ 个球放入 n 个抽屉里，那么必然有一个抽屉至少放了 2 个球。这是一个近乎常识的原理，不仅贴近现实，而且即使是小学生也能明白。我们知道，一个原理，越是简单，越是接近常识，那么它的应用范围就越广泛，但同时它的变化也会更加灵活多样，抽屉原理就是这类原理。应用这一原理解决问题时，关键是要根据问题的特点和需要构建适当的"抽屉"——数学模型，而在构建"抽屉"时，需要较强的抽象逻辑思维能力。于是，抽屉原理便成为奥数这个开放式系统的一个活跃分子，无论是小学数学竞赛还是中学数学竞赛，命题者都经常以该原理为知识点编题。

例 2 某初级中学的数学兴趣小组共有 40 名学生，他们中年龄最大的 15 岁，最小的 13 岁。试证明：在这些学生中总能找到两名学生是同年同月出生的。

分析：根据题意，学生的年龄有 13、14、15 岁三种，所以他们可能出生的年份也只有三种，因而出生的年月份就有 36 种可能。设想将这 36 种年月份看做 36 个抽屉，40 名学生看做 40 个球，放进 36 个抽屉里。依据抽屉原理，至少有两名学生出生在相同的年月份里出生，也就是这两名学生同年同月出生。

本例可以引申为：

某初级中学共有 1500 名学生，他们中年龄最大的 16 岁，最小的 13 岁，问：在该校学生中是否一定能找到同年同月同日出生的两名学生？

抽屉原理的另一种表述形式是：若将 $nm+k(k \geqslant 1)$ 个球放入 n 个抽屉里，那么必然有一个抽屉至少放了 $m+1$ 个球。

例 3 证明：在任意 6 个人的聚会上，总能找到 3 个人，他们要么两两互相认识，要么两两互相不认识。

分析：可设 6 个人中某人为甲，甲与其余 5 个人要么认识，要么不认识。我们把"认识"和"不认识"看做两个抽屉，人看做球，那么将 5 个球放入两个抽屉，必有一个抽屉至少放了 3 个球。也就是说，甲与这 3 个人要么都认识，要么都不认识。不妨设这 3 个人为乙、丙、丁。若甲与 3 人都认识，则当这 3 个人中至少有两人互相认识时，比如乙和丙相认识，命题已经成立，因为这时甲、乙、丙两两互相认识；否则乙、丙、丁两两互相不认识，这时命题也成立。若甲与 3 人都不认识，同理可推知命题成立。

本题也可以通过构造图形来分析。用平面上的 6 个点表示聚会中的 6 个人，当两人互相认识时，就用一条实线段将他们对应的两个点连结起来；如果互相不认识，就用虚线段相连。这样命题就转化为证明图形中必存在一个三角形，它的三条边要么都是实线，要么都是虚线。证明思路与上面的方法相似，不再赘述。

应用抽屉原理解题，关键在于构造抽屉，有了"抽屉"，"球"也就

"应运而生",这时抽屉原理便有了用武之地。然而,任何构造都是一个从无到有、从虚空到实体的过程,它需要解题者的创造性想象和敏锐的洞察力。

2. 与中学数学教材相比,奥数所用的数学思想方法,其技巧性更强,灵活性更大,常常需要专门的训练

数学思想方法是数学的灵魂,任何一种数学理论或数学分支的创立无不依赖于新的数学思想、数学方法的突破。笛卡尔的坐标法促使解析几何学科的诞生,他倡导的数形结合思想使独立发展了两千多年的代数和几何从此走到了一起,人们可以用数的方法去解决形的问题,也可以用形的方法去解决数的问题。欧拉开创的抽象分析法使他成功解决了哥尼斯堡七桥问题,也正是这一方法让人们看到可以用图作为工具解决现实生活乃至数学内部的诸多难题,于是图论便诞生了。我们要发展学生的数学思维,同样离不开数学思想方法。与具体的数学概念、数学原理相比,数学思想方法具有更大的迁移空间,它能使思维更深刻、更灵活、更具独创性。而现行中学数学教材由于需要兼顾基础知识的覆盖面,许多基本的、重要的数学思想方法往往无法深入介绍,如奇偶分析法、同一法、配对法以及化归思想、对应思想、优化思想等数学思想方法都没有出现在教材里,教师也很少介绍。有的思想方法尽管在教材中提及,但都没有系统介绍,学生无法学透、学熟,如构造法、反证法、递推法等。奥数训练因为没有课时、内容的限制,因此可让学生接触到更丰富多彩的数学思想方法,并使学生得到充分的训练。

例4 教室里有5排椅子,每排5张,每张椅子上坐一个学生。如果10天后每个学生都必须和他相邻(前、后、左、右)的某一位同学交换位置,问能不能换成?为什么?

分析:解答这样的问题不需要复杂的计算,涉及的知识也只是基本的奇偶数性质,所以,只要具备这些知识的小学生就可以对付它。但是,就算是高中生,也不见得能轻松地回答这个问题,因为它更侧重于解题者的观察分析能力。

如图（图 9.1），我们不妨将 25 个座位标上序号。当一个学生要与他相邻的一位同学交换位置时，实际上是奇偶数座位号互换，于是，要实现所有同学之间互换一次位置，奇数号座位数与偶数号座位数应该相等。这是不可能的，因为奇数号座位数与偶数号座位数分别是 13 和 12。

1	2	3	4	5
6	7	8	9	10
11	12	13	14	15
16	17	18	19	20
21	22	23	24	25

图 9.1

应用奇偶分析法，我们可以解答许多类似的问题，如：

(1) 某中学的数学兴趣小组有若干人，若两个人通一次电话，则认为这两个人都打了一次电话。问其中打过奇数次电话的人数是奇数还是偶数？

(2) 黑板上写着三个整数，任意擦去其中一个，将它改写成为其他两数的和减去 1。这样继续下去，最后得到 1997，2007，2011，问原来写在黑板上的三个数能否是 6，6，6？

例 5 设实数 x，y，z 满足：$x+y+z=\dfrac{1}{x}+\dfrac{1}{y}+\dfrac{1}{z}=1$，求证：$x$，$y$，$z$ 中至少有一个是 1.

分析：这是一道初中奥赛题，已知条件清晰明了，结论也很容易理解。可是，当解题者试图从条件出发，不断地变形、推导时，却发现目标并不清楚。也就是说，需要推出怎样的数学式子才能得到所证结论"x，y，z 中至少有一个是 1"呢？人的思维是以目标为导向的，目标不清晰，思考自然陷入混沌甚至盲目。因此，解答本题的关键是将所证结论进行变形和转换，使之变为一个容易导出或证明的数学式子。我们可以退一步先考虑比较简单的命题：x，y，z 中至少有一个是 0。对于这样的命题，初中生很容易发现其等价命题是 $xyz=0$。由此可以推知，"x，y，z 中至少有一个是 1"的

等价命题就是 $(x-1)(y-1)(z-1)=0$。于是，结合已知条件，采用顺推和逆推相结合的方法，就不难找到证题的思路了。

我们经过调查发现，初中生或高中生都很容易想到"x，y，z 中至少有一个是 0"的等价式是 $xyz=0$。可是，对于"x，y，z 中至少有一个是 1"，哪怕是数学专业本科生或在职的中学数学教师，也很难发现上述的数学等价式。这是为什么呢？我们认为，这可能与学生掌握的数学图式有关。由于日常训练的关系，学生有较多的机会遇到：若 $xy=0$ 或 $xyz=0$，则意味着 x，y 中至少有一个是 0 或 x，y，z 中至少有一个是 0，这就形成了一种数学关系图式并保持在学生的头脑中，并可随时提取应用。然而，"x，y，z 中至少有一个是 1"与"$(x-1)(y-1)(z-1)=0$"的联系在日常训练中很少出现，因此，当学生面对命题"x，y，z 中至少有一个是 1"时，只有对原图式进行创造性改造，才能获得其等价式。创造性思维不仅体现在问题解决过程中，也体现在主体对已有心理图式的主动改造和重整上，这是主体形成良好认知结构的重要前提。

3. 奥数训练是挑战智力和激发好奇心二者并存的认知活动

与传统教材相比，现行中小学教材，特别是义务教育阶段的数学教材，在内容趣味性方面已经有所加强。可是，数学教材更强调内容的系统性和逻辑性，并侧重培养学生的数学基本运算能力、抽象思维能力和空间想象能力，所以趣味性和生活化成分往往会随着年级提高而逐步减少。而奥林匹克数学是一个开放式系统，只要是学生力所能及的内容，都可以纳入该系统进行讲解和训练。因此，奥数训练既可以让学生接触到灵活多变、富有挑战性的数学难题，又可以随时添加趣味浓厚的问题，使认知活动更具吸引力，从而激发学生的好奇心和数学想象能力。

例 6 在圆周上给定 10 个点，把其中 6 个点染成红色，余下的 4 个点染成白色，它们把圆周划分为互不包含的弧段。我们规定：两端都是红色的弧段标上数字 2，两端白色的弧段标上数字 $\frac{1}{2}$，两端异色的弧段标上数字 1。把所有这些数字乘在一起，求它的乘积。

分析：本例是 20 世纪 90 年代我国某大城市的一道初中竞赛题，据说当时竞赛命题组给这道题提供的参考解法是分类讨论，解答过程比较复杂。竞赛结束后，阅卷老师发现有一位参赛的初中女生给出的解法十分巧妙，比参考解答更简捷明了，且具有一般性，用它可以解答本题的推广形式，着实令命题组专家惊叹不已。那么，这个巧妙的解法究竟是怎样的呢？

我们不妨先沿着一般考生思考的途径试一试：在圆周上标上 6 个红点，4 个白点，并按照题目要求在各弧段上标上相应的数字，计算这些数字的积为 4；再改变一些红点或白点的位置，并计算弧段上各数字的积，同样得到 4。经过若干次尝试，发现无论红点和白点的位置如何，弧段上各数字的积都不变，均为 4。这时，一般考生都不愿再做进一步思考和探索，而直接将答案确定为 4。显然，这样的解答既不严谨，也不完善，因为数学的精妙之处就是要找出变化中那些不变的理由和本质。该女生的聪明之处也正是在于她能进一步分析：为什么弧段上各数字的积与红白点的位置无关？结果她发现，与弧段上各数字的积有关的是红白点的个数，因此，她想到了给红白点赋值，只要这个赋值不改变题目规定的相应弧段上的数字就可以。赋值的办法是：红点赋 $\sqrt{2}$，白点赋 $\dfrac{1}{\sqrt{2}}$。这样，弧段上的数字就是该弧段两端点的值的乘积，因此，无论红白点位置如何，各弧段上数字的积都是：

$$\left[(\sqrt{2})^6\left(\dfrac{1}{\sqrt{2}}\right)^4\right]^2 = 4。$$

注意，这里在计算弧段上数字时每个点都用了两次。

该女生解法的奇妙之处在于，如果将红点改为一般的 m 个点，白点为 n 个点，那么无论这些点在圆周上的位置如何，各弧段上的数字之积都是：

$$\left[(\sqrt{2})^m\left(\dfrac{1}{\sqrt{2}}\right)^n\right]^2 = 2^{m-n}。$$

可见，该女生对上述问题的理解以及她的这一富有数学创造性的解法似乎已经超越了竞赛命题专家编制此数学问题的本意。她让我们看到，我国青少年拥有巨大的创造潜能，他们的聪明才智需要我们去深入挖掘和激发，并为他们提供更多的可以施展自己创造力的机会和平台。

总而言之，尽管奥数由于学生、家长和教师的某些急功近利的目的而出现了背离其初衷的倾向，但是，我们也决不能否认奥数在开发广大青少年智力，挖掘其潜能方面的巨大价值。因此，与其一路封杀奥数，不如正确引导它，并合理利用它。

第一，我们希望新闻媒体记者不要只报道奥数的一些负面影响，应该同时报道那些通过奥数训练获得健康发展的学生的案例，让广大家长和教师看到，怎样的学生才能在奥数平台上受益。

第二，学生家长也应该对自己的子女有个正确的评价，如果孩子的数学兴趣不浓，就不宜参加奥赛强化班的训练。在这方面，数学教师和班主任应该给家长提供必要的参考和建议。

第三，各类奥数命题和训练资料应该把握好内容和问题的难度，尽量减少那些高技巧或运算过于复杂的题目，应侧重于数学思想方法的考查和训练。特别是要坚决杜绝那些初中题目小学化、高中题目初中化、大学题目高中化的编题思路，因为这种做法往往导致学生只会死记一些解题套路，陷入思维定式的泥潭，不利于培养学生灵活多变的思维品质和大胆质疑、敢于探索的科学精神。

第四篇

智力发展的数学化研究

"数学是人类思维的体操"。这个论断告诉我们，数学促进人类智力的发展。反过来，在智力乃至心理的研究中，又要依靠数学的"工具"，这就是智力发展乃至心理学数学化的问题。

前苏联心理学家 A. B. 博鲁什林斯基指出："关于心理学数学化的可能性的问题，最近一个时候越来越成为尖锐的和重要的问题。一切心理科学发展的远景，在颇大的程度上都是随着这一问题的解决而转移的。"①

当然，并不是全部数学都与我们分析的对象有关。这里只就智力发展，尤其是思维发展心理学与数学方法的关系问题指出以下几点：

第一，智力发展是一个从量变到质变的过程，既有质性分析，又有量化分析，这就需要将数学作为分析的工具。

第二，智力的发展是部分和整体的统一，确切地表达这个统一关系，就需要借助于数学的分析，并以此作为可靠的依据。

第三，智力的发展是客体与主体的统一，要使主体的发展有一定客观

---

① 赵璧如，主编. 现代心理学发展中的几个基本理论问题［M］. 北京：中国社会科学出版社，1982.

指标的表达，就需要依据数学原理，把数学作为技术手段。

第四，智力的发展与人掌握数学知识与方法的过程存在着一致性。在数学学习中，个体掌握数学知识和思想的过程、方法对数学思维的发展所起的作用，对智力发展规律的研究具有启发性。智力发展心理学数学化的问题是智力发展心理学中不可缺少的一个环节。

因此，我们必须要重视智力发展心理学研究的数学化问题。

第十章 常用的数据统计处理

这里,我们先来介绍一些智力发展心理学研究中常用的数据统计处理方法。

在智力发展的研究中,有的心理学家,如皮亚杰的大部分思维发展的实验研究,是不太重视对数据的统计处理的,而当前的大多数心理学家,则很注意运用数据统计处理。我们认为,对智力发展的研究成果,特别是对一定样本的智力发展的实验研究结果,如果运用科学的统计方法加以解释,就能提高这些研究成果的科学价值,从中总结出一定的智力发展的规律,完整地表达对儿童青少年智力特征的发现。

一、描述统计与相关分析

数据的描述统计一般是用统计表和统计图来表示。在思维发展的研究中,有如下几个最基本的统计数据。

(一) 算术平均数

算术平均数,通常称为平均数。只是在与调和平均数等相区别时,才叫它算术平均数。

设变量 X_1,X_2,…,X_n 代表各次研究的结果,N 为研究的次数,则平均数 M(M 由 X 变量计算得来,就记为 $\overline{X}$)为:

$$M(\overline{X}) = \frac{X_1 + X_2 + \cdots + X_n}{N}$$

简写为：

$$\overline{X}=\frac{\Sigma X}{N}$$

求平均数的计算方法有三种：一是用原数目求平均数，二是用估计平均数推求平均数，三是在次数分配中求平均数。

（二）差异量数

智力发展的研究中常常遇到差异，因此我们就要对这些差异性加以统计分析。智力发展中的差异不少，常用的差异量数有：

（1）极差（R），全距＝最大数－最小数。

（2）四分差（Q），表示一个团体资料中各阶段之间的差异，它既适用于等距变量的资料，也适用于次序变量的资料。以 Q_1、Q_2、Q_3 分别表示第一、第二、第三四分位数。四分差的计算公式为：

$$Q=\frac{Q_3-Q_1}{2}$$

（3）平均差（MD），它表示各个离差的平均数。离差（x）指一个数（X）与平均数（$\overline{X}$）之差。计算平均差的公式是：

$$MD=\frac{\Sigma|x|}{N}$$

（式中$|x|$即用绝对值表示的离差大小）

（4）标准差（SD，或 S 或 δ），在思维发展研究中，是一个比较理想而可靠的差异量数的指标。计算平均差时只使用离均差的绝对值，不适合于代数方法的运算，这就影响其使用价值。为了避免这个缺点，采用了标准差。它的基本公式是：

$$SD=\sqrt{\frac{\Sigma(X-\overline{X})^2}{N}}=\sqrt{\frac{\Sigma x^2}{N}}$$

在这个公式中，它先将各离均差自乘取消其正负号，平均之后再开方还原，全部资料都参与计算，适合于代数运算方法，数值稳定，真实地反映了差异的性质。

我们在智力发展的研究中比较重视标准差的计算。例如，在我们参与的在校青少年思维发展的研究中，涉及青少年的逻辑推理水平、运用思维法则水平和辩证逻辑思维水平年级间差异比较时，着重分析了总分数、平均分数和标准差三项数据，从而获得青少年思维发展的年龄特征的具体表现。如果只有总分数和平均分数而没有标准差，那就只能分析青少年思维的一般趋势，而看不出具体发展的细节了。

我们认为，标准差系不具测量单位的相对差异量数。智力发展的研究中，在比较两组以上数量之间的差异情况时，由于两组变量的单位不同，或者单位虽然相同，但平均数的大小相差很多，只有正确运用标准差，才能正确地表示这种差异量数，才能揭示儿童青少年智力发展研究中差异的实质。

（三）积差相关

所谓相关，就是指二列变量之间的相互关系。相关分三种，一是正相关，即二列变量的变动方向相同；二是负相关，即二列变量中有一种变量变动时，另一种变量呈或大或小的指向相反的变动；三是零相关，即二列变量之间没有相互关系。二列连续变量间的相关程度一般用积差相关系数（r）来表示。积差相关系数在 +1.00（完全正相关）至 -1.00（完全负相关）之间取值。

积差相关系数的计算基本公式是：

$$r = \frac{\Sigma xy}{NS_x S_y}$$

式中 $x = X - \overline{X}$，$y = Y - \overline{Y}$；N 为成对的变量数目，S_x 为 X 变量的标准差，S_y 为 Y 变量的标准差。

由前述计算标准差的公式 $S_x = \sqrt{\frac{\Sigma x^2}{N}}$，还可将上述的计算相关系数的基本公式推导为：

$$r = \frac{\Sigma xy}{\sqrt{\Sigma x^2 \cdot \Sigma y^2}}$$

在智力发展的研究中，相关系数的运用十分普遍。这里我们仅举一个自己研究的例子。在智力发展研究标准化中求出信度和效度，可以通过求有关的相关系数。我们在研究小学儿童在运算中思维品质的发展和培养时，编制了大量的试题，经过多次"筛选"，测定了信度和效度。

我们在预实验期间，对实验班和控制班多次测定运算思维的四个智力品质，其相关系数（r）是：

（1）两次测定正确迅速的成绩，实验班 $r=0.66$；控制班 $r=0.63$。

（2）三次测定一题多解的成绩，实验班 $r_1=0.74$（第一、二次相关）；$r_2=0.71$（第二、三次相关）；控制班 $r_1=0.69$，$r_2=0.66$。

（3）两次测定深刻性习题的成绩，实验班 $r=0.69$；控制班 $r=0.64$。

（4）三次测定自编应用题的成绩，实验班 $r_1=0.71$，$r_2=0.77$；控制班 $r_1=0.62$，$r_2=0.69$。

通过求相关系数，可知我们的试题的制定及测定的结果有较高的重测信度。

我们将实验班儿童的每个思维品质都分成四等，让一个五年级实验班教师在测定前按其平时印象对每个被试的四个思维品质做出评价。随后求出同上述实验结果的相关系数：敏捷性 $r=0.60$，灵活性 $r=0.73$，深刻性 $r=0.62$，独创性 $r=0.68$。由此可见，我们的试题的制定及测定的结果有较高的效度。

二、常用的显著性检验方法

在智力发展的研究中有着不少的比较实验研究，其结果除应做上述的一般统计处理外，还需要检验统计显著性的大小。常用的有 χ^2、Z、t 和 F 检验，一般采用 $p<0.05$ 或 $p<0.01$ 的显著性水平。但是，智力发展的研

究极为复杂，它受各方面主客观因素的影响，实验研究条件也较难控制，因此我们既要以 0.05 显著性水平为界限，又要对一些具体实验研究做出具体的分析。

显著性检验的应用很广，简述如下。

（一）χ^2 检验

在智力发展的研究中，时常遇到一种测定实得次数和期望次数不一致的情况。这往往用 χ^2 来检验，这是一个较简便的计算方法，所用的公式是：

$$\chi^2 = \Sigma \frac{(f_0 - f_e)^2}{f_e}$$

式中的 f_0 为实得次数，f_e 为期望次数。例如，检验儿童青少年样本中母亲受教育水平分别为"高中及以上"和"高中以下"的儿童人数是否有显著差异。预计 100 个儿童中，母亲受教育水平为"高中及以上"和"高中以下"出现的次数应各为 50 次，如果"高中及以上"出现了 46 次，"高中以下"则为 54 次，这种差异是否具有统计意义需要进行检验。用上述公式可获得 $\chi^2 = 0.64$。查 χ^2 数值表，自由度 $df = N - 1 = 2 - 1$（N 即两种可能性），$p > 0.5$。这说明母亲受教育水平为"高中及以上"和"高中以下"的两组儿童人数的差异不具有统计学意义，可以视为相等。

（二）Z 检验

在智力发展的研究中，对大样本平均数差异是否显著的指标，一般用 Z 检验，其公式表示为：

$$Z = \frac{D_{\bar{x}}}{SE_{D_{\bar{x}}}}$$

式中的 $D_{\bar{x}}$ 是两个平均数的差异，$SE_{D_{\bar{x}}}$ 是两个平均数的差异的标准误差。例如甲乙两班儿童的人数、平均成绩、标准差的数据如表 10.1 所示。

表 10.1 甲乙两班人数、平均成绩、标准差数据

班级	人数	平均成绩	标准差
甲	100	79.0	11
乙	120	74.5	10

$D_{\bar{x}} = 79.0 - 74.5 = 4.5$

$SE_{D_{\bar{x}}} = \sqrt{\dfrac{11^2}{100} + \dfrac{10^2}{120}} = \sqrt{1.21 + 0.833} = \sqrt{2.043} = 1.43$

$Z = \dfrac{4.5}{1.43} = 3.147$

查表获 $p < 0.01$，说明两个班的平均成绩的差异非常显著。

(三) t 检验

在智力发展的研究中，对小样本平均数之间差异的显著性检验，通常用 t 检验。其公式为：

$$t = \dfrac{D_{\bar{x}}}{SE_D(df)}$$

式中的 $D_{\bar{x}}$ 是两个平均数的差异，$SE_D(df)$ 是平均数差异的标准误。但小样本求 t 和大样本求 Z 是不同的，这在于分母中所用差数的标准误不同。小样本中的 $SE_D(df)$ 标准误差在 SE_D 的后面加注 (df)，表明它在计算过程中用自由度代替了 n。即

$$S_{\bar{D}}(df) = \sqrt{S_C^{\,2}\left(\dfrac{1}{n_1} + \dfrac{1}{n_2}\right)}$$

其中，$S_C^{\,2} = \dfrac{\Sigma X_1^2 + \Sigma X_2^2}{df_1 + df_2}$，$df_1 = n_1 - 1$，$df_2 = n_2 - 1$

例如，男女两组学生在某次思维测定中的平均成绩、标准差和人数的数据如表 10.2 所示，进行 t 检验。

表 10.2　两组学生在某次思维测定中的数据

性别	平均成绩（$\bar{x}$）	标准差（S）	人数（n）	自由度（df）
男	87.54	3.201	21	20
女	84.04	3.270	16	15

$\Sigma X^2 = (n-1)S^2$

$\Sigma X_1^2 = 20 \times 3.201^2 = 205$

$\Sigma X_2^2 = 15 \times 3.270^2 = 160.5$

$S_{\bar{D}} = \sqrt{S_C{}^2 \left(\dfrac{1}{n_1} + \dfrac{1}{n_2}\right)} = \sqrt{\dfrac{205+160.5}{21+16-2} \times \dfrac{21+16}{21 \times 16}} = \sqrt{\dfrac{365.5}{35} \times \dfrac{37}{336}}$

$= \sqrt{1.49958} = 1.072$

$t = \dfrac{87.54 - 84.04}{1.072} = \dfrac{3.50}{1.072} = 3.265$

查 t 值表，$df = 21+16-2 = 35$，$t = 3.265$，得 $p < 0.01$，差异很显著，说明男女学生在本次研究中的差异有意义。

(四) F 检验

在智力发展的研究中，大多数的实验是比较复杂的，它不只包括一个实验组和控制组，一般都包含着给以不同处理的好几个组别，或者是给以不同混合处理的几个组。这就要通过一个综合性的比较分析，确定出各组平均数之间是否有显著差异，这种差异的显著性，通常用 F 检验，它是以数据变异数（方差）分析作为基础的。其计算公式为：

$$F = \dfrac{MS_B}{MS_W}$$

式中的 MS_B 叫均方，它的来由是：根据一组数据之间的变异来源的不同计算出组间平方和（SS_B），组内平方和（SS_W）和总平方和（SS_T）三个数值后，再用与它们各自相应的自由度去除就得出它们的平均值，即变异数（V）。这个变异数就是均方。因此，上述公式又可写成：

$$F = \frac{V_B}{V_W}$$

例如，我们在一项智力发展的研究中，获得如下的数据（见表 10.3）：

表 10.3　三个年级思维测定的 F 检验

变异来源	平方和 SS	自由度 df	均方 MS 或 V	F	$F_{0.05}$
年级间（B）	756.4	4	189.1	3.98*	3.33
年级内（W）	1378.9	29	47.5		
总变异	2135.2	33			

（注：* 表示 $p < 0.05$。）

从上述数据中，可见这一研究结果，能够通过一次统计检验反映出三个年级间有显著差异。

三、一元统计分析

影响儿童青少年智力发展的因素不是单一的，而是多种多样的，如第二章所述，包括遗传因素，生理成熟因素，营养因素，社会、学校、家庭等环境、教育因素，实践活动等客观条件，还包括内部矛盾或动力等主观因素。其中每一个因素又可以分为许多不同的方面。因此，过去的智力研究在采用单因素分析方法（如上述的 t 检验，χ^2 检验等）进行统计处理时，总是要通过控制所研究的某一因素以外的其他因素，来考察该因素对儿童青少年智力发展的影响。

然而，这种单一因素的分析方法在儿童青少年智力发展研究中却存在严重的缺陷，妨碍了研究结果的正确性、科学性。

首先，变量的控制有时是不可能的。例如，要想比较两种教学方法对儿童青少年思维发展的不同影响，就要求两个班的被试在生理年龄、心理年龄、知识检验、动机、态度以及家庭环境与教育（如父母职业、文化水平、教育方式、态度）等许多方面基本一致，这些都是难以做到的。

其次，从系统论整体观的角度来看，有时变量的控制是无意义的，或是错误的。这是因为儿童青少年思维的发展受多种因素制约，而这些因素之间又是相互作用、相互影响的，它们是一个完整的系统。儿童青少年思维发展的水平、性质、特色都是该系统中各因素相互作用的综合效应。因此，只有将各因素同时放到整个系统中加以考察，才能揭示出各因素之间的内在联系。而通常的单因素分析方法，由于控制了其他变量，只能对各因素的影响、作用个别地加以对比研究，揭示不出各因素之间的真正关系。

最后，从整体观看，影响思维发展的各因素的不同组合，也可能会使某一影响因素产生不同的作用。例如，儿童青少年可能因父母辅导得当，有良好的家庭教育条件而导致思维发展水平高，也可能因父母辅导不当，过分依赖父母而使思维独立性差。由此可见，孤立地考察某一因素，有时是没有意义和价值的。

因此，智力发展心理学广泛地应用能够同时容纳多个自变量的统计方法。我们将多个自变量、一个因变量的统计方法称为一元统计方法（与多个因变量的多元统计方法相对应）。下面介绍最常用的固定效应方差分析以及更为灵活的多元线性回归方法。

（一）方差分析

有关固定效果模式，其二因素方差分析之结果呈现在表 10.4 上。两因素的研究设计可以用一个 $R \times C$ 的列联表来表示，其中行和列各代表一个变量。

自然地，当以总结表来进行实际资料的分析时，代数表达式和符号可以将所获得的相应的数值代入。

表 10.4　方差分析结果

变异数的来源	平方和 SS	自由度 df	MS	F
列	$\dfrac{\sum_k(\sum_j\sum_i yijk)^2}{C_n} - \dfrac{(\sum_j\sum_k\sum_i yijk)^2}{N}$	$R-1$	$\dfrac{SS_{rows}}{R-1}$	$\dfrac{MS_{rows}}{MS_{error}}$
行	$\dfrac{\sum_j(\sum_k\sum_i yijk)^2}{R_n} - \dfrac{(\sum_j\sum_k\sum_i yijk)^2}{N}$	$C-1$	$\dfrac{SS_{colu}}{C-1}$	$\dfrac{MS_{colu}}{MS_{error}}$
交互作用	$\dfrac{\sum_j\sum_k(\sum_i yijk)^2}{n} - \dfrac{\sum_k(\sum_j\sum_i yijk)^2}{C_n} -$ $\dfrac{\sum_j(\sum_k\sum_i yijk)^2}{R_n} + \dfrac{(\sum_j\sum_k\sum_i yijk)^2}{N}$	$(R-1)(C-1)$	$\dfrac{SS_{int}}{(C-1)(R-1)}$	$\dfrac{MS_{int}}{MS_{error}}$
误差（单元之内）	$\sum_j\sum_k\sum_i y_{ijk}^2 - \dfrac{\sum_j\sum_k(\sum_i yijk)^2}{n}$	$RC(n-1)$	$\dfrac{SS_{error}}{RC(n-1)}$	—
总计	$\sum_j\sum_k\sum_i y_{ijk}^2 - \dfrac{(\sum_j\sum_k\sum_i yijk)^2}{N}$	RC_{n-1}	—	—

假如一次思维发展研究中获得如下的数据（见表 10.5）：

表 10.5　某次思维发展研究中的数据

常模	所处的地位		
	上	中	下
第一组	52	28	15
	48	35	14
	43	34	23
	50	32	21
	43	34	14
	44	27	20
	46	31	21
	46	27	16
	43	29	20
	49	25	14
	464	302	178

表 10.5 续

常模	所处的地位		
	上	中	下
第二组	38	43	23
	42	34	25
	42	33	18
	35	42	26
	33	41	18
	38	37	26
	39	37	20
	34	40	19
	33	36	22
	34	35	17
	368	378	214

该研究有两个自变量：一是常模团体（具有两个水平），二是所处的地位（具有三个水平）。

我们希望检验下列三个虚无假设：①没有有关给予被试所处的地位的效果；②没有给被试之实际常模团体的效果；③没有常模团体与所处地位之组合的效果，即没有交互作用。

通过计算，对上述数据进行处理后，获得如下的变异数分析的总结（见表 10.6）。

表 10.6 变异数分析总结

来源	SS	df	MS	F
常模团体	4.2	1	4.2	0.35
所处的地位	4994.1	2	2497.05	209.8
交互作用	810.2	2	405.1	34
误差（单元之内）	643.2	54	11.9	
合计	6451.7	59		

通过 F 检验发现，对于常模团体，不能拒绝虚无假设，即常模团体没有显著的效应。对没有地位效应的虚无假设，F 检验的结果显著，因此可以拒绝虚无假设。同样，也可以拒绝没有交互作用的虚无假设。

（二）回归分析

回归分析与方差分析的原理相同，都是对因变量的方差进行分解。有两个或两个以上自变量的回归分析通常叫做多元回归。

回归分析为智力发展研究提供了一种更加灵活的方法，方差分析也可以通过回归模型来实现。回归分析与方差分析相比，可以容纳更多自变量，可以同时有连续型自变量和分类型自变量，而且通过对分类变量进行编码，还可以将因变量的变异进行更细致的分解，可以回答更具体的研究问题。

下面以一个思维发展研究为例：评价采用新的小学数学教学方法对儿童思维发展的促进作用。

学生被随机地分配给新的教学方法组或旧的教学方法组。此外，每种方法都有两类不同水平的老师（高级教师和普通教师）教授，学生也随机分配给老师。因此，这是一个两因素实验设计，方法和教师这两个因素分别有两种不同的水平。在四种不同水平的处理下，都随机分配了 15 个学生。结果变量是在一学期结束后，学生在数学标准测验上的成绩。另外，每个学生还有一个前测成绩，它表明了学生在接受新旧教学方法之前的数学成就水平。因此，总共有三个自变量，其中教学方法和教师水平是类别变量，前测成绩是连续变量。

我们希望检验下列三个虚无假设：①没有教学方法的效果；②不同水平教师的学生成绩之间没有显著差异；③教学方法和教师水平之间不存在交互作用；④前测成绩不能预测后测的成绩。

通过建立回归模型进行协方差分析，得到以下的回归方程：

$$\hat{Y}_i = -4.94 + 1.23 Z_i + 3.80 X_{i1} + 1.40 X_{i2} + 1.10 X_{i3}$$

通过回归分析所得到的变异来源的各项值见表10.7：

表10.7 协方差分析变异来源表

来源	B	SS	df	MS	F*
模型		1653.06	4	413.26	52.19
前测成绩	1.23	596.46	1	596.46	75.31
组间		1056.60	3	352.20	44.47
教学方法	3.80	866.40	1	866.40	109.39
教师水平	1.40	117.60	1	117.60	14.85
教学方法×教师水平	1.10	72.60	1	72.60	9.17
误差		435.55	55	7.92	
总计		2088.60	59		

（注：* 表示 $p < 0.05$。）

根据回归分析的结果，可以做出拒绝虚无假设的决定，前测成绩能够显著预测后测的成绩，学生以往的水平对以后的测验成绩有显著影响；新的教学方法显著提高了学生的成绩；教师之间有显著的差异；教师和教学方法存在显著的交互作用，好的教学方法必须由好的教师来使用，才能达到应有的效果。

以上的回归分析结果也可以过协方差分析（即将前测成绩作为协变量的方差分析）获得。但如果类别变量超过2个水平，回归分析的优势就显现出来：通过效应编码（或者其他编码方式）对自变量的组合进行重新编码，可以将自变量和交互作用的效应进一步地分解。例如，如果上述的例子中有三种教学方法，则可以通过效应编码生成5个新的自变量，其中 C_1 等同于教学方法的效应，C_2 和 C_3 是对教师水平效应的分解，C_4 和 C_5 是对交互作用效应的分解。（见表10.8）

表 10.8　效应编码

	高级教师× 新方法1	高级教师× 新方法2	高级教师× 旧方法	普通教师× 新方法1	普通教师× 新方法2	普通教师× 旧方法
C_1	1	1	1	−1	−1	−1
C_2	1	1	−2	1	1	−2
C_3	1	−1	0	1	−1	0
C_4	1	1	−2	−1	−1	2
C_5	1	−1	0	−1	1	0

四、多元统计分析

随着智力研究的不断深化和发展，研究者希望探讨多个变量之间的复杂关系。传统的单因变量统计分析已经不能够满足研究设计的要求，在儿童青少年智力发展研究中开始大量采用多元统计分析，这是由个体心理结构的复杂性、影响因素的多样性等所决定的，是生态化趋势的要求和反映。

近年来，验证型多元统计技术的出现，为人们提供了一种检验理论模型真实性的手段。在智力发展研究中，建立模型并检验其合理性，成为一些研究者惯常的研究方式，采用路径分析或结构方程模型技术验证模型的文章数量越来越多。

下面介绍近年来思维发展研究中广泛应用的探索性因素分析和结构方程模型。

（一）探索性因素分析

在儿童青少年智力研究中，往往需要采用多因素实验、观察或调查的方法，收集各种变量的交叉资料，从对这些资料的分析中揭示出事物之间的联系。因素分析正是在这些研究中起着重要作用的数学工具。

因素分析是一种统计技术。它的目的是从为数众多的可观测的"变量"中概括和推论出少数的"因素"，用最少的"因素"来概括和解释最大量的客观事实，从而建立起最简洁、最基本的概念系统，揭示出事物之间最本质的联系。

因素分析的原理是从变量的相关矩阵或协方差矩阵出发，将相关的变量转变为不相关的因子，将观测变量的变异分解成公共因子的变异和特殊因子变异。通过特征值和碎石图等标准决定提取公因子的个数，可以将众多的变量缩减为少数的几个因子，而提取的因子可以解释观测数据大部分的变异。

如上所述，影响儿童青少年思维的因素是很多的，但是，在这些因素中，哪些因素起着主要作用？它们之间的关系如何？它们各自对儿童青少年思维发展的影响程度究竟有多大？它们各自的作用又是如何随着儿童青少年的年龄变化而变化？这些问题通过因素分析才能获知如第三章中的答案；这些问题的深入研究，正需要进一步借助于因素分析这个数学统计的工具。同样，思维品质有十余种，而我们在第一章里概括为五种，并在儿童青少年运算思维能力的培养中突出敏捷性、灵活性、深刻性和独创性这四种品质，正是由于我们经过因素分析，以这四五种思维品质来概括和解释整个思维品质的特点。

（二）结构方程模型

在儿童青少年智力研究中，很多变量其实是不可直接观察的（即潜变量），如儿童的认知发展水平、家庭学习环境、父母对儿童的期望等，这些潜变量都是通过一个或多个观测变量来反映的。往往在同一个研究里会同时涉及多个变量之间的复杂关系，这是传统的统计方法不好解决的问题。20世纪80年代以来，结构方程分析得到迅速发展，目前已经被广泛地应用到思维发展研究中。与传统的回归分析不同，结构方程模型可同时处理多个因变量；与传统的探索性因素分析相比，结构方程模型可以对特定的模型进行验证。

简单来说结构方程模型可分为测量模型和结构模型两部分。测量模型描述潜变量与指标之间的关系，如认知测验中的各个题目与认知水平之间的关系。结构模型则描述潜变量之间的关系，如认知水平与家庭学习环境的关系。指标是观测变量，含有测量误差，潜变量则不含误差。[1] 结构方程模型引入了"潜变量"的概念，因此可以考虑测量误差。相比之下，传统的统计分析是对观测变量的分析，由于没有考虑测量误差，往往会低估变量之间的相关。

测量模型可以由以下的方程表示：

$$x = \Lambda_x \xi + \delta$$
$$y = \Lambda_y \eta + \varepsilon$$

其中 x 是外源指标，相当于模型中的自变量的观测值，δ 是它的误差项。y 是内生指标，相当于模型中的因变量或中介变量的观测值，ε 是它的误差项。Λ_x 描述了外源指标与外源潜变量之间的关系，Λ_y 描述了内生指标与内生潜变量之间的关系。测量模型也就是通常所说的验证性因素分析。

结构模型可以写成如下的方程：

$$\eta = B\eta + \Gamma\xi + \zeta$$

其中 B 矩阵描述了内生潜变量间的关系，Γ 矩阵描述外源潜变量间的关系，ζ 是结构方程的残差项，反映了 η 在方程中未能被解释的部分。

估计方法的原理是首先用样本数据对所设定的模型参数进行估计，再根据这些参数估计来重建方差协方差，然后尽可能地将重建的方差协方差矩阵 Σ 与观测方差协方差矩阵 S 相匹配，二者的匹配程度决定了结构方程模型拟合样本数据的程度。模型的总体拟合程度有绝对拟合指数和相对拟合指数两类测量指标，前者如拟合优度卡方检验、拟合优度指数（GFI）、

---

[1] 侯杰泰，温忠麟，成子娟. 结构方程模型及其应用［M］. 北京：教育科学出版社，2004.

调整的拟合优度指数（AGFI）、近似误差均方根（RMSEA）；后者如标准拟合指数（NFI）、相对拟合指数（CFI）等。研究者可以通过模型拟合指数对模型进行评价，也可据此比较不同的模型。

在智力发展研究中，研究者为了探讨大学生心理健康和创造力之间的关系，建立以下三个假设结构模型进行比较验证②：（见图 10.1）

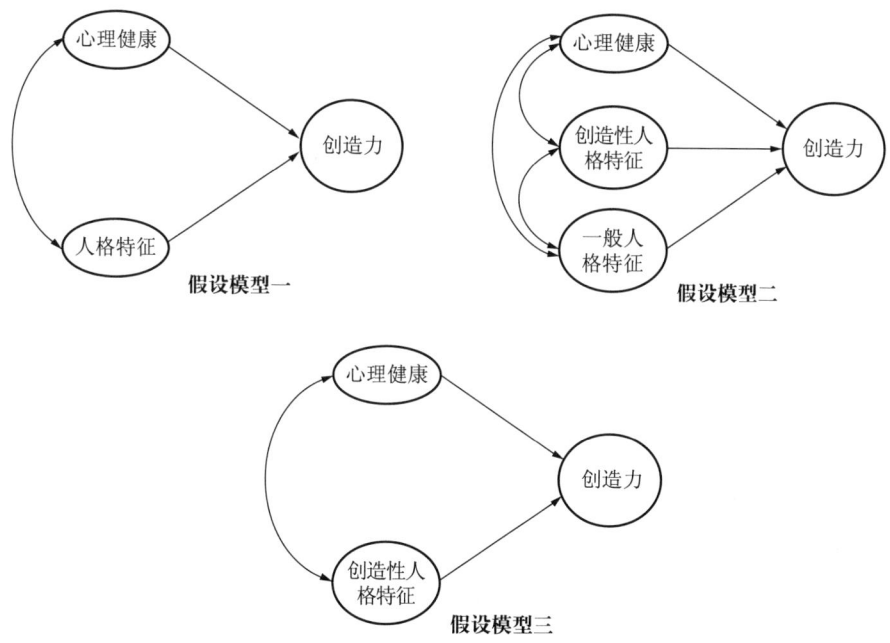

图 10.1 心理健康、创造性人格特征和创造力的关系假设模型

假设模型一：将艾森克问卷的 P、N、E 分量表和威廉斯创造力人格问卷的冒险性、好奇性、想象性和挑战性综合在一起，作为人格特征潜变量的指标。结构模型存在两条路径：一条是心理健康作用于创造力，另一条是人格特征作用于创造力。

假设模型二：将艾森克问卷的 P、N、E 维度作为一般人格特征，将威廉斯创造力人格问卷的冒险性、好奇性、想象性、挑战性作为创造性人

---

② 罗晓路，林崇德. 大学生心理健康、创造性人格与创造力关系的模型建构［J］. 心理科学，2006，29（5）.

格特征分别指向创造力潜变量，结构模型存在三条路径，分别指向创造力。

假设模型三：模型中只保留创造性人格特征，这样存在两条路径：一条由心理健康指向创造力潜变量；另一条由创造性人格特征指向创造力潜变量。

通过结构方程模型分别估计以上三个模型的参数，并比较三个模型与数据的拟合优度可知，模型三整体拟合指数较高，达到可接受水平，测量模型中各指标在潜变量上有很好的负载，路径系数均达到显著水平。因此，我们认为模型三是解释心理健康、个性、创造性三者关系的一个较好的模型。

五、智力发展研究中统计方法的新进展

随着智力发展研究的不断进步，研究者不断提出新的研究问题。而统计方法和计算机技术的迅速发展也为智力发展研究者提供了重要的研究工具。下面介绍几种思维发展研究中已经出现但还未广泛推广的统计方法。

（一）因果推断的统计方法

在智力发展研究中，尽管实验研究通过操纵和控制实验条件，随机分组或对被试进行匹配，可以做出有效的因果推论。但由于智力发展的心理学研究对象的特殊性等原因，实验研究并不能涵盖思维发展心理学研究者感兴趣的所有领域，在现实情境中难以真正随机地选取被试，实验条件和真实情境间的差异也带来对外部效度的质疑，因此如何根据非随机数据估计变量间的因果关系成为一个迫切的方法论问题。和实验研究相似，对观测数据的分析也应使用统计方法对可能影响因果效果的变量进行控制，保证这些变量和分组安排独立。主要的方法有三种：倾向分数、工具变量和

回归间断点。其中倾向分数已经在我国发展心理学研究中得到了一些应用，下面通过一个研究的例子来介绍其使用方法。

例如，研究者运用倾向分数方法探讨学生计算机使用与数学成绩之间的关系。[③] 在关于计算机使用对学业成就影响的研究中，研究者得出的结论是不一致的。这可能是因为现有研究多数未能控制其他影响变量，而只能说明计算机使用与学业成就的相关关系。通过倾向分数方法则可以做出因果推断。

第一步，以学生在课堂使用计算机频率为因变量，建立估计倾向分数的 logistic 模型：首先将可能影响学生在课堂使用计算机频率的变量全部纳入 logistic 回归，筛选出在回归模型中显著的变量。

第二步，根据所估计出的每个个体的倾向分数，在分组变量上进行匹配，以保证匹配后的分组变量与倾向分数相互独立。共抽取出 715 对被试。

第三步，对倾向分数匹配前后的特征变量进行均衡性比较：在控制组和处理组之间，比较匹配前后各特征变量上的差异。在匹配之前，控制组和处理组在七个特征变量以及所得出的 logistic 分数上均存在显著差异，而按倾向分数匹配后，对数据的配对样本 t 检验发现，两组被试在各特征变量的构成比上基本一致，差异无统计学意义。

第四步，对学生在课堂使用计算机与数学成绩之间的关系进行分析，在匹配倾向分数后可以有效地在分组变量上消除各个特征变量间的差异，因此可使用配对样本 t 检验方法探讨匹配后数据在数学成绩上的差异情况。

倾向分数的匹配之结果呈现在表 10.9 中。

[③] 辛涛，邹舟. 中学生课堂计算机使用对其数学成绩的影响[J]. 教育学报，2010，6（4）.

表 10.9 倾向分数匹配前后特征变量均衡性比较

特征变量	原始数据（单样本 t 检验）				匹配抽样数据（配对样本 t 检验）			
	df	控制组 (Mean)	处理组 (Mean)	p	df	控制组 (Mean)	处理组 (Mean)	p
学生年级	10317	0.45	0.50	<0.001	714	0.47	0.48	0.331
家庭藏书量	10272	2.73	2.87	<0.001	714	2.86	2.81	0.057
每周在校使用电脑时间	10182	0.84	0.99	<0.001	714	1.15	1.13	0.258
教室是否有电脑	9479	0.88	0.94	<0.001	714	0.84	0.85	0.593
学历	9221	3.06	3.09	<0.001	714	3.11	3.13	0.075
教师性别	9552	0.27	0.22	<0.001	714	0.38	0.38	0.778
为演示教学材料使用电脑	9312	2.64	2.74	<0.001	714	2.55	2.56	0.412
Logit 分数	8888	0.57	0.69	<0.001	714	0.60	0.60	0.591

配对样本 t 检验的结果呈现在表 10.10 中。

表 10.10 学生课堂使用计算机频率与数学成绩的关系

	df	控制组 (Mean)	处理组 (Mean)	t	p
数学成绩	714	18.55	19.34	2.81	0.005

从上述数据中，通过倾向性分数的方法，我们可以比较有把握地得出计算机使用与学生数学成绩之间的因果关系：在数学课堂中常使用计算机的学生，其成绩显著高于那些不使用或很少使用计算机的学生。

（二）多水平模型的应用

随着纵向研究的出现与发展，简单线性回归分析已经不能满足研究设计的要求。纵向研究中传统统计技术主要是重复测量的方差分析和多元回归分析，但是这两种技术存在一些局限性，不能合理而充分地解释纵向研究资料。此外，在社会科学研究中进行取样时，样本往往来自不同的层级和单位，由此得到的数据带来很多跨级（多层）现象。追踪数据的出现以及数据具有层级关系的客观现实，都促进了多水平模型在发展心理学研究中的应用。

多水平分析技术通过将学生层面的变异（如学生的学业成绩）分解为学生、班级和学校等不同层次的变异，能更加合理地分析和解释造成学生之间差异的原因。

以下是一个两水平随机截距模型的公式，可考察第一层的自变量对因变量的影响，以及不同的第二层水平单位的均值间是否有显著差异。

第一层：$Y_{ij} = \beta_{0j} + \beta_{1j}X_{1ij} + \beta_{2j}X_{2ij} + \cdots + \beta_{pj}X_{pij} + e_{ij}$

第二层：$\beta_{0j} = \gamma_{00} + u_{0j}$

$\beta_{1j} = \gamma_{10}$

$\begin{cases} \mu_{0j} \sim N(0, \sigma_{u0}^2) \\ e_{ij} \sim N(0, \sigma_e^2) \end{cases}$

其中 e_{ij} 是学生个体的随机残差项，它被假设为服从平均值为0，方差为 σ_e^2 的正态分布。X_{pij} 为学生水平的变量。μ_{0j} 则是学校的随机残差项，它被假设为服从平均值为0，方差为 σ_{u0}^2 的正态分布。β_0 为学校的总体均值。

若数据为追踪数据，则把时间作为第一层，学生作为第二层，学校或班级作为第三层。

我们在一项思维发展的研究中，根据如下抽样方法抽取被试：首先，在全国范围内抽取六个省；其次，在每个省内随机选择一个经济比较发达的地区和一个经济水平为中下等的地区；从三类幼儿园（机关办园，企业办园，民办园）中每类随机抽取2~3所幼儿园；最后，在每个幼儿园用等距抽样的方法随机选取20名幼儿，共得到1440名幼儿，其中男女各半。

这样获得的样本中，幼儿和家庭是嵌套在幼儿园中的，因此使用一般的回归模型可能导致不精确的误差方差估计。因此,这里采用随机截距的多水平线性模型,第一层为幼儿水平,第二层为幼儿园水平。可考察第一层的自变量(年龄、家庭学习环境等)对因变量(幼儿认知水平)的影响,以及不同的第二层水平单位(幼儿园)的均值间是否有显著差异(见表10.11)。

表10.11 预测变量对幼儿认知水平的影响

固定效应	系数	标准误	效应值
年龄	0.55	0.10	0.01***
家庭学习环境(以低于1SD为参照)			
中等	2.68	0.69	0.27***
高于1SD	2.94	0.89	0.29***
母亲受教育水平(以小学或以下为参照)			
中学	2.97	0.83	0.30***
专科	5.05	1.00	0.51***
本科及以上	6.31	1.11	0.63***
家庭年收入(以1.2万元以下为参照)			
1.2万元~4万元	1.23	0.63	0.12*
>4万元	1.34	0.75	0.13
随机效应	方差成分	自由度	χ^2
幼儿园间	9.36	1	59.66***
幼儿园内	67.01		
$-2LogL$	9891.26		

(注:***表示$p<0.005$或$p<0.001$。)

截距在幼儿园水平的方程中随机变化,其他变量的系数在第二层方程中固定不变。从结果可以看出,作为家庭社会经济水平的两个主要指标,母亲受教育水平和家庭年收入均能显著地预测儿童的认知发展水平。在控制家庭社会经济水平变量的条件下,家庭学习环境的提高能够使儿童的认知测验分数增加0.27~0.29个标准差。

（三）元分析

　　用数量化的方法改进定性分析，使定性分析更严谨、更具有可比性，这其中典型的例证就是元分析技术的出现与使用。元分析是一种对分析的分析，它是以整合结论为目的，对大量个别研究结果的再统计分析。元分析中包含不同质量的研究，其目的是寻求一个综合的结论。

　　元分析必须先确定研究中想要探索的文献领域及将要包括的题目范围，建立一套挑选研究样本的"包含"与"排除"标准，要充分理解自己所要分析的概念及使用的方法，就像确定初级研究中的自变量和因变量一样，确定所要研究的效应值及结果。

　　然后进行文献搜索：首先阅读它们的题目与摘要，排除与自己要求不符的研究；接着针对留下的文章阅读它们的参考文献，再找回对自己的研究非常重要的文章摘要，并重新继续这个过程；再接下来对文献进行编码；最后是计算效应值，得到一个总的效应值，但并不是各个研究的效应值的简单平均，对精确的研究要给予更多的权重。

　　元分析的产生可以有效地补充传统的文献综述，使对文献的分析更加系统、严密，可以对不同的研究结果进行比较和综合，最后就一个具体的研究问题得出明确的结论。因此，元分析还提高了研究数据的利用率。

第十一章　数理逻辑在智力发展中的应用

20世纪70年代末,我读了皮亚杰的著作《逻辑学与心理学》(*Logic and Psychology*)①,看到皮亚杰在儿童青少年思维发展的研究中,引进了数理逻辑。这引起我极大的兴趣,作为一种数学工具,数理逻辑与统计学一样,在智力及其发展的研究中是有价值的。1979年暑假后,听说中国科学院研究生院开设数理逻辑课,我就到研究生院办理了旁听手续,并与近30位学友每周半天学习数理逻辑,主讲教师是中科院数学研究所的陆钟万教授。陆先生平易近人,对学生十分谦和,很受我们欢迎。那时没有教材,也没有参考书,先生怕我们记不住,就事先油印了重要公式,课前发给大家。学生年龄都偏大,好多内容听不懂,先生一次次教授,又一次次辅导复习,直至我们基本掌握为止。陆先生的课先后上了十五六次,给我们留下了深刻的印象。我现在有关数理逻辑的知识,主要来自陆先生的教授。从陆先生那里学习回来,我一直都在把数理逻辑作为自己研究的一项重要工具,试图以此推动心理学数学化的进展。

数理逻辑是一门比较近代的逻辑学,它是研究推理过程的形式结构和典型规律的一门学科。因为数理逻辑大量地借用了近代数学中的方法,并随着数学基础问题的研究影响而逐步发展,因此应将它看成是数学与逻辑学之间的"边缘科学"。

数理逻辑的基本内容比较丰富,与智力及其发展的研究,尤其与推理发展研究有关的是命题运算和谓词运算两个部分。

命题,即判断。在数理逻辑中,那些可以判断真假的陈述句,一般都

---

① Piaget J. Logic and Psychology [M]. New York: Basic Books, 1957.

叫做"命题"。命题有真假之分。命题运算，又叫做命题逻辑，或叫做命题演算。

在语法里，"谓词"是专门用来表明"主语"是什么的一类词。例如，如下三个数学命题：

2 是偶数。（一元）

4 整除 12$\left(\text{写成}\dfrac{4}{12}\right)$。（二元）

3＋4＝7。（三元）

它们都有各自的某种关系、论域（对象域），在语法中有主语和谓语。在数理逻辑中所说的谓词，其含义要广得多。命题中某种关系的性质可以看做"元"的关系。这里，主语可以是不确定的"变元"。例如，"x 不是素数"，"x 和 y 是大学生"，"x 月 y 日下雪"等都叫做"含变元的陈述"，x 和 y 就叫做"变元"，它们既可以代表数，也可以代表人和物。在这类陈述中，同样出现上边提到的谓词。

一、从皮亚杰的研究谈起

皮亚杰在心理学研究方法上的特色就是强调所谓"临床法"（clinical method）。临床法有四个特点：丰富多彩的小实验；合理灵活的谈话；自然性质的观察；新颖、严密的分析工具。这个分析工具就是逻辑。然而，当我持皮亚杰的《逻辑学与心理学》一书请教陆钟万先生时，先生说，这不是真正的数理逻辑。难怪我也看到过一些评论，说皮亚杰的数理逻辑是他自己"创造"的所谓数理逻辑的体系。对此，我不想做任何评价。

皮亚杰把儿童青少年的智力发展分为四个阶段：感知运动智力阶段——儿童思维的萌芽；前运算阶段——表象或具体形象思维；基本运算思维阶段——初步的逻辑思维；形式运算思维阶段——抽象逻辑思维。皮亚杰对后两个阶段的分析，就涉及逻辑思维的分析工具。

（一）皮亚杰对具体运算思维阶段的分析

具体运算思维阶段相当于小学阶段。皮亚杰认为，具体运算是在前一阶段很多表象图式融化、协调的基础上形成的。这一阶段出现了具体运算图式，其主要特点是：

1. 守恒性

运算的基本特点是守恒性。所谓守恒，就是内化的、可逆的动作。在学前期，儿童的感知运动图式内化为表象图式，但这种图式还没有达到守恒。只有儿童的动作既是内化的，又是可逆的，才算是达到了守恒。通俗地说，就是能在头脑中，并且从一个概念的各种具体变化中抓住实质的或本质的东西，才算是达到了守恒。

守恒是通过两种可逆性实现的：一个是逆反性，即否定性。例如$+A$是$-A$的逆向或否定。一个是相互性或互反性，例如$A>B$，则$B<A$是它的互反。儿童自身的左右与对面人的左右，就是一个互反关系。

2. 群集运算

在具体运算阶段的儿童，由于出现了守恒和可逆性，因而可以进行群集（groupment）运算：

（1）组合性（两个集可组合为一个新的集）。

$A+A'=B$（鸟＋兽＝动物）

$B+B'=C$（动物＋植物＝生物）

（2）逆向性或否定性。

上例$A+A'=B$的逆向性是$B-A=A'$（生物－动物＝植物）

（3）结合性。

$(A+A')+B=A+(A'+B)$

（4）同一性。

$+A-A=0$（鸟除了鸟＝零）

（5）重复性或多余性。

$A+A=A$（鸟+鸟=鸟）

$B+B=B$（动物+动物=动物）

在具体运算阶段的儿童，能对这些群集运算结构进行分析综合，从而能正确地掌握逻辑概念的内涵和外延等。

这个阶段之所以叫具体运算阶段，是因为：

（1）这种运算思维一般还离不开具体事物的支持，否则会感到困难。有些问题在具体事物帮助下可以顺利解决，但在纯粹口头叙述的情况下，就感到困难。例如，一种传递关系问题："A比B高，A比C矮，问谁最高？"有些儿童就感到了困难。

（2）这些运算还是零散的，还不能组成一个结构的整体，一个完整的系统。如这两种可逆性（逆反性和相互性）是互相孤立的，还不能把它们之间的复杂关系在一个系统内综合起来。这只有在形式运算或命题运算阶段才能做到。

在具体运算阶段，应该根据儿童的初步逻辑思维特点，采取各种有效措施，通过教学活动形成儿童的各种科学的基本逻辑概念和逻辑分类能力（如并集、交集），掌握各种逻辑关系，如序列关系：$A>B>C>D$，$D<C<B<A$；传递关系：$\because A \leqq B$，$B \leqq C$，$\therefore A \leqq C$，等等。

（二）皮亚杰对具体运算思维阶段的分析

具体运算思维，经过不断同化、顺应、平衡，就在旧的具体运算结构的基础上逐步出现新的运算结构，这就是和成人思维接近的、达到成熟的形式运算思维，亦即命题运算思维。所谓形式运算或命题运算，就是可以在头脑中将形式和内容分开，可以离开具体事物，根据假设来进行的逻辑推演的思维。关于形式运算图式，皮亚杰引用现代代数中"四变换群"和"格"（lattic）的逻辑结构来加以刻画。四变换群和格的结构，不同于群集结构，这是一个逻辑结构的整体或系统，儿童此时已能根据假设和条件进行复杂而完整的推理活动。

1. 四变换群是可逆性的一种整体结构形式

前面说过，可逆性包括逆反性（亦即否定性，用 N 表示）和相互性（用 R 表示），在群集运算阶段，这两者还未形成一个系统。到了形式运算阶段，则逐步构成了一个四变换群系统。一个命题或一个事物的关系，可以有四种基本变换方式：正面或肯定（identity，以 I 表示），反面或否定（N），相互（R）以及相关或对射（correlation，用 C 表示）。每一正面运算，从分类上必有一逆反（否定）运算，从关系上必有一相互运算，而相互的逆向则是相关或对射。这样，INRC 这种组合关系就构成四变换群，它可以穷尽命题的各种关系。在皮亚杰的《儿童心理学》中，举过一个简单的例子来说明，即儿童在观察一个运动物体的开始和停止跟电灯的发亮和不发亮的关系时，所进行的蕴涵推理是：

正命题：I（p⊃q）（I，正命题；p，灯亮；⊃，蕴涵关系；q，物体开动）

即：因为灯亮，所以物体动。

为了证实这个命题，也可以从反面来推论，即是否有灯亮而物体不动的情况。这就是正命题的逆反命题。

逆反命题：N（p⊃q）＝p·$\bar{q}$

即：灯亮而物体不动。

此时，也可以怀疑是否灯亮由物体开动所引起。这就是正命题的相互命题。

相互命题：R（p⊃q）＝q⊃p

即：因为物体动，所以灯亮。

此时，为了证实 q⊃p，可以再推想相反的情况来否定这个假定，即相关或对射命题。而对射则是相互的逆向。

对射命题：C（p⊃q）＝$\bar{p}$·q

即：灯不亮物体也动。

这样，四变换群就把可逆性中的逆反性和相互性组成一个完整的系统，从局部性的逻辑结构达到整体性的逻辑结构。[②]

与四变换群相适应，可以列出二元或多元命题运算的组合系统。这就是"格"。

2. 二元命题的 16 个组合式

以二元命题（如 p·q）为例，由于每个命题都有真假值，这样就可以有四个结合，即：(p·q)，(p·$\bar{q}$)，($\bar{p}$·q)，($\bar{p}$·$\bar{q}$)。这四个结合，如果再按一个一个、两个两个、三个三个、四个四个的不同关系组合起来（用 a、b、c、d 字母代表），就可以组成 16 个二元命题：

(1) 0，即 $\overline{(p·q) \vee (p·\bar{q}) \vee (\bar{p}·q) \vee (\bar{p}·\bar{q})}$

(2) a，即 p·q

(3) b，即 p·$\bar{q}$

(4) c，即 $\bar{p}$·q

(5) d，即 $\bar{p}$·$\bar{q}$

(6) a+b，即 (p·q) ∨ (p·$\bar{q}$)

(7) a+c，即 (p·q) ∨ ($\bar{p}$·q)

(8) a+d，即 (p·q) ∨ ($\bar{p}$·$\bar{q}$)

(9) b+c，即 (p·$\bar{q}$) ∨ ($\bar{p}$·q)

(10) b+d，即 (p·$\bar{q}$) ∨ ($\bar{p}$·$\bar{q}$)

(11) c+d，即 ($\bar{p}$·q) ∨ ($\bar{p}$·$\bar{q}$)

(12) a+b+c，即 (p·q) ∨ (p·$\bar{q}$) ∨ ($\bar{p}$·q)

(13) a+b+d，即 (p·q) ∨ (p·$\bar{q}$) ∨ ($\bar{p}$·$\bar{q}$)

(14) a+c+d，即 (p·q) ∨ ($\bar{p}$·q) ∨ ($\bar{p}$·$\bar{q}$)

(15) b+c+d，即 (p·$\bar{q}$) ∨ ($\bar{p}$·q) ∨ ($\bar{p}$·$\bar{q}$)

(16) a+b+c+d，即 (p·q) ∨ (p·$\bar{q}$) ∨ ($\bar{p}$·q) ∨ ($\bar{p}$·$\bar{q}$)

儿童到了 12—15 岁，尽管他还未意识到这些变换系统的存在，但他已经能运用这些形式运算结构来解决所面临的逻辑课题，诸如组合、包含、

---

② Piaget J. Logic and Psychology [M]. New York：Basic Books，1957.

第十一章　数理逻辑在智力发展中的应用

比例、排除、概率、因素分析等。此时已经达到了逻辑思维的高级阶段，即成人的逻辑思维水平。

以钟摆实验为例：

设与钟摆摆动频率（快慢）可能有关的因素有四个（四组命题）：

p 表示绳的长度变化，p̄ 表示无变化；

q 表示摆的重量有变化，q̄ 表示无变化；

r 表示使摆落下的高度有变化，r̄ 表示无变化；

s 表示推动钟摆摆动的推力有变化，s̄ 表示无变化。

面对这个逻辑课题：

前运算阶段儿童（2—7岁）——主客观因素不分，以为自己使劲推动钟摆，就可以使钟摆摆动得快些（自我中心思维）。

具体运算阶段儿童（7—12岁）——可以按序列对应分别加以改变，但无计划、无系统。

形式运算阶段儿童（12—15岁）——能按"其他条件相等"来有计划地排除无关因素。如首先就绳的长度和摆的重量二者找出与摆动频率的关系：

$$(p \cdot q \cdot x) \vee (p \cdot \bar{q} \cdot x) \vee (\bar{p} \cdot q \cdot \bar{x}) \vee (\bar{p} \cdot \bar{q} \cdot \bar{x})$$

这个组合的前半部分证明：绳的长度有变化（p），不管摆的重量有无变化（q 或 q̄），都能引起钟摆摆动频率的变化（x）。这个组合的后半部分证明：如果绳的长度没有变化（p̄），不论重量有无变化（q 或 q̄），都不能引起钟摆摆动频率的变化（x̄）。这样，就有计划、有次序地排除了钟摆的重量这一无关因素。

对另外两个因素（r，s），也同样有计划地进行因素分析，将无关因素加以排除。最后得出结论：绳的长度与摆动频率是相对应的反比关系。因此，从给定的 (p, q, r, s)⊃x 这一逻辑课题出发，很快地就能经过形式运算思维得出 p⊃x 这一正确结论。

二、数理逻辑的联结词、真值、量词

数理逻辑和形式逻辑一样,有判断(命题)、有推理。判断或命题有真有假,有量有质。

(一)命题联结词与真值表

在命题运算中,涉及"联结词"这一概念。命题联结词,是联结命题成为更复杂命题的词。这样构成的新命题叫做复合命题,构成复合命题的命题叫做子命题。

假如我们用 P 和 Q 代表两个命题,那么我们可以用联结词组成五个复合命题,且表示一定含义(赋值),即真(T,truth)与假(F,Falsity)两个值。

(1)¬P 表示"非 P","¬"用在一元,即一个命题上,构成否定式。我们可以列出下面的真值表:

P	¬P
T	F
F	T

(2)P∧Q,表示"P 而且 Q","∧"用在二元,即两个命题上,构成合取式,其真值表为:

P	Q	P∧Q
T	T	T
T	F	F
F	T	F
F	F	F

(3) P∨Q，表示"P 或者 Q"，"∨"也用在二元上，构成析取式。其真值表为：

P Q	P∨Q
T T	T
T F	T
F T	T
F F	F

(4) P→Q，表示 P 蕴涵 Q，即"如果 P，则（那么）Q"，"→"也用在二元上，构成蕴涵式或条件式。其真值表为：

P Q	P→Q
T T	T
T F	F
F T	T
F F	T

(5) P↔Q，表示 P 等值 Q，即"P 当且仅当 Q"，"↔"也用在二元上，构成等值式或双边条件式。其真假值表为：

P Q	P↔Q
T T	T
T F	F
F T	F
F F	T

皮亚杰就是利用联结词与真假值，通过在上一节提到的二元命题 16 个组合式对青少年思维（运算）的分析，获得并且科学地表示出了青少年思维的"形式运算"阶段的特征。

小学奥数中有这样三道试题：

1. 四个骑车人中一人闯红灯，警察问他们时，这四人做了如下回答：

甲：我没有闯红灯；

乙：是丁闯红灯；

丙：是乙闯红灯；

丁：乙说谎。

经警察调查分析，这四人中只有一人说的是真的，别人说的都是假的。那么，谁说的是真话，又是谁闯了红灯？（丁说的是真话，甲闯的红灯。）

2. A、B、C、D四个同学考试的成绩居班级的前4名。

A说：C为第1名，我为第3名；

B说：我为第1名，D为第4名；

C说：D为第2名，我为第3名；

D没说话。

如果A、B、C都只说对了一半，即"P或者Q"式，那么该怎么排名？（B第1名，D第2名，A第3名，C第4名。）

3. 有三个同学报考试成绩，每人都说了3句话：

A说：我考了70分，比B少10分，比C多10分；

B说：我分数不是最低的，C比我差20分，C为90分；

C说：我比A成绩低，A考了80分，B比A多20分。

现在知道每人的3句话中都有一句是错的，那么三个同学的成绩各为多少？（A：80分，B：90分，C：70分。）

以上三道题可以测定小学生关于数学命题的真假值的智力特点。因为上边三道题中，有些命题是真的，有的是假的。经过推理，可以构成合取（∧）、析取（∨）、蕴涵（→）和等值（↔）等式子，由此可以确认真假值。

（二）量词

我们把不是命题的词借用变元，当变元代进对象之后，就成为命题，有了真假。这叫做命题函数，正像 $f(x)$。把原来不是命题的语句变成命题，必须有量的规定，这叫做量词，例如：

所有的自然数都是有理数，而有些有理数不是自然数。

在这个句子里，产生了"全称量词"和"存在量词"。

所有的 x 叫做全称量词，简单地说为"凡……"。全称量词用"∀"表示（英文字母 A 倒着写，其意为"All"，即一切、全体和所有的意思）。∀x，表示"对一切 x 来说"，"对每一个 x 来说"，"对所有 x 来说"。

存在 x 叫做存在量词，简单地说为"有的……"。存在量词用 ∃ 表示，英文字母 E 反着写，其意为"Exist"，即存在。∃x，表示"至少存在一个 x"，"对某些 x 来说"，"存在某 x 使得……"

至此，我们可以认为，只要使用¬，∧，∨，→，↔，∀，∃等 7 个逻辑符号，就可以把一切科技上、日常生活中遇到的语句都用原始的陈述表达出来，也可以把智力发展研究中的结果用数理逻辑的式子表示出来。

第一章里我们曾出示了"智力结构成分模型"（见图 1.1），这里可以用数理逻辑的"量词"来表达。

所有的智力都应该是由感知（观察）、记忆、言语、思维、想象和操作技能组成的，而感知、记忆、言语、思维、想象和操作技能不完全表现为智力的特点。这是我们在智力成分结构研究中可以获得的结论。如果用量词表示：

"所有的智力"就是"全称量词"。所有的智力，即"凡是智力"都应该有六种组成因素，而这六种因素既表现出智力的特点，也可以表现为其他领域的特点，但这里，我们强调的是智力的成分。与此同时，也引出了"存在量词"。

有的感知因素，例如观察力属于智力心理学的范围，有的可以说不是，如从声学（听觉）、光学（视觉）和信息科学角度来研究感知；有的言语，主要指个人的语言属于智力心理学的范围，但言语和语言却十分复杂，主要应归于语言学的范畴；有的思维成分，主要指思维能力属于智力心理学的范围，然而思维不只是智力心理学的研究对象，逻辑学、生物学、信息科学、语言学、教育学也要研究思维，等等。这里，"有的……"就是"存在量词"。

我们同样可以用¬，∧，∨，→，↔，∀，∃等符号，诠释我们自己的智力成分，阐述"思维核心说"。

三、合式公式

在智力研究中，引入数理逻辑的合式公式，这对分析智力和思维过程，即分析与综合等，是很有意义的。合式公式不仅表示命题运算的逻辑形式，而且表示谓词运算的逻辑形式。

表示命题运算的合式公式有三类符号：一是命题词，如用 p，q，r 或添加下标的 p_i，q_i，r_i 来表示命题；二是上述的命题联结词；三是技术性的符号，如括号 [ ]，其中"["为左括号，"]"为右括号。

表示谓词运算的合式公式有六类符号：一是个体词，如 a，b，c 或 a_i，b_i，c_i 表示对象；二是用函数词 f，g，h 或 f_i，g_i，h_i 表示函数，有一元、二元、三元……函数，如 $f(x, y) = x + y$ 是二元函数；三是用谓词 F，G，H 或 F_i，G_i，H_i 表示关系、性质；四是上述的量词，即逻辑词；五是约束变元 x_i，y_i，z_i 如果量词符号后边紧跟约束元，则构成量词，如 $\forall_x$，$\exists_y$ 等；六是技术性符号"["，"]"，"("，")"。此外，有的谓词运算还包括命题符号，如 p。

（一）合式公式的变化有一系列运算，它是有规律的

命题运算的合式公式有五个性质。不管它是如何组成的，每个公式用一个大写字母，如 A、B、C 表示，如可把 A 看成是 p，或 p∧q，或 p→q 等公式。其五个性质的表达方式是：

性质一：任何 A 或者是原子公式，如 p，或者有 ¬p 或 [p∧q] 或 [p∨q] 或 [p→q] 或 [p↔q] 形式的子公式。

性质二：任何 A 或者是原子公式，或者从¬开始而有¬B 形式，或者以

"["开始而有［B∧C］或［B∨C］或［B→C］或［B↔C］形式，而且所有这些形式都是唯一的。

性质三：任何 A 中的任何¬都是唯一的辖域，任何∧，∨，→，↔都有唯一的左辖域（如 A=……［B∧C］……这里∧管的是在"］"即右括号旁的 C，叫做左辖域）和右辖域。

性质四：如果 C 是 A 的子公式，则 C 是¬A 的子公式。

性质五：设在 X 中把合式的子公式替换为另外的合式的子公式而得 Y，那么，X 是合式公式，当且仅当 Y 是合式公式。

我曾尝试把合式公式的五个性质运用到智力的研究中。例如，数学能力是以数学概括为基础，把运算能力、空间想象能力和数学的逻辑思维能力三种数学特殊能力和五种思维品质（敏捷性、灵活性、创造性、深刻性、批判性——小学仅提前四种）组成开放的自组织结构。从上述论断出发，如果用 x 表示三种数学特殊能力，y 代表五种（或四种）思维品质，在函数 $f(x, y)=x+y$ 中，暂时脱离这里"以数学概念为基础"，借助合式公式的几种性质的表达方式，可以帮助我们分析数学能力的可能结构。例如，把中小学数学能力视为 p，这里"概括为基础"成了¬p 不管上述的 x 还是 y 所表现的变化正是合式公式的几种性质的表达方式。这种表达过程，正是我们寻找中小学数学能力结构的数理逻辑的分析工具。

（二）谓词运算的规律

谓词是表示关于主语是什么的一类词，而主语可以是不确定的"变元"，如一元、二元、三元或多元。

谓词运算的合式公式有四个。

性质一：$F^n(a_i……a_n)$ 合式公式，这条性质所表示的个体之间是有次序的，由 F 所表示的关系，例如，$F[a, f_{(a)}, g_{(a)}]$。如果这个关系存在，如 $a=3$，$f_{(a)}=3^2$，$g_{(a)}=3^3$，$3×3^2=3^3$，则为真命题；如果这个关系不能存在，如 $3+3^2=3^3$，则为假命题。

性质二：如果 x 是合式公式，则¬x 是合式公式；如果 x，y 是合式公式，则 [x∧y]，[x∨y]，[x→y]，[x↔y] 是合式公式。

性质三：如果 $F_{(a)}$ 是合式公式（a 在其中出现，F 不在其中出现），则 $\forall_a F_{(a)}$，$\exists_a F_{(a)}$ 是合式公式。

性质四：二元谓词 $F_{(a,b)}$ 是合式公式，对其中每一变元分别附加二种量词之后，即可得出四个一元谓词 $Q_{1(b)}$，$Q_{2(a)}$，$Q_{3(b)}$，$Q_{4(a)}$ 的合式公式：$Q_{1(b)} = \forall_a F_{(a,b)}$，$Q_{2(a)} = \forall_b F_{(a,b)}$，$Q_{3(b)} = \exists_a F_{(a,b)}$，$Q_{4(a)} = \exists_b F_{(a,b)}$。

同样地，用一切可能的方法在这些谓词上再附加量词，则可得出八个合式公式的表达式：① $\forall_a \forall_b F_{(a,b)}$，② $\forall_b \forall_a F_{(a,b)}$，③ $\forall_a \exists_b F_{(a,b)}$，④ $\forall_b \exists_a F_{(a,b)}$，⑤ $\exists_a \forall_b F_{(a,b)}$，⑥ $\exists_b \forall_a F_{(a,b)}$，⑦ $\exists_a \exists_b F_{(a,b)}$，⑧ $\exists_b \exists_a F_{(a,b)}$。

谓词运算的四个合式公式的性质，表示合式公式中间各因素是有次序、有变化、有正反方向的，在一定意义上说，它是随量词的丰富而扩大合式公式数量的结构。

我曾用这些性质，尤其是性质四，尝试解释一题多解的发散式思维的实质。这种发散式思维，就是思维的灵活性。一个思维灵活的学生，在运算中与众不同的发散特点，主要表现在：一是思维方向灵活，即从不同的角度、不同的方向，能用多种方法来演算各类数学的习题，也就是运算的起点灵活；二是运用法则的自觉性高，即熟悉公式、法则并运用自如，也就是运算过程的灵活；三是组合分析程度的灵活，不限于过滤式分析问题，善于综合性分析，也就是运算能力的迁移，适应于多变习题的演算。我们可以把灵活性或发散式的思维特点视为多元的（至少二元或三元）的合式公式，那么可能有从 $\forall_a F_{(a,b)}$ 开始，到 $\forall_a \forall_b F_{(a,b)}$，直到 $\exists_b \exists_{a(a,b)}$ 的多种表示式。

四、推理系统

在数理逻辑里，推理是一个系统，这个系统较为复杂，这里主要阐述逻辑推论和形式推理两个方面内容。

第十一章　数理逻辑在智力发展中的应用

（一）逻辑推论

逻辑推论（或逻辑推理）是有穷的合式公式与一个合式公式的关系，不是平常讲的推理。一个公式是有穷的合式公式，这就是有穷的合式公式的逻辑推论或逻辑推理。

用 Γ（希腊文）表示集合，$\Gamma \cup \{A\}$，$\varphi(A) = \begin{cases} 1 \\ 0 \end{cases}$，$\varphi$ 是 A 的模型。如果 A 能找到 1，就说明是有模型的。$\varphi(\Gamma) \begin{cases} 1 \\ 0 \end{cases}$，如果任何 $A \in \Gamma$，$\varphi(A) = 1$。$\models$ 表示逻辑推论的符号。

$A \to B, A \models B$（如果 $A \to B$，是真，B 则真）。

$$\underbrace{A \to B,\ B \to}_{\Gamma} \not\models A$$
$$\ \ \ \ 0\ \ \ \ \ 1\ \ \ \ 1\ \ \ \ \ \ \ \ 0$$

我们选择的是 $\models$ 的关系，$\varphi(\Gamma) = 1$。

由 A 蕴涵 B，A 推出 B，任何 $A \in \Gamma$，$\varphi(A) = 1$，任何 A，$A \in \Gamma \Rightarrow \varphi(A) = 1$。

当 Γ 不是空集合时，$\Gamma \models 1$，证明任何 φ：$\varphi(\phi) = 1 \Rightarrow \varphi(A) = 1$，$\phi \models A$，任何 B，$B \in \phi \Rightarrow \varphi(B) = 1$。

这就是说，Γ 和 A 有逻辑推论的关系，Γ 的值真，A 的值也真。现在 Γ 是空集合，A 什么也没有，是无条件的真，是恒真。

命题逻辑和谓词逻辑都有逻辑推论。在谓词运算中，$F_{(a)}$ 往往把 a 换成 x，如 $\forall_x F_{(x)}$，$\exists_x F_{(x)}$。

在数理逻辑中，逻辑推论定理很多。这里只举谓词运算中六组逻辑推论定理，这六组定理对我们分析儿童青少年推理发展的格式有一定的价值。

（1）① $\forall_x A_{(x)} \models A_{(a)}$

② 若 $\Gamma \models A_{(a)}$，a 不在 Γ 中出现，则 $\Gamma \models \forall_x A_{(x)}$

③ 若 $\Gamma, A_{(a)} \vDash B$, a 不在 Γ、B 中，则 $\Gamma, \exists_x A_{(x)} \vDash B$

④ 给定命题形式 A_x, $A_{(a)} \vDash \exists_x A_{(x)}$, $\forall_x A_{(x)} \vDash A_{(a)} \vDash \exists_x A_{(x)}$

⑤ $\forall_x A_{(x)} \dashv\vdash \forall_y A_{(y)}$

⑥ $\exists_x A_{(x)} \dashv\vdash \exists_y A_{(y)}$

⑦ $\forall_{xy} A_{(x,y)} \dashv\vdash \forall_{yx} A_{(x,y)}$

⑧ $\exists_{xy} A_{(x,y)} \dashv\vdash \exists_{yx} A_{(x,y)}$

⑨ $\forall_x A_{(x)} \vDash \exists_x A_{(x)}$

⑩ $\exists_x \forall_y A_{(x,y)} \vDash \forall_x \exists_y A_{(x,y)}$

(2) ① $\forall_x A_{(x)} \dashv\vdash \neg \exists_x \neg A_{(x)}$

② $\exists_x A_{(x)} \dashv\vdash \neg \forall_x \neg A_{(x)}$

③ $\forall_x \neg A_{(x)} \dashv\vdash \neg \exists_x A_{(x)}$

④ $\exists_x \neg A_{(x)} \dashv\vdash \neg \forall_x A_{(x)}$

(3) ① $\forall_x [A_{(x)} \to B_{(x)}], \forall_x A_{(x)} \vDash \forall_x B_{(x)}$

② $\forall_x [A_{(x)} \to B_{(x)}], \exists_x A_{(x)} \vDash \exists_x B_{(x)}$

③ $\forall_x [A_{(x)} \to B_{(x)}], \forall_x [B_{(x)} \to C_{(x)}] \vDash \forall_x [A_{(x)} \to C_{(x)}]$

④ $A \to \forall_x B_{(x)} \dashv\vdash \forall_x [A \to B_{(x)}]$, x 不在 A 中

⑤ $A \to \exists_x B_{(x)} \dashv\vdash \exists_x [A \to B_{(x)}]$, x 不在 A 中

⑥ $\forall_x A_{(x)} \to B \dashv\vdash \exists_x [A_{(x)} \to B]$, x 不在 B 中

⑦ $\exists_x A_{(x)} \to B \dashv\vdash \forall_x [A_{(x)} \to B]$, x 不在 B 中

(4) ① $A \wedge \forall_x B_{(x)} \dashv\vdash \forall_x [A \wedge B_{(x)}]$, x 不在 A 中

② $A \wedge \exists_x B_{(x)} \dashv\vdash \exists_x [A \wedge B_{(x)}]$, x 不在 A 中

③ $\forall_x A_{(x)} \wedge \forall_x B_{(x)} \dashv\vdash \forall_x [A_{(x)} \wedge B_{(x)}]$

④ $\exists_x [A_{(x)} \wedge B_{(x)}] \vDash \exists_x A_{(x)} \wedge \exists_x B_{(x)}$

⑤ $Q_{1x} A_{(x)} \wedge Q_{2y} B_{(y)} \dashv\vdash Q_{1x} Q_{2y} [A_{(x)} \wedge B_{(y)}]$

(5) ① $A \vee \forall_x B_{(x)} \dashv\vdash \forall_x [A \vee B_{(x)}]$, x 不在 A 中

② $A \vee \exists_x B_{(x)} \dashv\vdash \exists_x [A \vee B_{(x)}]$, x 不在 A 中

③ $\forall_x A_{(x)} \vee \forall_x B_{(x)} \vDash \forall_x [A_{(x)} \vee B_{(x)}]$

④ $\exists_x A_{(x)} \vee \exists_x B_{(x)} \dashv\vdash \exists_x A_{(x)} \vee B_{(x)}$

⑤ $Q_{1x} A_{(x)} \vee Q_{2y} B_{(y)} \vDash Q_{1x} Q_{2y} [A_{(x)} \vee B_{(y)}]$

(6) ① $\forall_x [A_{(x)} \leftrightarrow B_{(x)}] \vDash \forall_x A_{(x)} \leftrightarrow \forall_x B_{(x)}$

② $\forall_x [A_{(x)} \leftrightarrow B_{(x)}] \vDash \exists_x A_{(x)} \leftrightarrow \exists_x B_{(x)}$

③ $\forall_x [A_{(x)} \leftrightarrow B_{(x)}], \forall_x [B_{(x)} \leftrightarrow C_{(x)}] \vDash \forall_x [A_{(x)} \leftrightarrow C_{(x)}]$

④ $\forall_x [A_{1(x)} \leftrightarrow B_{1(x)}], \forall_x [A_{2(x)} \leftrightarrow B_{2(x)}] \vDash \forall_x [A_{1(x)} \wedge A_{2(x)} \leftrightarrow B_{1(x)} \wedge B_{2(x)}]$

⑤ $\forall_x [A_{(x)} \leftrightarrow B_{(x)}] \vDash \forall_x [A_{(x)} \leftrightarrow B_{(x)}], \forall_x [B_{(x)} \leftrightarrow A_{(x)}]$

以上所列，仅仅是逻辑推论的公式，在我国心理学界尚未对其加以应用。

（二）形式推理系统

逻辑推论要组成一定的形式推理系统，要构成一定的关系。

在形成形式推理的过程中，常常不用 $\vDash$ 关系符号，而用 $\vdash$ 的符号。

在命题运算中，形式推理系统有 10 种关系。

① $(\in) A_2 \cdots A_n \vdash A_i (i=1\cdots n)$，这是肯定前提律，是若干个有穷公式与一个公式的关系。

② $(\neg)$ 若 $\Gamma, \neg A \vdash B, \neg B$，则 $\Gamma \vdash A$（反证律）。

③ $(\rightarrow -)$ 若 $\Gamma \vdash A \rightarrow B, A$，则 $\Gamma \vdash B$。

④ $(\rightarrow +)$ 若 $\Gamma, A \vdash B$，则 $\Gamma \vdash A \rightarrow B$。

⑤ $(\wedge -)$ 若 $\Gamma \vdash A \wedge B$，则 $\Gamma \vdash A, B$。

⑥ $(\wedge +)$ 若 $\Gamma \vdash A, B$，则 $\Gamma \vdash A \wedge B$。

⑦ $(\vee -)$ 若 $\Gamma, A \vdash C, \Gamma, B \vdash C$，则 $\Gamma, A \vee B \vdash C$。

⑧ $(\vee +)$ 若 $\Gamma \vdash A$，则 $\Gamma \vdash A \vee B, B \vee A$。

⑨ $(\leftrightarrow -)$ 若 $\Gamma \vdash A \leftrightarrow B, A$，则 $\Gamma \vdash B$；若 $\Gamma \vdash A \leftrightarrow B, B$，则 $\Gamma \vdash A$。

⑩ $(\leftrightarrow +)$ 若 $\Gamma, A \vdash B, \Gamma, B \vdash A$，则 $\Gamma \vdash A \leftrightarrow B$。

在谓词运算中，形式推理除去上述 10 种之外，还有 6 种关系：

① $(\forall -)$ 若 $\Gamma \vdash \forall_x A_{(x)}$，则 $\Gamma \vdash A_{(a)}$。

② $(\forall +)$ 若 $\Gamma \vdash A_{(a)}$，a 不在 Γ 中出现，则 $\Gamma \vdash \forall_x A_{(x)}$。

③ （∃−）若 Γ，$A_{(a)} \vdash B$，a 不在 Γ、B 中出现，则 Γ，$\exists_x A_{(x)} \vdash B$。

④ （∃+）给定 $A_{(x)}$，若 $\Gamma \vdash A_{(a)}$，则 $\Gamma \vdash \exists_x A_{(x)}$；若 $\Gamma \vdash A_{(a)} I_{(a,b)}$，则 $\Gamma \vdash A_{(b)}$。

⑤ （I−）$A_{(a)}$，$I_{(a,b)} \vdash A_{(b)}$ （I 等值）。

⑥ （I+）$\vdash I_{(a,b)}$。

以上 16 种关系，就是 16 条思维规则，可用它们去证明各种定理。在智力的研究中，特别是在对思维整体结构的研究中，我尝试引入并运用这 16 种关系来解释儿童青少年思维发展的各种特点、关系及整体性，这种解释能显示出这个分析工具的科学性、客观性和逻辑性。

在这一章里，我们先介绍了皮亚杰对其数理逻辑内容的应用，然后分三节简要地介绍了科学数理逻辑的体系。在国内心理学界的研究中，很少应用数理逻辑的分析工具，我们曾做过尝试，仅仅是皮毛之举。然而，我们看到信息技术界等自然科学领域，越来越重视数理逻辑的分析工具。我们只能期待，我国心理学研究随着"数学化"的深入，也会逐步地把数理逻辑像统计学那样作为心理学数学化的一项重要内容。

第十二章 模糊数学的应用

比起数理逻辑，中国心理学界对模糊数学的应用要广泛得多，这与心理或智力本身具有模糊性有关。

在自然和社会现象中，有些差异往往只能以中介过渡的形式出现，因此，在人们的思维中，有些概念不是那么精确，而是带有直观性、模糊性。例如，日常生活中的"好学生"、"大胡子"、"高个子"等就是模糊的。为了找一个长着大胡子的人，人们并不需要精确地知道这个人的胡子的根数。即使在智力心理学中，"形象型"与"抽象型"、"天才"与"平庸"、"聪明"与"笨拙"这样一些对立的概念之间，也是没有一个绝对分明的界限的。这类概念，严格地说来没有绝对明确的外延。这说明在人类思维中，存在着这类直观的、模糊的概念。在智力及其发展研究的数学化问题上，它不能用传统的数学来处理。在一定程度上，越是复杂的问题，越难精确化。人的思维带有模糊性，这就需要借助于模糊数学。

模糊数学是由美国人乍德（L. A. Zadeh）在1965年创立的。乍德是如何考虑这个问题的呢？数学往往受绝对化思维的影响。在传统数学中，概念是很确切的。用逻辑学来说，叫二值逻辑，$a \in A$，$a \notin A$，二者必居其一。这样的数学理论不能用来描述一个事物具有某种性质的程度。那么，人们是如何判断这种程度的呢？靠择优原则。这个性质的程度叫做隶属程度，即隶属度。隶属度用来描述差异的中介过程，它是用精确的数学语言对模糊性的一种描述。在多数情况下，一个概念的形成不需要高度的精确性，而包含着一定的模糊性，不需太正确的内涵和外延。当然，这个模糊性是有一定的限度的。乍德正是注意到这一问题，引进了隶属度的概念，将数学打进模糊性领域的禁区。乍德并不盲目地追求严密性和精确性。他认为这既没有必要,又不合理。也就是说,他允许不正确性和模糊性的存在。模糊数学的创立,为许多领域的研究提供了新的数学工具。在心理学研究中应用模糊数学,开创了心理科学研究的新局面。

一、模糊数学的基础——隶属度和模糊集合(子集)

模糊数学是研究和处理模糊性现象的数学。这里的模糊性,主要是指客观事物在差异的中介过渡时所呈现的"亦此亦彼"性。[①]

现代数学建立在集合论的基础上。普通集合论要求一个对象等于一个集合。这就是说,普通集合论只能表现"非此即彼"的现象。上边提到的没有明确外延的概念,叫做模糊概念。模糊概念不能用普通集合论来刻画,只能用模糊集合论来描述。模糊数学不是让数学变成模糊的东西,而是要让数学进入模糊现象这个禁区。模糊数学家汪培庄说,不能将"模糊"两字看成纯粹消极的贬义词。过分的精确反倒模糊,适当的模糊反而精确。[②]在许多控制过程中,模糊的手段常常可以达到精确的目的。隶属度就是精确性对模糊性的一种逼近。

(一)模糊性的本质

模糊性是指由于事物类属划分的不分明而引起的判断上的不确定性。例如,判断物体"大小"的时候就没有明确的划分,有的人判断标准高,有的人判断标准低;即使是同一个人,在不同的场合、不同的时间,判断"大小"的标准很有可能也是不一样的。当一个概念不能用一个分明的集合来表达其外延的时候,便有某些对象在概念的正反两面之间处于亦此亦彼的情况,类属划分就呈现出了模糊性。

[①②] 汪培庄,编. 模糊集合论及其应用[M]. 上海:上海科学技术出版社,1983.

我们先从普通集合说起。给定一个论域 U，U 中某一部分元素的全体，叫做 U 中的一个集合，要想确定 U 中的一个集合 A，只要对 U 中任一元素在 $x \in A$，或者 $x \notin A$ 之间做一选择即可，即普通集合的特征函数是 0 和 1，一个元素要么完全属于集合，要么完全不属于集合。[③] 例如，在人群中用性别构成一个子集是十分容易的。因为人不是男性就是女性。这种非此即彼，就是"性别"这个子集的特征。它的特征函数就是 0 和 1。

但是按"成年"这个子集对人群聚类时，就出现了与前面不一样的情况。因为许多人处于接近而又未成年的年龄阶段。这时，如果简单地把他们同儿童一样归属到非成年人一类是不合理的。因此就产生了一种"隶属函数"用以刻画他们从属于成年人这个子集的程度。隶属度越接近于 1 的人，越接近于成年人；隶属度越接近于 0，就越远离成年人。因此 1 和 0 是两个极端。用 0 和 1 之间的各种隶属函数值来刻画子集的特征，就是模糊集合的概念。模糊集合的定义如下：

设给定论域 U，U 到 $[0，1]$ 闭区间的任一映射 μ_A

$$\mu_A: U \to [0，1]$$

$$u \to \mu_A(u)$$

都确定 U 的一个模糊子集 $\underset{\sim}{A}$，μ_A 叫做 $\underset{\sim}{A}$ 的隶属函数，$\mu_A(u)$ 叫做 u 对 $\underset{\sim}{A}$ 的隶属度。

模糊子集完全由其隶属度刻画。当 μ_A 的值取 $[0，1]$ 闭区间的两个端点，即 $\{0，1\}$ 两个值时，A 便退化为一个普通子集，隶属函数也就退化为特征函数。因此，普通集合是模糊集合的特殊情形，模糊集合是普通集合概念的推广。

例如，要判断不同被试思维敏捷性的水平，结果如下：$U = \{$张、王、李、赵、刘$\}$；"思维敏捷的人"。

[③] 贺仲雄，编. 模糊数学及其应用[M]. 天津：天津科学技术出版社，1983.

$$\mu_A(张)=1$$
$$\mu_A(王)=0$$
$$\mu_A(李)=0.5$$
$$\mu_A(赵)=0.8$$
$$\mu_A(刘)=0.1$$

显然，一个（张）是在思维敏捷性的人里边的，一个（王）不在这里边，另三个（李、赵、刘）则在中间。

又如，用函数表示隶属度。

$U=[0, 100]$ 年龄

$$\mu_{老}(u)=\begin{cases}0, & (当\ 0\leqslant u\leqslant 50\ 时)\\ \left[1+\left(\dfrac{u-50}{5}\right)^{-2}\right]^{-1}, & (当\ 50<u\leqslant 100\ 时)\end{cases}$$

$$\mu_{年轻}(u)=\begin{cases}1, & (当\ 0\leqslant u\leqslant 25\ 时)\\ \left[1+\left(\dfrac{u-25}{5}\right)^{2}\right]^{-1}, & (当\ 25<u\leqslant 100\ 时)\end{cases}$$

这里，U 是一个连续的实数区间。U 的模糊子集便可以用普通的实函数来表示。

在一定场合下，隶属度可以用模糊统计的方法来确定。如上述两题中，$U=[0, 100]$（单位：岁），$\underset{\sim}{A}$ 是"青年人"在 U 上的模糊集。有人测试了被试对"青年人"这一概念的理解，以所理解的"年龄"（a—b 岁之间）为单位进行模糊统计。假定有被试 10 人，可能获得如下图（图 12.1）的结果。

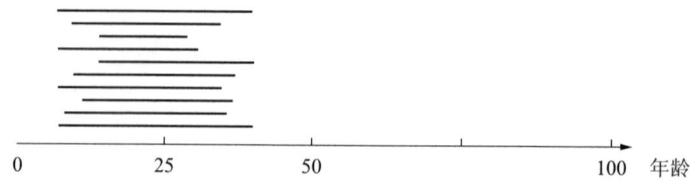

图 12.1 以年龄为单位的模糊统计

10个被试对"青年人"年龄范围的理解尽管是不统一和不确定的,即是模糊的,但用确定性手段去试验后,就会获得一个相对的确定性。

这里,如果将得到 10 个"青年人"年龄的区 A_* (A_* 是一个变化的普通集合),那么 A_* 的每一次确定可以看成是模糊集 $\underset{\sim}{A}$ 的一次显影。对于每一个固定的年龄 u_0,有

$$u_0 \text{ 对 } A \text{ 的隶属频率} = \frac{u_0 \in A_* \text{ 的次数}}{n},$$

这样就可以求出各个年龄的隶属度,并作出"青年人"在年龄论域上隶属函数曲线。

(二)确定隶属度的原则和方法

(1)隶属度的确定过程,本质上是客观的,但又容许有一定的人为技巧,带有一定的灵活性。

(2)在应用领域中,隶属度是可以通过"学习"逐步修改而完善的。实践效果是检验和调整隶属度的依据。

(3)确定隶属度的方法很多,有时可以通过模糊统计试验来加以确定;有时用二元对比排序的方法可以大致确定;有时可以吸取概率统计的处理结果作为隶属度;有时隶属函数可以作为一种推理的产物出现。

(4)当论域为实数集时,有一些公共隶属度可供选用。例如:

正态型:$\mu_{(x)} = e^{-(\frac{x-a}{b})^2}$ $(b>0)$

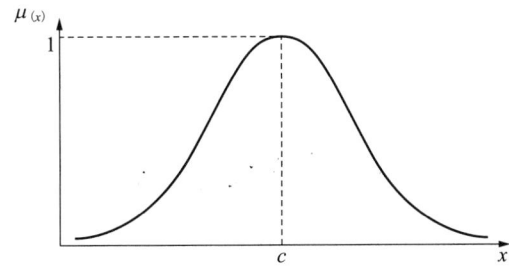

图 12.2 正态型分布图

戒上型：$\mu_{(x)} = \begin{cases} \dfrac{1}{1+[a(x-c)]^b} & （当 x>c 时）\\ 1 & （当 x<c 时）\end{cases}$，其中，$a>0$，$b>0$。

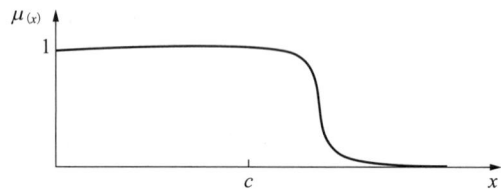

图 12.3　戒上型分布图

戒下型：$\mu_{(x)} = \begin{cases} 0 & （当 x<c 时）\\ \dfrac{1}{1+[a(x-c)]^b} & （当 x>c 时）\end{cases}$，其中，$a>0$，$b<0$。

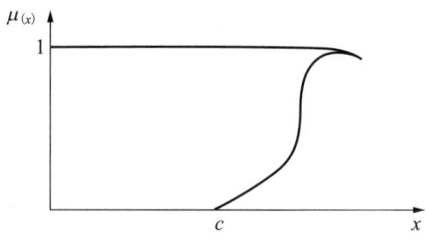

图 12.4　戒下型分布图

二、心理模糊性

许多心理现象和自然现象一样，存在着不确定性。长期以来人们普遍相信应用概率论的有效性及其重要地位。然而，心理现象的不确定性，并非都是类似随机过程中事件出现的概率特点，许多只是涉及对象本身的模糊性。[4]

---

[4]　马谋超. 心理模糊性的测量 [M]. 心理学报，1981（1）：64—75.

例如，一个袋子里有红、绿、蓝3种颜色的小球，拿一只小球出来，这只小球是什么颜色？这显然是个随机事件，因为袋子里只有3种颜色的球，而且3种颜色本身是分明可辨的。

但是，在热辐射引起温、热和痛等感觉的场合，情形就不一样了。这里的不确定性，并非热辐射是否出现引起，而是给定的热辐射刺激在多强的范围内，引起的是温的感觉或热的感觉。这种不确定性是由对象本身的模糊性造成的，即引起诸感觉的辐射强度彼此的界限不分明所致。因此，处理这类模糊性的数学手段，应该有别于概率的途径。美国控制论专家乍德于1965年首次提出了"模糊集合"的概念，来解决这类模糊性问题。

中国科学院心理研究所马谋超教授（1994）把心理模糊性的特征概括为以下几个方面：

（一）反映特征

模糊概念是心理模糊性得以表现的基础。[5] 从概念的意义来看，很少有概念不是模糊的。概念的原型学说认为，概念是由原型加范畴成员的维量代表性程序组成的，维量的代表性程序即同类个体在表达维量上的不同程度。原型的代表程度最高。人们对概念的理解主要是依靠能最好地表达该概念的原型。当我们想到"鸟"时，最容易想到的是麻雀，而不是企鹅。因为麻雀是鸟的原型，企鹅是鸟类的成员。原型之所以能最好地表达一个概念，是由于它按照家族相似性原则和同一范畴的其余成员有共同的特性。范畴成员的代表程度，正是心理模糊性的一种体现。该共同特性的形成是概括化反映的结果。可以说，概括化反映是使词成为概念的关键心理成分。

（二）发展特征

虽然8个月之后的婴儿开始对词发生一定的反应，1—1.5岁的婴儿

---

[5] 马谋超，编著. 心理学中的模糊集分析［M］. 贵阳：贵州科技出版社，1994：8—17.

能够对接触到的一些事物说出相应的词，但是他们说出的词不一定具有概括性。⑥例如，他们看到自己的妈妈进来的时候，会发出"妈妈"的声音，但是他们只对自己的妈妈做出这样的反应，他们并不知道"妈妈"也可以指别的孩子的母亲。即使他们能把所发出的词的声音同一定的具体意义联系起来，这种联系也是极其有限的。如问，"灯灯呢？"他们会抬起头看房顶挂的吊灯，或者模仿说"灯灯"，却不能对桌子上的台灯做出同样的反应。随着婴儿的发展，他们逐渐学会用词与人进行交际，词才真正被作为一类事物的代表，成为具有概括性的刺激物。这才真正标志着个体开始具有心理模糊性的规律。有人（1992）对不同年龄阶段的儿童的心理模糊规律进行调查发现，不仅幼儿与成人之间，而且不同年龄的幼儿之间有着规律性的差异。⑦例如，幼儿对量词"几个"的比较级函数曲线，明显地倾向赋值区间数小的一端。虽然他们对于"几个"的模糊语义已经大致掌握，但与成人相比，均值都较高，似乎随着经验的积累，这一赋值的均值在精化。而且4岁群体对于"很多"的语义跟"全部"的语义混淆在一起，没能区分，而其他年龄的儿童则显示出两者的区别。

（三）相对稳定性

心理模糊性的量化即心理模糊量，是波动的，但是这种波动仍表现出相对的稳定。人们正是依靠着它，才能借助于模糊概念彼此交往，传递着共同的信息。马谋超（1985）使用模糊语言，通过对不同民族和文化水平的群体相应的心理模糊统计量的调查发现，这些群体之间相应的函数曲线形状相当近似和稳定。⑧

---

⑥⑦ 李文馥，马谋超. 儿童理解数量词"几个"、"很多"的发展特点［J］. 心理学报，1992（2）：158—164.

⑧ 马谋超，邵正强. 模糊集合论的某些经验研究［J］. 模糊数学，1985（3）：53—62.

(四) 动态特征

动态特征指的是心理模糊性函数规律随条件的改变而发生变化。动态特征的一个典型表现就是境联效应。

马谋超（1990）探讨了原辞处于有序量表的不同位置上，是如何受前后不同境联影响的。[9] 有两种条件，第一种条件的类别量表是{差、较差、较好、好}，这时原辞在类别量表上只连接比较级的修饰词；第二种条件的类别量表是{不累、稍累、累、很累}，这时原辞连接最高级的修饰词。其中，"好"与"累"分别为各类别量表上的原辞。它们的差别是，一者并存着最高级修饰词，另一者缺乏。对这两种类别量表的语义赋值表明，原辞引出的函数发生了规律的变化。"好"与"累"相应的赋值相差甚远，或者说，"好"的值更接近于"很累"。

表征心理模糊性动态特征的另一点是，量词的函数在不同赋值区间里会有所变化。纽斯特德（Newstead）等人（1987）考察了不同集合大小下，量词含量的比例所发生的变化，发现量词与集合大小之间的相互作用显著，低的量词，如"一些"、"几个"、"少许"所含的比例，随集合大小的增加而下降，高的量词则没有这样的差别。[10]

三、研究心理模糊性的方法

（一）多级估量法

1. 概念

多级估量法是心理学研究中应用模糊集途径测量心理量的一种方法，

---

[9] 马谋超，李文馥，孟庆茂. 理解模糊概念的动态特征 [J]. 心理学报，1990（4）：337—344.

[10] Newstead S E, Pollard P, Riezebos D. The Effect of Set Size on the Interpretation of Quantifiers Used in Rating Scales [J]. Applied Ergonomics, 1987, 18 (3): 178—182.

其理论基础是类别判断的模糊集模型。[11] 主要用于对态度、审美、决策等心理量的测量,是应用模糊统计方法的一种。它的基本原理是模糊集和理论与心理学研究中常用的评价量表方法的结合。即由感觉类别维度与肯定维度构成的二维心理量表的一种操作方法。

2. 完全的多级估量法的具体步骤

(1) 将欲评价事物所引起的评价者的心理连续体,及评价者判断的自信(把握或肯定)程度划分为不同的类别,并分别予以赋值。赋值由研究者事先根据某一理论或权重来确定。

当判断类别为等距尺度时,赋值也为等距的值。一般类别赋值的两端点规定为 0,1,这是用闭区间 [0,1] 连续值的各点表示各个类别的赋值。

如果赋值用自然数列表示,则各类别的赋值归一化一般可写做:

$$S_i = (R-1)/(C-1)$$

其中 R 为类别顺序数,C 为类别数。

若赋值不是自然数列,赋值归一化的计算公式为:

$$S_i = (S_i' + S_{i\,max}')/2S_{i\,max}'$$

其中,S_i' 为赋值数,$S_{i\,max}'$ 为赋值的最大值。

自信度(把握程度)可用表示等距的词汇表示,也可以用 0—1 之间的数值表示,一般不超过 11 个等级。

当赋值用自然数列表示时,各自信程度类别的赋值归一化公式为:

$$Y_i = (X_i - 1)/(X_{max} - 1)$$

当赋值用其他的值表示时,自信程度的赋值归一化公式为:

$$Y_i = (X_i + X_{max})/2X_{max}$$

(2) 绘制多级估量测试表格(见表 12.1)。

---

[11] 孟庆茂. 心理计量——程度测量的方法介绍(上)[J]. 心理学动态, 1994, 2(2): 17—22.

表 12.1　多级估量法测试表格

		很不优秀	不优秀	一般	优秀	很优秀
		1	0	0.25	0.5	0.75
完全同意	1					
同意	0.75				√	
不置可否	0.5					√
不同意	0.25		√	√		
完全不同意	0	√				

（3）计算评价函数 $f(u)$：

$$f_{(u)} = \frac{\Sigma Y_i S_i}{\Sigma Y_i}$$

其中，Y_i 为自信度的赋值，S_i 为类别赋值。

3. 应用

例如，评价学生的思想品德优秀程度（很不优秀，不优秀，一般，优秀，很优秀）时，对这 5 个程度类别的赋值可以采用 1，2，3，4，5；也可以用 -2，-1，0，1，2。如果用自然数列赋值，则归一化后的赋值为 0[(1-1)/(5-1)]，0.25[(2-1)/(5-1)]，0.5[(3-1)/(5-1)]，0.75[(4-1)/(5-1)]，1[(5-1)/(5-1)]。如果用第二种赋值，则归一化后的赋值为：0[(-2+2)/(2×2)]，0.25[(-1+2)/(2×2)]，0.5[(0+2)/(2×2)]，0.75[(1+2)/(2×2)]，1[(2+2)/(2×2)]。

表 12.1 里的数据就可以计算为：

$$f = \frac{\Sigma(0 \times 0 + 0.25 \times 0.25 + 0.25 \times 0.5 + 0.75 \times 0.75 + 0.5 \times 1)}{\Sigma(0 + 0.25 + 0.25 + 0.75 + 0.5)}$$

除了完全的多级估量法之外，还有简化的多级估量法，以及只有两类反应的多级估量法等。

(二) 区间估计法（线段法）

1. 概念

如果待测事物的心理特性具有单一维度，某个没有明确外延的概念在这个维度上对应的是一个区间，而不是一个点，由于随机因素的作用，这个区间也是随机的，这一集合称为随机集合。[12] 一个人 n 次或者 n 个人各一次的多次试验，可求出该维度上某一固定点被随机集合覆盖的频率，用这一频率可以表示某特定元素对该集合的隶属度。

2. 具体步骤

（1）给定待测心理特性的区间长度，并限定两端为 0，1。

（2）被试根据某对象待测特性的多少，在该维度画出一个区间（指出区间的上限 Y_i 与下限 X_i），或指出区间的中点，表示评价者对该对象待测特性的可能估计。

（3）若能知道各中点的概率，则程度函数：

$$a = \sum \left(\frac{X_i + Y_i}{2} \cdot P_i \right)$$

若无法确定覆盖频率时，用下面的公式来计算：

$$a = \frac{1}{n} \times \sum \frac{X_i + Y_i}{2}$$

a 为点估计值，n 为 n 次或 n 人次，X_i 为区间估计的下界，Y_i 为区间估计的上界。

3. 应用

例如，研究者想了解小学 3 年级学生"大小"概念的发展情况，随机抽取 10 名学生作为代表，让被试用 [1—10] 区间内的一个子区间来表示"比较多"、"多"、"不多不少"、"少"、"比较少"。假如学生对"多"的赋值区间如表 12.2：

---

[12] 孟庆茂. 心理计量——程度测量的方法介绍（下）[J]. 心理学动态，1995，3 (1)：22—27.

表 12.2　10 名学生在 [1—10] 区间内对"大"的区间赋值

		1	2	3	4	5	6	7	8	9	10
被试编号	1				✓	✓	✓	✓			
	2						✓	✓	✓		
	3				✓	✓	✓		✓		
	4						✓	✓	✓		
	5						✓	✓	✓	✓	
	6				✓	✓	✓	✓	✓	✓	
	7					✓	✓	✓	✓		
	8						✓	✓			
	9						✓	✓			
	10						✓	✓	✓	✓	✓

则这 10 名学生对"大"这一概念的程度函数可以计算为：

$$a = \frac{1}{10} \times \sum \left(\frac{4+7}{2} + \frac{5+7}{2} + \frac{4+8}{2} + \frac{5+8}{2} + \frac{6+9}{2} + \frac{4+9}{2} + \frac{5+8}{2} + \frac{6+8}{2} + \frac{6+7}{2} + \frac{6+10}{2} \right)$$

$$= 6.6$$

计算结果表明，对这 10 名被试认为"大"的数字的估计值是 6.6。若进一步想知道这个点估计值的把握度，可用下面的公式计算盲度：

$$m = \frac{1}{n} \Sigma (Y_i - X_i) \qquad (0 < m < 1)$$

m 表示盲度，即平均的估计长度。m 越小说明点估计值 a 的代表性越大，即估计待测属性为 a 的肯定程度越大；m 越大说明点估计值 a 的代表性越小，即估计待测属性为 a 的肯定程度越小。

（三）综合评价法

1. 概念

在多因素或多维度上对某一事物进行综合评价时，就需要用到综合评价法。这种方法认为，待评事物各属性的不同评价等级是一模糊集合，评价事物各属性的模糊集合与各属性之间的权重乘积，表示各属性之间也存在模糊关系。

2. 具体步骤

（1）确定待评事物各属性之间在综合判断中的权重 W_i。最简单的确定权重的方法是对偶比较法。先将构成某特性的各属性层次两两配对，让被试进行判断，计算各属性的选择次数，再除以选择总次数，计算出的百分数即为权重。

（2）求不同属性评价类别的隶属度。分别将各属性作为单一维度，用多级估量法求不同评价类别的隶属度 R_{ij}。

（3）计算各类别的评价函数（以乘积取大法为例）。各类别的评价函数的公式如下：

$$Y_i = \bigvee_1^n (W_i \times R_{ij})$$

Y_i 为喜好评价函数，W_i 为权重，R_{ij} 表示待评事物某一属性被评价为某一等级的隶属度，∨ 表示取最大值。

3. 应用

现在要综合考虑3个方面（德育、智育、体育），以确定学生的优秀程度（很优秀，优秀，一般，不优秀，很不优秀）。首先确定这3个方面的权重分别为：0.3，0.4，0.3；然后分别评价学生在每个维度上的优秀程度。数据如表12.3所示：

表 12.3 一名学生在德育、智育、体育3个维度上的优秀程度的隶属度[*]

	德育（0.3）	智育（0.4）	体育（0.3）
很优秀	0.4	0.4	0.4
优秀	0.6	0.4	0.6
一般	0.4	0.7	0.5
不优秀	0.3	0.5	0.3
很不优秀	0.2	0.2	0.1

（注：括号内为各维度的权重。）

表 12.3 中的数据可以计算为：

$$Y_1 = \bigvee_1^3 (0.3 \times 0.4) \vee (0.4 \times 0.4) \vee (0.3 \times 0.4) = 0.4 \times 0.4 = 0.16$$

同样，可以计算出 $Y_2 = 0.18$，$Y_3 = 0.28$，$Y_4 = 0.2$，$Y_5 = 0.08$。

然后用下面的公式把各类别的 Y 值归一化：

$$Y_i' = \frac{Y_i}{\Sigma Y_i}$$

归一化后 $Y'_1 = 0.18$，$Y'_2 = 0.20$，$Y'_3 = 0.31$，$Y'_4 = 0.22$，$Y'_5 = 0.09$，即这个学生很优秀的可能性为 0.18，优秀的可能性为 0.20，表现一般的可能性为 0.31，不优秀的可能性为 0.22，很不优秀的可能性为 0.09。表现一般的得分最高，因此综合评价此学生的优秀程度为一般。

四、模糊数学在智力领域研究中的应用

根据上一节的方法，我们结合智力及其发展心理学研究中的一些实例，来介绍一下模糊数学的几个有关问题的应用。

在思维发展的研究中，不仅要运用隶属度的问题，而且还可以应用模糊子集的运算、模糊关系的掌握、模型的识别及综合评价。所有这些，对于丰富研究方法及数学工具的应用来说，都是有重要意义的。

（一）模糊子集的运算

在儿童青少年的概念发展中，不少概念缺乏精确的内涵和外延。按照前边的知识，对模糊子集的运算，可以分析概念发展的趋势。

例如，让被试判断如下图（图 12.2）的图形[13]，结果列于下表中。

---

[13] 汪培庄，编．模糊集合论及其应用［M］．上海：上海科学技术出版社，1983：11．

定义：设 $\underset{\sim}{A}$ 和 $\underset{\sim}{B}$ 是 U 上的两个模糊集，定义 $\underset{\sim}{A} \wedge \underset{\sim}{B}$，$\underset{\sim}{A} \vee \underset{\sim}{B}$，$\underset{\sim}{A}^e$，它们分别有隶属度。

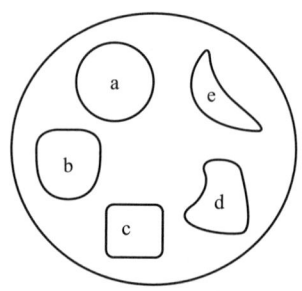

图 12.5　让被试判断示意图

被试对图形的判断结果如表 12.4 所示：

表 12.4　被试判断结果

μ＼u＼隶属度	a	b	c	d	e	
圆乎乎	1	0.9	0.4	0.2	0	
有点方	0.2	0.3	0.6	0.1	0	
圆或方	1	0.9	0.6	0.2	0	（取大的）
圆而且方	0.2	0.3	0.4	0.1	0	（取小的）
不是圆乎乎	0	0.1	0.6	0.8	1	

$$\mu(\underset{\sim}{A} \vee \underset{\sim}{B})(u) = \mu\underset{\sim}{A}(u) \vee \mu\underset{\sim}{B}(u) \text{（取大）}$$

$$\mu(\underset{\sim}{A} \vee \underset{\sim}{B})(u) = \mu\underset{\sim}{A}(u) \wedge \mu\underset{\sim}{B}(u) \text{（取小）}$$

$$\mu\underset{\sim}{A}^e(u) = 1 - \mu\underset{\sim}{A}(u)$$

又如，在一次测定中，某儿童甲的思维敏捷性运算（正确迅速的运算）成绩为：

$$\mu_{正确率}（甲）=0.8,$$

$\mu_{迅速率}$（甲）＝0.3,

$\mu_{正确且迅速}$（甲）＝0.3,

$\mu_{正确或迅速}$（甲）＝0.8。

从中可以看出被试甲的正确迅速运算能力的水平。

（二）模糊关系

关系，是集合论中最基本的概念之一。在模糊集合论中，模糊关系占有更加重要的地位。模糊关系的定义是：称 $U \times V$ 的一个模糊子集 $\underset{\sim}{R}$ 为从 U 到 V 的一个模糊关系，记做 $U \xrightarrow{R} V$，称 U 到 V 的模糊关系为 U 中的（二元）模糊关系。

我们在思维发展研究中可以应用的有：

1. 掌握关系

例如，初一、初三和高二，三个年级的被试完成直言、假言、选言、复杂四种演绎推理试题的正确率分别是（见表 12.5）：

表 12.5　四种演绎推理的正确率

掌握水平＼推理被试	直言	假言	选言	复杂
初一	0.71	0.47	0.44	0.31
初三	0.74	0.57	0.52	0.39
高二	0.82	0.62	0.63	0.55

有限域上的模糊关系，可以用下图（图 12.6）来加以表示：

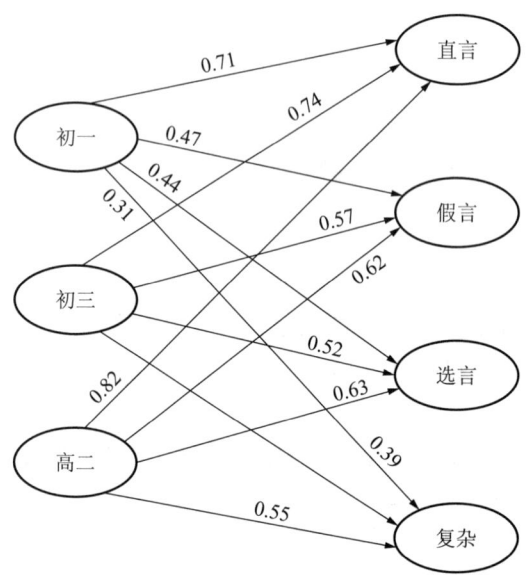

图 12.6　模糊关系图

2. 信任关系

例如，甲、乙、丙三人，对自己和别人在解决直觉试题时的坚信情况如下（见表 12.6）：

表 12.6　解决直觉试题时的坚信情况

	甲	乙	丙
甲	1	0.7	0.2
乙	1	0.9	0
丙	0.5	0	1

这是 U 内部的信任关系，关系是有方向的，甲对甲为 1，甲对乙为 0.7，甲对丙为 0.2，乙对甲为 1，等等。

3. 关系的传递

研究学习外语的最佳时期的时候，涉及记忆力，于是年龄、记忆力和学习容易度形成传递的关系（见图 12.7）。

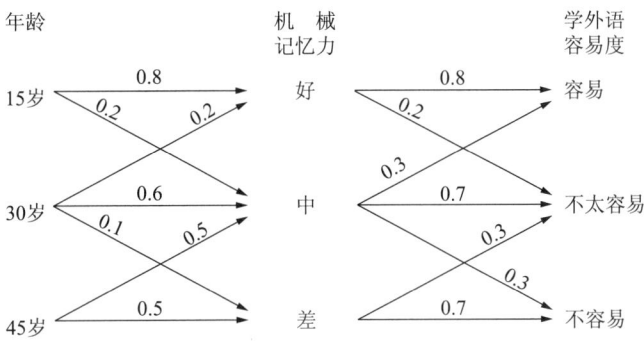

图 12.7　关系传递

关系如何传递？箭头表示通过的量（见图 12.8）。

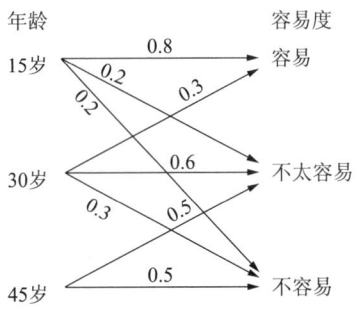

图 12.8　关系如何传递示意图

图 12.7 是如何传到图 12.8 的呢？若几条路可通，如 15 岁 $\xrightarrow{0.2}$ 中 $\xrightarrow{0.7}$ 不太容易，15 岁 $\xrightarrow{0.8}$ 好 $\xrightarrow{0.2}$ 不太容易，等等，则：①取每条通路的最小隶属度（0.2 与 0.7 取 0.2，0.8 与 0.2，也取 0.2）；②在几条通路最小的隶属度中（在 0.2 和 0.2 中）取最大的隶属度（仍是 0.2）。所以 15 岁→不太容易的隶属度是 0.2。

（三）模型的识别

对模型的识别中，有两个原则：一是最大隶属度原则，有几个模型子集，u 属于哪个？相对属于隶属度大的；二是择近原则，模糊距离 d 择近，

设 U 中有几个元素 $u_1, u_2, u_3 \cdots u_n$。$d(\underset{\sim}{A}, \underset{\sim}{B}) = \frac{1}{n}\sum_{k=1}^{n} l\mu_{\underset{\sim}{A}}(u_k) \cdots \mu_{\underset{\sim}{B}}(u_k) l^p$。

择近原则是给出几个类型的模糊集，再看某一模糊集与这些类型中的哪个距离最近，就确定其属于哪个类型。

例如，经多次测定获得思维类型的隶属度。

$U =$ {具体形象，形象抽象，抽象逻辑，初步辩证思维}

运用择近原则，看哪个差距最小，结果确定被试某某属于中间型（见表12.7）。

表12.7 经多次测定思维类型

思维因素 个性类型	具体形象思维	形象思维	抽象逻辑思维	初步辩证思维
形象型	0.9	0.8	0.4	0.4
换象型	0.3	0.2	0.9	0.6
中间型	0.5	0.5	0.5	0.5
被试某某思维	0.4	0.4	0.6	0.5

（四）综合评判

我们在对思维品质进行研究时，以教师评判为效标。例如，评判五(3)班儿童思维的灵活性（见表12.8）。

因素集：$U =$ {知识迁移，一题多解，发散式解题}

评判集：$V =$ {灵活，较灵活，不太灵活，呆板}

已知单因素评价、权重，求综合评判。

表12.8 教师评判结果

	灵活	较灵活	不太灵活	呆板	权重
知识迁移	0.2	0.7	0.1	0	0.2
一题多解	0	0.4	0.5	0.1	0.5
发散式解题	0.2	0.3	0.4	0.1	0.3

综合评判的求法有两种：

一种是加数平均，对应的项相乘加起来，即某项数据×权重，加起来。对上表的数据进行处理后获得 0.1，0.43，0.39，0.08。

另一种是把上一种方法中的"乘"改为取小，即最小的隶属度；"加"改为最大，即最大的隶属度。结果是 0.2，0.4，0.5，0.1。

用哪种方法综合更实际，这当然要看应用。

以上介绍的，是我们在研究儿童青少年思维发展中涉及模糊数学运用的一点初步体会。只要我们仔细考察一下各种思维形态的不确定性，就不难发现，其中有许多并非随机性，而是一种模糊性。因此，以模糊数学为工具，对于智力及其发展的心理学研究，是很有价值的。

第五篇

数学能力发展研究案例

在20世纪90年代中期,老教育家顾明远教授找我商议:"我们北京师范大学是师范院校的排头兵。现在没有学科教育的博士点,不少从事学科教育的优秀教师没有攻读博士学位的机会。咱们俩是否做点努力?"当时我就说,作为博士研究生导师,应以国家的学科建设和人才培养为己任,这是一件有功德的事情,应该做。于是,顾先生从比较教育角度开始招收学科教育博士生,我则从"学生学科能力发展"角度招收数学、语文、物理和化学四个学科教育方向的博士生。

从1996年起,我先后招收了章建跃、朱文芳、康武、连四清、赵继源等,作为"数学能力发展"方向的博士研究生。他们严格按照发展心理学专业研究的要求,发挥自己在数学教育上的专业优势,选择自己感兴趣的切入点,对数学能力发展进行了深入研究,并在此基础上完成了博士学位论文。这些论文是发展心理学与数学教育学的交叉研究成果,在数学教育的研究方法上具有开创性,既有理论的深刻性,也有数学教学实践的指导性。

本篇收录了他们当年撰写的博士学位论文摘要,在此将它们分章呈现,既作为我的"智力发展与数学学习观"的一个引证,更重要的是为数学能力研究做出研究方法的示范。

第十三章 中学生数学学科自我监控能力的结构、发展与培养

随着教改的不断深入，人们越来越清楚地认识到，只有把握了数学学习的本质，才能使数学教学更加精准，教学效益和质量才有根本保障，数学能力和创新精神的培养才能落在实处。因此，一段时间以来，反思性学习、理解性学习、教学的有效性等研究如火如荼。事实上，无论是数学学习的效益、质量，还是数学能力和创新精神，最终都与学生的元认知发展水平直接相关（Zimmerman & Schunk，1989；Pintrich & DeGroot，1990；Schunk & Zimmerman，1994；Pressley & Woloshyn，1995；董奇 等，1996）。本研究将针对元认知的核心——自我监控能力，以数学学科为背景进行理论与实践的探索。

一、引言

智力活动既包括感觉、知觉和记忆等认知过程，也包括抽象思维、问题解决和决策等高级认知过程，与认知过程相伴随的还有"元认知"（metacognition）过程，它在智力活动中居核心地位（林崇德，1992，2003；林崇德，辛涛，1996）。元认知的实质是人对认识过程的自我意识、自我监控和自我调节，其核心是自我监控。具备自我监控能力是人的智力发展成熟的标志。

心理学界对自我监控能力结构已有深入研究（A. L. Brown，1978；J. H. Flavell，1979；B. J. Zimmerman & M. Martinez-Pons，1988；R. J. Sternberg &

P. Frensch, 1991；R. S. Newman, 1994；董奇，周勇，1996），为探讨数学学习中的自我监控能力及其培养提供了借鉴和理论指导。然而，心理学理论应用于教学实践需要一个中介环节，即使理论获得符合学科特点的解释。进行数学学科自我监控能力的理论与实践探索，就是为了搭建心理学理论与数学学习及教学之间的桥梁。

数学学科自我监控能力（以下简称"数学自控能力"），是指学生为了保证数学学习的成效，而将自己的数学活动作为意识对象，对其进行积极主动的计划、检验、调节和管理，从而实现学习目标的能力，它包括三个方面：一是学生对数学学习活动的自我计划；二是在数学学习活动中进行有意识的检验和反馈；三是有意识地对数学学习活动进行自我调节、矫正和管理。具有数学自控能力是学生的数学思维和数学能力发展达到高水平的标志。

数学自控能力的培养，实质是培养学生数学学习的自我意识、自我评价的习惯和能力，训练学生对学习过程进行自我控制、矫正的方法和技能，培养学生的数学悟性。有了这些，学生的数学学习就会事半功倍，数学素质的培养也能落在实处。因此，数学自控能力的培养是数学教学的核心问题之一，数学自控能力的研究具有重要的理论和实践意义。

我们从建构中学生数学自控能力理论的需要出发，采用定量分析的方法，建构和验证数学自控能力的结构；采用定量分析与定性分析相结合的方法，探讨数学自控能力发展的特点和规律；探讨影响数学自控能力发展的因素，并提出培养数学自控能力的建议。

二、研究方法

1. 被试选择

本研究在北京市选取市重点中学、区重点中学和一般普通中学各一所，在普通中学随机抽取初中和高中六个年级各一个班，区重点中学抽取初中三个年级各一个班,市重点中学抽取高中三个年级各一个班,被试总数为587名,其中有效被试为559名,具体分布如表13.1所示:

表 13.1 被试分布情况

学校编号	性别	初一	初二	初三	高一	高二	高三
一	男	22	20	29	17	30	23
一	女	23	23	18	27	23	25
二	男	20	29	22			
二	女	26	21	21			
三	男				26	24	30
三	女				22	22	16

2. 测量工具

采用自编的《中学生数学学科自我监控能力问卷》、《中学生数学学习动机、观念和态度问卷》和《中学生数学学习问卷》。问卷经过以下几个步骤编制完成:① 文献检索和理论研究;② 初步编制问卷;③ 专家访谈与修订;④ 预试与再修订。

在编制《中学生数学学科自我监控能力问卷》时,首先参考已有的认知心理学研究成果(Rohrkemper, 1986;Nisbet & Shucksmith, 1986;Corno, Kuhl, 1986;McCombs, 1989;Belfiore & Shea, 1989;Nelson & Narens, 1990;B. J. Zimmerman, 1994;董奇,周勇,1996),构想了一个包含定向、计划、调节、检验、管理、评价的六因素结构模型。

3. 研究程序

(1) 编制并确定问卷;

(2) 实测:所有被试分学校集中测试;

(3) 数据收集与管理:采用 Foxbase (V2.10) 数据库管理;

(4) 数据分析:采用视窗版 SPSS 获得问卷项目的相关矩阵,采用 LISREL (V8.01) 统计软件进行验证性因素分析。

三、结果与分析

（一）中学生数学自控能力结构

1. 中学生数学自控能力的验证性分析

采用 LISREL（V8.01）程序，对中学生数学自控能力的结构进行验证性因素分析，并采用极大似然估计检验模型与数据的拟合程度。在剔除了负荷较小的项目后，获得了假设模型的相应参数。在对定向、计划、调节、检验、管理、评价六个维度间的相关性分析中发现，有的维度之间相关性较高。将六个维度中的定向和计划合并而成五维度模型，或将定向与计划、评价与检验合并而成四维度模型，通过比较三个模型的卡方差异，以评估模型与数据之间的拟合程度。结果发现，含五个一阶因子的二阶因素模型是中学生数学自控能力的最佳拟合。

从统计数据分析，被合并的定向和计划两个因子在中学生心中具有高度一致性，将这一因子命名为计划。各观测项目在五个维度上的因子负荷如表13.2所示。

表13.2 中学生数学自控能力问卷各项目在含五个一阶因素的二阶测量模型上的因子负荷

项目	计划	项目	调节	项目	检验	项目	管理	项目	评价
a_1	0.54**	a_9	0.50**	a_{16}	0.53**	a_{25}	0.50**	a_{34}	0.43**
a_2	0.28**	a_{10}	0.58**	a_{17}	0.49**	a_{26}	0.55**	a_{35}	0.55**
a_3	0.45**	a_{11}	0.54*	a_{18}	0.49**	a_{27}	0.65**	a_{36}	0.73**
a_4	0.48**	a_{12}	0.58**	a_{19}	0.49**	a_{28}	0.59**	a_{37}	0.72**
a_5	0.55**	a_{13}	0.58**	a_{20}	0.67**	a_{29}	0.62**		
a_6	0.50**	a_{14}	0.52**	a_{21}	0.34**	a_{30}	0.47**		
a_7	0.41**	a_{15}	0.47**	a_{22}	0.68**	a_{31}	0.52**		

表 13.2 续

项目	计划	项目	调节	项目	检验	项目	管理	项目	评价
a_8	0.37**			a_{23}	0.70**	a_{32}	0.46**		
				a_{24}	0.47**	a_{33}	0.42**		
γ	0.86**		0.99**		0.85**		0.91**		0.92**

(注：* 表示 $p=0.05$，** 表示 $p<0.05$。)

由表 13.2 可知，除 a_2 外，所有观测项目在五个一阶因子上的负荷在 0.34—0.73 之间变化，而且具有 0.05 水平的显著性。计划、调节、检验、管理和评价在中学生数学自控能力上的负荷分别为 0.86，0.99，0.85，0.91，0.92，各因子对中学生数学自控能力的解释率分别达到 74%，98%，72%，83%，85%。五因子模型的拟合度检验结果是：$\chi^2(1038,559)=2025$，$\chi^2/df=1.95$，$GFI=0.82$，$p<0.05$。这些参数表明，该模型具有很高的结构效度。

2. 中学生数学自控能力问卷的描述性数据

确定中学生数学自控能力结构后，我们分析了自编问卷的总体平均分、各维度分以及同质性信度等描述性统计数据（见表 13.3）：

表 13.3 中学生数学自控能力问卷的描述性参数

统计参数	总体	计划	调节	检验	管理	评价
问卷平均分	19.66	20.00	17.50	22.50	22.50	10.00
所得平均分	17.29	18.78	17.60	17.34	20.12	7.31
标准差	4.87	4.84	4.56	5.86	5.85	3.23
信度指数	0.8871	0.6646	0.7405	0.7853	0.7800	0.6814

表 13.3 表明，问卷总体同质性信度指数是 0.8871，五个因子的同质性信度指数分别是 0.6646，0.7405，0.7853，0.7800，0.6814。各维度的平均得分，除在调节上所得平均分达到问卷平均分外，其他维度上的得分均低于问卷平均分。特别是在检验上的实际平均得分与问卷平均分的差距为 5.16 分，评价上的实际平均得分与问卷平均分差距为 2.69 分，此两项的实

际得分均低于问卷平均分的75%。从问卷频度分析看，80%的学生报告自己很少自觉地、有意识地对学习过程进行检查，极少对数学学习结果进行评价，解题时以得到正确答案为满足，较少反思学习过程、总结解题经验教训。频度分析还显示，被试中，79.3%没有用自己的语言表述已学内容的经历；52.9%不懂得具体例子在检验数学概念的掌握程度；81.3%在课后很少回顾和总结本课的重点；76.2%在解题后不再追求更好的解法；69.3%解题后不总结解题关键；69.8%不考虑将解题方法推广到同类问题中去；84.4%很少考虑对问题进行推广、引申。上述结果在个案研究和开放性问卷调查中也得到验证。例如，大部分被试报告自己在听完课后就急着解题，获得正确解答后就心满意足，只想多做题目，而对解题后的反思，不仅不懂怎样做，而且认为这是浪费时间，老师也很少有这方面的要求。有的学生问主试，"老师，什么叫解题后的推广啊？"

上述结果显示，教学中，要求学生及时检验自己的学习过程，增强及时评价学习过程和结果的意识，养成反思学习过程和结果的习惯，提高检验和评价技能，自觉总结解题的关键和成败得失，培养抽象概括数学思想方法的能力，学会推广、引申已有知识的方法等，是提高中学生数学自控能力的关键，同时也是一个难点。

3. 讨论

（1）中学生数学自控能力的结构。在前期研究中，我们以中学生数学学习过程为依据，从动态、过程的角度出发，构想了中学生数学自控能力的六维度模型（简称"构想模型"），并据此编制了《中学生数学自控能力问卷》。为了验证假设以及相应问卷的结构效度，我们利用当前心理学研究中比较流行的验证性因素分析法，进行了验证性研究。

对"构想模型"及可能的替代模型所进行的验证性因素分析表明，中学生数学自控能力的最佳模型是五维度结构，即计划、检验、调节、管理和评价，即将"构想模型"中的定向和计划合并，其他维度不变。数据表明，五维度模型有较好的信度和效度，问卷中的项目在其维度上的载荷都达到显著水平，对调查数据提供了很好的拟合。

在"构想模型"中，定向与计划是有区分的。定向是数学学习开始时的心理准备状态；计划是对学习过程的具体设计，与学生是否有明确的学习目标，是否清楚要学习的任务，是否掌握了必需的知识及相应的学习方法等密切相关。一般来说，"定向"比较宏观，"计划"比较具体。"定向"主要依靠学生头脑中已有的数学模式：既有数学的公理、概念、定理、法则、公式及基本题型等的作用，更有数学思维模式的作用，即在遇到数学问题时如何进行猜测、如何调动已有的相关知识、如何对问题进行重新表述、如何将问题进行分解与组合、如何实现问题的不断转化、如何建构数学解题模型、如何鉴赏这种模型等；而"计划"则是上述思想的具体落实。从定向到计划是在数学学习开始阶段同一心理过程的两个层次，这样就能使我们建构的模型与学生头脑中存在的数学自控结构相互拟合。相应的，可对五个维度的含义界定如下：

计划即在数学学习开始阶段，明确所学内容的性质（如是概念学习还是原理学习，是综合练习还是探究性学习等），对学习情境中的各种信息有准确的知觉和分类，并对有效信息做出迅速选择，调动头脑中已有的相关知识，安排学习步骤，选择学习或解决问题的策略，猜想问题的可能答案和可能采取的解题方法，并估计各方法的前景和成功的可能性等，这是学生对自己的数学学习过程进行监控的前提。

管理即在数学学习过程中，能够以恰当的方式组织信息（如引进符号，作学习材料的信息关系图，用图表表达数据或关系等），问题的分解和组合，注意学习过程和层次，能有意识地控制学习节奏，对学习方法、进程保持警觉，对整个学习过程做到"心中有数"，明确地意识到自己所采取的每一个学习步骤的意图。

检验即能用恰当的方法检查自己的学习过程和结果，总结归纳学习或解决问题的关键（如用自己的语言叙述所学知识，分析某种解题方法的理论依据，分析所采取的学习方法的合理性等）；对学习过程保持良好的批判性，反思自己是如何发现和解决问题的，反思学习过程的成败得失及其原因、应吸取的经验教训，并从基础知识上寻找原因；从思维策略的高度总结学习过程，从中概括出数学基本思想方法；解题后再次剖析问题的本质，推广、深化问题；优化已有解法，寻找解决问题的最佳方案。

调节即根据检验的结果，及时调整学习进程，采取新的学习方法，或者把学习推向高一级层次。如，遇到抽象概念或原理时，能用例子帮助理解；或者在解决具体问题陷入困境时，能"回到定义中去"；学习或解题不顺畅时，能及时调整思路，设法寻找新的方法；重新考虑已知条件、未知数或条件、假设和结论；对问题重新表述，以使其变得更加熟悉、更易于接近；使学习及时进入更高层次，等等。

评价即能以"理解性"标准看待自己的学习质量和效果，能以合理、简捷、和谐、优美等标准评价解题过程等。

上述五个维度实际上是从数学学习的全过程来区分的，是一个过程性、动态性结构。

中学生数学自控能力是元认知理论在数学这一特殊学科背景中的深化，中学生数学自控能力结构是我们自己建构和证明的。著名心理学家布朗（A. L. Brown，1980）把元认知过程看成是用来控制信息加工的各种执行性能力，并强调：① 在执行某策略时对下一步工作提出计划；② 对策略中各步骤的有效性加以监控；③ 在实施策略时对其进行检验；④必要时修改策略；⑤对策略加以评估以确定其有效性等五种元认知过程的重要性。申克和齐默尔曼（D. H. Schunk & B. J. Zimmerman，1996）提出的自我监控学习能力的因素有提问、计划、调控、审核、矫正、自检等六个方面。可以看到，我们通过验证性因素分析所获得的中学生数学自控能力结构与上述理论比较接近，但又体现了数学学科及其学习的特点：

第一，数学具有高度抽象性和广泛的应用性，数学学习既要有很强的计划性、逻辑性和程序性，又要有试验、类比、归纳、直觉、猜想等非逻辑因素的参与。这两方面的结合使数学学习中的自我监控在注意"逻辑性"时，还要强调对试验、猜想、直觉等"非逻辑因素"的监控。对这些过程的监控体现了数学学科自我监控的特殊性。

第二，在中学生数学自控能力结构中，数学观念和数学思想方法具有重要地位。数学观念起宏观上的定向、控制和调节作用，是数学活动的自觉性、正确性的保证；数学思想方法蕴涵于内容之中，是数学知识的灵魂，是智力操作的策略和手段，许多数学知识都有方法性功能，数学思想方法不仅有指导思想作用，而且提供具体的思维策略。所以，在数学认知活动中，数学思想方法起具体的监控和调节作用。这种知识、策略与监控过程统一协调的特点是数学学习自我监控的突出表现。

第三，数学有独特的语言和符号体系，数学的符号、图形（图像）是信息组织的最好载体，这种语言符号在数学学科自我监控过程中提供了具体操作手段，自觉、恰当地引进数学符号是自我监控能力强的具体表现。

第四，数学知识是对已有结论不断反思的结果，随着反思逐渐深入，知识的抽象性不断提高，因此，数学学习中的自我监控过程与数学知识的概括过程是紧密结合的：数学知识的概括过程是数学活动的依据，而自我监控活动则对数学活动起定向、控制和调节作用，是活动的"向导"和"监察官"。数学自控能力高低直接决定了数学学习质量，进而也决定了学生的数学能力。因此，反思在中学生数学自控能力结构中具有重要作用，它包括对过程的反思、对结果的反思、对方法的反思、对学习过程的优化等。

（2）中学生数学自控能力作用的模式。中学生在数学学习中的自我监控过程，实际上是学生对自己的数学学习活动进行检验，然后将检验所获得的信息反馈到头脑中，对已有数学认知结构中的相关知识进行重新组合，再对自己的数学学习活动进行调节的过程，其作用机制可用图13.1表示。

决定中学生数学学习自我监控水平的认知因素可分为三个方面：

① 学生对正在进行的数学学习活动的自我意识水平，即能否准确地意识到自己当前数学学习的进展状况和存在的问题。

② 学生已有数学认知结构的性质，特别是其中的数学思想方法等策略性知识的清晰性、可辨别性和可利用性水平，即是否掌握了相应的自我监控手段，形成了正确的数学观念和态度等。

③ 当前学习情境与已有数学认知结构之间的整合，即由检验所获得的关于当前数学学习进展状况和存在问题的信息对学生长时记忆中数学知识

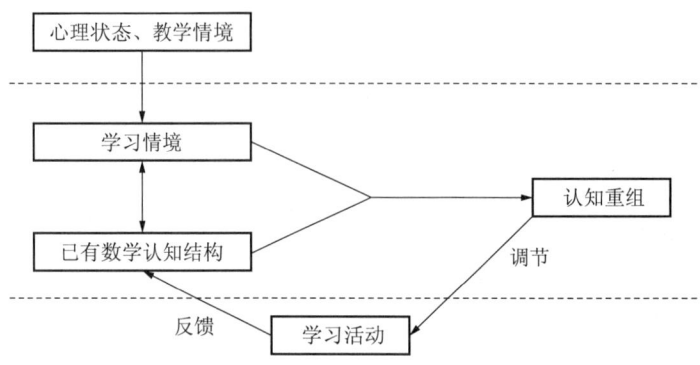

图 13.1 中学生数学学科自我监控能力作用的模式

的激活程度。如果学生的数学认知结构是结构性能良好的网络系统,其中所包含的数学知识丰富,知识之间的联系方式多样而紧密,层次分明,抽象程度高,概括性好,那么所激活的数学知识不但多,而且与当前学习情境的匹配性好,从而使认知重组的效率大大提高。

除认知因素外,决定学生数学学习自我监控水平的还有非认知因素,如学生的数学学习动机、自我知觉水平等。另外,还有教师所提供的数学教学情境、数学学习共同体等环境因素,它们对自我监控过程也有明显的影响。

从上述分析可知,提高中学生数学自控能力的核心是增强学生在学习中的自我监控意识,加强数学思想方法等策略性知识的教学,以改善学生已有数学认知结构的性质。前已述及,数学思想方法蕴涵于数学知识中,数学知识本身就具有方法性的特点,因此中学生数学自控能力的培养应统一在数学知识的教学中。

(二)中学生数学学科自我监控能力的发展

1. 研究工具的编制

本项研究的工具,除《中学生数学学科自我监控能力问卷》,还采用了自编的《中学生数学学习问卷》。

《中学生数学学习问卷》是一份开放性问卷,每个年级有 4 道数学题,其中要求六个年级都解答的数学问题有 2 道。该问卷的编制过程是:① 分析中学数学教材；② 初选数学问题；③ 征求专家意见与修订；④ 预试与再修订；⑤ 形成问卷。本问卷的 Cronbach's α 同质性系数为 0.6300。

2. 结果与分析

（1）中学生数学学科自我监控能力发展的量变特征。

根据研究（一）的结果，采用单因素方差分析法考察了中学生数学自控能力随年龄发展的情况，结果如表 13.4 所示：

表 13.4 各年龄段学生数学学科自我监控能力各维度的平均分

年龄段	参数	计划	检验	调节	管理	评价
小学毕业生	M	14.64	13.68	14.75	16.23	6.27
	SD	5.09	4.50	5.69	5.81	2.83
初中生	M	17.73	16.53	14.81	18.45	7.23
	SD	4.63	4.75	5.68	6.08	3.36
初中毕业生	M	18.93	18.46	18.00	22.37	8.48
	SD	4.38	5.20	7.46	6.87	3.80
高中生	M	19.34	17.62	15.96	20.03	8.68
	SD	4.52	4.02	5.07	5.54	2.82
总体	M	18.03	16.80	15.74	19.32	7.81
	SD	4.88	4.75	5.88	6.24	3.28
	F	12.741	0.508	10.148	5.760	11.790
	p	<0.001	>0.05	<0.001	<0.001	<0.001

对中学生数学问卷的得分，按计划、调节、检验、管理和评价五个维度进行的统计分析结果如表 13.5 所示：

表 13.5 各年龄段学生在中学生数学问卷中各维度的平均得分

年龄段	参数	计划	检验	调节	管理	评价
小学毕业生	M	16.70	10.82	15.42	13.38	6.34
	SD	4.79	5.51	4.51	5.53	2.75
初中生	M	18.55	11.78	17.25	15.97	7.53
	SD	4.44	6.21	4.94	6.54	3.35
初中毕业生	M	18.02	12.34	18.10	16.72	7.81
	SD	4.45	5.46	4.08	5.76	3.08
高中生	M	20.03	13.03	18.49	17.33	8.16
	SD	4.80	5.60	4.56	6.04	2.94

各维度问卷的总分如表 13.6 所示：

表 13.6　中学生数学学习问卷各维度的总分

	计划	检验	调节	管理	评价
总分	40	35	40	40	20

上述结果表明，中学生数学自控能力的发展有年龄阶段性，但发展的趋势除小学毕业到初中阶段比较明显外，其他年龄段均较平缓，而且"检验"在整个中学阶段的发展没有显著性差异，在调节、检验及管理上，从初中毕业到高中反而还有下降。

开放性问卷得分表明，学生在各维度上的实际得分普遍低于问卷总分的 50%，其中尤以检验和评价得分最低，仅为问卷总分的 31%～37%。虽然我们的问卷没有标准化，没有建立常模，无法与学生的思维发展水平相比较，但上述结果从一个侧面反映出当前中学生数学自控能力的发展水平较低。

学生在解题后的反思水平差是数学自控能力发展水平低的集中表现。例如，学生对"如何总结解题关键？"的回答是："先分析，再实践"；"思考问题要灵活，选好切入点是关键"；"应该抓关键"；"做题要有层次"；"找准条件间的关系"；"把握平衡原则"；"找突破口，思维有序"；等等。显然，这些回答与具体问题间的关系比较松散，不能切中要害。相当数量的学生没有反思的习惯。多数学生在谈解题体会时只会说："需要掌握更多的知识，灵活运用"；"应先对题目进行初步分析，不能盲目地去做"；"要善于发现能指导解题的最关键步骤，分析题目特征，一种方法行不通时要及时变换方法"；"要积极思考"；等等。这说明学生对思维过程的反省是表面化的。

我们推测，中学生数学自控能力落后于其他心理能力的发展，与教学中没有意识到这一能力的重要性，没有自觉地培养这一能力紧密相关。自我监控能力的培养是中学数学教学最大的薄弱环节。

(2) 中学生数学自控能力发展的一般趋势。

总体上看，数学学科自我监控能力的发展符合从他控到自控、从不自觉到自觉再到自动化、迁移性逐渐提高、敏感性逐渐增强、从局部监控到整体监控等基本规律。

① 他控发展到自控。他控是指数学学习活动受外界因素的控制和调节，自控则指数学学习活动受主体自己的控制和调节。数学学习活动中的他控主要受教师或教科书的控制，经常表现为"老师（或书上）这样说的"；也受问题情境的控制。

例如，初二学生解：

如图13.2，O是直线AB上一点，OD，OE分别是$\angle AOC$，$\angle COB$的平分线，设$\angle AOC=46°32'$，求$\angle DOE$的度数．

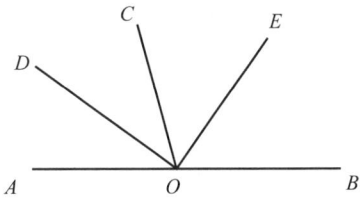

图13.2

90％以上的学生采用先求$\angle COB$，再求$\angle DOC$和$\angle COE$，再由$\angle DOC+\angle COE$而得结果。在回答"注意过$\angle DOE$度数的特殊性吗？请根据这一特殊性检查一下自己的解题过程……"时，学生普遍答"注意过"，但对解题过程只检查了解题步骤和计算的准确性，没有对解题方法进行检验和反思，给出新解法的学生只有6％，这是典型的"他控"，具体表现在：一是条件"$\angle AOC=46°32'$"把学生的注意力引向求$\angle DOC$和$\angle COE$；二是受"习惯"控制，平时解的都是"条件恰好"的问题，老师也经常强调，条件没用完的解答肯定是值得怀疑的，因此必须把条件全部用上才算放心。这样，即使得到提醒，学生也很难调节自己的思维。有的学生写道："这是双平分线题型，中间角一定是90°。"但具体解答时，仍通过求$\angle DOC$和$\angle COE$来得到$\angle DOE$的度数。

随着数学学习的深入、数学知识（特别是数学思想方法）的积累，学生的自我监控技能逐渐形成。初三学生开始较多地注意"为什么"，他们脑子里有"可能吗?"这样的疑问,较多的高中生解题时能先分析问题结构,考虑转换条件,并对解题方法有一定的比较和选择。

如,高一学生解:

已知二次函数图像的对称轴是 $x=1$,图像过点 $(-2,-5)$,且在 x 轴上所截取的线段长为 4,求这个二次函数的解析式。

41%以上的学生采用了"二根法"。他们报告,之所以采用此法,是因为它比"顶点式"更方便。

又如,高三学生解:

已知 $x^2+y^2+4x+2y+4\leqslant 0$,求证:$-\sqrt{5}-4\leqslant x+2y\leqslant \sqrt{5}-4$.

50%以上的学生能将条件转换为圆面,将结论转换为直线系 $x+2y=t$ (t 为参数),有的还能将结论进一步转换为"点 (x,y) 到直线 $x+2y+4=0$ 的距离不大于 1",得到本质结构:由于直线 $x+2y+4=0$ 过圆心,因此问题的实质是"圆面上的点到直径的距离不超过半径"。这些都表明,随着年龄、知识的增长,学生的数学学习自我意识,以及计划、监察和调节数学学习活动的能力等都在增长。

② 从不自觉到自觉再到自动化。初中低年级学生的自我监控自觉性较低,具体表现在学习中缺乏计划性,不懂得先分析后动手的重要性,盲目尝试的成分大;缺乏必要的检验技能;解题的逻辑性不强,缺乏系统性、条理性,因果关系比较模糊;对结果的评价往往就事论事。

例如,初一学生解:

如图 13.3,平行四边形 ABCD 的面积为 28,$EC=3$,$AE=4$,求 △ABE 的面积。

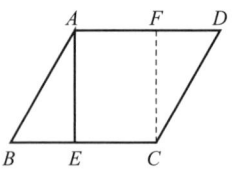

图 13.3

能够想出 3 种方法的学生比例不到 18%。原因主要是学生没有从图形结构出发,有计划、有顺序地将 △ABE 的面积表征为 $(BE \cdot AE) \div 2$、四边形 ABCD 与梯形 CDAE 面积之差、四边形 ABCD 与矩形 AECF 面积之差的一半、△ABC 与 △AEC 面积之差等,在思维的灵活性、方法转换的自觉性等方面表现不佳。

高一学生的数学学习自我监控具有一定的自觉性。例如，解答：

如图 13.4，在空间四边形 $ABCD$ 中，E，F，G，H 分别为 AB，BC，CD，DA 上的点，如果直线 EF，HG 交于点 P，求证：A，C，P 三点共线．

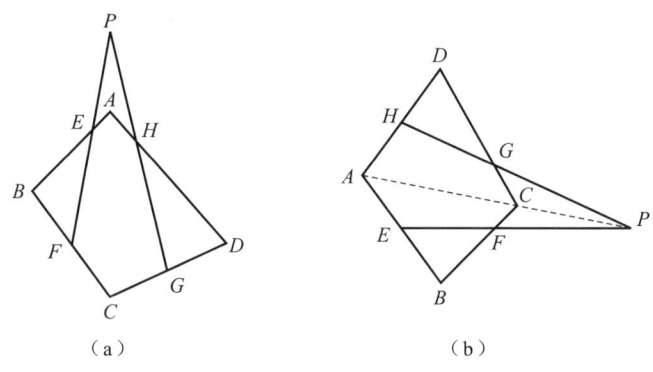

图 13.4

部分学生在所作几何图形直观性较差时能调整图形位置以增强直观性，如将图 13.4 中的图（a）调整为图（b）。在解答二次函数问题时，能先分析问题结构再选择解题方法，能利用草图帮助分析。

对数学学习的自我监控水平与学生对相应的数学思想方法的熟悉程度密切相关。例如，上述立体几何题是高一学生刚接触的，部分学生在所作图形直观性不强时，不会对其位置进行调整；大部分学生在问题转换上出现困难。实际上，将问题表征为"A，C，P 为两个平面的公共点"，转换后再表征为"直线 EF，HG，AC 共点"、"平面 ABC，平面 ACD，平面 $EFHG$ 共点"等。而在解二次函数题时，就都能做到先作草图，引进适当的符号，对解题方法进行比较后再选择出恰当的方法，当发现用"一般式"解题在计算上比较复杂时，能及时转变思路。

必须指出，除某些方面（如先画图、引进适当符号等属于"技术性"层次的监控技能）外，自我监控的自动化水平较低。绝大部分学生缺乏自我监控的意识和技能，既不在数学课后回顾和总结重点内容，也不在解题后总结解题的关键、进一步追求更好的解法,更不考虑将思想方法推广到同类问题中去对问题进行推广、引申。他们往往听完课就急着解题,获得正确答案就心满意足。在学生的意识中,多做题才实在,解题后做反思是浪费时间。因此,数学学科自我监控意识比较薄弱、自觉性比较差。

③ 迁移性逐渐提高。数学学科自我监控的过程或方式可以从一个具体的数学活动情境迁移或应用到与其相同或相似的其他数学活动情境中去。

数学自控能力的发展水平与学生所掌握的数学思想方法的抽象程度密切相关。作为一种自我监控策略,数学思想方法的抽象水平越高,其适用范围就越广。从某种意义上说,数学的广泛应用性就是指数学思想方法的广泛应用性。因此,随着学生所掌握的数学思想方法抽象水平的提高,对其本质及作用的认识不断加深,用它来指导数学实践活动的意识和自觉性也在不断增强,这就是数学学习中自我监控过程或方式的迁移性提高的表现。

例如,解答:

将1,2,3,4,5,6,7,8,9这9个数字分别填入图13.5的9个方格中(此图称为三阶幻方),使每行、每列及对角线上的三个数字之和(这个和称为"魔数")均相等。

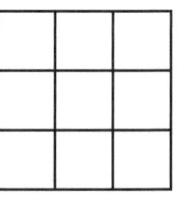

图 13.5

低年级学生对问题结构的理解、给出的解法等都受具体情境的限制和影响,往往就事论事,只考虑当前问题的细节而不会从整体上分析和把握问题,导致思维活动方式局限于具体情境,难以实现向相似情境的迁移。高年级学生掌握了等差数列等知识,对问题的数字结构特征把握准确,懂得如何分析数字结构、从什么角度看问题、从哪些方面做出推广和怎样推广,思想方法的概括程度较高,能较顺利地实现自我监控过程的迁移。正是由于学生将"如何分析"、"从什么角度看问题"、"怎样才能做出推广"等自我监控过程和方式较恰当地应用到新情境,才使新问题的解决质量有了保证。因此,迁移性的不断提高是中学生数学自控能力提高的重要标志。

④ 敏感性逐渐增强。学生根据数学学习中各因素间的关系及发展变化,

对学习进程做出迅速而有效的调节和矫正的能力在增强。

敏感性一般包括两方面：

一是对数学问题（学习材料）中的条件、结论和涉及的数学概念、原理及其相互关系的敏感性，它决定着学生对问题的知觉与认知水平，如果敏感性不强，就有可能遗漏、忽视某些重要信息，特别是忽视条件与条件、条件与结论间内在联系的线索，或被问题的表现形式所迷惑而忽视隐含条件导致理解错误等，因此它会直接影响自我监控中信息反馈的水平，从而影响下一步的调节。

二是根据问题情境，调动有关知识经验、数学思想方法（解题策略）的敏感性，它与自我监控中的调节水平密切相关，因为它影响着调控策略与方法的选取，如果灵敏程度不高，那么就会在问题情境与解题策略、方法的匹配上发生困难，激活和提取相关知识、策略、方法的速度、质量及适用性等都会受到影响，从而就不可能实现有效的自我监控。

数学自控水平较高者对学习情境中的线索及变化情况比较敏感，对问题中条件及相互关系、结论及其变形等都能较好地知觉和分析，并据此而调动数学思维策略，进而及时有效地调控数学学习。例如，有的高三学生报告自己在解"三阶幻方"问题时想到：数字是连续自然数；有一个"中间数"5；与5等距离的两数之和均为10，具有对称性；中间格要用4次，与其他所有数字都有关系，因而只能填"中间数"5；"魔数"15为奇数，因而可对"对角线"做奇偶分析……这表明他们对问题的数字特征非常敏感，由此导出的解题方法也出人意料。如有的学生由"对角线"的奇偶性相同而得可能的情况有：

奇	A	偶	奇	E	奇	偶	P	偶
C	5	D	G	5	H	R	5	S
偶	B	奇	奇	F	奇	偶	Q	偶

　　　　（1）　　　　　（2）　　　　　（3）

再由"魔数"15为奇数而知只有（3）正确。而初中学生对数字特征就没有这种敏感性，大多数用"尝试错误"的方法解题，遇到困难时的补救措施是再来一次"新的尝试",很少从数字结构特征上去寻找线索。

因此,敏感性是衡量数学自控水平的重要指标。敏感性的增强过程是中学生数学自控能力水平发展的表现。

⑤ 从局部监控到整体监控。中学生数学自我监控在深度和广度上都在逐渐发展。

初中生很少对数学学习过程进行反馈和矫正,他们往往只对结果进行检查、核对,答案正确就结束学习;往往采取"一竿子扎到底"的方式,出现错误就一错到底,这表明他们对数学学习的监控是"结果性"而不是"过程性"的。随着年级升高,学生开始懂得在学习的各阶段进行自我监控。有的高三学生报告,自己在解题时先要在读题的基础上搞清:未知、已知和条件各是什么?再引进适当符号以使问题具体化,或者画个图以使问题更加直观。接着再考虑:相关知识有哪些?是否解过类似问题?能否将问题重新叙述,或将问题用自己熟悉的语言来表述?能否将问题进行适当的分解与组合?具体解题时会考虑:是否利用了所有数据?问题所包含的数学概念和原理是否都考虑了?这一步骤的正确性明显吗?能否证明它的正确性?最后,获得答案后会考虑:怎样检验这个论证?是否还有更好的方法?这个结果或方法有没有普遍意义?显然,能够这样做的学生,已经把自我监控与调节贯穿于数学学习的全过程,从而能做到及时、充分而有效地反馈,这是自我监控趋于成熟的表现。

除"过程性"自我监控外,还有在同一层次上的不同侧面、不同角度的自我监控与调节。低年级学生在数学学习中往往只从一个角度或一个侧面考虑问题,如编题时,在时间、速度和距离三个因素中,往往只从距离出发,而且是"单向性"的,他们想不到还可以问时间、出发的地点相同但方向不同等。随着年级的提高、数学知识经验的积累,学生的思维逐渐走向综合化,他们逐渐认识了从不同角度、不同侧面考虑问题的重要性。例如,解"三阶幻方"题时,初中生解题效率低的重要原因是思考时只注意使一排、一列或"对角线"的三数和为15;高中生能整体考虑问题,既关注重点(中间位置、数字5),也注意数字间的平衡(如将数字分组

(1，9)，(2，8)，(3，7)，(4，6))，显然这对提高解题速度和正确率都很重要。

　　数学学习中从局部到全局的自我监控，与数学知识、数学思想方法从具体到抽象的发展密切相关。从思想方法的层次看，有"解题术"，也有解题思维模式（如"关系映射反演方法"），还有统领全局的思想方法（如公理化方法）。数学的发展是一个"选择和识别"的过程（庞加莱），一个数学情境包含了许多"数学事物"，它们可以有不同组合，通过选择而做出新成果，产生在数学上有价值的新思想和新概念。数学家能做到这些，是因为他们能克服思维的惯性，善于发现那些容易被人忽视的不同点或差异性，从而层层深入地揭示出各"数学事物"间的本质联系和内在规律。在这个过程中，正如著名数学哲学家拉卡托斯所说的，猜想与反驳起了非常重要的作用，数学知识就是在这种不断猜想与反驳的交互作用下获得增长的，"是靠尝试错误，经过多次猜想、多次反驳才得到它们的"。因此，对已有数学知识（包括结论及其证明过程）的不断批判，使原来不太严格的论证或"思想实验"逐渐趋于严格，就成了"数学发现的逻辑"。在"猜想与反驳"的过程中，主体的自我监控也就由局部逐渐向全面发展。

　　因此，从局部监控到整体监控是数学学习中自我监控发展的又一个重要特征。

四、讨论与建议

下面结合调查材料的分析，提出中学生数学自控能力培养的建议。

1. 保证学生的学习自主性

　　辩证唯物主义认为，生命存在的普遍形式是活动。杜威也说，有生命的地方就有活动。"实践活动是人的心理、认识、意识产生和发展的基础。"人的心理是在活动中形成和发展的，同时，人的心理发展水平和阶段也会由他的活动特点反映出来。剥夺人的活动自由就等于阻碍他的心理发展。

作为人的深层次心理发展,数学自控能力发展的基础是实践活动。只有在学生的积极主动参与下,自我监控活动才能实现;也只有通过活动,数学自控能力才能获得发展。

数学活动论认为,数学是人类的一种创造性活动,它是一个包含了问题、方法和语言等多种成分的复合体,通过系统化而使数学的概念、原理以及结论等之间建立相互联系,形成一定的理论体系。因此,在数学学习中,不仅要掌握具体的概念和结论,而且要以联系的观点对数学理论进行整体分析,并掌握有关的问题、方法和语言。

这里要强调活动的全面性,即要把数学学习活动看成是发现问题、寻找解法、获得结论、语言表述,以及在反思基础上对解法和语言表述的优化、对问题的推广等所组成的整体。当前,教学中普遍存在着"题型+技巧"的现象,忽视探索过程、数学表达的训练,而对过程的反思、优化和问题推广等更没有得到应有的重视。这种教学对学生数学思维能力的发展不利,同时也影响到学生数学成绩的提高。另外,个体对解题过程的体验具有时效性,如果不及时总结,这种体验就会消退,从而也就失去了从经验上升到规律、从感性上升到理性的机会,这是教学上的最大浪费。

数学活动的载体是数学知识。数学知识是人类社会已经掌握的知识,它以教科书的形式出现,是通过数学家整理、归纳和概括的抽象逻辑体系,这种逻辑体系在某种程度上掩盖了数学知识的发生发展过程。数学教科书通常只是按照知识的逻辑顺序安排,只讲"可以这样做"或"应该这样做",而对"为什么可以这样做"和"为什么应该这样做"却很少涉及。但是,"数学是一池活水",新的概念为什么要引入?定理是如何想出来的,有什么作用?它们都不是主观臆造的,所有概念、原理的引入都是顺理成章、有根有据的。在数学严格逻辑演绎体系的建立过程中,也经历了先发现问题、再总结规律而猜测出定理;先试验、猜测定理的证明思路,再具体实施证明,并在证明过程中不断修改、矫正思路,最后才能获得完善的证明。因此,数学认识活动中渗透着自我监控活动,或者说自我监控活动是数学认识活动的有机组成部分。教师可以在引导学生探讨这些"为什么"

以及理解数学中的"道理"和"意思"的过程中培养学生的自我监控能力。在教学设计中，要努力反映数学的创造过程，做到既让学生理解"证明"，又让学生学会"猜测"，使学生能"知其然又知其所以然"。我们认为，设计适当的教学情境，让学生在这样的情境中像数学家那样自己去猜想、发现真理，比机械模仿、记忆那些不理解其来源、意义和相互联系的命题和证明的现成体系，更容易使学生获得自我监控能力的发展。在教学中注重学生的自主活动，调动他们的经验、意向和创造力，让学生重新发现数学命题，并从逻辑上把它们整理成系统，这不但会使学生真正理解学习材料，也会使他们的自我监控能力获得较快的发展。

2. 使学生有机会经历数学活动的真实过程

数学学习活动与数学科研活动是有区别的，这是由活动内容的差别决定的。一般来说，数学教学内容是按数学理论的逻辑关系呈现的，而学生理解这些知识的过程是相反的，因此数学学习往往是"反思维过程"的活动：把数学当成纯粹的数学推理，当成"逻辑推理"的一种形式来学习，而获得数学理论时的那种直觉、猜想、试验等过程都被忽视了，学生的活动过程表现为听教师讲逻辑推理过程后再模仿逻辑推理过程，他们所学到的是一些确定的、形式化的、僵化的东西，活动过程中自我意识不强，思考过程程式化，独立思考所具有的不确定性、似真性被大大淡化，数学思维的丰富多采、变化多端都被深深地掩盖了。显然，在这样的活动中，自我监控是较难发挥作用的，相应地，学生的自我监控能力也就难以得到真正的发展。

为了有效地培养学生的数学自控能力，教师应改进教学内容的呈现方式，为学生提供概念、定理的实际背景，设计定理、公式的发现过程，使他们有机会自己决定学习的目的、制订学习方案、独立收集资料、独立发现有效信息、选择解决问题的方法、评价自己的数学活动过程，让学生的思维经历一个从模糊到清晰、从具体到抽象、从直觉到逻辑的过程，在由直观、粗糙向严格、精确的追求过程中，使他们体验数学发展的"精神过程"，领悟数学概念、定理等的根本思想，掌握定理证明过程的来龙去脉，增强数学学习的自觉性。使学生在对概念形成过程的分析中，在对公式、定理的发现过程的归纳总结中,领悟寻找真理和发现真理的方法和手段,培养分析问题、解决问题的能力,提高自我监控能力。

3. 加强数学交流

人际交流与人的自我意识紧密相关。数学课堂是一个小型的数学共同体,它可以成为共同体成员之间交流数学思想的场所。教师应当激发学生的思想和疑问,以适当的方式把它们揭露出来,以使它们成为进一步思考和加工、讨论和完善、提炼和概括的对象,促使学生的思维向纵深发展,从而培养学生的自我评价能力。

数学通过交流才得以深入和发展,只有用文字和符号表达出来,数学思想才变得清晰。数学是借助于数学符号语言与普通语言的结合才得以流传的。数学知识的解释依靠数学语言符号,学生通过理解这些数学语言符号的内涵而掌握数学知识。由于学生的数学认知结构的差异,他们对同一数学知识的理解会带上一些"个人色彩",因此,数学学习共同体成员之间彼此解释各自的想法、相互理解对方的思想就非常重要。在交流的过程中,学生可以获得就所学内容发表自己看法(不仅仅是说出下一个步骤或最后的结果是什么)的机会,学生可以从中体验自己的理解过程、理解的深刻程度、有没有独到的见解、存在什么问题及其原因。这就为下一步学习与思考提供了新的问题和起点。通过交流,可以使思想清晰、思路明确、因果分明、逻辑清楚。明确表达出来的思想观点更利于检验、修正和完善。

教学中,教师可以采取一定的措施来培养学生的交流习惯和技能。例如,在交流之前,要求学生反思学习收获和疑点,这就给学生理清自己的思想,判断自己理解的正确性提供了机会,从而锻炼学生的自我检验、反馈和矫正的能力。通过对学习过程的回顾和总结,可以逐渐培养学生对学习结果的自我负责意识,有利于培养学生的责任感。

数学的社会性表明,数学思想只有被"数学共同体"所接受才算是正确的。这样,一个数学证明是正确的,其意义在于这一证明得到了数学共同体的认可。当我们给出一个与众不同的解题方法时,我们必须对其中的解题思想进行检验,这种检验的最好途径是与别人的解法进行比较。就自我监控能力发展来说，学生为了消除别人的怀疑而尽力寻找证据所做的证明，比单纯地推演书本上的某个"显然的"定理所做的证明，其意义要大得多。因为在这个过程中学生可以切身体验到正确思想是如何产生的，它的真谛是什么。通过学生之间的争议、讨论，可以带来更进一步的、深入的修改、补充甚至是纠正，这可以使证明变得更加准确、合理和简捷。显然，这是发展学生数学自控能力的好途径。

4. 加强数学思想方法的教学，树立正确的数学观念

学生掌握的知识只有做到条件化、结构化、自动化和策略化才能被灵活运用。所谓条件化，是指在理解知识的同时要掌握这些知识的使用条件，记忆时要将知识及其应用的"触发"条件结合起来。结构化是要求知识在头脑中形成一定的层次网络，而不是零碎的、孤立的和杂乱无章的；在知识的组织上要加强上位知识与下位知识之间的联结，从而能顺利地实现从具体到抽象（如对当前问题的类属判断）和从抽象到具体（如理解抽象知识的实际例子，抽象知识有具体模型的支持）的动力传递。实际上，结构化的知识由概念和原理作为网络的"节点"，因此有重点突出、体系组织简明清晰、概念和原理之间的相互联系紧密、易于理解掌握的特点，有利于知识记忆，能抑制遗忘，并且便于联想，具有迁移和应用的活力。关于"专家"和"新手"知识表征上的差异研究（R. J. Sternberg & W. M. Williams, 2003）表明，"专家"头脑中的知识是按层次排列的，"新手"头脑中的知识则采取水平排列；面临问题时，"专家"更注重于问题的结构，而"新手"却更多地注意问题的表面细节。自动化则是指不但要注意某一知识（概念、定理、法则、公式等）内部各要素之间的内在联系性，知识之间的相互联系性，而且要通过有效的练习使它们紧密地结合在一起，并达到自动化的程度，这样的知识可以在头脑中表征为一个知识块，使之在记忆中占据较小的空间，而在应用时可以实现自动联想。策略化是要求在头脑中储存有关于如何学习、如何思维的策略性知识，而在具体的知识学习和问题解决过程中，能自觉地运用它们来监控自己的学习或问题解决过程。在学习过程中，人的注意力要在高层的策略性知识与低层的陈述性知

识及程序性知识之间相互转换，不仅意识到当前的加工材料，而且要意识到自己的加工过程和加工方法，不断地反省自己所采取的策略是否适当，并及时调整自己的加工过程。

就数学认知结构的组成因素来说，主要有数学的概念、定理、公式、法则、定义等及其之间的联系方式，数学思想方法、数学观念以及作为数学认知活动动力系统的非认知因素。显然，数学的概念、定理、公式、法则、定义及其之间的联系方式是数学认知结构的"硬件"，是有效开展数学活动的"物质基础"，但它们本身并不具备能动性；数学观念是认知结构中的"监控系统"，对数学活动起宏观的定向、控制和调节的作用，是提高数学活动的自觉性、正确性、速度和效率的保证；数学思想方法融合于数学概念、定理、公式、法则、定义之中，是它们的精神和灵魂，同时，数学思想方法又是形成数学观念的前提。因此，在数学活动中，它既是活动的具体指导思想，又是活动过程中所必需的具体知识——既提供思维策略，又提供具体手段。所以，数学思想方法在数学认知结构中的地位是非常特殊的。无论是同化过程还是顺应过程，实际上都是已有数学认知结构与新数学知识之间进行相互作用，并实现从旧的平衡向新的平衡转化的过程，而转化是数学思想方法的核心与精髓。因此，数学思想方法的掌握、数学观念的形成是使数学知识条件化、结构化、自动化和策略化的关键。在数学教学过程中，教师必须特别注意数学思想方法的教学，并有意识地对学生进行数学观念教育。在设置教学情境时，应当注意问题情境的变化性、开放性，使学生能够得到选择、决策、排除困难等的训练。学生在学习过程中应该注意把知识的练习和应用结合起来，并注意及时地反思和总结，以逐渐地培养起对知识应用的自我监控意识，使知识的提取和应用处于较高的自我意识水平之下，提高知识的应用层次和效率。

5. 培养学生检验学习过程的意识和技能

本研究表明，检验是中学生数学自控能力的核心。因此，检验意识和技能的培养在中学生数学自控能力培养中也占据了核心地位。

我们知道，数学是锻炼人的逻辑思维能力的最好载体，而锻炼的成效建筑在学生的独立自主活动上。教师可以为学生设计各种活动，其中，让学生提出问题，分析不同的解题方法，反思解题过程，推广已有命题等都是非常有效的活动。调查表明，学生只会做"结构良好"的题目，以获得答案为最终目标，不会自己提出问题，不懂得对问题进行推广，这是中学生数学自控能力发展水平低的突出表现。因此，培养学生提出问题、推广命题的能力和习惯具有很重要的现实意义。

数学知识的真实性并不是一目了然的，需要进行深入的分析论证、坚持反复的思考才能得到理解。因此，坚持让学生独立思考（这在开始时会比较费时），强调随时对思维过程进行检验和反思，是提高学生数学自控能力进而发展思维能力的关键。

培养学生的检验、反思习惯，提高学生的思维自我评价水平，是提高学习效率、培养数学能力的行之有效的方法。解题是学好数学的必由之路，但不同的解题指导思想会有不同的解题效果。养成对解题过程进行检验和反思的习惯是具有正确解题思想的体现。而如何训练学生的检验技能又是教学情境设置中非常重要的环节。

众所周知，概括是思维的基础，并且概括是有层次的、逐步深入的。掌握数学知识需要在不同层次上经历多次概括过程。只有使学生的认识从抽象上升到（理性的）具体，才能达到对数学知识的深刻认识，只有在运用过程中不断对知识的实质、作用等进行反省，才能使抽象的知识建立在丰富的具体背景上，这样的知识才具有强大的迁移能力。如果在获得结论后就此终止，不进行回顾和反思，那么数学活动就有可能停留在经验水平上，导致事倍功半；如果在得到结论后能对思路进行检验和自我评价，探讨成功的经验或失败的教训，那么学生的思维就会在更高的层次上进行再概括，使学生的认识上升到理性水平，达到事半功倍。

另外，由于学生的年龄特征及数学认知结构水平的限制，再加上非认知因素的影响，"应试教育"的压力，学生在数学学习中往往表现出对基础知识不求甚解，对基础训练不感兴趣，热衷于大量做题，不善于（有的是不愿意）对自己的思路进行检验，不对自己的思考过程进行反思，不会分析、评价和判断自己的思考方法的优劣,也不善于找出和纠正自己的错误。学生往往缺乏解题后对解题方法、题解中反映出的数学思想、特殊问题所包含的一般意义等的概括,导致获得的知识系统性弱、结构性差。因此,为了提高数学学习效率,必须对学生加强检验与反思习惯教育,提高他们的检验技能。为此,教师可以从以下几个角度考虑(章建跃,1995):

(1) 帮助学生分析数学思维过程,梳理数学思想方法的来龙去脉,使思维精确化、概括化。

学生在数学学习中,无论是新知识的学习还是应用知识解决问题,都会带有一定的"尝试错误"性质,猜想、试验、合情推理等在学习过程中都起着非常重要的作用。由于学生的知识水平、思维能力的限制,他们的思维活动过程的条理性、逻辑性等都会存在一定的问题。为了提高数学学习效率和数学解题质量,教师应该使学生认识到反思学习过程是数学学习的一个有机组成部分,要引导学生整理思维过程,分析数学思想方法的来龙去脉,概括解题思想,使思维条理化、清晰化、精确化、概括化。

(2) 结合数学基本方法,引导学生从思维策略上进行回顾和总结,使学生通过反思掌握基本数学思想方法。

学生在应用数学知识解决问题时,总是针对这个具体问题采取某种具体方法。如果对这种具体方法不进行提炼、概括,那么它的局限性就比较大,适用范围不广,不易产生迁移。为了提高学习质量和效益,通过解题促进数学基本概念、基本思想方法的熟练掌握,使学生能够举一反三,教师必须引导学生对解题过程进行检验和反思,分析具体方法中蕴涵的基本数学思想,对具体方法进行再加工,从中提炼出应用范围广泛的一般数学思想方法。在反思问题设计时,就应该考虑让学生对具体方法进行再加工,提出提炼数学思想方法的任务。通过引导学生反思、总结、归纳,让他们寻找自己解题过程中在思想方法、思维策略方面的差距,在思维由特殊推向一般的过程中,体验数学思想方法对解题的指导作用,形成自我评价意识,培养自我监控能力。

(3) 引导学生重新剖析问题的本质,对问题进行推广引申,在思维由个别推向一般的过程中使认识逐渐深化，提高思维的深刻性水平，从而培养自我监控能力。

解决了问题以后再重新剖析实质，可使学生比较容易地抓住问题的实质，在解决了一个或几个问题以后，启发学生进行联想，从中寻找它们之间的内在联系，探索一般规律，可使问题逐渐深化，还可使学生思维的抽象程度提高。数学中的许多问题，其表现形式各异，但内在本质往往一致，通过适当转化，可以把它们归结为同一个问题，这就是"变式"。"变式"教学不但可以使学生对数学知识的本质理解得更加透彻，而且可以使学生的思维深刻性、批判性等品质得到很好的培养。这也是培养自我监控能力的措施。

（4）引导学生剖析解题方法的实质，优化解题过程，寻找解决问题的最佳方案。

学生在解题时往往满足于做出题目，不习惯评价解题方法，解题中出现的过程单一、思路狭窄、解法陈旧、逻辑混乱、叙述冗长、主次不分等不足，是学生思维过程缺乏灵活性、批判性的表现，也是学生的思维创造性水平不高的表现。因此，教师必须引导学生评价自己的解题方法，努力寻找解决问题的最佳方案。通过这一评价过程，开阔学生的视野，使学生的思维逐渐朝着多开端、灵活、精细和新颖的方向发展，在对问题本质的认识不断深化的过程中提高学生的概括能力，以促使学生形成一个系统性强、着眼于相互联系的数学认知结构。

（5）帮助学生从基本概念、基础知识的角度来剖析作业错误的原因，使学生通过反思而更加深刻地理解基本概念和基础知识。

学生在学习基础知识时不求甚解、粗心大意，满足于一知半解是造成作业错误的重要原因。因此，教师应当结合学生的解题错误设计教学情境，给学生提供一个对基础知识、基本概念重新理解的机会，使学生在纠正错误的过程中掌握基础知识，理解基本概念的本质。

主要参考文献

[1] 董奇,等. 自我监控与智力[M]. 杭州:浙江人民出版社,1996.

[2] 林崇德,辛涛. 智力的培养[M]. 杭州:浙江人民出版社,1996.

[3] 林崇德. 学习与发展中小学生心理能力发展与培养[M]. 修订版. 北京:北京师范大学出版社,2003.

[4] 章建跃. 在奥林匹克数学教学中揭示数学本质,培养数学思辨能力的几个问题[J]. 数学通报,1995(4).

[5] Sternberg R J, Williams W M. 教育心理学[M]. 张厚粲,译. 北京:中国轻工业出版社,2003.

[6] Brown A L, et al. Learning, Remembering, and Understanding[M]//Flavell J H, et al, Eds. Handbook of Child Psychology:Cognitive Development:Volume 3. New York:Wiley,1983.

[7] Brown A L. Knowing When, Where, and How to Remember:A Problem of Meta-cognition[M]//Glaser R, Ed. Advances in Instructional Psychology, NewYork:Routledge,1978.

[8] Flavell J H. Meta-cognition and Cognitive Monitoring:A New of Cognitive-developmental Inquiry[J]. American Psychologist,1979,34.

[9] Nelson T O, Narens L. Metamemory:A Theoretical Framework and New-Findings[J]. The Psychology of Learning and Motivation,1990,26.

[10] Newman R S. Academic Help-seeking:A Strategy of Self-regulated Learning[M]//Schunk D H, Zimmerman B J, Eds. Self-regulation of Learning and Performance:Issuesand Educational Applications. Hillsdale, NJ:Lawrence Erlbaum Associates, Inc.,1994.

[11] Schunk D H, Zimmerman B J. Modeling and Self-efficacy Influences on Children's Development of Self-regulation[M]//Juvonen J, Wentzel K R,

Eds. Social Motivation: Understanding Children's School Adjustment. New York: Cambridge University Press, 1996.

[12] Sternberg R J, Frensch P. Complex Problem Solving: Principles and Mechanisms [M]. Hillsdale, NJ: Lawrence Erlbaum Associates, Inc., 1991.

[13] Zimmerman B J. Dimensions of Academic Self-Regulation: A Conceptual Framework for Education [M] //Schunk D H, Zimmerman B J, Eds. Self-Regulation of Learning and Performance: Issues and Educational Applications. Hillsdale: Lawrence Erlbaum Associates, Inc., 1994.

[14] Zimmerman B J, Martinez-Pons M. Construct Validation of A Strategy Model of Student Self-regulated Learning [J]. Journal of Educational Psychology, 1988, 80 (3).

第十四章 函数概念的发展与数学能力的培养

人们常说，数学是思维的科学。数学学科的这一特点得到心理学家的青睐，他们常以数学学习为载体研究智力的机制问题。不过，在学习内容上，他们主要涉及算术、实验几何等最简单的数学问题，如计算、数概念、比例、初等几何等。虽然也有心理学家使用拓扑空间、射影空间、映射、变换群等现代数学的术语，但他们的理解常与数学的本意有差异。像函数、概率、微积分等复杂数学概念的学习与发展，并未在心理学中得到充分研究。另外，在数学能力发展的研究中，心理学的研究对象常局限于年幼儿童（12—13岁以前），以中学生为对象的研究很少。

本研究将以中学生为研究对象，以函数概念为载体，探索数学能力的发展与培养问题。

一、引言

数学能力研究主要有三个基本问题。

1. 数学能力性质的研究

心理学家比奈（Alfred Binet）、克鲁切茨基（В. А. Крутецкий）、基尔（F. C. Keil），数学家庞加莱（Jules Henri Poincaré）、阿达玛（Jacques Hadamard）等倾向于数学能力是一种特殊能力。比奈认为，"数学心理含有一个完全特殊的能力。"斯皮尔曼（Charles Edward Spearman）指出，不存在一种一般因素以外，适于从低级到高级的各个数学领域的特殊数学能力。我国学者丁尔陞等（1994）认为，"数学能力是学生一般认知特点的概括化形式。"

2. 数学能力组成结构的研究

这是数学能力研究中最活跃的部分。据不完全统计，到目前为止，已提出的数学能力达上百种之多。例如：克鲁切茨基（1968）认为，中小学生数学能力的结构是：① 获得数学信息，② 数学信息加工，③ 数学信息保持，④ 一般综合性组成成分。英国的科克罗夫特（W. H. Cockroft，1982）认为，"数学的基本能力就是有信心地处理成人生活中的数学需要的能力。"王梓坤（1994）认为，数学能力包括"直观思维、逻辑推理、精确计算和准确判断"。

3. 数学能力形成与发展的研究

欧内斯特（Paul Ernest，1990）认为："数学天资和才能先天固有，数学能力纯粹按智力来确定。数学能力的等级存在，顶端是数学天才，底部是数学低能者。教学只不过起帮助学生发挥自己固有潜能的作用，使其'数学思想'表现出来。数学天才要接受教育，以便才智充分发挥。"菲施贝恩（Efraim Fischbein，1994）认为，数学能力是一种开放的潜能，只有通过适当的教学过程，才能使之形成并转变为活跃的智力现实，它们不能像皮亚杰所言的与年龄有关，青少年能够自动获得。

对儿童数学概念发展的研究，包括数（自然数、有理数）概念及数的运算、比例与比例推理、基本几何图形（主要是欧氏几何）概念等方面（Richard Lesh & Marsha Landau，1983）取得了很大进展。另外，对数学思维的研究也较多。如孙瑞清和朱文芳（1990），林崇德（1992），席振伟（1995）等集中研究了数学思维的特点、组成成分和品质。

4. 评析

对上述三个基本问题的研究并未对数学能力的实质给出一个明确的结论。许多研究只以儿童的数概念、计算能力和一些朴素的空间观念的发展，来构筑儿童的数学认知结构和数学能力发展的一般规律。大多数研究还局限在对简单算术问题反应时的数学模型上,描述儿童解决简单数学问题的策略上,"对数学领域中高级能力的发展的重要意义至今还没有很明确的描述。"正如迪恩斯(Z. P. Dienes)指出的,"6—12岁的儿童可以掌握二次方程、有限群、同构以及模等"概念,是把"儿童在最低层次上通过操作对概念进行运算"的游戏所得到的研究结论,推广到了个体的数学能力发展的全过程,这种做法是不恰当的。

5. 问题的提出

学校教学实际产生的大量问题,迫切要求研究学生的数学能力发展规律。恩格斯认为:"初等数学,即常数的数学,是在形式逻辑的范围内活动的,至少总的说来是这样。"因此,如果局限在初等数学领域,那么我们只能把握学生的形式逻辑思维发展的特征。如果过多地强调数学的特点,那么在研究对象上又会出现局限性(很多时候,我们只能以数学家、大学数学系的少量学生等特殊群体为研究对象)。综合考虑数学的特点和研究对象的一般性,本研究将以初中生为研究对象,以函数概念为载体,研究如下问题:

(1) 探讨学生函数概念发展的规律;
(2) 探索初中生函数概念的发展途径和数学思维能力的发展水平。

二、研究方法

1. 研究工具

函数有多种表示(图像的、表格的、解析的、箭头式的),每一种表示都可以独立地抽象出函数概念。函数概念的形成有如下几方面的含义:学生能在符号语言(文字与式子)与图形语言(图像与表格)间进行灵活的思维转换;学生对函数概念的认识具有发展性、变化性、联系性;学生函数概念的发展水平受制于他的知识结构。

为了同时兼顾上述诸方面，编制测验题时，我们尽可能使题目涉及的知识、技能是学生有同等机会学习过的，或都没有机会学习的。我们通过八个方面来建构函数的概念系统：集合（set）、关系（relation，用 Rel 表示）、对应（correspond，用 CS 表示）、坐标（coordinate，用 CD 表示）、变量（variable，用 Var 表示），以及文字表示（word expression，用 W 表示）、图形表示（figure expression，用 F 表示）、文字与图（word & figure，用 W&F 表示）。其中，集合、坐标、变量、图形表示、文字与图等五方面对所有被试都是一样的测试题，目的是进行纵向比较；关系、对应、文字表示等三方面的测试题，不同年级被试的难度不同，目的是进行横向比较。预测试题包含 43 个数学题，基本上为开放式问题。

为了探索影响学生函数概念的因素，我们设计了调查问卷，内容是：性别（SEX）、学校（school，用 SCH 表示）、课外学习（extracurricular，用 EXT 表示）、母亲职业（mother's occupation，用 MO 表示）、母亲受教育水平（mother's education level，用 MEL 表示）、父亲职业（father's occupation，用 FO 表示）、父亲受教育水平（father's education level，用 FEL 表示）。

1999 年 3 月，我们在一所普通中学随机选取初一至初三各一个自然教学班进行预测。预测学生的分布情况如表 14.1 所示：

表 14.1 预测学生分布情况

	初一	初二	初三	合计
男	19	19	16	54
女	20	19	16	55
合计	39	38	32	109

我们采用分半（split-half）可靠性模型计算分半信度，并用斯皮尔曼—布朗公式（Spearman-Brown）加以校正；采用学生最近的一次区统考的数学考试成绩（一般是期末考试成绩）作为效标，计算效度。

预测的信度、效度结果如表 14.2 所示：

表 14.2　预测工具的信度、效度

	初一测验	初二测验	初三测验
人数	39	38	32
信度	0.7613***	0.7673***	0.8363***
效度	0.5763***	0.6244***	0.8056***

（注：*** 表示 $p<0.001$。）

上述结果表明，我们编制的测试题具有较好的信度和效度。根据预测结果，我们对测试题进行了适当调整，使之更加完善。

2. 被试的选取

我们采取多级抽样（分层＋整群抽样）的方法选取被试。从北京市中学中分层抽取区重点中学 2 所、普通中学 2 所、农村中学 1 所，再进行整群取样，从每所学校中抽取初一、初二、初三年级各一个班。（注 1：由于市重点中学取消初中，因此没有市重点中学；注 2，五所学校来自：西城区 1 所、东城区 2 所、海淀区 1 所、门头沟区 1 所。）

1999 年 5 月进行正式施测。剔除含有缺失值的样本，得到有效试卷 693 份。学生的分布情况如表 14.3 所示：

表 14.3　正式施测学生分布情况

		学校1	学校2	学校3	学校4	学校5	五校	合计
初一	男	24	23	16	21	24	108	232
	女	15	25	25	36	23	124	
初二	男	24	23	14	19	20	100	233
	女	24	27	30	31	21	133	
初三	男	24	21	18	15	23	101	228
	女	24	19	28	35	21	127	
合计		135	138	131	157	132	693	

（注：表中学校代号含义分别是，"1"为东城区重点中学，"2"为门头沟区农村中学，"3"为海淀

区普通中学,"4"为西城区重点中学,"5"为东城区普通中学。以下表中再出现时,与此相同,不再解释。)

3. 研究过程

(1) 确定研究变量。

学生变量:学生年级或年龄、性别、父母职业与受教育的水平;

概念变量:集合、关系、坐标、对应、变量,以及文字表示、图形表示、文字与图的发展;

学校变量:学校类别(重点校、普通校、农村校)、课外学习。

(2) 编制研究工具。

预测,测时为100分钟。依据信度、效度完善工具。

(3) 数据收集与整理。

正式施测,测时为60分钟。同时收集学生最近一两次的数学考试成绩,整理数据。

(4) 用统计分析软件 SPSS for Windows V6.0 进行统计分析。

三、结果与分析

1. 研究工具的信度与效度

正式施测的信度和效度结果如表14.4所示:

表14.4 正式施测的信度、效度结果

	初一测验	初二测验	初三测验
人数	232	233	228
信度	0.9379***	0.8810***	0.9033***
效度	0.6693***	0.5408***	0.4846***

(注:*** 表示 $p < 0.001$,下同。)

结果表明，研究工具信度、效度的统计检验均为极其显著，可以将其作为研究学生函数概念发展水平的工具。

2. 各测验分数间的相关分析

函数包含两种不同意义：一是可把它理解为变量；二是以"集合"为基础，把函数说成法则、对应、关系。另外，函数概念是数形结合的产物。如前所述，我们通过函数的概念系统来探索学生的发展状况，得到学生在各分测验上的相关分析结果（见表14.5）：

表14.5 各分测验之间的相关分析

	Set	Rel	CS	CD	Ver	W	F	W&F	SUM
Set	1.000								
Rel	.234**	1.000							
CS	.154**	.274**	1.000						
CD	−.032	.033	.005	1.000					
Ver	.152**	.223**	.127**	.022	1.000				
W	.178**	.243**	.250**	−.066	.183**	1.000			
F	.130**	.244**	.208**	.009	.224**	.212**	1.000		
W&F	.131**	.220**	.199**	.121**	.162**	.267**	.218**	1.000	
SUM	.427**	.638**	.538**	.071	.387**	.713**	.614**	.479**	1.000

（注：双尾检验的显著性水平：** 表示 $p < 0.01$。）

上述结果表明，各分测验分数与整个测验间均有显著相关性，且除去一个（"坐标"和"文字与图"）外，均明显高于各分测验分数之间的相关系数，这表明将函数概念分为八个方面，每一子概念都能反映函数概念的一个方面，同时它们又各自具有一定的独立性。

进一步对各年级在各个分测验上的得分进行显著性检验，结果如表14.6所示：

表 14.6　不同年级学生差异显著性检验结果

年级	项目	Set	Rel	CS	CD	Var	W	F	W&F	总计
初一	$\bar{x}$	16.31	25.13	9.39	4.91	7.30	15.22	17.98	3.97	100.17
	S	4.65	9.77	5.62	1.75	2.41	5.39	8.98	3.89	27.19
初二	$\bar{x}$	15.81	25.39	11.33	3.92	7.20	16.12	21.82	2.68	104.28
	S	4.74	3.08	6.85	2.01	2.50	15.72	8.30	3.46	26.77
初三	$\bar{x}$	17.13	25.46	10.71	4.29	7.97	14.89	21.28	3.11	104.73
	S	4.63	9.55	4.10	2.02	2.17	11.99	9.03	3.51	26.81
	F	4.68**	0.11	7.18**	15.68**	7.27**	0.66	13.02**	7.59**	2.02
	p	0.01	0.90	0.00	0.00	0.00	0.52	0.00	0.00	0.13

从表 14.6 可知，三个年级在有些方面存在显著差异，在另一些方面不存在显著差异。我们进行了关于性别和年级间（2×3）的多因素方差分析，结果是（见表 14.7）：

表 14.7　学生函数概念发展的多因素方差分析

	性别（sex）	年级（gr）	性别（Sex）×年级（gr）
F	1.323	1.863	1.941
p	0.250	0.156	0.102

由表 14.7 可知，性别、年级，无论是单独作用，还是二者间交互作用，都对学生函数概念发展影响不显著。

为深入了解学生函数概念发展的特征，我们进行了学生在各分测验上的多重比较分析检验。结果如下（见表 14.8）：

表 14.8　年级间在各分测验上的多重比较分析

项目	Set	Rel	CS	CD	Var	W	F	W&F
多重比较	2 1 3 2 1 3*	1 2 3 1 2 3	1 2 3 1 2* 3*	2 3 1 2 3* 1**	2 1 3 2 1 3**	1 2 3 1 2 3	1 3 2 1 3* 2*	2 3 1 2 3 1**

由表 14.8 可以看出：① 在"关系"和"文字表示"方面，各年级均不存在显著差异；② 在"集合"方面，只有初二与初三之间存在差异；③ 在"坐标"方面，三个年级两两之间均存在显著差异；④ 在"变量"方面，初三与初一、初二之间均存在显著差异，但初一与初二之间不存在显著差异；⑤ 在"对应"、"图形表示"、"文字与图"方面，初一与初二、初三之间均存在显著差异，但初二与初三之间不存在显著差异。

上述结果说明，初中生函数概念的发展是一个复杂的过程，需要深入地分析种种差异产生的原因。

3. 函数的相关概念的发展分析

(1) "集合"概念的发展。

多重比较检验结果显示，只在初二与初三之间存在显著差异。仔细分析学生的答卷，我们发现一个现象：几乎所有学生都只给出了事物集合的正面、肯定的回答。对于既有正面又有其对立面的问题，学生一般也只给出正面回答，忽视了对立面。

例如，第 2 题，占 80.7%（初一 80.6%、初二 77.7%、初三 83.8%）的学生只回答"穿白衬衣、戴红领巾的孩子"，忽视女孩子的补集的方面；只有 3.9%（初一 4.7%、初二 2.6%、初三 4.4%）的学生能够答出女孩子的补集是男孩子。

第 3 题，考察学生能否用否定方式回答问题（穿白衬衣的补集是没穿白衬衣）。结果 88%（初一 88.4%、初二 88.0%、初三 87.7%）的学生只给出一个肯定正面的回答，而忽视否定的方面。能够全面回答此题者，初一仅占 0.9%；初二占 1.3%；初三占 4.4%。

上述结果展现了初中生解答问题的一种模式：学生一般只给出问题肯定的、正面的回答；对于既有肯定又有否定或者有其对立面的问题，往往忽视否定的对立面，只回答肯定的正面形式。能够全面地、从正反两方面、肯定与否定角度考虑问题的学生人数在所有学生中所占的比例很小。这说明初中学生进行正与反、肯定与否定之间相互转化的辩证思维能力还较差。我们推测，这与教学中不注重培养学生全面地、整体地、辩证地思考问题有关。

(2)"坐标"概念的发展。

我们通过考察学生如何确定平面上一点的位置来看"坐标"概念的发展水平。有一个特别的现象引起了我们的兴趣：初一有 64.2% 的学生知道，可以通过测量水平与垂直方向的距离来确定点的位置；到了初二，使用这一方法的学生人数反而下降为 41.2%，同时有 24.9% 的学生采用尺轨作图的方法；到了初三，这种现象仍然存在，但使用测量方法的人数增为 51.8%，仍有 20.2% 的人采用尺轨作图方法。

怎样解释这一现象呢？我们认为这主要是教学的影响。初一第二学期，学生刚刚开始学习几何，但还未学几何作图的知识，只会借助刻度尺，采用测量这种最简单、原始的方法来解决问题。初二学生已经学完几何作图的相应课程。由于刚学习的知识印象比较深刻（迁移的作用），所以对"作图"问题，必然有学生选择刚学会的尺轨作图方法来解决。进一步考察发现，采用这些方法的学生往往是学习较好的学生（以其区统考数学成绩为标准）。与之相对应的是，成绩不太好的学生，仍采用测量方法。初三学生学了函数概念，他们具备了更丰富的知识结构，在确定点的位置时，至少有三种方案：测量方法、尺规作图法和用坐标概念。用坐标概念解决问题显然是一种高级思维。

(3)"变量"概念的发展。

考察学生"变量"概念的发展水平时，我们要求学生解一个含有未知数 x 的方程；然后仅将 x 改为 y，其他不变，要学生再去解这个"新"变量的"新"方程。结果发现：

初一、初二、初三分别有 33.2%、32.6%、50.0% 的学生从一开始就指出"新"方程的解与原方程的解一样；而重解这个"新"方程的学生初一占 58.6%，初二占 60.9%，初三占 47.4%。统计检验的结果是：初一与初二之间不存在显著差异，初一与初三、初二与初三之间均存在显著差异。

结果说明，学生对变量改名（用不同字母表示）有不同理解：一部分学生接受并认为，方程的系数保持不变时，字母的变化不会对方程的解造成影响;另一部分学生则把字母的改变看做一个全新的问题,而且此时也并不发生学习的迁移。初三学生由于学习了函数概念,对变量概念的理解有了较明显的增强。但上述数据表明,仍有近一半的学生不理解变量的概念,他们还不能用运动、变化的观点来看待问题。

(4)"对应"概念的发展。

我们用三个不同问题分别考察三个年级学生关于"对应"概念的认识水平。去掉题目之间的难度对学生得分的影响,得到统计检验的结果是,初一与初二、初三之间都存在显著差异,但初二与初三之间不存在显著差异。这说明初中生关于"对应"的认知,在初二有一个转折,进入初三以后,并未有更大的进步。

把函数理解为对应,是因为对应容易直观地解释,人类社会早期就是以它为依据来形成数概念的(如肢体计数法,结绳记数等)。现代数学中,"对应"是通过映射来间接地加以说明的。目前,本着渗透现代数学思想的精神,初中数学课程介绍了许多"对应"的事实材料,但不要求掌握概念。因此,学生关于"对应"的认知,基本上是依赖于他们所拥有的知识经验,是以一种朴素的、自发的方式来实现的。然而,函数概念的一个本质属性就是对应法则。所以,学生对"对应"的理解直接影响着他们对函数概念的理解。这一点我们还需进行更深入的研究。

(5)"图形表示"上的发展。

为研究学生能否发现用图形表示出来的"量"的信息、图形之间的相互依赖关系,我们设计了一个题目。结果表明:初二与初三之间不存在显著差异,初一与初二、初一与初三之间均存在显著差异。即初二是一个转折点,初二以后,学生进行图形信息加工的能力有了明显的增强。我们认为,这主要是几何学习的结果。初一是几何入门学习(在第二学期),学生加工图形信息的知识技能还很欠缺;经过初二、初三系统的几何学习,学生增强了加工图形信息的一些必备的知识技能,所以这方面的能力有了明显的提高。

(6)使用"文字与图"表达数量关系的发展。

函数概念要求数形结合的思维运算,要求能在符号语言与图形语言之间进行灵活的转换。为此我们设计了"文字与图"的测验,考察学生能否同时使用文字及图形方式表达题目所提供的数量关系。

结果与图形表示的发展水平类似,初二是一个转折点,初二与初三之间不存在显著差异,但初一与初二、初一与初三之间均存在显著差异。仔细研究学生的答卷还发现:只有 25.4% 的学生能同时使用文字与图形方式表达数量关系,这说明初中生进行文字与图形信息相互转换的能力还很弱。

究其原因,我们认为主要与初中的课程设置有关。初中数学对数与形的学习基本上是分开进行的(代数主要研究"数",几何主要研究"形"),学生一般只需对数或形进行单一的思维运算即可解决问题。而函数概念的表征方式要求学生对数与形进行统一的、相互结合的思维运算,要能在文字语言(解析表达)与图形语言(图像、表格)之间进行灵活转换。因此,课程设置显著地影响着学生函数概念的发展水平。

(7)"关系"和"文字表示"的发展。

这两个测验有一个共同点就是要求学生抽象概括问题中的数量关系,统计结果是:三个年级无论是整体上还是两两比较上,都不存在显著差异。从答卷上看,初中生抽象概括能力的发展水平还很低。例如,对初一使用的测验题如下:

① 一个长方形的长比宽的 2 倍多 6 厘米,周长是 216 厘米,求长、宽各是多少厘米?并请你写出求解过程。

② 父亲与儿子的体重总和为 108 千克,儿子比父亲的二分之一还少 3 千克,问父与子的体重各是多少千克?并请你写出求解过程。

③ 上面两题有什么联系吗?请说明。

这三个问题是一个整体,①最简单,它为②做准备,③要在前两题都完成的基础上解答。解答中,抽象概括出题目中所给出的数量关系是关键。回答③时,要求学生能认识到长方形的长与宽,和父与子的体重之间具有本质上类似的等量关系。学生若能说明这一点,表明他们已能脱离开问题的实际内容,来概括化地理解抽象的数量关系。但研究表明,初中生能做到这一点的人还寥寥无几。

4. 结论

通过上述研究，我们得出初中生函数概念的发展水平及其特点如下：

（1）函数概念的复杂性，导致初中生函数概念的发展存在着较为特殊的年龄特征。

（2）初中生进行正与反、肯定与否定之间相互转化的辩证思维能力还较差。

（3）数学课程内容对学生函数概念的发展水平有显著影响。

（4）初中生还有很大一部分（将近一半）的人不能用运动、变化的观点来看待问题。

（5）初二是学生函数概念发展的转折点。初二以后，学生的文字信息和图形信息加工能力都有明显增强，但文字信息与图形信息的相互转换能力还很低。

（6）在考察同类问题间的联系时，一般地，学生还不能脱离开问题的实际内容，从抽象层次理解数量关系。

四、讨论与建议

依据上述研究结论，我们对中学数学教学提出如下建议。

1. 关于学生数学概念形成的问题

数学教学特别重视让学生理解概念，但这往往是教师的一厢情愿。许多学生有求助于概念名称来体会概念意思的倾向，即使是名称的日常含义所联想起来的形象，会造成对概念的错误理解时也是如此。很多学生虽然"知道定义"，例如会背诵概念的定义，甚至会举出概念理解不到位的反例，但他们可能根本不理解概念本身。怎样看待这个问题呢？

形成概念意味着明确概念的内涵与外延。内涵是概念的质的方面，说明概念所反映的事物特征。外延是概念的量的方面，说明概念所反映的事物范围。数学概念不是孤立的，而是依存于一个概念系统之中。数学中描述运动、变化的概念——变量，以及关于变量关系的函数概念，是数学的核心概念，也是近现代数学的基本思想之一。

概念形成是一个发展的、渐进的过程。短时间内所形成的概念，一般只是一些简单的概念。对复杂概念的认识一般要经历由模糊、不明确逐渐转向清晰、明确，直至与科学的概念趋于一致的过程。这一点不仅表现在个体的概念形成过程中，而且存在于数学概念的发展过程中。函数概念的科学发展史清楚地表现了这一点。

笛卡尔最初在《几何学》（1637）中使用坐标法时，只是将代数从几何的附庸地位中解放出来，把方程中的未知数看做变量，方程视为变量之间依赖关系的一种表示方法，但他并未发展变量的概念。1673年，莱布尼兹（Gottfried Wilhelm Leibniz，1646—1716）将"函数"一词引入到数学中来，也只是用"函数"这个术语表示幂（即 x，x^2，x^3……）或者表示曲线上点的横坐标、纵坐标、切线长等与曲线上点有关的几何量。后经几代数学家对函数概念的进一步研究与完善，才使函数概念的本质属性得到较为准确的揭示，形成了函数的传统定义，用变量概念来描述函数。

现代数学中，把函数看做是特殊的映射，明确了函数概念的一个本质属性——对应法则，函数被看做是由定义域到值域这两个集合之间的一种对应。它不局限于具体的表现形式，两个集合中的元素也不一定是数或量，而可以是任何事物。这个定义揭示了函数概念的内涵，摆脱了传统定义中定义域、值域、图像等一系列模糊观念。

可见，函数概念本身的发展也是一个逐渐精确化的过程。一个数学概念不管它是怎样被精确地定义了，也还是要变动的，它要随着数学的发展而逐步严格、精确。因此，函数概念并不是通过简单的记忆就能形成的，它需要借助于学生自己主动的思维、积极的建构才能形成。在这一过程中，学生要能确定相关概念之间的依存关系，形成概念系统，这样学生才能理解函数概念。

从函数概念的结构上看，它涉及许多复杂的层次和相关子概念，如变量、集合、定义域、值域、对应、对应法则等，其中变量、对应法则是函数概念的本质属性。而且，数学中有许多数学概念可以看做是函数概念发展的基础，例如代数式——就是相应代数函数的表达式，求代数式的值就是求相应的函数值；解各类方程——就是由已知相应函数的等量关系（等值或等于 0），而求相应的自变量的值；解不等式——就是由已知相应函数之间的不等关系（或函数值范围），而反求其相应自变量的取值范围；数列的通项公式——可以视为"以项数为自变量"的整标函数表达式等。另外，还有许多概念的深刻理解需要借助于函数概念的形成水平，例如各种运算概念；解方程过程中的增根与丢根问题；圆的面积与周长可用内接或外切多边形的面积与周长去逐步逼近等。

学生概念的形成是一个连续发展的过程，它包括个体要对各种不同的刺激模式进行辨别、比较、抽象概念的本质特征，随后要在特定的情境中去判别这些本质特征的各种变式情况，并将它们与有关概念联系起来，最后才是利用语言符号来表示这一新概念。缺乏这个过程，即使会使用概念名词，也并不意味着真正地掌握了概念。例如，学生也许很快就懂得 $y=f(x)$ 表示函数，但是他们要真正弄懂函数概念的意义，可能需要几年的时间。

2. 对数学教育实践的启示

研究表明，数学教学中过分追求确定的、正面的、肯定性的内容。对于这样的教学内容，教师常常采用"填鸭式"，而学生只要接受就是，因为教师说这些知识是真实的、正确的。特别是当这种内容的"量"积累到一定程度时，为了"应试"，保证所有学生通过各种考试，教师会采用"反复训练"的教学手段。对于这种大量"标准化的现成内容"的学习，学生只能通过死记硬背的方式才能完成。

试想，如此的教学内容、教学方法，怎能培养学生将所学知识运用于不熟悉的情境，或者是在不确定的情境下，独立地进行识别、估计、判断及推理的能力呢？当然，我们不否认教师和学生的勤奋，会使学生的数学能力得到发展，但发展的"有限范围"与为了这个发展所付出的代价是否相符呢？我们认为，必须"要改革中小学数学，因为死套公式的计算教得太多了。同时，容易理解并能引导人们对数学和人类思维的本性有更好了解的概念，则教得太少了。这种概念到处都是，例如集合、关系、函数和群的概念。"

学校教学在形成学生的数学概念方面占有很大的优势。因为学校教学的内容，是经过"剪接"的通往数学概念认识的最短途径。一般来讲，学生通过数学教材这种具有系统性的有组织的内容的学习，很快就能了解概念的含义，进一步地形成概念。而这是自发概念形成过程所望尘莫及的事情。当然，这并非意味着自发的方式不能达到这种水平，只是自发方式达到这种程度时，所付出的代价（时间与智力投入）要远远高于学校教学的方式。

但是，我们不应该只向中学生提供标准的例题、固定的解法、严格唯一的评价标准。应该向学生展现更为丰富多彩、更加真实的数学世界，发展学生更高层次的数学思维。这种数学思维是"非算法性的"，即活动的思路不是预先完全确定的，常常含有"不确定性"，与确定性（把所有要用到的信息都给定了）相比，并非都是能够把握得住的；它是"复杂的"，与标准例题的思路相比较，整个思路不是直观的；常常得到"几种答案"，而不是唯一的解，求每个解都要下工夫，并有体会和收获；它包括了"细致的判断"及其解释和说明，而非既不要求判断，也不要求解释；要求应用"多重标准"进行评价，评价标准之间有时会发生抵触，而非传统中的简化的严格定义的唯一标准；这种思维还具有"自我调节"的思维过程；具有"深刻的含义"，要在明显的无序中找出结构来，而非预先给定或设定意义；它要求思维者"下工夫"，在所要求的判断和阐述中含有相当多的数学能力活动，而简化了的标准化练习含有的数学能力活动，使学生不需要花很多的功夫。

题目的多少不是根本问题，我们要考虑的是做题目要达到什么目的。我们承认质变需要一定量变才能实现，但是，通过什么内容的量上的积累来发展学生的数学思维、提高学生的数学能力呢？我们不妨将数学知识、各个问题当做中药铺中的一味味原药，只有将它们配伍制成成药，才能实现强身健体、药到病除的功效。我们不能以给学生大量"原药"（知识、技能）为终极目标，我们应教学生如何来"配制成药"（建构数学知识）。

初中生的思维水平处于形式逻辑思维的阶段，对于建立像函数概念这样复杂的一个辩证概念，还缺乏认知上的发展准备。然而，也许正是因为函数概念所具有的这一特殊性，才使得它在促进学生的思维由形式逻辑向辩证逻辑发展时，起着其他概念所不可替代的作用。许多数学知识可以一下子学完，但数学概念的认识却是发展的。是否形成了数学概念系统，要看学生对数学概念的理解水平，这是推断他们数学能力发展的深度和广度的一个依据。

3. 对未来数学能力研究的展望

数学的严密性和纯粹性决定了数学学习对人的思维发展的独特意义，因此数学学科可以给心理学提供一个有代表性的信息领域，对数学能力及其发展的研究可以为思维能力及其发展的研究提供优质的参照。在数学能力的研究中，需要注意如下一些基本问题。

（1）扩大研究的视角。为了对数学能力的组成成分及其结构有更明确的认识，避免把从不完整的、局部的信息中得出的结论做任意推广，更深入地解释数学能力的形成与发展机制，将已积累的大量理论与事实材料用于更准确地揭示数学能力的性质，我们需要扩大研究的视角，更全面、更深入、更细致地展开研究，以增强研究结论的说服力。

"全面"是指要扩大研究对象的选取范围。要想全面深刻地认识个体数学概念形成的特征、数学思维与数学能力的发展规律，研究就不应该只涉及部分个体，我们应该研究各种年龄段的、一般性个体的数学概念形成与发展的特点，数学思维以及数学能力的发展问题，尤其是年龄较大的（12—13岁以上）学生数学能力发展的特征。全面的研究才能更清楚地描述个体数学能力发展的模式。

"深入"是指要拓宽研究的内容。牢固地扎根于人类智慧之中的数学是一种思维形式，它既表现了人类思维的本质和特征，具有一般理性认识活动的特点，但同时又表现出数学学科本身的特殊性。科学技术发展到今天，已使任何一种完善的形式化思维，都不能忽视这种数学思维形式。所以，只有深入到数学学科的领域内，才能对数学能力的实质有更明确的认识。

"细致"是指应该考虑到个体数学思维发展方式上的差异。自发教育与接受教育，显然是两种不同的发展道路，研究应考虑到这两者的异同。同时，还应注意，既要研究数学活动的结果，也要分析数学活动的过程。研究个体数学概念的形成与发展，不仅对数学教育实践具有重要意义，而且是对概念研究、思维研究领域的重大补充。研究数学能力的基本问题（数学能力的性质、组成成分及其结构、形成与发展的机制等），更要充分考虑到研究内容的选取。未来的研究内容应考虑到数学学科的特点，要从初等数学概念扩大到较复杂的、关键性的数学概念的发展研究上。

（2）完善研究方法。对个体数学概念的形成、数学思维的发展，以及数学能力的研究，究其本质都是对心理现象或心理过程的研究。心理现象或心理过程是从量变到质变的过程，既有质又有量。所以，研究中必须借助于定量化的分析，并以此为可靠的依据，使质的把握具有一定的客观性。同时，还要运用定性分析方法论中的内省分析、历史分析等研究方法。正如恩格斯所言："经验自然科学积累了如此庞大数量的实证的知识材料，以至在每一个研究领域中有系统地和依据材料的内在联系把这些材料加以整理的必要，就简直成为无可避免的。建立各个知识领域互相之间的正确联系，也同样成为无可避免的。因此，自然科学便走进了理论的领域，而在这里只有理论思维才能有所帮助。"

通过实验方法来研究数学认知过程，从数学活动的内在过程来研究数学能力问题，主要是希望通过研究人们解决数学问题过程中的信息加工的特征来构建数学活动的模式，进而获得对数学能力的认识。虽然，目前大多数研究还局限在以年幼儿童为被试，使用测时学的分析，用对简单算术问题的反应时的数学模型，来描述儿童解决简单数学问题的策略发展，概括儿童数学能力的发展特征，"对数学领域中高级能力的发展的重要意义至今还没有很明确的描述"，不过这种研究思路还是值得借鉴的。

未来对数学能力的研究、对数学概念形成的研究，应该既有定性分析的理论探讨，也有不可缺少的定量分析。这样才能更全面、更准确地把握数学能力的性质，真正为数学教育改革提供心理学依据，同时又能通过对数学能力问题的研究，为心理学的理论建设做出贡献。

主要参考文献

[1] 陈琦，Kaye D B，Bonnefil V L．论数学能力的研究与认知理论的关系[J]．心理学报，1984（3）．

[2] 丁尔陞，唐复苏．中学数学课程导论［M］．上海：上海教育出版社，1994．

[3] 弗赖登塔尔．作为教育任务的数学［M］．陈昌平，等，编译．上海：上海教育出版社，1995．

[4] 戈丁．数学概观［M］．胡作玄，译．北京：科学出版社，1984．

[5] 克鲁切茨基．中小学数学能力心理学［M］．李伯黍，等，译．北京：教育科学出版社，1984．

[6] 莱什，等．数学概念和程序的获得［M］．孙昌识，等，译．济南：山东教育出版社，1991．

[7] 林崇德．学习与发展：中小学生心理能力发展与培养［M］．北京：北京教育出版社，1992．

[8] 孙瑞清，朱文芳，编著．现代中学数学教育原理［M］．成都：四川教育出版社，1990．

[9] 王梓坤．今日数学及其应用［J］．数学通报，1994（7）．

[10] 席振伟．数学的思维方式［M］．南京：江苏教育出版社，1995．

[11] 中共中央马克思恩格斯列宁斯大林著作编译局，编．马克思恩格斯选集：第二卷［M］．北京：人民出版社，1972．

[12] 中共中央马克思恩格斯列宁斯大林著作编译局，编．马克思恩格斯选集：第三卷［M］．北京：人民出版社，1972．

[13] 朱文芳，编．中学生数学学习心理学［M］．杭州：浙江教育出版

社，2005.

[14] 朱文芳，周志英，主编. 新课程远程研修丛书：初中数学 [M]. 上海：华东师范大学出版社，2008.

[15] Biehler R，等，主编. 数学教学理论是一门科学 [M]. 唐瑞芬，等，译. 上海：上海教育出版社，1998.

[16] Ernest P. 数学教育哲学 [M]. 齐建华，张松枝，译. 上海：上海教育出版社，1998.

[17] Anghileri J. Children's Mathematical Thinking in the Primary Years: Perspectives on Children's Learning [M]. New York: Continuum Intl Pub Group，1995.

[18] Bosch P V. A Singular Function: A Problem-solving Parable [J]. Mathematics Teacher，1997，90（5）.

[19] Charles R，Silver E. Teaching and Evaluating Mathematical Problem Solving [M]. Reston: NCTM (National Council of Teachers of Mathematics)，1989.

[20] Cockroft W H. Mathematics Counts [M]. London: HMSO，1982.

[21] Davidenko S. Building the Concept of Function from Students' Everyday Activities [J]. Mathematics Teacher，1997，90（2）.

[22] Jitendra A K, et al. Effects of Mathematical Word Problem-solving by Students at Risk or with Mild Disabilities [J]. Journal of Educational Research，1998，91（6）.

[23] Quing R J. Effects of Mathematics Methods Courses on the Mathematical Attitudes and Content Knowledge of Preservice Teachers [J]. The Journal of Educational Research，1997，91（2）.

[24] Tall D. Advanced Mathematical Thinking [M]. Dordrecht: Kluwer Academic Publishers，1991.

第十五章 数学问题提出的能力的发展与培养

一、引言

随着对问题解决特别是数学问题解决研究的逐步深入，人们（Kilpatrick,1987；Silver et al.,1994,1996,1998；康武,1997；English,1998）发现，仅仅强调问题的解决是远远不够的，还要注意研究"问题提出"（problem posing）。因为提出问题和形成问题，既是问题解决的"起点"，又是问题解决的"终点"。问题的"提出"与"解决"是同等重要的。

数学问题提出的研究源于波利亚（George Polya，1887—1985）。他所说的"回顾"，实际上就是一种"问题提出"。《美国学校数学课程和评价标准》也明确地指出，学生应该"有一些认可和明确地叙述自己的问题的经验，这种活动是数学的核心"。

基尔帕特里克（Kilpatrick，1987）曾研究了学生对问题提出的错误信念：数学问题都来自数学教师和课本。由此他认为有必要研究问题提出，并指出形成问题的过程一般有如下四个方面：关联、类比和一般化、反驳、其他过程。其中，基尔帕特里克特别强调"What-if-not"的反驳法有助于学生提出问题。其他一些较早的研究发现，学生能否提出问题影响其能否解决问题（Hashimoto，1987；Perez，1985/1986）以及他们对数学的态度（Perez，1985/1986；Winograd，1990/1991）。美国已经有几个研究者提出一体化指导学生数学问题提出的教学方案（Healy，1993；Winograd，

1990），其他国家也有类似的方案（Hashimoto，1987；Van den Brink，1987）。

有关数学问题提出的深入研究是西尔弗及其同事（Silver et al.，1994，1996，1998）。如西尔弗认为问题提出是有深刻含义的，西尔弗等人一反别人经常成功使用的通用问题解决者（GPS）模型（Leung，1993），使用"专家—新手"研究范式，他的几项研究表明：优秀的有计划的问题提出是数学良好的学生的特征；问题提出过程是一种内隐的复杂的认知加工过程。

西尔弗等人的研究经常访谈被试，发现有些学生抱怨被要求去提出问题，例如，"你为什么请我这么做？""我的老师没教我们怎样做。"这实际上就是在研究"影响学生问题提出的因素"。他认为影响学生问题提出的因素很多，有教师的因素，有学生的因素，也有班级心理环境的因素，还有教育制度方面的因素。另外有研究表明，性别、个性特征、自尊和控制点、学生的学习成绩等也是影响学生问题提出的因素之一（Good et al.，1987；Morris & Handley，1985；McCrosky & Richmond，1987；Steinfatt，1987；Good et al.，1987；West，1991；Aitken & Neer，1991）。

正如西尔弗（1994）的评论：我们对于儿童数学问题提出能力发展到何种程度所知甚少，关于儿童如何学习能发展他们问题提出能力的课程，我们也没有足够的资料。目前也没有研究对其影响因素进行系统的考察。

因此，本文吸收了百余年关于问题解决的研究、关于"参与"研究和主体性教学观的研究等经验，在林崇德教授的思维结构发展理论和学科能力理论的指导下，拟对中学生数学问题提出能力以及影响因素等展开研究。

"数学问题提出能力"的定义如下：

数学问题提出能力是指在问题解决过程中，顺利地提出数学问题的稳固的个性心理特征。

它有两方面的含义：一是指产生新的数学问题；二是指转化所给的数学问题。一般来说，这种能力的外显行为包含三个方面：一是指问题解决前的问题提出；二是指问题解决中的问题提出；三是指问题解决后的问题提出。但从深层来看，它是一种内隐的复杂的认知加工过程：需对数学情境或问题进行积极主动的计划、假设、检验、调控和反思。

拟探讨的主要问题有：

（1）学生数学问题提出的类型。

（2）学生的数学问题提出能力的发展特点和规律。已有的问题提出能力的发展研究认为，随着年龄与年级的提高，学生问题提出能力呈现出不断发展的趋势，但我们在教学实践和实际调查中感到，数学问题提出能力在学校学习中没有得到自觉的培养，因而，它的发展并不与学生年级的提高、数学知识的增长同步，也不与学生的思维发展同步。这种看法是否正确，有待于实验的检验。

（3）学生数学问题提出能力的影响因素。从已有的数学问题提出能力的影响因素研究中我们看到，学生的性别、兴趣、动机、情感、归因、教师教学水平、自我效能感、元认知知识、学习材料的特点、家庭和文化教育背景等因素，对学生数学问题提出能力均有重要影响。我们认为，这些影响在数学问题提出能力发展中都是存在的。考虑到数学学科的特点以及当前数学教学的实际，我们把中学生数学问题提出能力发展的影响因素的考察，着重放在数学知识和技能、成就动机、自我效能、数学信念、课堂环境等几个方面。

二、研究方法

虽然很早就有人提出了问题提出的重要性（John Dewey,1921；George Polya,1984），但是由于理论框架和研究方法等方面的欠缺，对这一课题的研究进展缓慢。总体而言，该课题的研究水平还比较低，已有研究还存在许多不足：研究取向方面具有明显的人为性、实验性、非课堂性，从而也削弱了研究结果的生态效度，对教育实践的指导意义和价值也就十分有限；研究对象通常是一种临时小组，缺乏真实性；研究内容缺乏系统、整体研究；在研究方法方面经验性的描述多，缺乏定量分析工具，分析角度也比较单一，缺乏多角度的评价维度。

因此，本研究采用定量研究和定性研究相结合的方法，采取多变量设计，将问卷法、访谈法、评价法、作品分析法以及内省法等综合使用。我们自编测量工具，在测量工具的编制过程中，从问卷维度确定到各项目的筛选，我们进行了一定的标准化处理，以使其具有更高的科学性。在被试选取上，考虑到典型性和代表性，我们选取了深圳市市重点中学、区重点中学和一般普通中学各一所。

检查所有问卷并加以编码，主要利用 SPSS11.0 和 LISREL（V8.20）统计软件对资料进行分析。

（1）运用 LISREL（V8.20）软件对测量工具进行验证性因素分析，检验量表的结构效度。

（2）运用 SPSS11.0 中的信度（Reliability）计算各子量表的内部一致性系数 Cronbach's α，为研究工具提供可信性指标。

（3）运用描述统计方法（Descriptive statistics），了解被试在各变量上的得分及样本的平均数、标准差和分布情况。

（4）采用相关分析（Pearson correlation），了解数学知识和技能、成就动机、自我效能、数学信念和态度、课堂环境对问题提出的影响。

另外，还运用了 SPSS11.0 中的回归（Regression）检验学业自我效能和学习成绩等与问题提出是否存在曲线关系，以检验我们开创性地提出的有关问题提出模式，鉴于本书篇幅，就不在此介绍了。本研究分为四个子研究来进行：

研究一　关于中学生数学问题提出的教师研究

在本研究中，拟采用结构化访谈法，试图系统考察 50 名一线数学任课教师对学生问题提出的认知，包括：教师对学生提出的"好问题"的界定和判断标准；教师对学生问题提出类型的分类；教师对学生问题提出的态度以及反馈行为特征；教师对学生问题提出的功能的认识。然后根据访谈结果和文献查阅，编制《中学生问题提出行为调查问卷》。

研究二　中学生数学问题提出行为的类型与发展特点研究

本研究从深圳市三所中学中选取初一至高二年级学生（实际有效被试919名），采用访谈法、问卷法。主要研究工具是"研究一"中编制的《中学生问题提出行为调查问卷》。对该问卷进行因素分析后，确定问题提出行为包括的维度。然后运用聚类分析，将这些问题提出行为聚合成3种类别。然后根据学生的基本统计学变量，分析学生问题提出类别的总体分布特点和发展特点，并比较不同问题提出类别学生的自我效能特点，进行学业上的比较。

研究三　中学生的数学问题提出能力的发展研究

该实验设计是 $3 \times 5 \times 3$ 完全随机设计。（自变量是3类学校、5个年级、3种类型被试，因变量是数学问题提出能力发展水平），被试与"研究二"中的中学生被试相同。本研究所使用的工具主要是《中学生数学问题提出能力问卷》：该问卷是一份开放性问卷，每个年级都有共同的4道数学题，其中两道题目改编自 Silver 和蔡金法（1998）的数学问题提出量表，这4个问题所涉及的数学背景知识比较简单，可以在不同水平层次上给出相应的回答，这有利于我们分析不同年级的学生在回答问题时的特点，探讨他们的数学问题提出能力发展的趋势。

研究四　中学生数学问题提出的影响因素研究

本研究拟采用访谈法（被试为"研究一"中的50名教师以及60名中学生）、问卷法（被试与"研究二"中的中学生被试相同）。主要工具为：《中学生问题提出行为调查问卷》（自编）、《中学生数学问题提出意识问卷》（自编）、《中学生数学问题提出态度问卷》（自编）、《成就动机问卷》、《课堂环境调查问卷》、《自我效能调查问卷》、《数学信念调查问卷》（自编）、《文化因素调查问卷》。

三、结果与分析

研究一 关于中学生数学问题提出的教师研究

本研究采用结构化访谈法收集了如下信息：被调查教师的基本人口统计学信息；教师对学生提出的"好问题"的判断标准；教师对学生问题提出类型的分类；对学生提出问题的态度以及反馈行为特征；教师对学生问题提出的功能的认识（教师描述积极主动提出问题类型学生的特点，问题提出对学生发展的作用）。主要发现如下：

（1）教师对学生提出的问题有两类判断标准：绝对标准和相对标准（见表15.1）。

表 15.1　教师对学生提出的问题的判断标准及其含义

判断标准		含 义
绝对标准	思维	发现大多数学生不明白的问题，体现与众不同的见解与深刻理解力的问题。
	质疑	对教师所讲述的内容、观点提出质疑的问题，或对教材内容提出质疑的问题。
	迁移	根据已有知识来提出关于现实生活的问题，或从已有知识中发现新知识的问题。
	扩展	根据自己的知识提出的问题，有利于加深理解和丰富扩大知识面的问题。
相对标准	相对自己	在自己现有水平的基础上提出的具有超越自己思维能力和理解力的问题。

（2）研究发现，问题的思考价值是教师对学生问题提出判断标准的首要参照系，教师认为学生问题提出的首要功能是促进思维的发展。教师根据学生参与的深度，倾向于将学生问题提出分成三类：主动提出问题、被动提出问题、不提出问题。

研究二 中学生数学问题提出行为的类型与发展特点研究

根据对教师的访谈结果,我们编制了《中学生问题提出行为调查问卷》,用以测查学生问题提出行为的结构特点。

1. 对《中学生问题提出行为调查问卷》的因素分析

首先我们进行了 KMO 和 Bartlett 检验,结果表明,调查问卷能够进行因素分析。通过 Screen Plot 分析,抽取 4 个因素比较合适。使用了主成分法抽取 4 个因素,经方差极大法旋转后,产生了特征根值大于 1 的 4 个因素,累积解释率达到了 60.464%。因素分析的结果与最初的设想基本吻合,表明在学生问题提出行为中,存在着一定的结构。各因素的命名、界定及其内部一致性系数(Cronbach's α)见表 15.2。量表的一致性系数最小为 0.7597,最大为 0.8571,基本符合要求。总体来看,该问卷具有良好的结构和信度,可以有效地测查中学生的数学问题提出行为。

表 15.2 《中学生问题提出行为调查问卷》各因素名称、含义及其一致性信度

因素名称	含义	内部一致性信度系数
主动提出问题	积极主动地提出问题,提出问题频率高,并且问题数量较多。	0.8571
合适提出问题	能够自然表达,情境压力的承受力强,比较合适地提出问题。	0.7963
问题提出技能	掌握数学问题提出的技能。	0.8042
反思	在问题提出行动中能够进行反思。	0.7597

2. 学生问题提出的类型分析

运用聚类分析,参考教师对学生问题提出行为的分类,本研究将被试聚合成 3 类。对分类变量进行方差分析,结果表明各分类之间的差异非常显著,方差分析的结果表明,将学生分为三种问题提出类型的聚类分析结果是合理的。根据聚类分析的结果,计算不同类别的学生在 4 个维度上的平均得分,再根据得分情况,本研究将这三类被试进行命名:低度参与型(类别 1),中度参与型(类别 3),高度参与型(类别 2)。这与"研究一"的结

果是一致的。

3. 学生问题提出类型的分析

通过 Corsstabs 分析，分析了问题提出类型的发展特点，可以看出，高度参与型的问题提出随着年级升高有不断增长的趋势。而低度参与型的问题提出所占的比例却随着年级的升高而降低。进一步的卡方分析表明，这种差异是显著的（$\chi^2=30.738$，$p<0.001$）。

研究三　中学生的数学问题提出能力的发展研究

为探讨年级、性别及学校类型对中学生数学问题提出能力影响的主效应及其交互作用，我们对初一到高二的 5 个年级组的被试，在《中学生数学问题提出能力问卷》中的各项目分数及总量表分数，在年级、性别及学校（5×2×3）等三个因素上的差异进行了复方差分析（MANOVA），得知年级对中学生数学问题提出能力的发展有显著的影响，因此我们比较了各个年级阶段的中学生在数学问题提出能力测验中得分的平均分和标准差，结果见表 15.3：

表 15.3　中学生在问题提出能力测验中各个项目得分的平均分和标准差

年级		初一	初二	初三	高一	高二
人数		162	183	163	260	142
问题提出	M	3.50	3.58	3.71	3.76	4.14
	SD	0.76	0.098	0.083	0.071	0.083

为了反映中学生数学问题提出能力发展的年级特征，我们采用单因素方差分析（Oneway-ANOVA）考察了中学生在《中学生数学问题提出能力测验》中得分的年级差异及显著性水平，并画出了不同年级被试在问题提出上得分的发展趋势图（用 TukeyHSD 检验方法），结果如图 15.1 所示。

图 15.1 表明，被试的问题提出能力从初一到高二呈平稳增长趋势。从统计意义上讲，初中各年级处于同一水平，高中各年级处于同一水平，可能是知识在起作用，也可能是部分能力较差的学生未能升入高中。

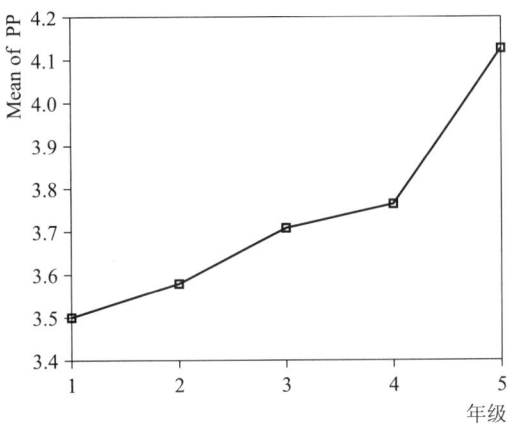

图 15.1 中学生问题提出能力的发展趋势

研究四 中学生数学问题提出的影响因素研究

在对教师和学生进行访谈的结构化访谈提纲中,有一个共同的题目:学生提不出问题的原因是什么?分别对教师和学生的访谈结果进行编码、统计分析。

1. 学生对问题提出的影响因素的总体归因

通过对学生访谈结果的整理,本研究归纳了学生列举的原因,经过统计分析,学生列举的原因一共 122 个,各方面的原因以及提名频次如表 15.4 所示:

表 15.4 学生列举的关于自身提不出问题的原因分布

原因名称	提名频次	百分数(%)
个性因素	39	32.0
文化环境	20	16.3
习惯因素	16	13.1
兴趣因素	15	12.3
思维因素	11	9.0
知识因素	7	5.7
能力因素	6	4.9
行为因素	5	4.1
教师因素	3	2.5

表 15.4 中的结果表明,学生认为阻碍自己提出问题的第一原因是个性因素。害羞、胆小使中学生不敢在课堂上表现自己,提出自己的疑问。

兴趣、态度和动机因素是学生列举的第二大原因。这表明学生之所以提不出问题,另外一个重要的原因是学生的学习兴趣没有被调动起来,参与课堂的动机不强。

此外,中学生没有形成良好的学习习惯,没有养成提出问题的习惯也是不可忽略的因素。

在学生归因结果中,大部分属于内部稳定因素归因,这会使学生对问题提出产生消极的情绪和挫折感,从而形成恶性循环,影响学习和发展。这给今后关于学生归因的研究提出了新的任务。

2. 教师对学生提不出问题的归因

教师对学生提不出问题所列举的原因分为两个方面:外部因素,比如,教师或家长启发诱导不够,教师因为课程紧张没有设置问题情境,教育环境限制了学生的主动提问(如,现行的考试制度没有鼓励、提倡提问等);学生自身的因素,如思维、个性、能力、兴趣动机、知识背景等因素。

教师列举的原因一共 123 条,统计分析的结果如表 15.5 所示:

表 15.5 教师对学生提不出问题的归因及其频次

原因名称	提名频次	百分数(%)
能力方面	38	30.9
个性方面	28	22.8
兴趣态度	22	17.9
教育环境	17	13.8
教师启发不够	12	9.8
知识方面	6	4.8

从教师归因的结果来看,教师从更多的层面考虑了阻碍学生提问的原因。然而,学生的因素仍然占大多数。教师认为,学生提不出问题的第一原因就是学生的能力水平。这种对他人的行为倾向于进行内部归因的现象,

是人们在归因时常犯的认知性归因偏差——行动者和观察者偏差。

教师同时也列举了中学生家庭成长环境的因素以及知识水平的因素，认为它们也对学生提问产生影响。这给我们后面进行分析提供了证据。

我们对中学生问题提出行为的各个维度在不同因素上进行了比较，得出的结论是：

（1）学生的问题提出行为在性别上表现出了如下特点：除了在问题提出技能维度上性别差异不显著外，在主动提出问题、合适提出问题、反思三个维度上，均表现出了显著的性别差异。男生在主动提出问题、合适提出问题方面显著优于女生，在反思方面，略优于女生。

（2）除了质疑权威与合适提出问题无关之外，问题提出意识的各个维度与问题提出行为的各个维度之间都有显著或较显著的相关。除了支持性课堂与合适提出问题无关之外，课堂环境的各维度与学生问题提出行为的各个维度之间都存在显著的正相关。自我效能的各个维度都与问题提出行为的各个维度有着显著或较显著的相关。除任务取向型与合适提出问题无关之外，数学成绩和问题提出态度的各个维度与学生问题提出行为的各维度之间都存在显著的正相关。除实用价值与合适提出问题之外，数学信念的各维度与学生问题提出行为的各个维度之间都存在显著的正相关。

四、讨论与建议

通过前面的研究结果，本文将从教师和学生问题提出的意识和观念、学生问题提出能力的发展以及学生问题提出的影响因素这几个角度进行讨论，并试图给出教育方面的建议。

（一）教师和学生问题提出的意识、观念分析

当今学校的普遍现象是：刚入学的小学低年级学生，思想特别活跃，喜欢提出各种各样的问题，到了小学中、高年级，这种情况明显减少，到

了初、高中则几乎很少有学生再去提出问题了。造成这种现象的原因很多。有研究者（廖正峰，1999）认为，现今的学校教育忽视学生创造个性的发展，注入式课堂让学生满足于现成的标准答案，学生很少有独立思考、质疑、发表不同意见的余地。

学生提不出问题，并不意味着学生没有疑问，而是反映了学生不会提出问题、不敢提出问题的现状。反观教师在课堂中的言行，大多数教师没能留几分钟的时间给学生自由地提出问题，也没有主动地向学生提出"对今天的课还有问题吗？"这类征询性的问题，可见教师没有创设鼓励学生提出自身见解的机会和氛围。"一言堂"的教学理念在许多教师的思想中根深蒂固。

在访谈中我们经常听到一些学生谈到正面的问题提出意识和观念，例如：

（1）提出这些数学问题，真是高兴，这些问题可开发思维，提高理解能力，有助于做数学题。

（2）提数学问题有助于开阔思维，提得多了，思路也不会拘泥于现状，今后，我会尝试着多提一些数学问题。

也有一些学生有较负面的问题提出意识和观念，例如：

（1）数学问题没意思，既然知道答案，为什么还要设问，这不就是浪费时间……

（2）我们已经习惯了别人提问题，我们解答，别再扭转我们的思维啦！

（3）无聊！本人作业繁多，您还来这个，真是不识脸色！

看来，传统教育中教师所营造的教学气氛，许多时候没能激发学生积极提出问题和发展创造性，相反却可能阻碍了学生潜在创造力的发挥。因此教师应对学生的问题感兴趣，认真对待和思考学生提出的问题，不要因为问题古怪，自己一时无法回答就意气用事，对学生采取讨厌、生气甚至拒绝的态度，而要在教学理念和课堂教学时间的分配上，对"问题提出教学"予以倾斜，让学生充分地展现自己的思想和风采。同时，在布置作业时，教师可提供一些问题，让学生创造性地解决，或者运用发散性思维去学习或练习，并且明确要求或鼓励学生提出问题或生成不同答案。例如，中国人民大学附属中学初三年级学生杨睿对1990年第一届"希望杯"全国数学邀请赛初一年级复试的一道解答题提出了质疑，并找到了此题的正确解法。（详见《中学生数学》2001年9月下）

（二）对学生数学问题提出能力发展的讨论

学生的数学问题提出是一个受各种因素影响的复杂的动态过程。研究表明，中学生数学问题提出能力的发展呈现年龄阶段性，但是当前中学生数学问题提出能力的发展比较平缓，没有达到与其他心理能力的同步发展，也不是数学知识增长的必然结果。不过，中学生数学问题提出能力的发展仍有其自身的规律性。

从总体上来看，中学生数学问题提出能力的发展符合从不自觉到自觉、从局部到整体、水平逐渐提高等基本规律。

1. 中学生数学问题提出能力由不自觉到自觉

所谓不自觉，是指数学问题提出活动受外界因素的控制和调节，而自觉则指数学问题提出活动受学习者自己的调节。数学问题提出活动的不自觉主要受教师或教科书的控制，经常表现为"老师这样说的"或"书上这样说的"；另外也受问题情境的控制。例如，我们在对部分学生、教师的访谈中，让他们解答如下问题：

一艘船上有75头羊，25头牛，问船长多大？

有许多人用减法做答：$75-25=50$（岁）。这些人解释说："平日老师或书上给我做过的数学问题都是可求解的，而且一定都有非常清楚的求答过程。因此这个问题一定有解。问题里只有两个数目，所以只能将它们加、减、乘或除。加或乘的结果太大，除的结果太小，都不合理，所以用减法。"这里，"我做过的数学问题都是可求解的，而且一定都有非常清楚的求答过程"是旧知识，由此不恰当地推出了"这个问题一定有解"。此题到底难在什么地方呢？此题困难之处在于要提出一个新问题："此题是否有解？"

随着数学学习的深入、数学知识（特别是数学思想方法这样的策略性知识）的积累，学生的问题提出技能逐渐形成。我们从分析中看到，刚上初三的学生开始比较多地注意"为什么"，他们的脑子里有"可能吗？"这样的问题，到高中后，较多的学生在解题时会注意充分分析问题的结构，考虑应该怎样转换条件，并对解题方法有一定的比较和选择。

不过，从调查中我们可以明显地感觉到，当前中学生数学问题提出中不自觉的比重仍然很大，即使到了高中也是如此。我们认为，这种状况与教师没有对学生进行有意识的问题提出能力培养有直接关系。很多时候，教师的做法甚至阻碍了学生问题提出能力的发展。

2. 中学生数学学习中的问题提出发展经历了一个从局部到整体的过程

初中低年级学生在数学问题提出时表现出较大的随意性，具体表现在提出问题时缺乏计划性，只从局部着眼，胡乱提出问题（甚至提出一些不是数学问题的"问题"）；不懂得分析问题的结构、重点，逻辑性不强，缺乏系统性、条理性。而高中学生的数学问题提出就表现出一定的整体性，例如，解《中学生数学问题提出能力问卷》中的第三题时，部分学生都能从下一秒、一个较大的秒、任意秒（n秒）来进行考虑，虽然这里高中所学的知识（如数列知识等）起了较大的作用，但是不能否认这时的学生的问题提出能力又达到了一个高度。

必须指出的是，中学生数学问题提出能力是比较有限的。这突出地表现在他们提出的问题的深度是不够的，基本上大部分被试没能提出有创意的问题。另外，大部分学生缺乏必要的调节技能，既不在数学课后回顾和总结这节课的重点内容，也不在解完题目后进一步追求更好的解法；既不在解完题目后总结解题的关键，也不考虑将解题方法推广到同类问题中去，更不考虑对问题进行推广、引申。他们往往在听完课后就急着解题，获得正确答案后就心满意足。在学生的意识中，多做题目才是实在的，心里才感到踏实，很多学生认为解题后的反思是浪费时间。因此，中学生在数学学习中提出问题的意识还比较薄弱，自觉性还比较差。当然，这与教师的教学密切相关：调查显示，数学教学中，教师对学生问题提出意识的培养和问题提出技能的传授都停留在不自觉的水平上。

（三）学生问题提出的影响因素分析

本研究发现社会效能与问题提出有显著关系。首先，社会效能与问题提出益处正相关。善于与老师或同学交往的学生，与老师或同学容易建立起一种亲密的、友好的关系。另外，研究学生课堂中的问题提出行为应考虑多种动机因素的作用。本研究发现，成就动机与自我效能在预测问题提出方面存在相互作用。当学生对自己的学业能力充满信心时，即使是以避免失败为学习目的的学生，也认为向老师提出问题会有益于学习。但是当学生的学业自我效能低时，以避免失败为学习目的的学生不认为向老师提出问题能改善自己的学习。

以往的研究都没有从信念的角度来研究问题提出。本研究发现内在兴趣与问题提出益处正相关，与问题提出代价负相关。对学习感兴趣的学生，也就是受内在动机激励的学生，他们从事活动的主要目的就是理解和掌握知识，发现和提出别人未发现的问题，使学生充满成就感和挑战感，因此，受内在兴趣这种数学信念激励的学生更愿意发现和提出问题。

课堂规范与问题提出有关系。国外的相关研究着重探讨了教师支持与问题提出的关系。如卡拉本尼克和沙玛（Karabenick & Sharma，1994）发现对教师支持程度的知觉与大学生的提问行为是有关系的。在他们的研究中，教师支持包括是否给学生提问的机会、指导学生如何提问的具体方法、奖惩制度以及教师对问题的信息及程序上的反应、情绪反应等。

对问题提出的研究必须结合一定的社会文化背景，忽略了文化对问题提出行为和教育的影响的事实，就是忽略一个关键性的原因变量。本研究发现对中国问题提出格言的认同与问题提出益处正相关。中国的传统教育思想认为，"不知则问"、"不耻下问"。认同这些有益的教诲，会有助于学生从正面去看待问题提出，从而认同问题提出是一种有助于学习的策略。

（四）数学问题提出教学的有关建议

针对帮助儿童理解数学，提高其数学问题提出和解决的能力，我们给出如下课堂教学提示和建议（Rowan，et al.，1998）：

是不是每个人都以不同的方法得到了相同的回答呢？每个人都得到了不同的回答吗？你怎样得到你的回答？你想到什么帮助你决定得到你的解答方法？（对我或全班同学说）你在想什么？什么将发生？有模式吗？它是什么？为什么不呢？你能用这模式做什么决定？你用2种方法解题的相同点和不同点在何处？（这问题能交给1个学生，或者2个学生在2天内做答）。你想到什么将会接着发生？你是怎样知道的？你能通过改变一些东西，使它产生不同的结果吗？为什么？你对那个解法有什么看法？如果我们使用不同的数字是否结果相同呢？为什么？为什么不是？你对它们有感觉吗？为什么没有？你认为什么样的结果看上去更合理？你怎样检查自己有没有出错？你认为你接着应该做什么？你想我是怎样发现的呢？你希望我接着做什么？你能否把你自己的解题思路讲给大家听？能否做一个模型来表示它的意思（用原料或图画)？找一个同班同学，看一看你们是否能一起解决这个问题？你将一直用那种方法做吗？你是怎样知道的？你见过这种类型的模式吗？它是什么？你怎样使它看起来更容易？怎样用比较简捷的方式来解决这个问题？其他的数字做何处理？那几个数字不用理会的吗？能找一个新的问题，使它和别的题的解题方法有些不同但风格相似吗？你认为你将解答出来的最大数字是什么？最小的数字呢？是否存在极端情况？是否存在某个统一的结论？我们是否不自觉地加上了某种限制？它提示了什么？在发现"毛病"时如何去做出补救？你为什么想要改变你的答案？还有些什么被涉及了呢？你以前用这种方法解决过问题吗？可否说出或写出使用这种方法的数学解题过程？这些与我们在其他科学中做的（或者其他主题）有什么关联吗？你将用什么测定它，为什么？你认为一个木工（或者任何别的适当的专职工人）将怎样使用这些数学知识去做事呢？在你的房子里的什么事物会有这样的形式？你能把你描绘它的方法写下来（或者画下来）吗？能否应用这些材料来让我看你解答问题的方法？你想到某种其他的材料能更好地完成任务吗？

例如，我们来看一下华罗庚提出问题的故事：

1964年秋天，在喝茶时华罗庚教授手持茶杯盖，讲了一个动人的"茶杯盖的故事"：苹果能从树上落到地上，为什么盖子掉不进茶杯里去呢？也许，你认为这很简单，"盖子比口大，当然掉不进去了。"盖子比口大，是不是就一定掉不进去呢？——有一种正方体形状的茶叶盒，它的盖子是正方形，比口大，一不小心就会掉进去，因为正方形的对角线比它的边长得多，可以把盖子竖起来，沿对角线方向放进去。如果茶叶盒的口改为正三角形呢？——也能掉进去。除了口是圆形的以外，是不是都能掉进去呢？是，还是不是？华教授一边讲，一边用手指画出一个"三角拱"，说明它虽然不是圆，也具有"掉不进去"的作用，那么除了圆和三角拱以外，还有这类"掉不进去"的几何图形吗？如果有，有多少？为了回答这个"一般性问题"，就要对几何图形的宽度下定义，然后寻求"常规度图形"，发现"掉不进去"的几何图形太多了，多到不可胜数。这种数学思维模式的思维过程是：提出问题——考察一些比较简单的情形——形成一般的概念（定义宽度）——得到一般结论。

（五）本研究对教育的启示

有研究者（Kassner，1998）指出，问题提出不仅仅是一种天生的好奇心，更重要的是后天的培养。

根据以上的讨论，关于问题提出的研究对于目前的基础教育有如下启示：

（1）要培养学生的高层次思维能力。传统教学模式十分注重基础知识的掌握，这固然没有错。但如何在此基础上发展学生的解决问题、创新思维、批判性思维等各方面的能力呢？提倡"问题提出"是一个好的解决办法。通过问题提出和解决进行学习，学生需要自我激励、设置学习目标、做独立的研究、进行自主的学习、将新建构的知识应用到复杂的问题之中，还要监控和反思提出和解决问题的过程。

（2）正确处理数学课程。在传统教学中，教师以数学知识为切入点组织教学。久而久之，学生形成了一个习惯：要我学，我就学，不想问为什么要学。因此，以问题提出和解决入手来组织数学教学，能将数学知识隐含在提出和解决问题的过程中，使数学知识服务于解决实际问题能力的培养。

(3) 切实发挥教师的促进作用。现代教育理论的显著特征是确定学生在教学过程中的主体地位，数学问题提出和解决就是要教师帮助学生学会自己思维，因此，教师不应该只像教练一样示范以正确的方式来解决问题，教师在数学教学中一定要留给学生充分的思考时间，需给学生提供大量的数学活动机会，使学生能参与进来，这样教师的角色就应发生重大的转变，不同的时候需要教师成为不同的角色：示范者、顾问、辩论会主席、对话人、诘问者。

(4) 改善学生的社会处境，塑造民主的课堂文化。社会处境实质上是一种心理环境，这种心理环境主要包括学生知觉到的教师支持、同伴关系和亲子关系的状态。营造支持性的社会处境，提高学生在课堂上的心理安全感，会提高学生的问题意识，进而促进学生的问题提出行为。

(5) 小组学习——促进学生问题提出能力的一种学习模式。在小组学习中，由于小组的固定、组员间的相互信任，组员敢于在小组中提出问题，请教他人。组员间的互相讨论，能使每个组员获益，能使问题透彻明了，而又未影响到其他小组。由于组员的讨论是面对面的，人数较少，组员会积极投入，一时没听清楚可立即重来。小组学习的这些优点，使得每个学生都能很投入地进行数学学习，更容易学习怎样提出问题。因此，经常进行小组学习，对促进学生问题提出能力的发展是有益的。

主要参考文献

[1] 波利亚. 怎样解题 [M]. 阎育苏, 译. 北京: 科学出版社, 1982.

[2] 康武. 数学问题解决研究综述及其启示 [J]. 学科教育, 1997 (12).

[3] 李晓东. 关于学业求助的研究综述 [J]. 心理学动态, 1999, 7 (1).

[4] 林崇德. 论学科能力的建构 [J]. 北京师范大学学报: 社会科学版, 1997 (1).

[5] 全美数学教师理事会. 美国学校数学课程与评价标准 [M]. 人民教育出版社数学室, 译. 北京: 人民教育出版社, 1994.

[6] 申继亮, 李茵. 教师课堂提问行为的心理功能和评价 [J]. 上海教育科研, 1998 (6).

[7] 王真东. 关于学生问题意识培养的思考 [J]. 中国教育学刊, 2001 (6).

[8] 姚本先. 论学生问题意识的培养 [J]. 教育研究, 1995 (10).

[9] Cai J. Fostering Mathematical Thinking through Multiple Solutions [J]. Mathematics Teaching in the Middle School, 2000, 5 (8).

[10] Carpenter T P. Models of Problem Solving [J]. Journal for Research in Mathematics Education, 1993, 24 (5).

[11] English L D. Children's Problem Posing within Formal and Informal Contexts [J]. Journal for Research in Mathematics Education, 1998, 29 (1).

[12] English L D, Cudmore D, Tilley D. Problem Posing and Critiquing: How It Can Happen in Your Classroom [J]. Mathematics Teaching in the Middle School, 1998, 4 (2).

[13] English L D. Promoting A Problem-posing Classroom [J]. Teaching Children Mathematics, 1997, 4 (3).

[14] Kilpatrick J. Problem Formulating: Where Do Good Problems Come from? [M] //Schoenfeld A H. Cognitive Science and Mathematics Education. Hillsdale, NJ: Lawrence Erlbaum Associates, Inc., 1987.

[15] Kilpatrick J. A Retrospective Account of the Past Twenty-five Years of Researchon Teaching Mathematical Problem Solving [M] //Silver E A. Teaching and Learning Mathematical Problem Solving: Multiple research Perspectives. Hillsdale, NJ: Lawrence Erlbaum Associates, Inc., 1985.

[16] Lester F K, Jr. Musings about Mathematical Problem-solving Research: 1970—1974 [J]. Journal for Research in Mathematics Education, 1994, 25 (6).

[17] Lester F K, Jr. Reflection about Mathematical Problem-solving Research [M]//Charles R I, Silver E A. The Teaching and Assessing of Mathematical Problem Solving. Hillsdale, NJ: Lawrence Erlbaum Associates, Inc., 1989.

[18] Polya G. On Solving Mathematics Problems in High School [G]// Problem Solving in School Mathematics. NCTM 1980 Yearbook.

[19] Schoenfeld A H. Learning to Think Mathematically [M] //Grouws D A. Handbook of Research on Mathematics Teaching and Learning: A Project of the National Council of Teachers of Mathematics. New York: Macmillan Library Reference, 1992.

[20] Schoenfeld A H. Reflections on Doing and Teaching Mathematics [M] // Schoenfeld A H, Sloane A H. Mathematical Thinking and Problem Solving. Hillsdale, NJ: Lawrence Erlbaum Associates, Inc., 1994.

[21] Silver E A, Cai J. An Analysis of Arithmetic Problem Posing by Middle School Students [J]. Journal for Research in Mathematics Education, 1996, 27 (5).

[22] Silver E A. On Mathematical Problem Posing [J]. For the Learning

of Mathematics, 1994, 14 (1).

[23] Silver E A, Mamona-Downs J, Leung S, Kenney P A. Posing Mathematical Problems: An Exploratory Study [J]. Journal for Research in Mathematics Education, 1996, 27 (3).

第十六章 工作记忆在数学认知中的作用

数学认知是以长时记忆中的数学知识为基础,并在工作记忆中提取、保持和加工信息的心理过程。在工作记忆系统中,对数学信息的保持受到数学信息代码形式的约束,对数学信息的加工也受工作记忆系统结构的影响。长期以来,数学认知和工作记忆的研究处于一种分离状态。现代心理学开始打破这种界限,尝试将数学认知(特别是数学运算)和工作记忆联系起来进行研究,并逐步发展成为新的研究领域。

一、引言

工作记忆是在对信息进行加工的同时对信息的储存和保持,且容量有限的记忆系统。1974年,巴德利和希契(Baddeley & Hitch)提出了一个多成分构成的工作记忆系统模型,它由中央执行系统(Central Executive System)和两个存储信息的子系统——语音环路(Phonological Loop)和视空间模板(Visuo-Spatial Sketch Pad)组成。两个子系统负责特定领域内信息的储存和保持,如语音环路用于储存和保持语言信息,而视空间模板专门负责储存和保持视觉空间信息(Baddeley,2002,1996,1992)。中央执行系统是一个注意控制系统,同样具有资源有限性,它与集中注意、计划、行为控制和问题解决有密切关系。它具有协调和整合来自于两个子系统的信息、提取及其提取策略的控制(如抑制无关信息的提取)、反应选择、记忆更新、输入和输出监控等多种中央执行系统的功能成分(简称为中央执行成分),语音环路和视空间模板是中央执行系统的服务系统(Baddeley，1996，2000，2002；Jarrold & Baddeley，1997）。

自 20 世纪 70 年代以来，工作记忆与各种高级认知技能的关系的研究逐步成为心理学研究的重要领域。工作记忆最大的限制是它的容量有限性（Baddeley，2002），即工作记忆可以同时处理 5～9 个信息组块（chunk）（Miller，1956）。如果需要进行加工的信息总量超过工作记忆容量的限制，那么在工作记忆系统中保持的部分信息就会遗失。如要求个体不用纸笔心算 "$43+56=?$" 和 "$343678+45786+23679=?$" 时，前一个问题是可以快速解决的心算问题，但后一个问题中的数字较大，一般很难通过心算解决。就这两个问题而言，长时记忆的作用是相同的。所不同的是，后一问题需要加工和储存的信息总量超过了工作记忆容量的限制，因此几乎不可能通过心算来完成。

数学信息在进入工作记忆后，到底是以何种形式（语言或表象）储存或加工的呢？对于这个问题，多数数学家赞成视空间的特征代码是数学思维过程中主要的表征形式，但也有些数学家报告了言语表征的重要性。如雅克·阿达玛（Jacques Hadamard，1944）（陈植荫、肖奚安译，1989）对一些著名数学家进行调查发现，他们中的大多数人不仅在思维过程中总是应用模糊的心理意象（即心理图像），甚至有时还避免使用代数符号或任何其他固定的符号。他回忆自己的经验时说："在遇到一个数学问题时，语言是完全不会出现的，……不仅是语言，甚至代数符号对于我来说，也是同样的情况。只有在进行演算时，我才使用代数符号，一旦问题复杂，这些符号几乎成为沉重的负担……"这次调查也有几个例外，譬如，世界上最杰出的数学家之一乔治·D. 伯克霍夫（George D. Birkhoff），他习惯于借助代数符号进行思考。数学家波利亚（George Polya）则说："我相信，对于一个问题的关键思想总联系着一个恰当的词或句子。这个词或句子一旦出现，形势即刻明朗。……当然，这比起图像或数学符号来，可能不那么直观。但在某种意义上，两者相差无几，即它们都可以帮助我们把思想固定下来。"他们的观点与雅克·阿达玛的观点完全相反，他们强调了思维过程中语言及其语义表征的重要性。

与数学家的观点一样，有关工作记忆在数学认知过程中的作用的研究也存在类似情况。如一些有关简单算术运算和多位数运算的研究发现：在算术运算的过程中，其信息表征都具有语义的特性（Logie，Gilhooly，& Wynn，1994；Lemaire，Abdi，& Fayol，1996；Seitz & Schumann-Hengsterler，2000；Noël，Désert，& Aubrum，etc.，2001；Lee，& Kang，2002；Fürst & Hitch，2000；De Rammelaere，2002；Seyler，Kirk，& Ashcraft，2003；Trbovich & LeFevre，2003）。但是也有研究得到了相反的结果。如，拉姆梅拉里（De Rammelaere）及其同事完成的两项实验研究发现，语音环路并不参与简单加法运算（De Rammelaere，Stuyven，& Vandierendonck，2001；De Rammelaere，2002）；李和康（Lee & Kang，2002）的研究发现，语音任务（即复述非词项目）并不影响减法运算。这说明，语音环路不参与简单加法和减法运算。也就是说，在简单加法和减法运算过程中，这些算术信息进入工作记忆系统后，其表征不以语义的形式在语音环路中得到储存和保持。此外，数学信息的表征是否具有视空间特性，相关研究没有统一的结论（Logie，Gilhooly，& Wynn，1994；Seitz & Schumann-Hengsterler，2000；De Rammelaere，2002；Lee & Kang，2002；Dehaene，Piazza，Pinel，& Cohen，2003；Trbovich，& LeFevre，2003；Vandorpe，De Rammelaere，& Vandierendonck，2005）。

相比较代数知识（包括有理数运算）而言，算术语言和文字语言更接近。也就是说，算术语言具有形、声、义三种属性，因此一些算术运算信息可能与自然语言具有相近的加工过程或特点（Lemer，Dehaene，Spelke，& Cohen，2003）。随着数学符号抽象程度的提高，其读法中所含的"音素"会逐渐增加。例如，"3A"和"A^3"虽然都由数字"3"和"A"组成，但是"3A"可以较自然地读做"三A"，而"A^3"就要读做"A的三次方"。比较读法可以发现，"A^3"的读法中的音素比"3A"多，我们把这种现象称为数学符号的"音素冗余"现象。又如，对数符号"$\log_a N$"读做"以a为底N的对数"。音素冗余可能导致数学符号在长时记忆系统中的音素表征的强度减弱，这也使得代数信息加工可能会更加依赖符号的"形和义"。随着数学知识越来越抽象，一些数学符号的音素冗余现象会更加明显。如定积分符号"$\int_a^b f(x)dx$"读做"函数 $f(x)$ 在区间 $[a,b]$ 上的定积分"。代数符号的音素冗余，代数信息的加工可能更加依赖于它的"形"。因此，与算术运算相比较，代数运算过程中视空间模板的作用可能更重要。

我们在实验研究中发现：即使非常简单的整式等式"2A＋3A＝5A"和指数等式"$A^2 \cdot A^3 = A^5$"的判断也都与视空间模板和语音环路有关（连四清，张洪山，林崇德，2007a, b）。数学领域中，简单整式加法和简单指数乘法运算条件都比较简单，只涉及单个运算关系。较为复杂的代数公式是由字母符号和多个运算符号构成的等式，因此通常数学公式中都涉及多个运算关系。在应用公式之前，被试需要首先判断能否应用数学公式（后称为"公式适用性判断"）。如平方差公式应用的条件是"一个数学式子是两个数（或式）的和与这两个数（或式）的差的积"，符号表达式为"$(a+b)(a-b)$"。这种关系中至少包含三层关系：第一，它首先是一个积；第二，这个积是一个和与差的积；第三，和式中的被加数与差式中的被减数相同，同时和式中的加数与差式中的减数相同（如图 16.1 所示）。在公式适用性判断中，上述的三种关系必须同时满足。因此，比较而言，平方差公式适用性判断比简单整式加法和简单指数乘法运算条件的判定要复杂得多。

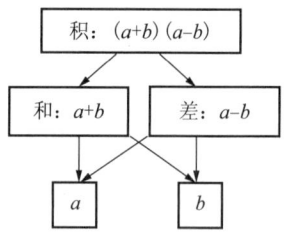

图 16.1 平方差公式符号的关系

平方差公式左式所表达的运算关系可能具有空间性，因为其位置不同或顺序不同就意味着它们的运算关系发生了变化（虽然有时位置变化不一定导致运算结果变化）。我们用图形符号"（□＋○）（□－○）"表示平方差公式的运算结构（即运算关系），将这个结构中乘积的两项（"□＋○"

与"□-○"）交换位置，再交换前项中两项（"□"与"○"）的位置，就可以得到一个与公式结构不同的运算结构"（-○+□）（□+○）"。要做出平方差公式是否适用于这种运算结构"（-○+□）（□+○）"的判断，可能需要对这种空间结构进行位置变换（如顺序变换）。在变换的过程中，视空间模板（特别是空间记忆）需要储存和保持原来结构的信息。

我们把替换标准公式"$(a+b)(a-b)=a^2-b^2$"左式中的"a"和"b"的字母个数称为字母替代个数。观察发现，当一个代数式中含有三个以上字母时，被试通常都能很快做出公式不适用性的判断（即不能应用平方差公式展开代数式）。因此，字母替代个数也可能影响公式适用性判断。在对运算结构进行调整的过程中，必须在工作系统中保持住代数式中的字母信息，然后再对字母进行相应的操作（如字母替代）。然而，公式适用性判断的任务是否需要语音环路、视空间模板和中央执行成分的参与，已有研究尚不能完全确定。为此，我们将通过实验来解决这个问题。

二、研究方法

实验设计：双重任务实验范式。4（四种任务条件）×3（三种运算结构：OT，FW，GWFW）×3（三种替代字母 a，b 的个数）三因素重复测量的实验设计。其中将四种任务条件，运算结构和替代字母 a，b 的个数作为被试内因素。运算结构变量是指平方差公式运算结构的变化。我们将平方差公式的运算结构用图形符号表示为"（□+○）（□-○）"，通过调整组内"□"、"○"和组间"□+○"与"□-○"的顺序，得到不同的运算结构。如用 OT 表示运算结构"（□+○）（□-○）"，FW 表示将 OT 结构中的前项中的两项交换位置得到的运算结构"（○+□）（□-○）"，GWFW 表示先将 OT 结构中乘积的两项（"□+○"与"□-○"）交换位置，再交换前项中两项（"□"与"○"）的位置所得到的运算结构"（-○+□）（□+○）"。本实验只对运算结构 OT、FW 和 GWFW 进行研究。替

代字母 a，b 的个数（简称字母替代个数），共有三种水平：0 个，1 个和 2 个。因变量是判断的反应时间和正确率。

被试：从大学数学系二年级学生中征召 20 名被试，男女各半。所有被试为右利手，而且视力正常。

实验材料：如表 16.1 所示，我们将平方差公式的运算结构用图形符号表示为"（□＋○）（□－○）"，通过调整组内"□"、"○"和"□＋○"与"□－○"两项间的顺序，得到三种运算结构。然后用字母"x，y"按照替代个数系统地替换标准公式"$(a+b)(a-b)=a^2-b^2$"左式中的字母，构成所有的 36 个测试项目，它们都是能应用平方差公式展开的。为了避免被试的反应偏向，我们设计了 9 个非测试项目，即干扰任务，每个非测试项目重复 4 次，共 36 项。实验前进行了 6 个项目的练习，以使被试掌握实验程序。

表 16.1　测试项目变量命名表

	0	1	2
（□＋○）（□－○） (OT)	$(a+b)(a-b)$ (OT, 0)	$(x+b)(x-b)$ (OT, 1)	$(x+y)(x-y)$ (OT, 2)
（○＋□）（□－○） (FW)	$(b+a)(a-b)$ (FW, 0)	$(b+x)(x-b)$ (FW, 1)	$(y+x)(x-y)$ (FW, 2)
（－○＋□）（□＋○） (GWFW)	$(-b+a)(a+b)$ (GWFW, 0)	$(-b+x)(x+b)$ (GWFW, 1)	$(-y+x)(x+y)$ (GWFW, 2)

实验仪器和程序：该实验的主任务是要求被试对能否应用平方差公式展开多项式乘积做出判断。在向被试呈现一个多项式乘积的式子后，如果能够应用平方差公式展开［如"$(a+b)(a-b)$"］，那么被试用右手食指按鼠标左键做出肯定反应；否则［如"$(a+b)(x+y)$"］，用右手中指按鼠标键左键做出否定的反应。在实验中，我们只将那些能够应用平方差公式的项目作为测试项目（为叙述方便，不特别说明时，"公式判断"是指做出能够应用公式的判断）。研究中，我们只对 36 个测试项目进行分析。这是因

为，在运算关系同时满足的情况下，才能做出平方差公式适用性的肯定判断。否则，多种关系有一个不满足，被试就能够很快地做出否定判断。由于目前并不完全清楚影响做出否定判断的因素，所以我们只对肯定判断的数据进行分析。

在进行每种任务的实验之前，通过提示语向被试说明主任务是判断一个代数式是否可以利用平方差公式展开，但不需要利用公式来展开代数式，以及明确次级任务的要求。然后，主试再要求被试复述主任务和次级任务的要求。正式实验前，被试要进行九个刺激项目的重复练习，直到被试熟练掌握实验的程序。

正式测试时，使用我们自己设计的工作记忆测试系统呈现材料。每个被试都要完成所有实验任务，由计算机记录被试完成每个任务的时间，精确到1毫秒。实验系统随机呈现实验材料（包括干扰项目）。要求被试在四种任务条件下完成平方差公式适用性判断任务：控制条件，语音任务条件，手动击键任务条件和随机间隔决策任务条件。四种任务条件的顺序随机安排给被试以平衡顺序效应，即将四种实验任务条件随机指定给被试。材料中字母和数字用 Times New Roman 字体。多项式的数字与字母大小为50pt。所有数字和字母的颜色都为黑色，背景颜色为白色。

除控制条件外，向被试强调主任务和次级任务具有同样的速度和正确率的要求，即要求被试同时快速而准确地完成主任务和次级任务。四种任务条件的实验程序除执行的次级任务不同外，其他程序保持一致。实验开始时，首先在屏幕中央出现一个"＋"形的注视点，持续时间为1000毫秒，接着在"＋"位置处呈现实验材料，材料呈现时间为1500毫秒。单个被试依次参与实验。被试端坐在计算机显示器前，距离屏幕50cm左右。实验中，要求他们既快又准确地按前述要求按动鼠标做出反应。计算机记录下每个测试项目呈现到被试做出反应的时间和反应的正确性。在被试做出反应后立即出现"＋"，持续时间为500毫秒，然后在"＋"处出现下一个项目。

实验中，控制条件是指没有次级任务的任务条件，被试只完成简单整式和等式的判断任务；语音任务条件为被试在完成简单整式和等式的判断任务的同时，连续大声地复述一个单词"the"。手动击键条件要求被试用左手击打两个按钮（"8"和"∞"）的同时完成主任务。在实验中，我们用橡皮垫做了两个正方形的模拟按钮（大小为10cm×8cm），在两个按钮中心处贴半径为3cm的白纸片，在圆的中心处分别写上"8"和"∞"，字体为Times New Roman，字号为36pt，并把它们固定在桌面下方，以避免被试使用视觉线索。实验时两个按钮间的间隔为50cm，要求被试按"8—∞—8—∞— ……"的顺序连续用左手击打两个按钮的中心处。随机间隔决策任务条件是指被试根据随机出现的音频"嘟"的强弱用左手做出反应的同时完成主任务。其中，被试在听到高音"嘟"（524Hz）时，1秒之内用左手的大拇指按"空格键"做出反应。被试在听到低音"嘟"（262Hz）时，不做反应。相邻两个声音的时间间隔为1～2秒。计算机自动记录高音和低音出现的次数，并记录高音和低音的正确响应次数和其他按键次数。其中，高音响应正确是指听到高音"嘟"后1秒内按空格键做出反应，1秒之内（含1秒）没有做出反应为错误响应；低音响应正确是指听到低音"嘟"后1秒内没有做出反应，如果1秒内（含1秒）按空格键则为错误响应；其他按键次数是指在高音或低音出现1秒之后按空格键的次数。

三、结果与分析

1. 反应时

对反应时和错误率进行4（四种任务条件）×3（三种运算结构：OT，FW，GWFW）×3（三种替代字母a，b的个数）重复测量方差分析，其中四种任务条件、三种运算结构和三种替代字母a，b的个数为被试内因素。

判断错误的反应时不进入统计分析程序。四种任务条件、三种运算结构和三种字母替代个数的平均反应时和标准差如表16.2所示。

表 16.2　主任务平均反应时（标准差）描述性统计结果

运算结构	字母替代个数	控制	语音	手动	RID
OT	0	737（21）	832（29）	901（24）	977（31）
OT	1	884（34）	950（32）	1010（31）	1065（31）
OT	2	943（43）	1017（43）	1058（43）	1176（49）
FW	0	865（34）	956（36）	1023（37）	1129（43）
FW	1	964（35）	1082（39）	1135（38）	1253（47）
FW	2	1042（41）	1127（41）	1197（44）	1282（45）
GWFW	0	975（36）	1085（45）	1153（43）	1225（45）
GWFW	1	1091（42）	1197（42）	1256（40）	1380（53）
GWFW	2	1184（54）	1244（53）	1345（56）	1515（67）

从表 16.2 可以看出，语音任务、手动击键任务和随机间隔决策任务对公式适用性判断产生了一定程度的影响。

对反应时进行 4（四种任务条件：控制条件，语音任务，手动击键任务和 RID 任务）×3（三种运算结构：OT，FW，GWFW）×3（三种字母替代个数：0，1，2）重复测量方差分析，结果如表 16.3 所示：

表 16.3　主任务反应时 4×3×3 被试内因素效应检验结果

方差来源	SS	df	MS	F
任务条件	6357319	3	2119106	111.879***
误差（任务条件）	1079640	57	18941	
运算结构	8022963	2	4011481	54.560***
误差（运算结构）	2793904	38	73524	
字母替代个数	4383664	2	2191832	98.260***
误差（字母替代个数）	847646	38	22306	
任务条件 × 运算结构	92798	6	15466	3.125**
误差（任务条件×运算结构）	564258	114	4949	
任务条件 × 字母替代个数	42489	6	7082	2.194*
误差（任务条件×字母替代个数）	367901	114	3227	

表 16.3 续

方差来源	SS	df	MS	F
运算结构 × 字母替代个数	45794	4	11448	1.235
误差（运算结构×字母替代个数）	704449	76	9269	
任务条件 × 运算结构 ×字母替代个数	107001	12	8917	3.042**
误差（任务条件×运算结构×字母替代个数）	668397	228	2932	

注：(1) * 表示显著水平为 0.05，** 表示显著水平为 0.01，*** 表示显著水平为 0.0001。(2) 4×3×3 是指 4（四种任务条件：控制条件，语音任务条件，手动击键条件和随机间隔决策任务条件）×3（三种运算结构：OT，FW，GWFW）×3（三种字母替代个数：0，1，2）。

表 16.3 表明，任务条件、运算结构和字母替代个数的主效应显著［任务条件：$F(3,57)=111.879$，$p<0.0001$；运算结构：$F(2,38)=54.560$，$p<0.0001$；字母替代个数：$F(2,38)=98.260$，$p<0.0001$］。任务条件×字母替代个数、任务条件×运算结构交互作用显著［任务条件×字母替代个数：$F(6,114)=2.194$，$p<0.05$；任务条件×运算结构：$F(6,114)=3.125$，$p<0.01$］。这说明，任务条件的主效应依存于字母替代个数和运算结构。分析结果还表明：运算结构×字母替代个数交互效应不显著［$F(4,76)=1.235$，$p>0.05$］。任务条件、运算结构和字母替代个数三因素交互效应显著［$F(12,228)=3.042$，$p<0.01$］。这说明，任务条件、运算结构和字母替代个数对公式适用性判断的影响具有一定的相互依存关系。

与控制条件比较，发现：语音任务、手动击键和随机间隔决策任务的干扰效应均非常显著［语音任务：$F(1,19)=49.372$，$p<0.0001$；手动击键任务：$F(1,19)=110.290$，$p<0.0001$；RID 任务：$F(1,19)=159.720$，$p<0.0001$］。

为了叙述方便，字母替代个数 0、1、2 的公式判断任务分别称为任务 0、任务 1 和任务 2。将语音任务、手动击键和随机间隔决策任务在三种任务上的干扰效应进行比较，发现：语音任务在任务 1 上的干扰效应（90ms）与在任务 0 上的干扰效应（99ms）没有显著差异［$F(1,19)=0.017$，

$p>0.05$],但在任务 2 上的干扰效应（73ms）显著低于在任务 0 上的干扰效应（99ms）[$F(1, 19)=5.168$，$p<0.05$]；手动击键任务在任务 1 和任务 2 上的干扰效（155ms，144ms）应与在任务 0 上的干扰效应（167ms）没有显著差异 [1 个与 0 个：$F(1, 19)=0.529$，$p>0.05$；2 个与 0 个：$F(1, 19)=1.696$，$p>0.05$]；同样，随机间隔决策任务在任务 1 和任务 2 上的干扰效应（253ms，268ms）应与在任务 0 上的干扰效应（251ms）没有显著差异 [1 个与 0 个：$F(1, 19)=0.015$，$p>0.05$；2 个与 0 个：$F(1, 19)=0.715$，$p>0.05$]。这说明：语音任务的干扰效应差异依存于字母替代个数，但是手动击键任务和随机间隔决策任务的干扰效应差异与字母替代个数无关。因此，语音环路并不参与储存和保持运算结构的信息，运算结构的信息需要利用视空间模板（特别是空间记忆系统）来储存和保持。特别地，手动击键任务在运算结构 GWFW 上的干扰效应与在运算结构 OT 上的干扰效应存在显著的差异。对于运算结构 GWFW [即"（－○＋□）（□＋○）"] 而言，被试在判断过程中，需要保持住"○"和"□"及其"＋、－"的位置，这种位置关系具有视空间信息的特征。字母替代个数和运算结构变量在语音环路负荷和空间记忆负荷的干扰效应双重分离的结果也说明，在公式判断过程中，语音环路需要参与字母信息的储存和保持，而空间记忆系统需要储存和保持运算结构的信息。

比较语音任务、手动击键和随机间隔决策任务在不同运算结构上的干扰效应，结果表明：语音任务对 FW 和 GWFW 两种运算结构干扰效应（FW：98ms；GWFW：92ms）与在运算结构 OT 上的干扰效应（78ms）没有显著差异 [FW 与 OT：$F(1, 19)=1.646$，$p>0.05$；GWFW 与 OT：$F(1, 19)=0.625$，$p>0.05$]。手动击键在运算结构 FW 上的干扰效应（162ms）与在运算结构 OT 上的干扰效应（136ms）没有显著差异 [$F(1,19)=1.600$，$p>0.05$]，在运算结构 GWFW 上的干扰效应（168ms）显著大于在运算结构 OT 上的干扰效应（136ms）[$F(1, 19)=4.865$，$p<0.05$]；随机间隔决策任务在 FW 和 GWFW 两种运算结构上的干扰效应（FW：264ms；GWFW：290ms）显著大于在 OT 运算结构 OT 上的干扰效

应（218ms）[FW 与 OT：$F(1, 19)=4.614$，$p<0.05$；GWFW 与 OT：$F(1, 19)=10.921$，$p<0.01$]。这些结果说明：语音任务的干扰效应差异与运算结构无关，但是手动击键任务和随机间隔决策任务的干扰效应差异与运算结构有关。

随机间隔决策任务在运算结构 GWFW 上的干扰效应显著大于其他两种运算结构，但在不同字母替代个数之间没有显著差异。这说明：运算结构调整增加了反应选择成分的负荷。如在判定公式能否应用之前，要选择是否对呈现材料的运算结构进行调整，以及在不同变换方法之间做出选择。运算结构 OT 中的运算对象的位置关系不需要调整，而对 FW、GWFW 两种运算结构进行变换需要更多的反应选择成分，如在是否要调整运算对象的顺序之间，以及在不同的调整方法之间做出选择。因此，随机间隔决策任务在运算结构 FW 和 GWFW 上的干扰效应显著大于在运算结构 OT 上的干扰效应。与运算结构调整不同，字母的操作并没有额外的反应选择负荷，因此随机间隔决策任务的干扰效应的差异与字母替代个数无关。

实验结果表明：运算结构的变化增加了反应选择成分的负荷，但替代公式中字母的个数并没有显著增加反应选择成分的负荷，这与我们的经验是一致的。如当我们变换平方差公式的前后两项位置（即交换"$a+b$"与"$a-b$"）时，被试在公式适用性判断中就会出现一些困难。

2. 错误率

对错误率的描述性统计结果如表 16.4 所示：

表 16.4　主任务错误率描述性统计结果（平均错误率和标准差）

运算结构	字母替代个数	控制	语音	手动	RID
OT	0	0.013 (0.013)	0 (0)	0.013 (0.013)	0.38 (0.027)
	1	0.038 (0.027)	0.075 (0.026)	0.050 (0.023)	0.063 (0.025)
	2	0 (0)	0 (0)	0.025 (0.017)	0.025 (0.017)

表 16.4 续

运算结构	字母替代个数	控制	语音	手动	RID
FW	0	0.013 (0.013)	0.050 (0.029)	0.013 (0.013)	0.013 (0.013)
FW	1	0.038 (0.021)	0.100 (0.033)	0.075 (0.026)	0.064 (0.025)
FW	2	0.025 (0.017)	0.013 (0.013)	0.013 (0.013)	0.013 (0.013)
GWFW	0	0.038 (0.021)	0.050 (0.029)	0.013 (0.013)	0.050 (0.029)
GWFW	1	0.075 (0.032)	0.063 (0.025)	0.088 (0.042)	0.088 (0.033)
GWFW	2	0.038 (0.027)	0.050 (0.029)	0.038 (0.021)	0.075 (0.041)

从表16.4可以看出，字母替代个数对判断错误率具有一定程度的影响，但是运算结构和任务条件的影响并不十分明显。

对错误率进行4（四种任务条件：控制条件，语音任务条件，手动击键任务条件和随机间隔决策任务条件）×3（三种运算结构：OT，FW，GW-FW）×3（三种字母替代个数：0，1，2）重复测量方差分析，结果如表16.5所示：

表 16.5 主任务错误率 4×3×3 被试内因素效应检验结果

方差来源	SS	df	MS	F
任务条件	0.036	3	0.012	1.119
误差（任务条件）	0.613	57	0.011	
运算结构	0.079	2	0.040	1.928
误差（运算结构）	0.782	38	0.021	
字母替代个数	0.257	2	0.129	17.425***
误差（字母替代个数）	0.281	38	0.007	
任务条件 × 运算结构	0.048	6	0.008	1.012
误差（任务条件×运算结构）	0.897	114	0.008	
任务条件 × 字母替代个数	0.022	6	0.004	0.397
误差（任务条件×字母替代个数）	1.037	114	0.009	
运算结构 × 字母替代个数	0.021	4	0.005	0.550
误差（运算结构×字母替代个数）	0.732	76	0.010	
任务条件 × 运算结构 ×字母替代个数	0.048	12	0.004	0.477
误差（任务条件×运算结构×字母替代个数）	1.893	228	0.008	

注：(1)*** 表示显著水平为 0.0001。(2) 4×3×3 是指 4（四种任务条件：控制条件，语音任务条件，手动击键任务条件和随机间隔决策任务条件）×3（三种运算结构：OT，FW，GWFW）×3（三种字母替代个数：0，1，2）。

上述结果表明，任务条件和运算结构的主效应均不显著[任务条件：$F(3, 57) = 1.119$, $p > 0.05$；运算结构：$F(2, 38) = 1.928$, $p > 0.05$]，但字母替代个数的主效应显著[$F(2, 38) = 17.425$, $p < 0.0001$]。其中，控制条件、语音任务、手动击键任务和随机间隔决策任务等条件下的平均错误率分别为 3.06%，4.44%，3.61% 和 4.72%；OT、FW 和 GWFW 结构的错误率分别为 2.81%，3.54%，5.52%；任务 0、1、2 的错误率分别为 2.50%，6.77%，2.60%。任务 1 的错误率与任务 0 的错误率存在显著差异[$F(1, 19) = 27.289$, $p < 0.0001$]，而任务 2 的错误率与任务 0 的错误率没有显著差异[$F(1, 19) = 0.020$, $p > 0.05$]。这说明，当呈现的代数式和平方差公式有一个字母相同时，公式判断出现了更多的错误。

任务条件×运算结构、任务条件×字母替代个数两因素交互作用均不显著[任务条件×运算结构：$F(6, 114) = 1.012$, $p > 0.05$；任务条件×字母替代个数：$F(6, 114) = 0.397$, $p > 0.05$]，运算结构×字母替代个数两因素交互作用也不显著[$F(4, 76) = 0.550$, $p > 0.05$]。运算结构、运算结构与字母替代个数三因素交互作用不显著[$F(12, 228) = 0.477$, $p > 0.05$]。

四、讨论与建议

从多成分工作记忆理论上看，语音环路负责储存和保持语言信息（Baddeley，2002，2000，1996，1992），然而语音环路储存和保持的是数字信息还是字母信息，这与简单的代数任务类型有关。如在简单整式和等式判断、简单指数乘法判断任务中，语音环路用于储存和保持系数或指数信息，而视觉记忆系统用于储存和保持字母信息；在公式适用性判断任务中，语音环路则用于储存和保持代数式或长时记忆系统提取的字母信息。语音环路可以储存代数式中的系数或数字信息，此外，我们在实验中还发现了初二年级被试需要利用语音环路来协助代数信息的储存和保持的实验证据。这说明，语音环路的作用具有应急性的特点。即在视空间模板难以储存和保持代数信息时，为了响应这种应急需要，语音环路会参与支持视空间信息的储存和保持（连四清，2007）。

代数运算信息由字母符号和具有类似语言性质的阿拉伯数字所构成，如"$2a-4c$"。根据我们的实验结果，代数信息不仅具有语言特性，而且还具有视觉空间特性。如简单整式等式、简单指数等式和平方差公式适用性判断等三项代数运算任务的实验结果均表明，视空间模板（特别是空间记忆）用于储存和保持运算对象在运算关系中的视觉空间位置信息。这说明，在代数信息需要进行连续变换或运算的情况下，被试要用视空间模板来储存和保持变换前后的位置信息，以便能觉察到变换前后有关信息的视觉空间特征。

简单代数信息同时具有语言特性和视觉空间信息的特性，决定了至少需要有两种中央执行成分参与：

第一种，协调两个子系统中信息的储存和保持。由于语音环路和视空间模板都参与简单代数运算的储存和保持，所以协调两种信息的储存和保持对于后续的信息加工过程更为重要。

第二种，整合语音环路、视空间模板和长时记忆系统的信息。根据最新的四成分工作记忆模型，信息整合由中央执行系统完成，整合的情景表征储存在情景缓存器中（Baddeley，2000）。情景缓存器中的信息可以储存多种信息代码，并支持后续的操作。如果情景缓存器确实存在，那么根据我们的实验结果可以预言，情景缓存器也应参与代数运算。

已有研究表明，当被试需要整合图形信息和语言信息时，容易出现分散注意效应（Kester，Kirschner，& van Merriënboer，2005）。实际上，数学教学实践中可以观察到因注意分散而导致的一些代数运算错误，即将注意集中到视觉空间信息操作的同时而忽略了语言信息的操作，或者因注意力集中到语言信息的操作而忽略视觉间信息的操作。如去括号时经常出现忘掉改变系数正负号的错误，分母通分经常出现遗漏对分子进行变形的错误，方程移项的变形中常常出现遗漏变号的错误等。

除上述两种中央执行成分参与简单代数运算外，我们的实验结果还说明，反应选择成分对于代数运算过程中公式的选择和应用是非常重要的。本研究采用了中央执行成分较为单一的随机间隔决策任务（即反应选择成分），结果表明：随机间隔决策显著干扰公式的适用性判断。更重要的是，呈现的代数式的运算结构与平方差公式不同时，随机间隔决策任务对公式适用性判断产生了更大的干扰。这说明，运算结构的变化将增加中央执行成分——反应选择的负荷。

上述实验结果表明：数学认知和语言认知存在较大的差别，主要表现在其普遍具有的视空间特性。一般而言，语言具有"形、声和义"三种表征形式。相比较文字而言，一些数学符号含有更多的音素（语言中最小的语音单位），即数学信息的"音素冗余"使其在长时记忆系统中语音表征缺失或不全，也将使学生难以或错误地完成数学符号的命名任务。数学教学中，我们可以观察到这种现象。如要求学生读出一些较为抽象的数学符号时，学生通常会出现一些典型错误。如将"$\log_a N$"读做"$\log a$ 为底 N 为真数的对数"，将"$\lim_{n \to \infty} a_n$"读做"limit n 趋向无穷大 a_n 的极限"。要求大学生读"$\int_a^b f(x)dx$"时，几乎所有学生都不知道怎样读。数学符号的语音表征的缺失或不全，使得"形、声、义"之间的关系发生变化，如图 16.2 所示。

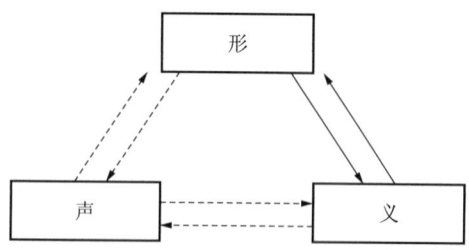

图 16.2　形、声、义之间的关系示意图

其中，实线表示联结强度较强，虚线表示联结强度较弱。这种关系决定了数学的语音信息需要转换为"形（即符号）"（符号的表象）才能进行后续加工，并在工作记忆系统中得以保持。数学认知的这一特点将大大增加工作记忆的负荷，因此，为了提高课堂教学效率，教师需要注意以下几点：

第一，呈现数学信息的方式应注意减轻工作记忆的负荷。如数学教师用言语来传输数学信息，学习者需要将"语音"信息在大脑中转换成"符号"，这样往往会增加学生的工作记忆负荷，从而影响学生对数学知识和方法的理解及掌握。为此，教师讲授时，在适当的时间板书，以及和言语讲解的协调就显得尤为重要。虽然我们的实验领域只涉及简单的代数领域，但是工作记忆在其他数学领域的认知中也有类似的现象。如，在理解平面几何问题和解答的过程中，如果平面几何的文字、符号信息与图形信息不在一页上，那么我们就需要不断翻页来寻求文字、符号信息所表达的图形线索（如角的顶点、线段的端点等）。在寻求这些图形线索的过程中，工作记忆系统必须保持住这些文字和符号信息。由于翻页可能需要两至三秒钟的时间，在没有得到主动复述的情况下，文字、符号信息就可能会遗忘。因此，在呈现几何问题信息时，应注意图形和文字、符号信息的整合，以尽可能减轻学生的工作记忆负荷，从而有利于学生的学习。

第二，在数学知识和技能获得初期，应尽可能减轻学生的工作记忆负荷。我们的实验探索了平方差公式的适用性判断问题，其实数学知识一般都含有多种关系，而且这些关系是不能独自存在和简单分离的。在对数学信息进行加工的过程中，需要在工作记忆系统中同时保持住这些关系，否则就会出现某些关系被遗忘或忽略，从而导致错误。如，两角和的正切公式中，实际上包含的关系是相互关联的：两角和，和的正切，等于，两角的正切，和，两角正切的乘积，1与两角正切的乘积的差，和与差的商。这种关联性，表明数学认知过程中的信息加工具有同时性的特征。正如平方差公式的适用性判断一样，关联性影响到工作记忆负荷，从而影响数学认知过程。为了减轻学生的工作记忆负荷，可以在需要保持的多种关系中，采取将其他关系恒定的方法来降低工作记忆负荷。如，为了减轻学生在学习配方法时的工作记忆负荷，我们可以先限定二次项系数为 1 的配方情况，而且所要"配的数"是整数，而不是复杂的分数等。在学生已经掌握后，再学习二次项系数为 2 的情况。

第三，应注意学生的工作记忆能力或容量的个体差异，以采取适当的教学策略或方法。研究(Koontz & Berch,1996;Hoard,Gear, & Hamson,1999;Reuhkala,2001)表明：数学学优生的工作记忆广度或能力显著高于数学学困生。因此，由于数学学困生的工作记忆容量较小，同样的教学可能导致他们无法及时对信息进行加工和储存，从而导致学生学习的失败。特别是教师讲授中，学生在对接收的信息进行加工和处理的同时，还要保持某些信息。为此，对于学困生而言，教师选择适当的讲解时间和讲解内容就尤为重要。同样，安排适当的练习和问题解决任务，才能提高数学学困生的学习效率。在教学中，数学学困生往往不能完成教师讲过的例题，其主要原因是工作记忆容量的限制。

第四，注意分析学生产生错误的原因，采取适当的纠正措施。传统观念中，教师总是将学生的错误归因于基础知识掌握或能力的问题。其实，学生的某些错误可能不全是由于这些原因。如，艾尔斯（Ayres，2001）的研究表明：学生出现的一些错误与工作记忆的负荷有关。如要求被试去掉代数式 "$-3(-4-5x)-2(-3x-4)$" 中的括号，学生在完成 "$(-3)\times(-5x)$" 出现的错误率显著高于 "$(-3)\times(-4)$"，"$(-2)\times(-4)$" 显著高于 "$(-2)\times(-3x)$"。通过对学生的口语报告进行分析发现，这些错误不是由于学生知识本身的问题造成的。如果要求被试在完成去括号任务的同时，复述 "KXRJMWV"，结果发现，学生产生的错误的位置效应与前面的实验结果一致。在数学教学实践中，我们经常观察到类似因工作记忆负荷过大而导致的错误。如去绝对值时忘了讨论绝对值内代数式的正负，去分母时分子忘乘对应的代数式，等等。如果追问学生为什么出现这样的错误，学生往往会说"忘了"。由于这种错误主要是工作记忆负荷引起的，所以有效减少错误的办法就是减轻学生的负荷。如，充分利用外在存储信息的方法，即及时将思维的结果记录下来，以减轻工作记忆存储和保持信息的负荷；适当标记，以减少信息检索或搜索的时间等。

总之，有关工作记忆在数学认知过程中的作用的研究，为重新认识、探索和解决数学教学问题提供了新的视角，也为我们更深入地认识数学认知加工特点提供了实验的证据。

主要参考文献

[1] 阿达玛.数学领域中的发明心理学［M］.陈植荫，肖奚安，译.南京：江苏教育出版社，1989.

[2] 连四清.工作记忆在简单代数运算过程中的作用［D］.北京：北京师范大学，2006.

[3] 连四清，张洪山，林崇德.工作记忆在简单整式和判断中的作用［J］.心理发展与教育，2007，23（3）.

[4] 连四清，张洪山，林崇德.工作记忆在简单指数乘法等式判断中的作用［J］.心理科学，2007，30（2）.

[5] Anderson J R, Qin Y, Sohn M H, Stenger V A, Carter C S. An Information-processing Model of the BOLD Response in Symbol Manipulation Tasks [J]. Psychonomic Bulletin and Review, 2003 (10).

[6] Ayres P L. Systematic Mathematical Errors and Cognitive Load [J]. Contemporary Educational Psychology, 2001 (26).

[7] Baddeley A D. Is Working Memory Still Working [J]. European Psychologist, 2002, 7 (2).

[8] Baddeley A D. The Episodic Buffer: A New Component of Working Memory? [J]. Trends in Cognitive Sciences, 2000, 4 (11).

[9] Baddeley A D. Working Memory [J]. Science, 1992 (255).

[10] Cohen L, Dehaene S. Calculating without Reading: Unsuspected Re-

sidual Abilities in Pure Alexia [J]. Cognitive Neuropsychology, 2000, 17 (6).

[11] Dehaene S, Cohen L. Cerebral Pathways for Calculation: Double Dissociation between Rote Verbal and Quantitative Knowledge of Arithmetic [J]. Cortex, 1997 (33).

[12] Dehaene S, Piazza M, Pinel P, Cohen L. Three Parietal Circuits for Number Processing [J]. Cognitive Neuropsychology, 2003, 20 (4/5/6).

[13] De Rammelaere S. The Role of Working Memory in Mental Arithmetic [D]. Ghent: Department of Experimental Psychology, Ghent University, 2002.

[14] Fürst A J, Hitch G H. Separate Roles for Executive and Phonological Components of Working Memory in Mental Arithmetic [J]. Memory & Cognition, 2000, 28 (5).

[15] Hoard M K, Geary D C, Hamson C O. Numerical and Arithmetical Cognition: Performance of Low-and average-IQ Children [J]. Mathematical Cognition, 1999, 5 (1).

[16] Jarrold C, Baddeley A D. Short-term Memory for Verbal and Visuospatial Information in Down's Syndrome [J]. Cognitive Neuropsychiatry, 1997, 2 (2).

[17] Kester L, Kirschner P A, van Merriënboer J J G. The Management of Cognitive Load during Complex Cognitive Skill Acquisition by Means of Computer-simulated Problem Solving [J]. British Journal of Educational Psychology, 2005, 75 (1).

[18] Koontz K L, Berch D B. Identifying Simple Numerical Stimuli: Processing Inefficiencies Exhibited by Arithmetic Learning Disabled Children [J]. Mathematical Cognition, 1996, 2 (1).

[19] Lee K M, Kang S Y. Arithmetic Operation and Working Memory: Differ-

ential Suppression in Dual Tasks [J]. Cognition, 2002, 83 (3).

[20] Lemaire P, Abdi H, Fayol M. The Role of Working Memory Resources in Simple Cognitive Arithmetic [J]. European Journal of Cognitive Psychology, 1996, 8 (1).

[21] Lemer C, Dehaene S, Spelke E, Cohen L. Approximate Quantities and Exact Number Words: Dissociable Systems [J]. Neuropsychologia, 2003, 41 (14).

[22] Logie R H, Gilhooly K J, Wynn V. Counting on Working Memory in Arithmetic Problem Solving [J]. Memory and Cognition, 1994, 22 (4).

[23] Noël M P, Desert M, Aubrun A, Seron X. Involvement of Short-term Memory in Complex Mental Calculation [J]. Memory and Cognition, 2001, 29 (1).

[24] Reuhkala M. Mathematical Skills in Ninth-graders: Relationship with Visuo-spatial Abilities and Working Memory [J]. Educational Psychology, 2001, 21 (4).

[25] Seitz K, Schumann-Hengsterler R. Mental Multiplication and Working Memory [J]. European Journal of Cognitive Psychology, 2000, 12 (4).

[26] Seyler D J, Kirk E P, Ashcraft M H. Elementary Subtraction [J]. Journal of Experimental Psychology: Learning, Memroy, and Cognition, 2003, 29 (6).

[27] Trbovich P L, LeFevre J A. Phonological and Visual Working Memory in Mental Addition [J]. Memory and Cognition, 2003, 31 (5).

[28] Vandorpe S, De Rammelaere S, Vandierendonck A. The Odd-even Effect in Addition: An Analysis Per Problem Type [J]. Experimental Psychology, 2005, 52 (1).

第十七章 数学建模能力的发展与培养

一、引言

"数学建模"是"数学模型建构"的简称。所谓模型（model），是指客观事物的一种简化的表示和体现，它可分为两大类：实物模型和抽象模型。如飞机模型、水坝模型、火箭模型、人造卫星模型、大型水电站模型等都是实物模型的例子，而那些使用文字、符号、图表、公式、框图等描述客观事物的某些特征和内在联系的模型就是抽象模型，如物理电路模型、化学分子结构模型、问题解决的信息加工模型等模拟模型，以及数学模型都是抽象模型的例子。作为一种抽象模型，数学模型可以这样来描述（唐焕文 等，2001）：对于现实世界的一个特定的对象，为了一个特定的目的，根据特有的内在规律，经过做出一些必要的简化假设并运用适当的数学工具而得到的一个数学结构。这里的数学结构包括各种数学方程、表格、图形等。因此，所谓数学模型就是指用字母、数字和其他数学符号组成的关系式、图表、框图等描述现实对象的数量特征和空间形式特征及其内在联系的一种模型。

从数学发展的历史看，数学建模伴随着数学的发展。实际上，建立新的数学概念、原理或公式的过程就是数学模型。但是，直到20世纪70年代，数学建模的概念和思想才开始为人们所关注，并出现两种不同的理解：

（1）数学建模既是解决现实问题的手段，又是目的，也就是说，获得理想的数学模型就是建模的根本目标，比如人们研究人口增长问题，一旦得到满意的人口增长模型,其建模过程也就结束。

(2)数学建模只是解决现实问题的一个重要或关键的手段,获得的数学模型仅仅是问题解决的中间结果,比如中学数学中的列方程解应用题,就是把列方程(相当于建立方程模型)看做是解决应用题的中间环节,下一步还需要求解方程,并结合问题要求对方程的解进行检验,才能获得应用题的答案。

因此,如果按照第一种理解,我们可以给数学建模做如下界定:所谓数学建模,是指对现实问题进行分析简化,从中抽象和归结出能反映问题基本特征和要素及其关系的数学结构的过程。如果按照第二种理解,那么所谓数学建模,就是指对现实问题进行分析简化,从中抽象和归结出能反映问题基本特征和要素及其关系的数学结构,并应用数学思想方法对数学结构进行分析、求解和检验,以获得现实问题答案的过程。显然,作为面向中学生的数学建模研究,采用第二种理解比较合理。

根据上述理解,数学建模是现实与数学相互联系的桥梁,它既体现了数学在现实世界中固有的意义,也体现了现实世界蕴涵独特的数学规律和模式,历史上数学与现实正是通过建模这一纽带相互依存,相互促进,并相互转化的。所以,对于学生而言,数学建模就是一个学数学、用数学和巩固数学的过程,它是一种高水平的数学思维活动,是数学能力的重要组成部分。但是,在以往有关数学建模的研究中,人们更多的是关注数学建模的教学问题,包括数学建模的有关概念及分类、应用与建模策略及元认知活动、师生观念的影响、非数学因素及教学方法对建模成绩的影响、应用与建模课堂教学中的师生言行、对建模的行动研究、应用与建模教学的师资培训、教与学的评价等。尼斯(Niss,2001)对这些问题的研究结果表明:纯数学知识的掌握不会自动转化为应用与建模的能力,学生想要拥有这种能力,必须付出更多的努力,花费更多的时间。尼斯认为,过去这一时期人们对应用与建模的心理学研究还十分薄弱,特别是对数学建模能力的发展、形成和培养问题仍缺乏系统、深入的理论探讨和实践研究。鉴于此,本研究将以高中生为对象,围绕数学建模过程中的主要认知成分进行整合研究，探讨这些认知成分对建模能力发展的影响机制以及学生数学建模能力的发展特点，并在此基础上提出培养学生建模能力的教学对策和建议。

在以往研究中，已有学者针对数学问题解决过程的认知与元认知成分进行整合研究（如 Luncangeli 等，1998），考查的成分包括题文理解、问题表征、问题识别、解法估计、计划制订、过程自我评价和结果自我评价等，但研究对象是 3—7 年级学生，研究材料只是简单的算术文字题，和反映现实世界与数学相联系的建模问题相比，有着本质的区别。本研究将选择具有现实情境的数学应用题，它们都不是简单的数学公式的应用，而是需要建构典型的数学模型才能解答的应用题，这些数学模型包括方程、不等式、函数和数列等。因此，可以确保学生在解决这些问题时能够反映出他们的真实数学建模能力。本研究所考查的认知成分将包括语言理解、数学表征、题型识别、数学基础和自我监控等，其中语言理解是指对数学问题表述中的自然语言与数学语言的理解，具体表现在能在阅读题目表述后，明确问题的现实背景；能用自己的言语表达方式重述问题中的有关信息。数学表征是指将问题所包含的语言形式（包括自然语言与数学语言）转换成有意义的并有利于解题的数学语言形式，它包括数学符号表征和数学图示表征，其实质是语言形式的转换过程，即自然语言转换为数学语言，或一种数学语言转换成另一种数学语言的过程。数学基础主要指那些与建模问题有关的数学知识、技能和基本能力，而自我监控将采用独立问卷的形式，而不是在解题过程中考查。

二、研究方法

1. 研究对象

本研究选择市级示范性高中、市级普通高中和县级普通高中各一所学校，其中普通高中各年级均选择一个重点班为被试，示范性高中的生源质量较好，故选择各年级一个重点班和一个普通班。各校的高二、高三均为理科班，这样每个年级都是 4 个班。人数分布为：高一年级 215 人，其中男生 112 人，女生 103 人，平均年龄为 16.72 岁；高二年级 196 人，其中男生 113 人，女生 83 人，平均年龄为 17.64 岁；高三年级 224 人，其中男生 131 人，女生 93 人，平均年龄为 18.86 岁。总计 645 人。

2. 研究工具

(1)《高中数学建模测验》。

(2)《中学生数学自我监控能力问卷》。

《高中数学建模测验》（记为测验Ⅰ）由三个子测验组成，分别记为Ⅰ-01、Ⅰ-02、Ⅰ-03。其中测验Ⅰ-01 为选择题和填空题，题目根据学生解答的建模问题来编写，主要考查语言理解、数学表征和题型识别等认知成分；测验Ⅰ-02 为解答建模问题部分，由 3 道题组成，题目顺序由易到难，均为高一年级的常规应用题；测验Ⅰ-03 考查数学基础，全部为纯数学题，有填空题和解答题，题目根据所解答的建模问题涉及的数学内容来编写，其中包括建模的模型解答部分。调查问卷为《中学生数学自我监控能力问卷》（记为问卷Ⅱ），根据《中学生数学学科自我监控能力问卷》（章建跃，1999）来编写。

在编制《高中数学建模测验》的过程中，我们选择市级示范性高中一、二、三年级各一个普通班作为测验材料的预测对象，根据预测结果，对测验的内容、评分标准和施测程序进行调整。主要是将建模问题由 4 道改为 3 道，去掉属于初中水平的几何建模问题，适当调整测试时间，并征求部分专家的意见，最后形成本研究的测验。根据预测数据检验，测验Ⅰ的 Cronbach's α 同质性系数为 0.726，分项检测的结果是：测验Ⅰ-01 为 0.613，Ⅰ-02 为 0.480，Ⅰ-03 为 0.687，自我监控问卷Ⅱ为 0.750。

3. 实施程序

实施问卷测试按以下程序进行：

(1) 每一所学校都保证在研究人员的具体指导下，由任课教师组织施测，同一所学校安排在同一时间进行。对测验Ⅰ-01和Ⅰ-02，施测过程是：先让学生做测验Ⅰ-01，时间为30分钟，完成后全部收卷；接着再发放测验Ⅰ-02，时间为60分钟。一星期之后，再安排时间让学生做测验Ⅰ-03和问卷Ⅱ，时间共30分钟。

（2）学生答卷由研究人员进行整理和编号，并制作评分表。测验的填空题和解答题部分由两名数学教师独立批阅，并在评分表上打分。阅卷是在充分了解评分标准和细则之后进行的，最后取两位老师评分的平均分作为各题的成绩。全部测验结果经复核无误后，以SPSS的数据格式录入计算机以备统计之用。

（3）数据分析和处理采用SPSS12.0和AMOS5.0，其中后者主要用于路径分析。

三、结果与分析

参加测验和问卷调查的被试总共为645人，其中有效被试为572人，其中高一192人，高二178人，高三202人。有以下两种情形之一者被列为无效被试：① 两次测验中缺席一次；② 测验Ⅰ-02为空白卷。我们从以下几个方面对研究数据进行统计分析和处理。

1. 高中各年级在建模及各成分上得分的比较

表17.1给出了各年级的建模及各成分的成绩统计结果。其中语言理解、数学表征、题型识别等成分的满分成绩均为9分，数学基础满分为24分，自我监控满分为25分，数学建模满分为24分。

表 17.1 高中各年级在建模及各成分上的得分情况比较

年级	N	语言理解		数学表征		题型识别		数学基础		自我监控		数学建模	
		M	SD	M	SD	M	SD	M	SD	M	SD	M	SD
一	192	7.81	1.13	7.77	1.40	7.66	1.21	13.78	6.17	13.50	3.52	9.11	6.25
二	178	8.07	0.99	8.035	1.32	7.68	1.25	14.63	5.63	13.40	3.52	11.43	6.93
三	202	8.31	1.04	8.17	1.43	7.63	1.27	16.77	5.31	13.52	3.50	11.60	6.78
总体	572	8.07	1.07	7.99	1.39	7.65	1.24	15.10	5.84	13.48	3.51	10.71	6.74
F		10.987		4.364		0.054		13.099		0.065		8.447	
p		0.000		0.013		0.948		0.000		0.937		0.000	

从表 17.1 可见，除了题型识别与自我监控成绩之外，其他所有项目的成绩在三个年级之间均存在显著差异，而且从高一至高三年级，各项成绩都呈现增长趋势。进一步对各年级之间进行匹配 t 检验，结果表明：高一与高二在语言理解、数学表征和数学建模上有显著差异（$t=-2.334$，$p=0.020<0.05$；$t=-2.402$，$p=0.017<0.05$；$t=-3.382$，$p=0.001<0.01$），其他项目无显著差异；高二与高三在语言理解和数学基础上有显著差异（$t=-2.259$，$p=0.024<0.05$；$t=-3.351$，$p=0.001<0.01$），其他项目无显著差异；高一与高三之间除了自我监控外其他项目上均有显著差异。这就是说，在整个高中发展阶段，高三年级与高一、高二年级相比，在建模及其有关的认知成分上达到了较好的水平，这符合一般的年级发展特征。特别是在数学基础方面，高三学生明显优于高一、高二学生。但是，从建模成绩来看，高二年级是高中阶段的重要转折点，因为在这方面高二与高三年级无显著差异，但二者与高一年级之间均存在非常显著的差异。而题型识别和自我监控两个成分无显著差异，表明在高中阶段，二者的发展已经比较稳定。

我们选择的三道建模问题在难度上有差异，差异的原因主要来自于建构的模型不同以及学生接受建模训练的程度不同，因而有必要对各年级在不同问题上的得分进行统计分析，结果见表 17.2。其中三个问题从易到难分别记为汽车折旧问题、商场购物问题和小麦收割问题，各题满分均为 8 分。

表 17.2　各年级在三道建模问题上的得分及满分率、零分率的情况比较

年级	N	汽车折旧问题		商场购物问题		小麦收割问题	
		M	SD	M	SD	M	SD
一	192	4.88	3.18	3.18	3.16	1.04	2.30
二	178	5.63	3.00	4.06	3.24	1.74	2.80
三	202	5.26	2.90	4.28	3.02	2.06	3.06
总体	572	5.25	3.04	3.84	3.17	1.62	2.77
F		2.851		6.691		6.978	
p		0.059		0.001		0.001	

由表 17.2 可知，三个年级在较容易的"汽车折旧问题"上的得分没有显著差异，而且高二年级的得分反而略高于高三年级。其他两个问题上的得分均呈显著差异。进一步做匹配 t 检验表明，高二与高一在三个问题上都有显著差异（$p=0.020$，0.008，0.001），但高二与高三在所有问题上均无显著差异（$p=0.221$，0.496，0.285），这进一步说明，在解答建模问题的能力上，高二年级是高中阶段的重要转折点。高三与高一相比，容易问题得分差异不显著（$p=0.216$），其他问题差异非常显著（$p=0.000$）。另外，从三个问题的平均分来看，即使是比较容易的问题，分数并不高，不超过总分的 70%；较难的小麦收割问题，平均分最高只有 2.06，相当于总分的 25%；如果从各题的零分率来看，三个题分别是 9.8%，25.2% 和 67.1%，其中有 45% 左右的零分者为高一学生。这表明，问题类型与解题训练因素对解题成绩有影响。

为了进一步了解模型建构与模型解答之间的关系，我们在数学基础的测题中，有意设计了两道可以直接代表商场购物问题和小麦收割问题的模型解答的题目，汽车折旧问题的模型解答之所以未列入，是因为该模型为简单的一元二次方程，而小麦收割问题的模型是数列和方程组，有重复。在数据收集和处理时，我们单独列出这两道题的成绩，二者的总分（满分为 12 分）即为模型解答成绩，而模型建构成绩则为表 17.1 中的数学建模成绩，结果如表 17.3 所示：

表 17.3 模型建构与模型解答的关系

年级	N	模型建构		模型解答		相关系数
		M	SD	M	SD	
一	192	9.11	6.25	8.40	3.71	0.452**
二	178	11.43	6.93	8.49	3.46	0.503**
三	202	11.60	6.78	9.07	3.30	0.566**
总体	573	10.71	6.74	8.66	3.50	0.506**
F		8.447		2.138		
p		0.000		0.119		

从表 17.3 可以看出，三个年级在模型建构方面存在极为显著的差异，但模型解答成绩的差异并不显著，而且得分率都比较高。这说明，许多学生具备基本的数学能力，在解答纯数学问题上有较好的表现，但是这种能力并不能顺利转化为解决建模问题的能力。也就是说，学生能轻松解答数学模型，却不能根据现实问题情境构造出这些数学模型来。当然，从二者的相关程度看，无论是总体还是各个年级，二者的相关都为正相关，而且相关值也比较高，表明模型解答能力与模型建构能力之间具有比较密切的关系。

2. 几个认知与元认知成分对数学建模的作用

为了方便后面的分析，首先给出这些成分与数学建模的相关系数表，如表 17.4 所示。

表 17.4 几个认知与元认知成分及数学建模成绩的相关系数表

	语言理解	数学表征	题型识别	数学基础	自我监控	数学建模
语言理解	1					
数学表征	0.405**	1				
题型识别	0.271**	0.251**	1			
数学基础	0.270**	0.230**	0.240**	1		
自我监控	0.093*	0.155**	0.087*	0.099*	1	
数学建模	0.358**	0.336**	0.338**	0.565**	0.194**	1

由以上相关系数表可见，各成分及建模成绩之间都呈正相关，但有的相关值较高（如数学基础与数学建模），而有的相关值却很低（如自我监控与题型识别、语言理解或数学基础），这一结果可以为我们在路径分析时选择路径走向提供参考。进一步考查数学建模对五个成分的回归情况，结果如表 17.5 所示。

表 17.5 数学建模与各成分的回归分析

因变量	预测变量	非标准化系数（B）	标准误（SE）	标准化系数（β）	t	R	R^2	F
数学建模	语言理解	0.842	0.228	0.134	3.694***			
	数学表征	0.603	0.174	0.125	3.455**			
	题型识别	0.857	0.186	0.158	4.619***			
	数学基础	0.518	0.039	0.449	13.183***			
	自我监控	0.201	0.063	0.104	3.197**			
方程模型						0.644	0.415	80.158***

从表 17.5 可以看出，五个成分均能有效预测数学建模的成绩，可解释其方差总变异的 41.5%，其中与其他成分相比，数学基础对数学建模的预测作用较大。

以上相关分析和回归分析是通过 SPSS 完成的，其中以各项目的总平均分为统计分析数据。下面使用 AMOS 统计软件进行路径分析，这时可以直接以各项目的观测变量成绩作为分析数据。因自我监控与数学基础的直接观测变量较多，故以二者的观测维度变量值作为路径分析的观测变量，其中自我监控分五个维度，以各维度的平均值为该维度的观测值；数学基础分为客观题和主观题，以各自的总分（均为 12 分）作为观测值。

在路径分析中，我们始终将学生的建模成绩作为因变量，其他 5 个成分作为预测变量或中间变量。根据卢肯格利等人（Lucangeli et al., 1998）的研究结果，语言理解对建模成绩的影响可能是间接的。同时，按照有关元认知理论，自我监控对建模的影响也可能是间接的。因此，我们在设计路径时，进行了若干种尝试，结果得到了三个拟合优度比较满意的模型：M_1、

M_2 和 M_3，它们的拟合指数如表 17.6 所示。

表 17.6 模型 M_1、M_2、M_3 的各项拟合指数

	χ^2	df	χ^2/df	GFI	TLI	CFI	RMSEA	p
模型 M_1	268.904	144	1.867	0.952	0.923	0.936	0.039	0.000
模型 M_2	258.990	143	1.811	0.954	0.928	0.940	0.038	0.000
模型 M_3	254.215	142	1.790	0.954	0.930	0.942	0.037	0.000

一般认为，当拟合优度指数（goodness of fit index），如 $RMSEA<0.08$，$GFI>0.90$，$TLI>0.90$，$CFI>0.90$ 时，所考查的模型具有比较理想的拟合优度，其中 χ^2、χ^2/df 和 $RMSEA$ 的值越小越好，GFI、TLI 和 CFI 的值越大越好。因此，由表 17.6 可知，模型 M_3 的拟合指数最为理想。模型 M_3 的路径图如图 17.1 所示，表 17.7 给出了显著性检验结果。模型 M_3 与 M_1、M_2 的区别是：M_1 中只有"自我监控"→"数学建模"，没有"自我监控"→"语言理解"和"数学基础"；M_2 中没有"自我监控"→"数学建模"。

表 17.7 几个认知与元认知成分及数学建模成绩的关系

	效应	标准误	T 值	标准化回归系数
语言理解←自我监控	0.126	0.037	3.354***	0.228
数学基础←自我监控	1.213	0.581	2.090*	0.119
数学建模←自我监控	0.392	0.177	2.216*	0.114
题型识别←语言理解	0.763	0.145	5.280***	0.934
数学表征←语言理解	1.140	0.194	5.890***	0.721
数学建模←数学基础	0.236	0.032	7.398***	0.698
数学建模←题型识别	1.866	1.072	1.740	0.244
数学建模←数学表征	0.304	0.406	0.749	0.077

在建立模型路径图的尝试过程中，我们发现，如果增加"语言理解"→"自我监控"和"语言理解"→"数学基础"，或者直接选择"语言理解"→"数学建模"，那么，所形成的模型均为不可接受的模型。这表明，

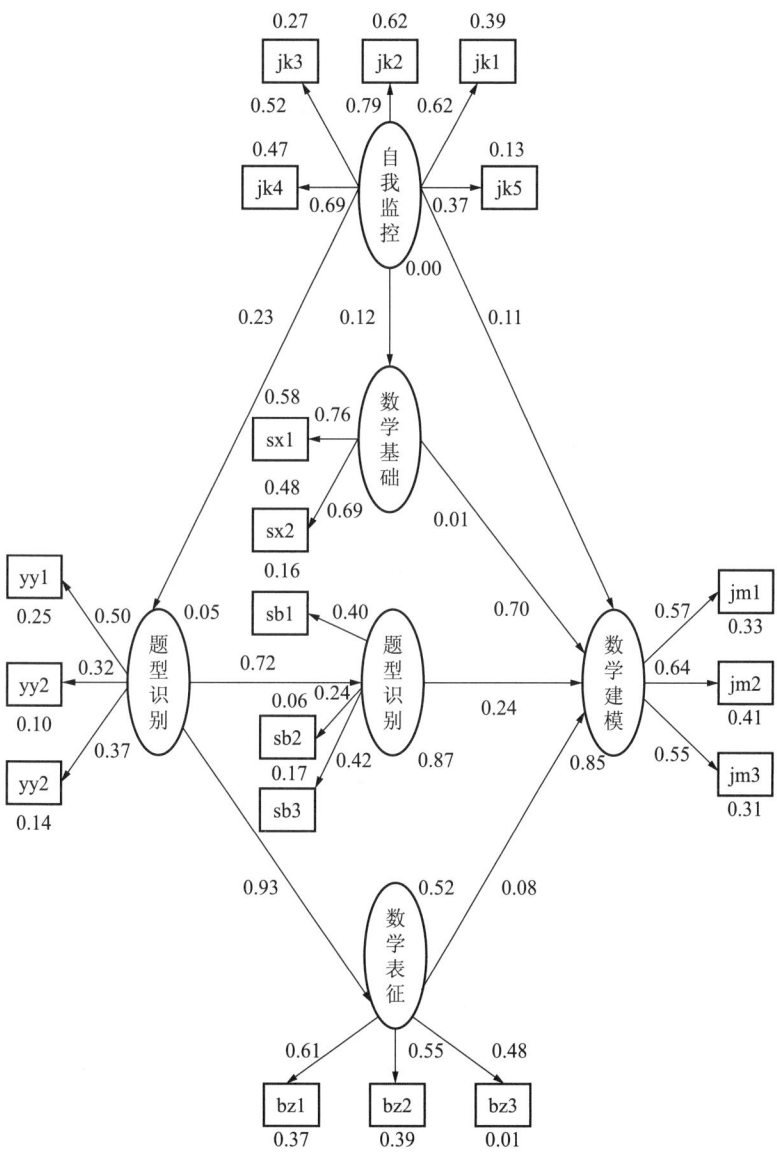

图 17.1 数学建模的路径分析模型 M_3

语言理解确实是通过数学表征和题型识别这两个成分间接作用于数学建模的。同时，从模型 M_3 的路径图可以看出，自我监控成分既可以直接作用于数学建模，也可以通过语言理解和数学基础等成分间接地作用于数学建模，说明自我监控对各成分的作用具有一定的普遍性。从影响效应来看，语言成分对数学表征和题型识别的直接效应均达到非常显著的水平，但后者对建模的直接效应未达到显著水平；自我监控对语言理解、数学基础和数学建模的直接效应都达到非常显著或显著的水平；数学基础对数学建模的直接效应达到非常显著的水平。

进一步分不同年级对上述模型 M_3 加以检验，结果发现，M_3 对高一和高二年级均无解，但是，对于高三年级却得到比较理想的拟合效果：$\chi^2_{(142,N=202)}=196.490$，$RMSEA=0.044$，$GFI=0.906$，$TLI=0.919$，$CFI=0.932$，$R^2=0.11$，$p=0.002$。这说明，模型 M_3 的可解性和拟合优度可能与学生的各项成绩分布有关。

四、讨论与建议

（一）讨论

1. 语言成分的有限作用和间接作用

在以往人们对应用题的研究当中，对于语言成分的作用，一般的结果是积极的、肯定的（如：Stern，1993；Verschaffel et al.，1997，1999），也就是说，语言理解对解题成绩有正面的作用，但是，不同的研究其解释有差异。面向小学低年级学生或学龄前儿童的研究，一般会发现，语言成分对解题起重要的甚至关键的作用，这是因为这些年龄段的儿童，他们的语言发展水平仍处于初级阶段，所以理解题意本身就是对他们的一个挑战。斯滕伯格（2000）的研究也发现，年幼儿童的困难常常不是实际解决问题本身，而是在于推测要解决的问题是什么。可是，有的学者对小学高年级学生的研究则发现，语言成分的作用比较有限，因为学生的一些错误用语言因素无法解释（如：周新林，2002）。西布雷克斯等人（Sebrechts et al.，1996）也指出，对于应用题的解答而言，只有 11% 的错误与语言理解有关，除非人们有意识地给题文叙述增加某些干扰信息，否则语言理解不会是解题的主要障碍。本研究进一步证实了语言成分对高中生解答建模问题的有限性作用,即语言成分是通过数学表征作用于数学建模的,而且如果这种数学表征只是初级表征,那么它对建模的作用就非常有限。

从研究思路和实施程序来看,本研究与卢肯格利等人(Lucangeli et al.,1998)的研究相似,但二者选择的被试和研究材料有差异。卢肯格利等人的研究被试是3—7年级学生,所使用的材料是简单的算术文字题。也许正是由于这两方面的差异,二者的研究结果既有相似之处,也有不同之处。卢肯格利等人考查的成分包括题文理解、问题表征、问题识别、解法估计、计划制订、过程自我评价和结果自我评价,并发现其中的五个成分可以解释方差总变异的50%以上,其中题文理解的解释率最大。而我们所考查的五个成分也能解释方差总变异的41.5%,但是语言理解对建模成绩的预测作用尽管达到显著水平,但不是最大的。我们认为,导致二者差异的原因在于:前者使用的算术文字题,其布列算式与理解题文表述之间常常具有映射的关系,即语言理解一旦到位,算式便能列出。但是,如果这种映射关系不存在或不明显,那么,语言理解的作用就不是关键的。这时需要解题者基于情境表征的进一步推理或者深入挖掘和组织隐藏在题文背景中的关键信息。以往的一些研究已证实了这一点(如:Sebrechts et al.,1996;周新林,2002)。事实上,卢肯格利等人在这一研究中也发现,语言成分对7年级学生解题成绩的作用比其他年级都要小,其原因是7年级的测题中包含了两道与其他年级不同的文字题,而这两题的数量关系比较隐蔽。本研究所使用的建模问题都不可能从题文表述中通过映射直接建构模型,特别是第2、第3题,数量关系复杂,而且有隐蔽的关键信息,因此,语言成分对学生建模成绩的作用就不会是主要的。从这个意义上讲,我们所获得的结论与西布雷克斯等人对代数应用题的研究结果是一致的。

本研究通过路径分析发现,语言成分对建模的作用是一种间接的作用,这一结果与卢肯格利等人的研究结果相似。后者发现语言理解是通过表征、题型识别、元认知监控等成分间接影响解题成绩的。我们的研究也表明,语言理解通过数学表征、题型识别作用于建模成绩,换言之,数学表征和题型识别以语言理解为基础。

综上所述，关于语言成分在数学建模过程中的作用，可以这样来概括：语言成分对建模的作用是一种有限的、间接的作用，具体地说，在建模过程中，语言理解的积极作用是存在的，但是这种作用比较有限，而且语言理解主要通过数学表征、题型识别等认知成分对学生的建模成绩产生间接影响。

2. 各认知与元认知成分的整体作用及其关系

本研究通过回归分析和路径分析，揭示了所考查的几个认知与元认知成分对建模的整体作用以及这种作用的基本途径。

一方面，尽管回归分析表明，这些成分能解释建模成绩的方差总变异的41.5%，但是路径分析却发现，一些成分对建模的影响效应并不显著。其中的原因可能是：

（1）除了考查的这几个成分之外，还存在其他重要的认知成分。

（2）所考查的成分中，有的成分如语言理解，对于高中生而言，其作用比较有限。

（3）有的成分，如数学表征（本研究考查的只是初级的数学表征），学生容易在这一项目上获得好的成绩，但这一水平的表征却不足以使他们成功地解答问题，所以从分析结果来看，数学表征对建模成绩的贡献率都很小，可是，这样的结果并不意味着数学表征对建模影响不大，因为它与考查的表征水平有关。

另一方面，模型M_3的路径图也验证了有关元认知的理论，即自我监控成分对人们的思维活动或认知活动的各个环节起到总的调控作用（林崇德，1999）。但是，这一结果与卢肯格利等人的研究结果有差异。后者的路径分析表明，语言理解、元认知和解题的关系是语言理解→元认知→解题，这就是说，元认知对解题的作用是直接的而不是间接的。引起这一差异的原因可能是两种研究对元认知成分的考查方式不同。卢肯格利等人是通过对每一道题的解答过程进行设问来了解学生是否主动评价自己的解题过程，以此作为元认知监控的成绩，而本研究则采用独立的问卷形式来了解学生的自我监控水平,所以考查的结果具有一定的普遍意义,能反映学生一般的元认知水平。当然,本研究所得到的路径分析模型 M_1,其拟合优度也很理想,而在 M_1 中,自我监控成分对建模的作用是直接的,这一点与卢肯格利等人的研究结果相似。这就是说,自我监控对解题的作用既有直接的一面,也有间接的一面。

3. 数学基础对建模的影响

数学建模是一个从现实问题信息中抽象和构建出适当的数学模型,并通过解答数学模型以获得现实问题的解的过程,从本质上讲,它是一个数学应用的过程。因此,数学基础这一认知成分在其中的作用似乎是显而易见的。这里的数学基础是指与建模有关的数学基础理论、基本技能和基本能力,也就是学生解答纯数学题的技能和能力,本研究的数学基础测验正是基于这一理解来设计的。从路径分析来看,数学基础对学生建模成绩的影响效应值在所有考查的五个成分中是最大的,而且达到十分显著的水平。

为了进一步了解数学基础对建模的作用,我们分析了模型建构成绩与模型解答成绩的关系,结果表明,模型解答成绩明显优于模型建构成绩。尽管二者在总体上或在各年级上的相关都达到显著水平,但在方差分析中,各年级之间的模型建构成绩存在显著差异,而模型解答成绩的差异不显著。综合这些结果,可以认为,数学基础对建模的作用也是比较有限的,导致建模成绩显著差异的重要原因并不是数学基础成分,而是其他成分,如基于年龄因素的思维发展特点以及随着知识经验的积累所导致的数学表征力量的增强等。

在纯数学范围里,也同样存在表征问题,那是数学到数学的表征,这样的表征更多的是依赖于数学的基本原理和演算法则,因而易于转化为程序性法则,并在训练中形成自动化,整式运算、解方程等数学技能就是在这样的过程中发展起来的。但是,在人类的各种认知操作中,有的操作可以自动化,甚至完全自动化,而有些操作是不可能自动化的,或者不能完全自动化(Sternberg,2000)。对于建模问题的解决,其数学表征存在不同情境、不同符号形式的转换过程,即从现实情境到数学情境、从自然语言到数学符号语言的转换，而且这样的转换一般不存在普遍的原理或比较固定的法则可以遵循，除非针对某一种转换进行专门的、系统的训练，否则很难形成自动化。这就是说，在建模问题情境中，数学表征具有更大的灵活性。所以，如果解题者掌握丰富的数学表征方式或表征图式，并了解它们的应用情境，那么将有利于建立合乎现实问题解决目标的数学表征。以往研究表明，随着学习数学的不断深入，学生数学表征的深度和广度将不断提高（辛自强，2002），掌握的数学表征方式也会越来越丰富（喻平，2002），因此，可以认为，从高一到高三年级，学生的数学表征力量在逐步增强，这种力量既体现在表征的深广度上，也体现在表征方式和图式的内容上，它将有利于建立正确的数学表征，促进问题解决。

在以往对数学应用题的研究中，有些研究发现了数学知识或数学基础对解题的重要作用（如：Sophian & Vong, 1995；Borchert, 2003），有的研究则表明，数学知识的作用是有限的（如：Cummins, 1991；周新林，2002）。这些研究之所以得到不同的结论，可能与采用的材料有密切关系。例如，博彻特（Borchert）的研究只采用形如"学生—教授"问题的题目，这时只要理解方程的意义，往往就能正确答题，所以，在这里研究者会发现代数基本知识起着重要作用。周新林比较了小学生解答三类不同的文字题（合并题、变化题和比较题），结果发现，对于一些较难的文字题如变化题，学生数学知识的作用就没有明显体现出来。本研究采用的建模问题，其难度远远超过博彻特采用的问题，同样也发现数学基础的作用是有限的。

总之，在解答数学建模问题方面，数学基础的作用是毋庸置疑的，但是这种作用并不一定占据重要地位，决定解题成败的还有其他重要的因素。正如尼斯（2001）在总结20世纪90年代人们对数学建模的研究情况时所指出的，纯数学知识的掌握不可能自动转化为数学应用与建模的能力，也就是说，学生在解答纯数学题时取得好成绩，但在解答应用题或建模问题时却感到困难。本研究的结果进一步验证了尼斯的这一论断。

4. 高中生数学建模能力的年龄差异和发展特点

数学建模是一个复杂认知过程，而且在这个过程中还需要专门数学知识与技能的积累和提高，所以数学建模还是一个专门知识丰富的复杂认知过程。因此，数学建模能力与水平的发展既符合复杂认知发展的规律，也可能有自身发展的一些特点。一般地，复杂认知的发展具有这样一些特点（Sternberg & Ben-Zeev，2001）：

（1）随着年龄的增长，人们能获得对思维与学习的复杂控制能力，并能协调复杂的思维与行为过程。

（2）能进行更完整的信息加工任务，表现在年龄较大的个体能对更多的信息进行编码，从而能更准确地解决问题。

（3）能正确理解复杂的关系。

（4）在应用策略或信息时表现出越来越灵活的特征。

我们的研究结果表明，高中学生的数学建模能力发展水平在总体上是符合一般的复杂认知发展特点的。比如，从高一年级到高三年级，学生无论在考查的五个成分上的得分以及建模的总得分，还是各道建模问题的得分，几乎都呈现逐步递增的趋势，这就是说，高中生的数学建模水平具有稳定增长的特点。

但是，如果考查各年级之间的差异情况，那么差异的显著性则发生一些变化。比如，高二与高一学生在数学表征和数学建模的总平均成绩上，或在各建模问题的平均成绩上，都存在非常显著的差异，而高二与高三相比，在这些项目上都没有显著差异，这说明在高中发展阶段，高二年级是一个转折点。这一结果与有关推理的研究结果一致。以往对高中生数学推理的研究表明，与高一或初中相比，高二学生的数学推理能力，尤其是抽象综合推理水平有了较大的发展（林崇德，1999）。但是，本研究结果也与以往有的研究结果存在差异。例如，廖运章（2000）对中学生解答数学应用题的研究发现，高一与高二、高二与高三年级之间均无显著差异。这可能与该研究所使用的材料有关，因为该研究同时比较初中生与大学生的差异，所以采用的问题属于初中水平的应用题。马丁和马索克（Martin & Massok，2005）在以初中方程应用题为材料对初高中生及大学生做比较研究时，也同样发现高中各年级之间无显著差异，甚至于 7、9、11 年级之间也没有发现显著差异，只有大学生与 7 年级学生之间存在显著差异。这说明，当测试材料比较容易的时候，一般不会出现相邻年级之间存在显著差异的结果。反之，本研究的结果说明我们所采用的材料对高中生具有一定的挑战性。

本研究所获得的三个路径分析模型 M_1、M_2 和 M_3 也存在年级差异，其中对于高一、高二年级，三个模型均无解，但是对于高三年级，三个模型都有解，而且表现出比较令人满意的拟合效果。导致这一结果的原因可能在于三个模型对各项成绩的分布有较大的的依赖性。在结构方程模型分析中，观测变量的分布是一个重要的影响因素（侯杰泰 等，2004），高一、高二年级的各项成绩分布可能与整体的分布有差异，相反，高三年级的各项成绩分布则与整体分布比较接近。

综合上述，高中生数学建模综合能力从一年级至三年级呈现稳步增长趋势，其中语言理解、数学表征、数学基础和数学建模水平存在显著的年级差异，但题型识别和元认知监控的年级差异不显著，这说明，在高中阶段，有些认知能力的发展比较快，而有些能力的发展则处于相对稳定时期或发展较为缓慢。

（二）结论

根据上述的结果分析及其讨论，本研究的主要结论如下：

（1）语言理解、数学表征、题型识别、数学基础和自我监控等认知成分对建模成绩都有影响，其中有的影响是直接的，有的影响是间接的。

（2）高中生数学建模综合能力从一年级至三年级呈现稳步增长趋势，其中语言理解、数学表征、数学基础和数学建模水平存在显著的年级差异，但题型识别和元认知监控的年级差异不显著。

（三）建议

本研究从心理学层面探讨了高中生数学建模能力发展的特点，得到了一些有意义的结果，这些结果对当前的数学教育，特别是对数学建模及应用能力的培养方面将具有一定的启示作用。

第一,在应用题教学中,教师应多关注语言理解的特点及规律,尤其是语言理解与数学表征的关系。我们的研究表明,语言理解是数学表征的基础,也是构建问题模型的基本环节,而且它是一个不断推进、不断深入的过程。因此,在理解问题的语言表述时,教师不要急于进入解题思路的分析环节,应首先引导学生逐步想象和构造问题所描述的现实情境,它是学生建构问题模型的基础。只有比较真实地回放问题的现实情境,学生才有可能发现隐含的重要信息。其次,教师应充分示范从自然语言到数学语言或数学表征的转换方式和技巧,恰当的、完善的数学表征形式将有助于解题者整合各种信息,从而发现有效的解题途径;同时,数学表征如果出现障碍,也会反过来促进语言理解的进一步深入。

第二,未来数学建模教学应该充分展现解决建模问题的真正探索过程。有研究者(Fou-Lai Lin et al.,2004)认为,传统解题教学过分追求问题答案和解,强调题型记忆或解题模式的模仿,忽视问题的基本探索方法,如变换和解释信息的技能、识别隐含信息和问题等,结果导致学生面对新问题时往往束手无策。我们的研究表明,要成功解答建模问题,需要学生各种认知成分的充分参与。因此,教师在教学中应精心设计和规划应用题的教学过程,以使学生充分感受和经历每个解题环节的探索过程。尤其是数学建模问题都有现实情境做依托,需要情境推理与数学推理共同作用才能较容易地获得问题的解。一般认为,数学结论是依靠数学推理获得的,而事实上,数学的解题过程不可能仅仅依赖数学推理,数学推理与情境推理的恰当结合才是真正的数学探索过程,因此,教师应使学生认识到,情境推理普遍存在于解题过程之中,适当、合理的情境推理有利于促进数学推理获得正确的结论,实现解题的目标。

第三,数学建模与应用问题的选择应力求多样性。我们的研究表明,学生解答不同类型的应用题的成绩是有显著差异的。对于模型简单、背景熟悉的应用题,学生会感到得心应手;而对那些模型、背景复杂的问题,则感到束手无策。以往相关研究还显示,学生一般擅长解决封闭性问题,对于开放性应用问题,学生的表现普遍不如人意。造成这些结果的根本原因是数学教材使用的应用问题类型过于单一，单一的题型再加上单一的、教条式的教学训练，必然导致学生僵化的解题模式，容易产生消极的思维定式效应。因此，未来教材改革应注意平衡各类应用题型的比例，如适当增加非常规题和开放题型的数量；初中阶段以方程应用题为主，适当兼顾函数与不等式应用题型；高中阶段应提高各类应用题的比例，让学生有更多的应用解题训练。从问题材料上看，应同时重视抽象数据与具体数据类的问题以及背景陌生与背景熟悉的问题，现实背景应涉及自然与人类社会的方方面面，即使是学生十分陌生的社会背景，通过问题的解决，也能增长学生的见识，并且反过来可以促使学生平时多关注周围世界，关心人与自然的各种现象。

第四，数学教师应充分认识到，数学应用能力是数学能力的重要组成部分，同时纯数学知识的掌握和数学基本技能、基本能力的提高不能自动转化为数学应用能力。我们不仅通过研究证实了这一结论，而且在访谈中还发现，绝大多数学生只乐意解纯数学题，不喜欢做应用题。这就说明，未来数学建模与应用教学要想取得理想的成绩，还有一段很长的而且艰巨的路要走。尽管十多年来，数学教育界一直在呼吁要重视数学应用，而且相关的理念也逐步体现在新教材之中，但是，许多数学教师的观念并没有真正转变。在教师的眼里，数学能力就是解决纯数学问题的能力，因而教学重点始终放在纯数学知识的掌握及其解题的训练上面。尽管高考数学中有应用题，但基本上采取应付的态度和方式来对待，一些教师甚至还鼓励备考的学生放弃应用题的复习，专攻纯数学题，即所谓"知难而退"。教师的观念和态度对学生的影响是可想而知的。因此，转变教师观念是数学应用教学改革的当务之急，如果观念不改变，如果数学应用没有得到广大师生的重视，数学与现实的密切联系没有真正在课堂教学中得以体现，那么，再好的理论或研究结果都无法在教学中发挥其应有的指导作用。

主要参考文献

[1] 侯杰泰,等.结构方程模型及其应用[M].北京:教育科学出版社,2004.

[2] 廖运章.数学应用问题解决认知心理的实证研究[D].桂林:广西师范大学,2000.

[3] 林崇德.学习与发展:中小学生心理能力发展与培养[M].修订版.北京:北京师范大学出版社,1999.

[4] 斯滕伯格.超越IQ:人类智力的三元理论[M].俞晓琳,吴国宏,译.上海:华东师范大学出版社,2000.

[5] 唐焕文,贺明峰,编.数学模型引论[M].北京:高等教育出版社,2001.

[5] 辛自强.儿童在数学问题解决中图式与策略的获得[D].北京:北京师范大学,2002.

[5] 喻平.数学问题解决认知模式及教学理论研究[D].南京:南京师范大学,2002.

[5] 章建跃.中学生数学学科自我监控能力——结构、发展及影响因素[D].北京:北京师范大学,1999.

[6] 周新林.儿童解答加减文字题的基本心理过程[D].北京:中国科学院心理研究所,2002.

[7] Borchert K. Disassociation between Arithmetic and Algebraic Knowledge in Mathematical Modelling [D]. Seattle: University of Washington, 2003.

[7] Cummins D. Children's Interpretations of Arithmetic Word Problems [J]. Cognition and Instruction, 1991, 8 (3).

[8] Lin F L, Yang K L. Distinctive Characteristics of Mathematical Thinking in Non-modelling Friendly Environment [C]. Paper for ICMI-14

Study Conference in Dortmund, Germany, 2004.

[9] Lucangeli D, Tressoldi P E, Cendron M. Cognitive and Metacognitive Abilities Involved in the Solution of Mathematical Word Problems: Validation of a Comprehensive Model [J]. Contemporary Educational Psychology, 1998 (23).

[10] Martin S, Massok M. Effects of Semantic Cues on Mathematical Modelling: Evidence from Word-problem Solving and Equation Construction Tasks [J]. Memory & Cognition, 2005, 33 (3).

[11] Niss M. Issues and Problems of Research on the Teaching and Learning of Applications and Modelling [M]//Matos J F, et al., Eds. Modelling and Mathematics Education: ICTMA9 Applications in Science and Technology. Chichester: Horwood publishing, 2001.

[12] Sebrechts M M, Enright M, Bennet R E, Martin K. Using Algebra Word Problems to Assess Quantitative Ability: Attributes, Strategies, and Errors [J]. Cognitionand Instruction, 1996 (14).

[13] Sophian C, Vong K I. The Parts and Wholes of Arithmetic Story Problems: Developing Knowledge in the Preschool Years [J]. Cognition and Instruction, 1995, 13 (3).

[14] Sternberg R J, Ben-Zeev T. Complex Cognition: The Psychology of Human Thought [M]. New York: Oxford University Press, 2001.

[15] Stern E. What Makes Certain Arithmetic Word Problems Involving the Comparison of Sets So Difficult for Children? [J]. Journal of Educational Psychology, 1993 (1).

[16] Verschaffel L, De Corte E, Borghart I. Pre-service Teachers' Conceptions and Beliefs about the Role of Real-world Knowledge in Mathematical Modelling of School Word Problems [J]. Learning and Instruction, 1997, 7 (4).

[17] Verschaffel L, DeCorte E, Lasure S, Vaerenbergh G V, Bogaerts

H, Ratincks E. Learning to Solving Mathematical Application Problems: A Design Experiment with Fifth Graders [J]. Mathematical Thinking and Learning, 1999, 1 (3).